KB043108

오리지네이션

오리지네이션
브랜드와 브랜딩의 지리학

푸른길

서문

책의 집필은 개인이 하는 것이지만, 집단적 노력의 산물이기도 하다. 이 책의 출간에 도움을 준 모든 이에게 감사의 말을 전하고자 한다. 이 시리즈의 편집자인 닐 코 교수는 조언과 격려를 아끼지 않았고, 이 책의 초고에 유익한 피드백을 제공해 주었다. 책의 제안서를 평가한 심사위원, 원고 초안의 검토위원, 와일리-블랙웰 출판사의 재클린 스콧, 이 책을 위한 과제에 참여한 연구원, 연구조교를 맡아 준 찰리 톰프슨, 버버리 연구의 재원을 마련해 준 영국학술원(British Academy), 연구 보조원을 맡아 준 앤절라 애벗, 페드로 마키스, 존 소즈, 연구비를 지원한 경제사회연구위원회(ESRC)와 뉴캐슬게이츠헤드이니셔티브(NewcastleGateshead Initiative: NGI)에게도 큰 도움을 받았다. 티나 스노볼, 리베카 리처드슨, 프레이저 벨은 공간과 장소의 브랜딩과 평판에 관한 연구를 꾸준히 지원해 주고 있으며, 책의 표지 디자인은 미셸 우드가 맡았다. 책을 집필하는 과정에서 중요한 아이디어들이 출간된 학술 저널의 편집인과 심사위원들, 특히 로저 리와 데이비드 릭비도 큰 도움을 주었다. 스튜어트 돌리, 대니 매키넌, 필 오닐, 존 토머니는 각 장의 초고에 건설적인 비평을 해 주었다. 올보르, 베이징, 보스턴, 에든버러, 글래스고, 리스본, 런던, 맨체스터, 뉴캐슬, 노팅엄, 셰필드에서 열린 세미나와 학술대회 세션 참가자들과 발표자들 덕분에 아이디어를 소개하고 탐구하며 보다 정교화할 수 있는 기회를 얻었다. 특히, 존 앨런, 니콜라 벨리니, 앤디 컴버스, 스튜어트 돌리, 앤디 길레스피, 헨리크 할키에르, 레이 허드슨, 알렉스 휴스, 가이 줄리어, 데미안

오리지네이션

마예, 케빈 모긴, 리즈 무어, 세실리아 파스키넬리, 제인 폴러드, 도미닉 파워, 래널드 리처드슨, 안드레스 로드리게스-포즈, 헨리 영에게 큰 도움을 받았다. 뉴캐슬대학교의 도시 및 지역 발전 연구소(Center for Urban and Regional Development: CURDS) 동료들은 생각을 자극하는 연구 문화를 제공하며 이책의 집필에 많은 영감을 주었다. CURDS 산하의 로컬 및 지역 발전 과정 프로그램에 소속된 석·박사과정 대학원생들, 그리고 뉴캐슬대학교 지리학 과정의 학부생들로부터도 중요한 통찰을 얻었다. 그러면서 브랜드와 브랜딩의 지리에서 오리지네이션에 대한 이해를 보다 날카롭게 연마할 수 있었다. 그렇지만 여느 책에서나 마찬가지로 모든 내용에 대한 책임은 저자에게 있음을 밝혀 둔다.

이 책은 재화와 서비스 상품 브랜드에 대해 새로운 이해의 창을 열어 준다. 경제지리학, 보다 광범위하게는 인문지리학의 유용성과 기여 방안을 구체적인 사례 연구에 근거해 논리적으로 제시하고 있기 때문이다. 이를 통해 경제학자, 경영학자, 마케팅학자, 사회학자는 브랜드와 브랜딩에 결부된 장소성과 공간성을 파악하는 안목을 기를 수 있다. '브랜드의 지리'보다 (장소, 도시, 지역 등에 관한) '지리의 브랜드'에 보다 많은 관심을 기울이는 지리학자는 책의 중심 개념인 '오리지네이션(origination)'을 활용해 새로운 탐구 영역에 도전할 수 있다. 맥주, 명품, 스마트폰 등 일반인에게 친숙한 사례를 중심으로 이야기를 풀어가고 있기 때문에 대중서로서의 가치도 매우 높은 연구 업적이다.[*]

오늘날 (탈)글로벌화의 물결 속에서 투자, 연구개발, 디자인, (아웃소싱) 생산, 유통, 마케팅, 판매, 소비, 재활용, 폐기 등 여러 경제활동 간의 지리적 불일치가 역사상 어느 때보다 명백해졌고, 이렇게 복잡해져 가는 공간경제의 현실 속에서 브랜드 상품과 서비스의 원산지도 의문과 논쟁의 대상이 되었다. 오리지네이션은 이러한 '원산지 게임'에 대한 이해의 실마리를 제공하는 참신한 아이디어일 뿐 아니라, 학계의 분열적인 논쟁을 균형감 있게 절충해

---

[*] 오리지네이션을 한국 사례에 어떻게 적용할 수 있을지에 대해서는 역자의 일부가 참여한 스팸(SPAM) 브랜드에 관한 연구를 참고하길 바란다(이재열·홍동표·오준혁, 2022, 포스트식민주의 오리지네이션: 스팸 브랜드의 사례, 『한국도시지리학회지』, 25(1), 1−20).

접점을 찾을 수 있도록 자극하는 기능도 한다.* 지리정치경제학과 문화경제지리학, 그리고 영토적 관점과 위상학적/관계적 접근 간의 경합과 반목은 지난 20여 년 동안 이론적 발전의 밑거름으로 작용했지만, 인문지리학계의 일체감과 공동체 분위기를 와해시키기도 했다.

이러한 분위기를 일신하는 데 있어 앤디 파이크(Andy Pike)는 더할 나위 없이 유리한 위치성을 가진 인물이다. 파이크는 영국 뉴캐슬대학교의 지리·정치·사회학부 교수로 재직하고 있으며, 현시대 최고의 경제지리학자이자 도시·지역발전 전문가 중 한 명으로 알려져 있다. 학계에서는 지리정치경제학과 진화경제지리학 분야의 발전에 지대한 공헌을 했고, 이를 바탕으로 지자체, 국가정부, 국제기관의 도시·지역발전 정책 형성에도 적극적으로 참여한다. 이러한 이력의 지리정치경제학자가 기존의 입장을 성찰하고 문화를 중시하는 관점을 수용하며 오리지네이션을 제시한 데에서, 우리는 경제지리학과 인문지리학이 앞으로 나아가야 할 방향을 가늠해 볼 수 있다.

파이크 교수와 일맥상통한 문제의식에서 번역 작업은 브랜드화된 상품과 장소에 대한 문화경제지리학적 탐구의 이론적, 개념적, 방법론적 토대를 마련하기 위해 한국연구재단 지원 과제의 일환으로 수행되었다. 이 저서는

---

* 이재열·오준혁, 2022, 브랜드와 브랜딩의 지리에 대한 문화정치경제적 탐색: 재화와 서비스 상품 브랜드의 오리지네이션을 중심으로, 『한국지리학회지』, 11(1), 137–156. 이 논문에서는 오리지네이션을 구성하는 개념 요소들을 도식화해 상세하게 설명한다. 독자의 이해를 돕기 위해 우리에게 친숙한 생수, 시계, 아웃도어, 지퍼(zipper) 브랜드의 사례를 활용했다.

2021년 대한민국 교육부와 한국연구재단의 인문사회분야 신진연구자지원사업의 지원을 받아 수행된 연구임(NRF-2021S1A5A8062623)을 밝힌다. 푸른길 출판사 임직원 분들의 감사한 도움이 아니었다면 이 일의 완수는 불가능했을 것이다. 김선기 대표님께서는 어려운 상황 속에서도 우리의 제안을 흔쾌히 받아 주셨다. 이선주 팀장님과 박미예 선생님께서도 편집, 조판, 디자인, 출판에 이르는 과정이 순조롭게 진행될 수 있도록 지원을 아끼지 않았다.

지난 1년을 함께한 공동역자 분들께도 깊은 감사의 말을 남긴다. 전남대학교 박경환 교수님께서는 3장을 한글로 옮기시면서 다소 난해한 오리지네이션의 이론적, 방법론적 토대를 파악하는 데 큰 도움을 주셨다. 오리지네이션에 상응하는 우리말을 찾기가 어려워 많은 고민 끝에 원어의 발음을 한글로 옮겨 사용하기로 했다. 사례 연구 장들의 번역은 대표역자의 지도 학생들과 함께했다. 4장은 강원도 평창군 대화고등학교 오준혁 선생이, 6~7장은 서울대학교 박사과정 장근용 선생이 맡았다. 대표역자는 나머지 부분을 번역하며 책 전반의 통일성을 조율했다. 따라서 혹시 있을지 모르는 오류에 대한 모든 책임은 대표역자에게 있음을 밝힌다. 마지막으로, 이 번역서가 '브랜드의 지리'에 대한 연구의 관심을 증폭시키고, 여타 사회과학자들과 일반 대중 사이에서는 '불가피하게 지리적인' 브랜드와 브랜딩의 본질에 대한 깨달음을 자극할 수 있기를 바란다.

2022년 6월
충북대학교 이재열

차례

표 차례

그림 차례

제1장

서론

도입: 원산지가 중요한 이유

타인사이드(Tyneside)는 잉글랜드 북동부에 위치한 도시이다. 이곳은 20세기 초반에 전 세계 선박 건조량의 25%를 점유하며 전성기를 누렸다(Hudson 1989). 그러면서 엔지니어링 혁신과 번영의 제조업 도시로 명성을 쌓으며 확고한 입지를 다졌다. 석탄, 철, 제철 산업에 의존한 '석탄 자본주의' 덕분에 타인사이드는 중공업 분야에서 전문화와 기술적 우위를 누렸고, 세계 곳곳에서 대영제국 시장을 장악했다(Tomaney 2006). 윌리엄 암스트롱, 찰스 파슨스, 조지 스티븐슨과 같은 산업의 선구자들은 도시의 조직화된 숙련 노동자들과 함께 '메이드 인 타인사이드' 상품을 상업적 가치와 의미를 보유한 것으로 승화시켰다(Middlebrook 1968). 역사학자 폴 케네디(Paul Kennedy)는 1950~1960년대의 타인사이드를 다음과 같이 기술했다.

엄청난 소음과 먼지의 세상과 같았지만 … 무언가를 만드는 것에 대한 만족감이 충만했다. 신용을 제공하는 지역 은행가든, 지역의 디자인 회사에서 일하는 사람이든 간에 서비스를 제공하는 모든 사람이 그랬다. [노스타인사이드의 월센드에 위치한] 스완헌터 조선소에서 선박 진수식이 있을 때면 지역의 모든 아이가 아빠가 만든 것을 눈으로 확인하려고 몰려들었다. 아이들은 울타리 너머에서 구경하며 아빠와 삼촌을 찾으려 애썼다. 놀라울 정도로 통합되고 생산적인 공동체였다(Chakrabortty 2011: 1 재인용).

타인사이드의 헵번, 워커, 월센드 조선소에서는 요크함(HMS York)과 같은 대형 선박을 건조했다(그림 1.1). 이곳의 선가(船架)를 미끄러져 나간 배들은 전 세계를 누볐다. 마치 만든 사람들과 만들어진 장소의 의미와 상업적 가치를 뽐내는 기능성 상품과도 같았다.

하지만 탈산업화의 물결과 서비스가 지배하는 경제로 전환되는 과정에서 타인사이드는 사회·공간적 불균등발전에 시달렸다(Pike et al. 2006). 그럼에도 불구하고 특정 부문의 시장 틈새에서는 명성을 축적한 장소로서의 지리적 결합(geographical association)은 여전히 남아 있다. 이런 관계 속에서 타인브리지의 실루엣을 포함한 타인사이드 세이프티 글라스(Tyneside Safety Glass)의 기업 로고가 탄생했고, 이 기업의 일부 상품에는 '타인사이드만의 강인함(Tyneside Toughened)'이란 슬로건이 새겨져 있다. 타인사이드 세이프티 글라스는 1937년 창립된 특수 유리 제조업체이며, 본사는 타인강 남쪽 게이츠헤드의 팀밸리에 자리 잡고 있다. 그리고 잉글랜드 북동부 세 곳에서 공장을 가동하며 약 200명의 인원을 고용한다. 이 회사는 본거지 장소의 진정성을 통해 의미와 가치를 창출하고 전달하며 건축, 자동차, 방산, 안전 부문의 국제시

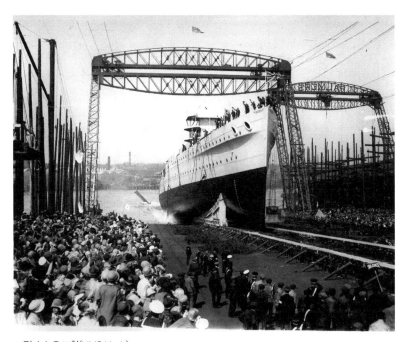

그림 1.1 요크함(HMS York)
출처: Newcastle Libraries & Information Service

장에서 고객에게 호소한다. 이런 상품과 서비스가 잉글랜드 북동부의 타인사이드 밖 그 어떤 곳에서도 생산이 불가능하다는 것을 뜻하는 것은 아니다. 기업의 소유주들이 기업명, 로고, 슬로건을 수단으로 독창적 엔지니어링, 기술 혁신, 정밀 제조 부문에서 타인사이드라는 장소가 축적한 역사적 전통, 개성, 명성과 강력한 지리적 연결망을 만들어 내며 상업적 이익을 추구하고 있다는 말이다.

타인사이드 세이프티 글라스의 사례로 알 수 있듯이 재화와 서비스 상품이 어디서 오는지, 어느 곳과 어떤 이유로 연계되는지는 매우 중요한 문제다. 원산지로 **인지되는** 방식도 마찬가지다. 이런 문제들을 검토함으로써 경제의 지리, 조직, 역동성에 관한 공간적 성격을 이해하고 설명할 수 있다. 동시에 콜

오리지네이션

센터, 디자인 스튜디오, 공장, 실험실, 물류허브, 시장의 가판대, 사무실, 상점, 금융거래소, 창고, 투자, 일자리, 소득, 생계, 정체성 등이 장소, 도시, 지역, 국가와 얽혀 있는 방식도 알 수 있다. 이를 통해 누가, 어떻게, 무슨 이유로 어떤 장소에서 재화와 서비스 상품을 특정한 지리적 속성, 공간과 장소의 성격과 결합시키는지, 그리고 의미와 가치를 창출하기 위해 수많은 행위자가 어떤 노력을 하는지를 파악할 수 있다.

재화와 서비스 상품의 지리적 결합 덕분에 확고한 상업적 거래의 이익이 오랫동안 지속될 때 공간적 연결과 장소의 함의가 명백하게 나타난다. 널리 알려진 사례로 "덴마크의 가구, 피렌체의 가죽 상품, 파리의 오트 쿠튀르(haute couture), 샹파뉴의 와인, 런던의 극장, 디지털화 이전의 스위스 시계, 타이의 비단, 내슈빌의 음악, … 할리우드의 영화"(Scott 1998: 109) 등이 있다. 이보다 훨씬 더 장황한 목록을 만드는 것도 가능하다. 이는 지난 40년 동안 마케팅 분야의 연구자들이 '원산지 국가(Country of Origin)'의 효과로 언급하던 것이다(Bass and Wilkie 1973). 이는 특정 상품과 서비스에 대해 국가적으로 차별화된 역량과 역사적 명성을 소비자가 중시하는 점에 주목한 논의다. 소비자는 그러한 인식에 영향을 받아 품질, 스타일, 기호를 평가하고 상품의 의미와 가치를 해석해 구매 여부를 결정한다(Phau and Prendergast 2000). 지리적 결합과 명성은 고착되는 경향이 있다는 점도 중요하다. 한번 정착이 되고 나면 바꾸거나 이탈하는 것은 매우 어렵다. 변하더라도 그 속도는 매우 느리다. 하비 몰로치(Harvey Molotch 2002: 677)가 언급한 바와 같이, "향수는 파리에서 와야만 하고 [미국 일리노이] 피오리아의 것은 안 된다. 시계는 제네바의 것이어야 하지 [폴란드] 그단스크에서 온 것은 별로다". 이와 같이 상품의 지리적 결합은 강력하게 작용한다. 특정한 시·공간의 시장 맥락에서 재화나 서비스 상품에 대한 의미와 가치를 창출하거나 파괴할 수 있기 때문이다.

브랜드와 브랜딩의 역사

역사적으로 상표와 브랜드는 경쟁자와 구별할 목적으로 재화나 서비스 상품에 부착되었고, 품질과 신뢰성을 보증하는 표식의 역할을 했다(Room 1998). 고대 그리스와 로마의 장인들은 자신들만의 독창성과 품질을 구별해 표시하기 위해 도자기와 같은 재화에 상표를 부착했다(Lindemann 2010). 기원전 300년경부터 수공예 상품 생산자와 유통업자는 상표와 직인을 사용하기 시작했다. 초창기에는 '정육점용 햄', '유제품 가공용 암소'처럼 일반적인 심벌을 사용해 거래 품목을 표시하는 수준에 머물렀다(Chevalier and Mazzolovo 2004: 15). 시간이 흐름에 따라 생산자 표식은 브랜드로 진화했고, 이런 추세는 17~18세기에 훨씬 더 명확해졌다. 브랜드는 가구, 도자기, 태피스트리와 같은 수공예품 분야에서 발전하기 시작했고, 로컬 시장의 대면 거래를 넘어 상품이 먼 곳으로 이동할 때 특히 중요했다(Room 1998). 이런 맥락에서 데이비드 웬그로(David Wengrow 2008: 21)는 다음과 같이 '상품 브랜딩'을 설명한다.

[상품 브랜딩은] 인간 문화 발전의 오랜 특징이다. 신성한 위계질서와 제물의 경제를 비롯해 다양한 이데올로기적, 제도적 맥락에서 나타났다. 진정성, 품질관리, (브랜드 경제의 권한을 강화하는) 욕구 간의 관계는 시간의 흐름과 공간적 차이에 따라 달랐다. 소비를 위해 일정한 재화의 유통이 이루어질 수 있게 하는 (현실 혹은 상상) 행위자의 연결망 또한 마찬가지다. 이런 행위자들은 조상의 사체와 신에서부터 국가의 수장, 세속적인 비즈니스 구루(guru), 미디어의 유명 인사, 포스트모더니즘의 숭배 대상, 오늘날의 자주적인 소비자 시민에까지 이른다.

19세기의 산업화와 대량생산으로 브랜딩의 상업적 가치와 의미는 한층 더 강화되었다. 이런 현상은 특히 패키지 상품에서 두드러지게 나타났다. "산업화를 통해 비누와 같은 수많은 가정 생필품 생산이 로컬에서 중앙집중식 공장으로 옮겨 갔다. 구매자와 공급자의 거리가 멀어지면서 상품의 원산지와 품질에 대한 정보는 더욱 중요해졌다"(Lindemann 2010: 3). 브랜드란 단어가 상품명이나 홍보에 등장했던 초창기 사례로 '플래츠(Platt's) **브랜드** 생굴'과 '잭슨 스퀘어(Jackson Square) 시가—미국의 표준 5센트 **브랜드**'를 언급할 수 있다(그림 1.2). 대량생산과 유통 덕분에 규모의 경제를 실현하고 생산비를 절감할 수 있었지만, 이는 대량시장이 있어야만 가능했다. 그래서 로컬 생산자에 대한 로컬 소비자의 기존 선호에 변화를 불어넣기 위해서는 품질의 우수성을 보장해야만 했다.

명사로서 브랜드, 즉 'brand'란 용어의 어원학적 뿌리는 다양한 언어의 오

그림 1.2 '플래츠 브랜드 생굴'과 '잭슨 스퀘어 시가—미국의 표준 5센트 브랜드'
출처: Baltimore Museum of Industry

랜 전통에서 찾을 수 있다. 여기에는 고대 영어의 *brand*와 *brond*, 고대 노르웨이어의 *brandr*, 고대 고지대 독일어의 *brant*, 고대 프리지아어의 *brond* 등이 포함된다. 이들은 공통으로 불타는 장작이나 횃불을 뜻하는 firebrand 또는 불(fire)이나 불꽃(flame)을 뜻했다(Collins Concise Dictionary Plus 1989). 1550년대부터 브랜드는 소유권을 표시하기 위해 불로 달구어 가축에 새겨 넣은 낙인으로 정의되었고, 범죄자와 노예도 낙인의 대상이었다. 수공업이 등장한 이후에 산업화가 진전하면서 브랜드는 특정 기업의 재화 또는 서비스의 종류나 유형을 의미하게 되었다. 이는 '브랜드네임(brand name)'으로 불리는 특정한 명칭으로 표현되었고, 독특한 디자인, 정체성, 이미지로 축약되기도 했다. 한편, 브랜드는 1400년대부터 표시하다(mark), (상처에) 뜸을 뜨다(cauterize), (범죄자나 노예에게) 낙인을 찍다(stigmatize)라는 의미의 동사로도 사용됐다. 1580년대부터 동사로서 브랜드의 의미는 재산과 소유권을 표시하는 용어로 진화했다.

브랜딩(branding)은 브랜드가 함의하는 현실적인 특징들을 유통, 통합, 증진함으로써 의미와 가치를 창출하는 과정이다. 이에 대해 얀 린드만(Jan Lindemann 2010: 3)은 다음과 같은 설명을 제시한다.

브랜딩의 본래 목적은 … 동물의 소유권을 표시하는 것이었지만 차별화의 수단으로 빠르게 변화했다. 시간이 흐름에 따라 농부는 가축에 새긴 브랜드 표식을 가지고 자신의 명성을 확립할 수 있었다. 이로써 구매자는 가축의 품질을 신속하게 평가하고 지불할 의향의 가격을 판단할 수 있었다.

최근에 브랜딩은 다양한 재화와 서비스 간의 관계를 생성해 의미와 가치를

그림 1.3 브랜드 확장: LG의 프라다 스마트폰과 테스코 은행의 금융서비스

출처: Brada SA; Tesco Bank

연결하는 활동으로 진화했다. 특정한 시·공간 시장의 상황에서 브랜딩은 브
랜드 확장(brand extension)의 과정으로 나타나기도 했다. 예를 들어, 이탈리
아 패션업체 프라다는 LG와 제휴해 스마트폰을 제작했고, 영국의 슈퍼마켓
체인 테스코는 테스코 은행 금융서비스를 출시했다(그림 1.3). 산업화, 대량생
산, 대량소비의 시대의 브랜딩은 레이먼드 윌리엄스(Raymond Williams)가 제
시하는 광고에 대한 광범위한 정의와 동일시되었다. 그에 따르면, 광고는 "마
법적인 유인책과 만족을 위해 고도로 조직화된 전문직 시스템, 훨씬 더 단조
로운 [고대원시] 사회의 마법 시스템과 기능적으로 매우 유사하지만 신기하게
도 선진 과학기술과도 잘 어울린다"(Williams 1980: 184).

브랜드와 브랜딩의 성장

생산자 주도에서 소비자가 지배하는 경제, 사회, 문화, 생태, 정치로 변해 가면서(Bauman 2007) 재화나 서비스 상품의 브랜드와 브랜딩은 훨씬 더 중요해졌다. 실제로 브랜드와 브랜딩은 엄청나게 증가하고 있다. 브랜드의 수는 영국에서만 1997년 약 200만 개에서 2011년 800만 개 이상으로 급증했다. 이는 "80%의 [상품] 카테고리가 동질화"되고 디지털 시대의 미디어 채널을 통해 소비자가 "하루에 5,000여 개의 마케팅 메시지 폭탄"을 받는 마케팅의 맥락에서 나타난 현상이다(Noble 2011: 29). 전통적으로 회계에서 브랜드는 사업체의 인수가격과 자산의 장부가격 간의 차이를 의미하는 '영업권(goodwill)'으로 다루어졌다(Lindemann 2010). 오늘날에는 명백한 경제적 실체로서 브랜드의 중요성이 더욱 부각되고 있다. 브랜드의 금융 가치를 계산하고, 이것이 기업 회계에 반영되기도 한다. 린드만(Lindemann 2010: 5)은 이런 현상에 대해 다음과 같이 설명한다.

금융의 측면에서 브랜드는 무형자산의 구성요소이다. 경제적 생명력이 유효한 동안 브랜드는 인식 가능하고 소유할 수 있는 현금의 흐름을 제공한다. 코카콜라, 노키아, 골드만삭스처럼 100년 넘게 수명을 유지하는 브랜드도 있다. 브랜드는 (라이선스 계약 등을 통해) 독자적으로 현금 흐름을 창출하는 경제적 자산이지만, 다른 유·무형의 자산과 결합된 경우도 있다. 브랜드의 소유주와 사용자가 투자를 상회하는 금융소득을 올려야만 브랜딩은 경제적으로 타당한 것이 된다. 주주가치에 대해서도 브랜드는 상당한 영향력을 발휘하며, 주주가치의 80%까지 차지하는 경우도 있다.

기업의 인수·합병에서 무형자산인 브랜드의 가치에 따라 인수가격은 전체 자산의 가치와 다를 수 있다(Lindemann 2010). 이처럼 브랜드와 브랜딩은 경제적 의미와 가치를 지속할 수 있는 결정적인 요인이 되었고, 국제적으로 기업의 산업 전략에 가담하는 행위자의 행위성(agency)에도 지대한 영향을 미친다.

컨설팅 업체들은 나름의 고유한 방법론을 갖고 경쟁하면서 브랜드의 가치와 순위를 평가한다. 이런 기법의 대표적인 것으로 인터브랜드(Interbrand)의 '베스트 글로벌 브랜드(Best Global Brand)', 밀워드 브라운(Millward Brown)의 '브랜드 다이내믹스(Brand Dynamics)/브랜드Z(BrandZ)', 브랜드 파이낸스(Brand Finance)의 '브랜드 가치(Brand Valuation)', 영 앤드 루비컴(Young & Rubicam)의 '브랜드 자산 평가(BrandAsset Valuator)' 등이 있다. 각각의 방법론은 특정 브랜드에 대해 서로 다른 평가를 제시한다(표 1.1; Lindemann 2010). 한때 밴스 패커드(Vance Packard 1980: 31)가 '전문직의 설득자(professional persuader)'로 조롱했던 미디어 지주회사들은 다양한 광고, 브랜딩, 미디어 기

표 1.1 2009년 브랜드 가치 평가

브랜드	비즈니스위크 인터브랜드	밀워드 브라운	브랜드 파이낸스	평균 브랜드 가치	시가 총액 대비 브랜드 가치(%)
코카콜라	68,734	67,625	32,728	56,362	49
IBM	60,211	66,662	31,530	52,801	34
GE	47,777	59,793	26,654	44,741	30
노키아	34,864	35,163	19,889	29,972	74
애플	15,433	63,113	13,648	30,731	21
맥도날드	32,275	66,575	200,003	39,618	65
HSBC	10,510	19,079	25,364	18,318	17
아메리칸 익스프레스	14,971	14,963	9,944	13,293	37
구글	31,980	100,039	29,261	53,760	38
나이키	13,179	11,999	14,583	13,254	48

단위: 백만 달러(명목가격 기준)
출처: Lindemann(2010: 10)

획 서비스를 제공하며, 이제는 세계에서 가장 큰 규모의 기업들과 어깨를 나란히 하고 있다. 시장의 선두주자인 WPP 그룹은 2010년 한 해에만 140억 달러에 이르는 매출 수익을 기록했다(그림 1.4; Faulconbridge et al. 2011). 미디어 경관이 신생 기술과 다양한 채널을 통해 (광고판, 온라인, 인쇄물, 라디오, 소셜 미디어, TV 등으로) 파편화되며 확장함에 따라 브랜드 소유주나 경영인과 협력하는 미디어 기획사의 중요성, 규모, 가치도 크게 성장했다(Kornberger 2010). 브랜드와 브랜딩 세계의 규모와 가치를 완벽하게 헤아리는 것은 매우 어려운 일이다. 하지만 리즈 무어(Liz Moor 2008: 413)의 분석을 통해 "브랜딩은 영국의 '창조산업(creative industry)'에서 핵심을 이루는 디자인 산업의 중요한 부문"으로 거듭난 사실을 확인할 수 있다. 그녀에 따르면, "브랜딩은 공간적 범위와 (상업적 의사소통이 가능한) 미디어 개념의 확장성의 측면에서 [전통적인] 광고 산업과 차별화되며, 기업 이미지 통합(corporate identity: CI)이나 브랜딩에 관여하는 컨설팅 업체들은 마침내 [대표적인 디자인 구루] 제임스 필디치(James Pilditch)가 그토록 열망했던 광고의 부속물이 아닌 '새로운 전체'에 가까워졌다"(Moor 2008: 415).

오늘날 경제, 사회, 문화, 생태, 정치에서 브랜드와 브랜딩의 드라마틱한 성장, 침투성, 중요성은 널리 인식되고 있다. 대표적으로, 마르틴 콘베르거(Martin Kornberger 2010: xi)는 '브랜드 사회(brand society)'의 도래를 언급했다. 그러면서 "기성품 정체성(ready-made identity)이 사회적 세계와 매우 긴밀하게 얽히면서 삶을 형성하는 강력한 힘"이 되었다고 말했다. 그는 동시에 브랜드가 "우리 사회에서 가장 흔하고 침투성 높은 문화 형식"이 되었다고 주장하면서 "조직과 삶의 관리 방식을 변화시키는 가장 강력한 힘"으로 브랜드를 지목했다(Kornberger 2012: xii, 23). 같은 맥락에서 아담 아르비드손(Adam Arvidsson 2005: 236)도 "거의 모든 것을 아우르는 브랜드 공간(brand space)"을

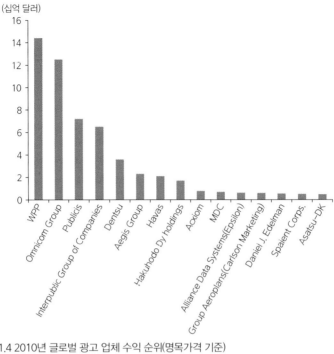

그림 1.4 2010년 글로벌 광고 업체 수익 순위(명목가격 기준)

출처: AdAge Data

언급했다. 한걸음 더 나아가 쇠렌 아스케고르(Søren Askegaard 2006: 93)는 다음과 같이 주장했다.

글로벌 시장에서 경쟁이 심화하고 대중매체 광고가 더욱 어수선해졌으며 비용마저 증가했다. 그래서 효용성, 통합된 커뮤니케이션, 대안적 의사소통 수단에 대한 요구가 증대했다. 지금만큼 글로벌 차원에서 브랜드의 존재감과 중요성이 컸었던 적은 없었다.

브랜드와 브랜딩의 세계에서 일하는 사람들에게 "브랜드는 단순한 이름이나 로고 그 이상의 것이다. 브랜드는 모든 것이고, 모든 것은 브랜드로 통한다"(Pallota 2011: 1). "브랜드 없이 세계는 존재할 수 없다"라고 주장하는 이들도 있다(Chevalier and Mazzolovo 2004: 3). 월리 올린스(Wally Olins 2003: 7)와 같은 브랜드 구루는 "마케팅과 브랜딩을 재화와 서비스를 구매하도록 설득, 현혹, 조종하는 것"으로 여기며, "현혹을 일삼는 기업에서는 브랜드가 업무의 초점이고 브랜딩이 모든 것"이라고 말한다. 나오미 클라인(Naomi Klein 2000)은 자신의 대표작인 정치경제학 비평서『슈퍼 브랜드의 불편한 진실(No Logo)』에서 브랜드 컨설턴트는 "아이디어, 라이프 스타일, 사고방식으로부터 가치를 짜내는 브랜드 공장"의 역할을 하고, "브랜드를 만드는 사람들은 오늘날 지식경제의 핵심적인 생산자"가 되었다고 주장한다. 사회과학의 학문 세계에서 브랜드는 "오늘날 경제생활의 핵심적 특징"(Lurry 2004: 7), 브랜딩은 "자본주의의 중심 활동"(Holt 2006a: 300)으로 언급된다. 경제의 시·공간 조직과 역동성에서 브랜드와 브랜딩의 유행과 중요성은 "오늘날 축적[체제]의 성격에 중대한 변화"로 인식되기도 한다(Hudson 2005: 68). 경제, 사회, 문화, 정치, 생태에서 브랜드와 브랜딩의 역할과 중요성에 대한 여러 주장들을 감안하면 브랜드와 브랜딩의 지리에 관한 비판적 연구는 많이 늦은 감이 있다.

지리학의 공백

브랜드와 브랜딩의 드라마틱한 성장, 유행, 중요성에도 불구하고 그것들과 불가피하게 얽혀 있는 공간과 장소의 지리는 아직 제대로 연구되지 못했다. 이와 같은 학문적 무관심에는 세 가지의 중요한 이유가 있다. 첫째, 브랜드와 브랜딩은 아주 오래된 현상이지만, 아주 최근에 이르러서야 학계, 전문

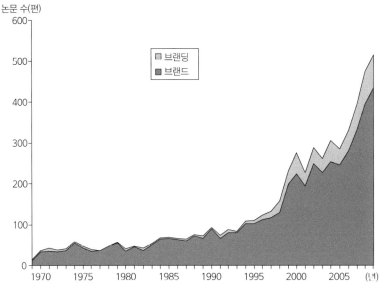

그림 1.5 제목에 '브랜드' 또는 '브랜딩'이 포함된 연구 논문의 수(1969∼2009년)
출처: ISI Web of Knowledge 자료 검색

가, 대중 문헌의 주제로 등장하기 시작했다. 의미와 용법이 다를 수 있다는 점을 감안하더라도, '브랜드'나 '브랜딩'이 제목에 등장하는 연구 논문의 수가 1990년대 후반부터 급증한 것은 분명하다(그림 1.5). 연구의 노력은 건축학(Klingman 2007), 경영학(Buzzell et al. 1994), 경제학(Casson 1994), 경제사(da Silva Lopes and Duguid 2010), 지리학(Pike 2011b), 국제관계학(Anholt 2006), 마케팅(de Chernatony 2010; Holt 2006a), 미디어커뮤니케이션학(Aronczyk and Powers 2010; Aronczyk 2013), 계획학(Ashworth and Voogd 1990), 정치학(van Ham 2008), 관광학(Hankinson 2004), 사회학(Arvidsson 2006; Lury 2004), 도시학(Greenberg 2010; Hannigan 2004) 등 다양한 분야에서 진행되고 있다.

　나이절 스리프트(Nigel Thrift 2005)가 제시한 자본의 문화적 순환(cultural circuit of capital) 또는 지식 창출과 유통의 연성 하부구조(soft infrastructure)를

구성하는 행위자들의 역할도 매우 중요하다. 브랜드와 브랜딩에 대한 문헌에서 업계의 구루와 전문가가 제시하는 분석적 프레임과 처방적 지침을 확인할 수 있다(Anholt 2006; Hart and Murphy 1998; Olins 2003). 시장에서는 컨설턴트로서 서비스를 제공하고 동시에 학계에서도 활동하는 인사도 영향력 있는 서적을 편찬한다(de Chernatony 2010; Kapferer 2005). 데이비드 아커의 『브랜드 경영(*Building Strong Brands*)』처럼 꾸준히 개정판이 출간되는 분석적인 서적이 있는 반면(Aaker 1996), 케빈 로버츠(Kevin Roberts 2005)의 『러브마크 이펙트(*Lovemarks*)』와 같이 전·현직 브랜드 전문가의 성찰을 기초로 쓰인 책도 있다. 알 리스와 로라 리스(Al Ries and Laura Ries 1998)의 『브랜딩 불변의 법칙(*The 22 Immutable Laws of Branding*)』은 보다 대중적인 비즈니스 자문서의 전형이며, 톰 피터스(Tom Peters 1999)의 『자신을 브랜드화하는 50가지 방법(*The Brand You 50*)』처럼 자기계발 매뉴얼 같은 책도 있다. 브랜드와 브랜딩에 관한 책은 상당한 인기를 끌며 베스트셀러 목록에서도 쉽게 찾아볼 수 있다(표 1.2).

브랜드 파이낸스, 인터브랜드, 퓨처브랜드(Future Brand), 랜도(Landor), 플레이스 브랜딩(Place Branding), 사프란 앤드 울프 올린스(Saffron and Wolff

표 1.2 2012년 브랜딩 분야 베스트셀러 상위 5개 도서

도서명	저자
『감성 디자인 감성 브랜딩』	마크 고베(Marc Gobé)
『브랜딩 불변의 법칙』	알 리스(Al Ries), 로라 리스(Laura Ries)
『아이디어 바이러스』	세스 고딘(Seth Godin)
『체험 마케팅』	번트 슈미트(Berndt Schmitt)
『브랜드 경영』	데이비드 아커(David Aaker)

출처: Top 5 Marketing Books on Branding(http://marketing.about.com/od/brandstrategy/tp/top5branding.htm)

Olins)와 같은 글로벌 컨설팅 그룹도 능동적인 지식 생산자에 속한다. 이들의 사업에서 초점은 전략 자문, 가치평가 방법론, 인적자원 네트워크, 브랜드와 브랜딩 업계에 대한 분석과 논평 등 자체 상표권을 가진 서비스를 개발해서 제공하며 유통시키는 것이다. 이러한 브랜드 컨설팅업계의 업무를 안드레 스파이서(André Spicer 2010: 1736)는 다음과 같이 기술한다.

브랜드에 대한 고민에 집단 인지적 노력을 엄청나게 쏟아붓는다. … 우리의 창조도시에서는 수많은 사람이 [기존 공장을 개조해 만든] 로프트에 은신하며 몇 날 며칠을 브랜드만 골똘히 생각한다. 이러한 포스트모던 노동시장에서 브랜드 노동자는 과잉 상태에 있다. 이들은 영리한 광고 캠페인 구상부터 상품 포장재의 디자인에 이르기까지 별의별 것을 다한다. 서비스 대본을 작성해 몰에서 따분하게 일하는 10대 청소년의 입에서 자동적으로 툭 튀어나오는 말을 관리하는 것도 브랜드 노동자의 몫이다.

전문적인 공동체 조성 활동, 네트워크 이벤트, 미디어 채널도 번성하는 비즈니스다. '브랜드 채널(Brand Channel)', '브랜드 리퍼블릭(Brand Republic)'과 같은 네트워크를 통해 글로벌 컨퍼런스, 웹사이트, 커뮤니티 블로그가 조직된다. 브랜드와 브랜딩은 경제 미디어에도 자주 등장한다. 『비즈니스위크』는 인터브랜드와 함께 매년 100대 글로벌 브랜드를 발표하고, 『이코노미스트』는 브랜드와 브랜딩에 관한 기사, 조사, 전망만을 한데 모은 도서를 출간한다. 『파이낸셜타임스』에서도 글로벌 브랜드 서베이(Global Brands Survey)를 매년 발간한다.
브랜드와 브랜딩의 세계는 "여전히 만들어지고 꾸준히 변화하는 … 새로운 분야이며, 학계와 학문적 연구에 못지않은 영향력을 서비스 제공 업체와 컨설팅 업계에서 행사한다. 진실, 어중간한 지식, 상식, 판매를 위한 설득 간의 경계는 구분하기가 매우 어렵다"(Kornberger 2010: 5). 브랜드와 브랜딩에 대한 지식 생산은 급증했는데, 영역은 크게 두 부문으로 나뉜다. 한편에서는 선구자들이 특정한 정의, 체계, 방법론을 개발하는 처방적인 작업에 집중하고, 효율성과 효과성을 증진하는 방안을 업계 사람들에게 전파한다. 반면 다른 한편에서는 보다 성찰적이고 비판적인 연구에 참여하면서 브랜드와 브랜딩의 목적, 가치, 효과에 대한 구체적인 문제를 제기하며 포괄적 개념화와 이론화에 힘쓰는 사람들도 있다. 양쪽에서 다양한 접근법, 목적, 사고방식을 제시하지만, 브랜드와 브랜딩의 지리에 대한 논의는 제한되고 부분적이며 파편화된 상태에 머물러 있다.

지리학적 논의가 부족한 두 번째 이유는 브랜드와 브랜딩의 지리를 해석하는 작업이 복잡해진 사실에서 찾을 수 있다. 행위자들이 재화나 서비스 상품과 관련성 속에서 브랜드와 브랜딩을 인식하고 사용하는 방식은 훨씬 더 정교해졌다. 마케팅 분야에서 1950년대 등장했던 '사회공학' 패러다임의 전통은 파편화되었다. 이 패러다임은 브랜드 소유주와 전문 컨설턴트의 정교하고 다양한 브랜드 전략으로 대체되었다(Arvidsson 2006; Holt 2004). 초창기의 '생산품 플러스 브랜드(product-plus-brand)' 접근법은 보다 광범위하고 총체적인 '콘셉트로서의 브랜드(brand-as-concept)' 관념으로 진화했다(de Chernatony and McDonald 1998). 이런 관점에서 브랜드와 브랜딩 행위자들은 "생산품의 제한된 기능성으로부터 '사물'을 이탈시키고 그것을 자아실현과 라이프스타일에 대한 끊임없는 욕구의 엔진으로 전환시키는" 방식으로 브랜드의 프레임을 제시한다(Kornberger 2010: 9). 브랜딩의 실천은 개별 재화와 서비스 브랜드를 폭넓게 아우르면서 특정 상품을 넘어 확대되고 심화되었다. 이와 같이 브랜드의 의미를 구축함으로써 행위자들은 가치를 획득하려고 노력한다. 이는 라이프 스타일과 사회 정체성 간의 지속적인 관계를 형성해 세련된 미적 감각을 보유하는 동시에 성찰적인 소비자에게 어필하려는 노력이다(Kornberger 2010; Urry 1995). 이러한 과정에서 특히 중요한 대상은 상대적으로 부유한 엘리트 계층 집단이다. 1990년대에 브랜딩의 노력이 급증하면서 [사람과] 브랜드 간의 긴밀한 관계는 한층 더 긴밀해졌다.

> 지금 이 시점에서 브랜드는 단순한 이름, 상표, 배지, 로고 그 이상의 것이라는 사실에 대해 대부분의 사람이 동의할 것이다. 대신에 브랜드는 '관계', '가치', '감각'을 구체화해야 한다고 기정사실처럼 받아들여진다. 이들은 '실행 요소'와 '가시적 지표'로 표현된다(Moor 2007: 6).

선진화된 서구 소비시장의 포화, 경쟁, 정교화가 증대됨에 따라(Streeck 2012) 새로운 시장 연구, 소비 행태, 미디어가 등장했다. 이들은 브랜드의 성격에 대해 보다 강력하고 심층적인 이해의 밑바탕을 이루고 있다. 특히 교체 또는 대체하기 어려운 '무형의 이상'을 구축하는 것에 초점을 맞추고 있다(Holt 2006a: 299). "(다른 곳에서 모방되기 쉬운) 기능적 차별화만으로는 경쟁우위를 지속하는 것이 불가능"하기 때문이다(Lurry 2004: 28). 급속하게 성장하는 신흥경제에서 '서구' 브랜드의 가시성과 수요는 증대되고, 그런 곳이 새로운 소비자본주의 사회로 진전함에 따라 시장의 세분화, 브랜딩의 차별화, 브랜드 리터러시(literacy)와 충성도의 논리가 훨씬 더 중요해졌다(Ermann 2011). 브랜딩과 브랜드는 브라질과 같은 신흥경제에서부터 구공산권의 전환경제에 이르기까지 널리 퍼져 나가고 있다(그림 1.6).

마지막으로 셋째, 브랜드와 브랜딩의 사회·공간적 도달거리가 확대된 것

그림 1.6 브라질 브라질리아(위)와 러시아 노보시비르스크(아래)에서 브랜드와 브랜딩
출처: 저자 촬영(2012년, 2013년)

오리지네이션

도 지리학적 연구를 어렵게 만들었다. 재화나 서비스 상품은 경제와 문화를 초월해 사회, 정치, 생태의 폭넓은 영역까지 깊숙이 파고들고 있다. 브랜드와 브랜딩의 세계는 다양하고 불균등한 방식으로 건축, 예술, 협회, 캠페인, 자선단체, 도시, 클럽, 공동체, 윤리적 공정무역, 이벤트, 전시회, 축제, 인터넷 도메인, 지식, 로컬리티(locality), 국민국가, 유기농산물, 인물, 장소, 정당, 시상식, 지역, 종교, 사회운동, 공간, 스포츠팀, 상위국가적(supranational) 기구, 기술과 대학의 영역을 포괄한다(Aronczyk and Power 2010; Moor 2007; Pike 2011b; Van Ham 2001; 표 1.3). 실제로 지금 이 시점에서 "브랜딩이 아주 작은 틈새를 포함해 시장의 모든 영역을 식민화한 것처럼 보인다"(Goldman and Papson 2006: 328). 아울러 브랜드와 브랜딩은 시장을 넘어서도 확대되고 있다. 브랜드화된 상업석 이해관계는 경제적, 사회적, 문화적, 정치적, 생태적 삶의 영역까지 침투했다. 브랜드와 브랜딩은 강력한 유행을 만들어 아이디어, 실천, 상징 등을 글로벌 스케일에서 확산하기도 한다. 예를 들어, 미국에 관한 지리적 상상력은 각 주의 대표 기업 브랜드 지도를 통해 발현될 수 있다(그림 1.7). 이러한 현대적 삶의 일면을 미셸 슈발리에와 제랄드 마차로보(Michel Chevalier and Gérald Mazzalovo 2004: 26)는 다음과 같이 기술한다.

커뮤니케이션 형태와 콘텐츠는 기하급수적으로 성장하고 있다. 그래서 브랜드가 현대적 삶의 중심부를 차지하게 된 것은 그다지 놀라운 일도 아니다. 브랜드는 구매 활동의 지침이 되고, 생산품과 사람에 대한 판단에 영향을 주며, 브랜드가 전달하는 가치의 관계 속에서 우리는 자신의 위치를 결정한다.

이러한 과정은 디지털화와 미디어의 다각화로 심화, 확대, 가속화되고 있

표 1.3 브랜드와 브랜딩의 세계

영역	예시
건축	노먼 포스터, 자하 하디드
예술	뱅크시, 레이철 화이트리드
협회	걸가이드, 스카우트
캠페인	점령운동, 유케이언컷(UK Uncut)
자선단체	옥스팜, 적십자
도시	Be Berlin, I amsterdam
클럽	FC바르셀로나, 보루시아 도르트문트
공동체	코인스트리트(런던), 엘도니안(리버플)
윤리적 무역	트레이드크래프트(Traidcraft), 공정무역재단
(메가)이벤트	올림픽, 투르 드 프랑스
예술상	터너상, 차세대예술가상
축제	글래스턴베리, 베니스국제영화제
인터넷 도메인	아마존닷컴, 파타고니아닷컴
지식	클러스터, 창조계급
로컬리티	더시티(런던), 월스트리트(뉴욕)
국민국가	쿨 브리타니아, 브랜드 싱가포르
유기농산물	오가닉스, 홀푸드마켓
인물	비욘세, 브랜드 베컴(Brand Beckham)
정당	신노동당(영국), 북부연합당(이탈리아)
시상식	노벨상, 오스카상
지역	카탈루냐, 제3이탈리아
종교	가톨릭, 사이언톨로지
대학	하버드대학교, 상하이자오퉁대학교
사회운동	웜블스(The WOMBLES), 인디그나도스(Indignados)
공간	모터스포츠밸리, 실리콘밸리
스포츠팀	보스턴 셀틱스, LA레이커스
상위국가적 기구	IMF, OECD
기술	마이크로소프트 윈도우, SAP

다. 일례로, 꾸준히 성장하는 소프트웨어 애플리케이션(앱) 가운데 '로고 퀴즈 (Logos Quiz)'란 게임 앱이 인기를 끌고 있다. 이는 불완전한 로고 이미지를 가지고 브랜드 이름을 맞추는 것이다. '로고 퀴즈'는 앱 순위에서 67위를 기록하

그림 1.7 미국 각 주의 대표 기업 브랜드

출처: Steve Lovelace

고 있지만, 처음 공개되고 무려 3달 동안이나 1위에 올라 있었다.

　정치 영역에서 특정 브랜드와 브랜드 로고는 정치적 반대와 저항의 대상이 되기도 했다. 이런 어젠다는 나오미 클라인(Naomi Klein 2000)의 『슈퍼브랜드의 불편한 진실』, 칼레 라슨(Kalle Lason 2012)이 『애드버스터(*Adbusters*)』에서 제시하는 '문화훼방(cultural jamming)'과 '밈워(meme war)', 그라피티 예술가 뱅크시(Bansky)의 '브랜달리즘(brandalism)'(Gough 2012) 등의 대중 활동을 통해 표면화되기도 했다. 사회적 사상과 행동을 형성하는 사적·공적 담론의 의사소통 형식과 언어도 브랜드와 브랜딩에 영향을 받는다(O'Neill 2011). 이에 콘베르거(Kornberger 2010: 192)는 "라이프 스타일은 우리의 문법이며, 브랜드는 우리의 알파벳"이라고 했다. 실제로 특정 재화와 서비스 상품의 브랜드가 형용사, 명사, 동사, 대명사처럼 쓰이는 경우가 허다하다. 식품 브랜드 마마이트(Marmite)로 선호와 불호의 감정을 표현하고, 롤스로이스는 고품격을 뜻한다. 구글은 인터넷에서 검색한다는 동사로 사용되고, 아스피린, 포스트잇, 티펙스와 같은 브랜드는 관련 품목의 대명사가 되었다. 브랜드 소유주는 실제로 그러한 '사회적 어휘(social lexicon)'의 지위를 열망하고 있다(Rigby 2021: 1).

브랜드와 브랜딩의 지리를 해석하는 일의 핵심은 **불가피하게** 공간적인 브랜드와 브랜딩의 성격을 다각적으로 파헤치는 것이다. 브랜드와 브랜딩은 경제적, 사회적, 문화적, 생태적, 정치적 세계들과 교차한다. 이 모두는 동시에 발생하는 것들이다. 브랜드화된 재화와 서비스 상품은 시장에 존재하기 때문에 '경제적'이고, 집합적으로 생산, 유통, 소비되는 물건이기 때문에 '사회적'이며, 의미와 정체성의 수단이기 때문에 '문화적'이다. 아울러 물질적 변형, 자연의 사용, 환경보호의 인증과 관련되어 '생태적'이며, 지적재산권 제도, 금융자산의 거래, 경합적인 심벌의 영향으로 인해 '정치적'이다(Pike 2009a). 이에 대한 관심이 다양한 학문 영역에서 확대되며 출간된 문헌의 숫자도 많아지고 있지만, 브랜드와 브랜딩의 성장, 침투, 확산 속도가 너무 빨라 이런 변화의 흐름을 연구와 분석이 제대로 따라가지 못하고 있다.

지리학에서도 관련 문헌이 증가하고 있지만(Cook and Harrison 2003; Edensor and Kothari 2006; Jackson et al. 2007; Lewis et al. 2008; Pike 2009a, 2009b, 2011a, 2011b, 2013; Power and Hauge 2008; Power and Jansson 2011; Tokatli 2012a, 2013), 브랜드와 브랜딩의 **지리**는 비교적 주목을 받지 못했던 분야이다. 개념적, 이론적, 방법론적 논의는 말할 것도 없이 경험적 연구조차도 제대로 축적되지 못했다. 예를 들어, 경제지리학은 "연구의 영역으로서 브랜드의 가치를 꾸준하게 평가절하"하고 있으며, "수많은 이론은 생산품이 공장의 출입문을 떠나는 순간에 설명을 갑자기 멈춘다"(Power and Hauge 2008: 123, 139). 브랜드와 브랜딩은 비판적 탐구에서도 뒤처져 있다. 이러한 연구의 필요성은 마케팅 분야에서 중시되기 시작했다. 여기에는 세 가지 중요한 이유가 있다. 첫째, 마케팅 분야의 연구 초점이 '원산지 국가(Country of Origin)'에서 '브랜드의 원산지 국가(Country of Origin of Brand)'로 옮겨갔기 때문이다(Phau and Prendergast 2000: 159, 강조 추가). 둘째, 많은 이들이 "생산품을 마케팅하는 데 있어서 원산지 식별 표식을 사용하는 기업이 증가하는 점"에 주목한다(Papadopoulos 1993: 10). 셋째, 소비자들이 "생산 원료의 원산지에 많은 관심을 가지고 공급사슬 이슈에 보다 높은 투명성을 요구"하는 현실도 중요하다(Beverland 2009: 189). 브랜드와 브랜딩에 관계된 행위자들은 정교화된 전략, 분석틀, 기법, 실천을 보다 많이 동원하고, 지리적 결합을 통해 재화나 서비스 상품의 의미와 가치를 차별화한다. 진정성, 품질, 내구성, 스타일, 쿨(cool)함 등 상업직으로 유익한 성격을 구축하기 위해 공간이나 장소와의 연결성을 추구한다는 말이다.

이 책의 목표와 조직

브랜드와 브랜딩의 지리는 불가피한 것이지만 도외시되는 분야이다. 이 책의 목적은 지리적 결합이 무엇인지, 어디서 어떻게 작용하는지, 누가 창출하고 연결하는지, 이것이 사람과 장소에 부여하는 의미가 무엇인지를 이해하고 설명하는 것이다. 이를 위해 핵심 아이디어로 오리지네이션(origination)을 제시하고 개념화할 것이다. 오리지네이션은 재화와 서비스 상품에 대해 지리적 결합 관계를 구성하는 행위자들의 노력을 뜻한다. 생산자, 유통자, 소비자, 규제자 등이 주요 행위자에 속하며, 이들은 공간순환(spatial circuit)을 통한 관계 속에서 서로 얽혀 있다. 이러한 지리적 결합을 통해 행위자들은 특정한 공간적 암시와 함의를 구성해 어필하려 한다. 이는 브랜드와 브랜딩의 의미와 가치를 특정한 시·공간 맥락의 시장에서 창출해 일관화하고 안정화하려는 노력이다. 오리지네이션은 카를 마르크스(Karl Marx 1976: 165)의 '물신성(commodity fetish)' 논의와 관련된다. 상품의 형태를 띠는 물질적 객체에 부여된 신비한 권력을 부각하기 때문이다. 물론 마르크스 시대에 비해 지금은 훨씬 더 철두철미하게 브랜드가 지배하는 자본주의 사회가 되었다. 아울러 오리지네이션은 "시장과 상품에 대해 물신숭배라는 베일에 가려진 사회적 재생산의 전모를 밝혀야" 한다는 데이비드 하비(David Harvey 1990: 422)의 요구에도 부응한다. 그리고 '탈물신화' 비평에도 동참하는 논의라고도 할 수 있다(Barnett et al. 2005). 미리엄 그린버그(Miriam Greenberg 2008: 31)는 브랜드와 브랜딩을 통해 재화와 서비스 상품이 '신비한 베일'에 가려져 있다고 말했는데, 오리지네이션을 개념화, 이론화함으로써 우리는 신비한 베일을 걷어올리는 수단을 마련할 수 있다. 오리지네이션의 전략, 기법, 실천을 통해 상품생산과 서비스 전달의 유래가 창출, 관리, 갱신되지만, 때에 따라 오리지네이션은 그것을 숨기는 효과도 발산한다. 재화나 서비스 상품 태생의 경제적, 사회적, 정치적, 문화적, 생태적 조건에 대해서도 오리지네이션은 마찬가지의 역할을 수행한다.

이 책의 전반에서 **오리지네이션**이란 새로운 개념을 가지고 브랜드와 브랜딩의 지리에 대한 연구 공백의 문제를 해결하고자 한다. 이에 대한 개념화와 이론화를 바탕으로 재화나 서비스 상품의 브랜드와 브랜딩의 공간적 차원을 비판지리학적 관점에서 탐구하는 것이 가능하다. 이로써 글로벌화 시대에 브랜드를 동질성과 획일성의 매개체로 해석하는 편협하고 단순한 시각에서 탈피할 수 있다. 국가적 스케일의 프레임으로서 '원산지 국가' 담론의 제한적인 지리적 함의의 문제도 해결한다. 오리지네이션은 브랜드와 브랜딩에 대한 지리학적 이론을 발전시키고, 그렇게 함으로써 다른 사회과학 분야의 연구에서도 브랜드와 브랜딩의 지리에 대한 관심을 자극할 수 있다. 의미와 가치의 공간순환을 이해하고 설명하면, 정치경제와 문화경제의 교차점에서 두 가지 접근법 간의 새로운 연계망을 마련할 수 있다. 이 책의 독창성은 오리지네이션에 대한 새로운 이론에서 찾을 수 있다. 유통자와 규제자를 포함해 다양한 행위자들의 역할을 전방에 배치해 조명한다. 브랜드와 브랜딩에 관한 대부분의 연구에서 생산자와 소비자에만 주목하는 문제를 해결하기 위함이다. 브랜드와 브랜딩 행위자 모두는 공간순환에서 서로 연결되어 있고, 여기에서 비롯된 논리와 근거를 바탕으로 행동한다. 행위자들은 지리적 결합 과정 속에서 활동하며, 재화나 서비스 상품 브랜드와 브랜딩의 의미와 가치를 특정 시·공간 맥락에서 창출해 고정하려 한다.

제2장에서는 브랜드와 브랜딩에 대한 지리학적 해석의 개념적, 이론적 기초를 확립한다. 사회과학의 마케팅과 사회학 분야에서 브랜드와 브랜딩의 공간적 측면에 대한 인식 수준이 높아지고 있지만, 여전히 불충분하고 제한된 이해만 제시한다(Arvidsson 2005; de Chernatony 2010; Holt 2006a). 이에 최근에 진행되고 있는 지리학적 설명을 기초로 논의를 시작한다(Edensor and Kothari 2006; Lewis et al. 2008; Power and Hauge 2008). 브랜드는 식별 가능한 재화나 서비스 상품의 한 가지 종류로 정의될 수 있다. 브랜드화된 상품은 다채로운 특성들로 구성된다. 그러한 브랜드의 성격들을 연결하고 유통시키면서 의미가 생성되는 과정을 브랜딩으로 칭한다. 브랜드와 브랜딩의 불가피한 지리적 연결과 함의에 대한 설명도 제시한다. 브랜드와 브랜딩은 공간적 불균등발전과 연동되어 있기 때문에 브랜드와 브랜딩의 표시나 유통 과정에서 지리적 차별화가 발생한다. 지리적 결합의 개념도 매우 중요한 것이다. 이는 특정 브랜드 상품과 브랜딩 과정의 물질적, 상징적, 담론적, 시각적 구성 요소로

서 특정한 '지리적 상상(geographical imaginaries)'을 자극한다(Jackson 2002: 3). 브랜드와 브랜딩의 차별화된 의미와 가치는 공간순환상에서 서로 연결된 행위자들(생산자, 유통자, 소비자, 규제자 등)의 행위성을 통해 창출, 유통, 안정화된다. 행위자 각각은 상품 브랜드의 지리적 결합을 선택적으로 구축하고 일관화해 안정화하려고 노력한다. 그리고 각자의 브랜딩 행위는 특정한 시·공간 시장 상황에서 상업적 의미와 가치를 추구하며 형성된다.

제3장은 오리지네이션의 개념을 보다 상세히 정의하고 설명한다. 오리지네이션은 어떻게, 무슨 이유로 행위자들이 브랜드 상품과 브랜딩 노력을 통해 지리적 결합을 구성하고, 이를 통해 특정 시장의 시·공간 맥락에서 특정 상품이나 서비스의 의미와 가치가 창출, 일관화, 안정화되는지를 파악하기 위한 개념이다. 제3장의 도입부에서는 지리적 원산지(origin)와 유래(provenance)에 대한 토론을 제시한 다음, '원산지 국가'와 보다 최근의 '브랜드의 원산지 국가'(Phau and Prendergast 2000)에 관한 연구에서 표출된 제한적인 지리적 안목을 문제시하며 보다 광범위한 지리학적 고찰을 요구할 것이다. 오리지네이션이란 개념은 이것으로부터 모든 것을 추론할 수 있는 본질적인 핵심의 요체로 제시된 것이 아니다. 그보다 다채로운 측면들을 파악하기 위한 출발점으로 이해되어야 한다. 행위자들은 브랜드화된 상품의 원산지화, 즉 오리지네이션을 위해 노력한다. 이를 위해 행위자들은 다양한 전략, 분석틀, 기법, 실천들을 동원해 지리적 결합을 구축하고 의미와 가치를 창출해 소통한다. 그러면서 다양한 방식으로 '지리적 상상'을 생산하고 유통하며 소비하는 동시에 규제한다(Jackson 2002: 3). 이 과정에서 행위자들은 축적, 경쟁, 차별화, 혁신의 논리를 생산하지만, 역으로 그런 논리들의 지배를 받기도 한다. 축적, 경쟁, 차별화, 혁신의 논리 때문에 지리적 결합의 시·공간적 조정은 지속적으로 혼란에 빠진다. 그래서 특정한 시·공간 시장의 맥락에서 브랜드화

된 재화와 서비스 상품의 상업적 어필, 일관성, 경쟁력은 해를 입을 위험성도 있다. 의류와 원격중개 서비스를 사례로 행위자들의 행위성이 어떻게 전개되어 영토적인 동시에 관계적인 오리지네이션의 배치가 발생하는지도 설명할 것이다. 완전하게 새로운 시장이 창출된 아주 예외적인 경우를 제외하고 브랜드는 텅 빈 용기처럼 작동하지 않는다. 마찬가지로 특정 내러티브가 새겨지지 않은 브랜딩은 존재하지 않는다. 행위자들이 무의 상태에서 오리지네이션된 콘텐츠를 발명, 작성, 삽입할 수는 없다는 말이다. 브랜드와 브랜딩은 불가피하게 특정한 맥락에서 만들어진 의미와 가치로 충만하며, 특정한 역사와 지리에 영향을 받는다. 한마디로, 오리지네이션은 역사의 흔적을 새기고 지리적 색채로 물들이는 과정이다. 그러한 유산과 전통은 다양한 정도와 다채로운 방식으로 행위성에 대한 제약 요소로 작용한다. 이러한 방법론과 분석틀을 가지고 더글러스 홀트(Douglas Holt 2006b)는 지리적 맥락에서 브랜딩의 역사−사회적 계보(genealogy)를 살폈고, 마이클 와츠(Michael Watts 2005: 534)는 상품의 '생애(lives)' 접근법을 제시했다. 와츠의 사회·공간적 일대기(socio-spatial biography) 방법론을 활용하면 브랜드와 브랜딩의 지리에서 영토의 스케일과 관계적 네트워크 **모두**를 중시하는 오리지네이션 분석이 가능해진다. 그리고 확장사례분석(extended case analysis) 방법론을 통해 오리지네이션을 현장에 적용하면 설명력을 가진 개념적, 이론적 프레임으로서 오리지네이션의 가치를 조명하고 점검할 수 있다. 이상은 특정 브랜드 상품의 지리와 브랜딩의 상황을 상세히 구체적으로 기록하는 차원을 넘어서는 추상적, 이론적 논의라고 할 수 있다.

이와 달리 제4장에서는 뉴캐슬 브라운 에일(Newcastle Brown Ale: NBA)이란 특정 상품에 주목한다. 이는 '로컬(local)'한 지리적 결합을 구성하는 행위자들이 NBA의 브랜드와 브랜딩에서 의미와 가치를 창출해 일관화하려는 노력을 검토하기 위함이다. 사회·공간적 일대기 방법론을 활용해 NBA 브랜드의 오리지네이션이 역사적으로 특정한 '로컬'의 형성을 통해 이루어졌음을 확인한다. 이는 뉴캐슬어폰타인(Newcastle upon Tyne)과 잉글랜드의 북동부를 기반으로 한 것이다. 브랜드의 생산자, 유통자, 소비자, 규제자들은 NBA의 전통으로부터 의미와 가치를 창출해 상업적으로 이용했는데, 도시와 지역의 상업 중심으로서 뉴캐슬어폰타인의 위치와 영국 전역에서 형성된 국가적 유통망이 특히 중요한 역할을 했다. 상위국가적인 EU의 지리적 표시 보호(Protected Geographical Indication: PGI) 규제 장치마저도 NBA 브랜드를 뉴캐슬어폰타인에 공간적으로 고정하는 데 이용되었다. 그러나 이러한 '로컬' 오리지네이션은 영국 북동부에 지역적으로 맥락화된 일시적인 조정에 불과했다. 브루어리와 주류매장의 인수·합병, 공격적인 브랜드 홍보, 새로운 상품의 혁신 등으로 영국의 국내 주류시장에서 유통과 소비의 변화가 일어났고, 이는 NBA에게는 혼란의 원인이 되었기 때문이다. 이에 경영진은 새로운 시장을 찾으려 했고 성장하는 미국 시장에 진출했다. 그러면서 NBA의 경영진과 수입업자들은 이 브랜드의 오리지네이션을 '국가' 스케일로 재조정했다. 프리미엄의 의미와 가치를 형성해 신규 대학졸업자와 비교적 부유한 청년 소비자에게 어필할 목적으로 미국에서 NBA 브랜드는 '잉글랜드 수입품' 프레임으로 재구성되었다. 미국에서 판매가 빠르게 증가하면서 NBA를 어디에서 생산해야 하는지에 대해서도 논란이 일었다. '수입품'의 브랜딩만 유지하면 문제가 없을 것으로 여기는 이들이 생겼기 때문이다. 이와 같은 오리지네이션에 대한 분석을 통해 본질적이라고 할 정도로 강력해 보였던 브랜드의 지리적 결합은 일시적일 수도 있다는 점을 파악할 수 있다. 특정 장소와 스케일에 기초한 지리적 결합의 상업적 의미와 가치는 시간과 공간의 변화에 따라 퇴색할 수 있다. 실제로 행위자들은 브랜드와 브랜딩의 오리지네이션을 새로운 시·공간 시장 맥락에서 재구성하려고 노력한다. 그러면서 상이한 스케일을 포섭하고 이를 새로운 의미와 가치의 공간순환에 연결하면서 기존과는 미묘한 차이를 가지는 지리적 결합이 나타난다.

제5장은 버버리를 사례로 브랜드와 브랜딩에 나타난 '국가적' 오리지네이션을 분석한다. 이는 '영국다움(Britishness)'의 지리적 상상에 기대어 국제적 패션 비즈니스에서 의미와 가치를 창출하고 촉진하려는 행위자들의 노력에서 비롯된 것이다. 소비자가 높이 평가하고 규제자가 보호하는 담론적, 물질적, 상징적 자산을 밑바탕으로 버버리의 사회·공간적 역사가 형성되었다. 이러한 자원을 기반으로 브랜드 소유주, 디자이너, 경영진은 의미와 가치를 지닌 지리적 결합을 구축했는데, 이는 진정성, 품질, 전통에 기초한 것이었다. 영국다움 덕분에 버버리는 제2차 세계대전 이후 꾸준한 성장을 누릴 수 있었지만 협소한 생산 품목, 보수적인 소비자층, 유통과 규제의 미약한 통제 때문에 성장세는 약화됐다. 브랜드의 영국다움은 버버리가 상업적 현대화를 추구하며 활력을 불어넣는 과정에서도 매우 중요하게 작용했다. 브랜드 생산자와 유통자들은 기존 브랜드의 유산을 신흥 소비자 기호에 호소할 수 있도록 재조정했다. 이는 시장을 이동하고 하위문화를 활용하는 것이 가능해진 국제화의 맥락에서 나타난 일시적인 오리지네이션 조정이다. 생산의 국제화가 이루어지면서 물리적 차원에서 브랜드의 지리적 결합은 영국의 영토를 초월하게 되었지만 창의적 디자인, 스타일링, 디테일링(detailing), 광고는 여전히 영국과 영국다움의 국가 프레임 속에서 원산지화되어 나타나고 있다. 이처럼 버버리의 오리지네이션은 생산지와의 물리적 연결성과 무관하게 세계 시장의 특정한 시·공간 맥락에서 생산, 유통, 소비, 규제되고 있다.

제6장에서는 애플을 사례로 '글로벌' 오리지네이션을 검토한다. 주지하다시피 애플은 국제적인 침투성, 상업적 성공, 막대한 영향력을 누리는 브랜드

다. 일부에서 애플을 '글로벌 브랜드'로 여기지만(Hollis 2010: 25), 오리지네이션의 관점에서 실리콘밸리에 위치하는 특정한 입지도 매우 중요하다. 애플의 생산, 유통, 소비, 규제는 글로벌 스케일에서 이루어지지만, 애플의 브랜딩은 실리콘밸리와 지리적으로 결합된 의미와 가치로 구성된다. 애플의 본사는 캘리포니아 샌타클래라 카운티의 쿠퍼티노에 위치한다. 이처럼 실리콘밸리 중심에 입지한 이점 때문에 행위자들은 애플의 의미와 가치를 특정한 시장 상황에서 형성, 일관화, 안정화하는 데 유리한 담론적, 물질적, 상징적, 시각적 자원으로 활용할 수 있다. 애플 브랜드는 미국의 영토와 지리적 결합 속에서 초창기의 성공을 거두었지만 경쟁, 혁신, 국제화가 초래한 혼란 때문에 독창적 의미와 가치를 잃고 상업적 쇠락의 길을 걸었었다. 1990년 중반 공동창업자 스티브 잡스가 돌아오면서 차별화된 특징을 바탕으로 브랜드 개선 작업에 착수했고, 이때의 오리지네이션은 실리콘밸리와의 지리적 결합 속에서 이루어졌다. 브랜드 생산자와 유통자의 새로운 전략, 상품, 서비스, 디자인, 그리고 보다 국제적 차원에서 재조직화된 가치사슬 덕분에 애플은 상업적 부흥과 브랜드의 글로벌 연결성 강화할 수 있었다. 동시에 **캘리포니아 애플의 디자인으로 중국에서 조립**(Designed by Apple in California, Assembled in China)한다는 오리지네이션을 통해 애플은 자사 브랜드 상품과 서비스의 의미와 가치를 유지했고, 이와 다른 상업적 의미와 가치로 수익의 폭을 확대할 수 있었다. 생산의 효율성과 가격 프리미엄을 동시에 실현한 것이다. NBA나 버버리의 사례와 마찬가지로 애플의 오리지네이션은 일시적인 시·공간 조정에 불과할 수 있다. 경쟁, 금융화, 혁신, 국제화, 지적재산권 분쟁, 정치적 논쟁, 대중적 비난, 반브랜드 또는 반애플 정서 등 여러 가지의 변동 요소가 존재하기 때문이다. 애플이 세계적인 이목을 끌며 영향력을 행사하는 것은 부인할 수 없는 사실이지만, 애플의 오리지네이션은 단순히 '글로벌'한 것으로만 여길 수 없다. 애플 브랜드의 상업적 성공을 이끈 것은 공간적인 연결이 불필요한 글로벌의 '무장소적' 성격이 아니었다. 실리콘밸리와의 특별한 지리적 결합 속에서 행위자들이 창출한 의미와 가치가 핵심이었다.

제7장에서는 지역발전과의 관련성 속에서 오리지네이션을 살핀다. 브랜드와 브랜딩의 오리지네이션은 특정한 경제활동의 입지 패턴에 영향을 줄 수 있다. 오리지네이션은 투자, 일자리, 재화나 서비스의 공급 계약, 유통망, 소매 아웃렛, 규제 인허가에 영향을 주며 경제경관을 형성한다. 지역 간 경쟁이 심화되면서 공간과 장소의 브랜드 또한 중요해졌다. 이러한 지리적 결합 속에서 지역발전에 가담하는 행위자들은 글로벌 가치사슬에서 역량과 명성을 획득해 생산, 투자, 일자리의 혜택을 포착하려 노력한다. 스코틀랜드의 해리스 트위드, 에스파냐의 카스티야라만자 사례에서 파악할 수 있듯이 오리지네이션은 토착적(indigenous), 내생적(endogenous), 외생적(exogenous) 발전 전략 모두에 긍정적인 영향을 미친다. 반면, 과도한 전문화에 의존한 강력한 브랜드와 브랜딩의 오리지네이션은 의존성과 고착(lock-in)의 문제를 발생시킬 수 있다. 이는 이스트먼 코닥(Eastman Kodak)이 위치한 뉴욕 로체스터의 현실을 통해 확인할 것이다. 지역개발을 브랜드와 브랜딩의 효과로 보기 애매한 경우도 있는데, 이런 차원에서 해리스 트위드의 사례를 검토한다.

제8장은 이 책의 핵심 주장과 학문적 기여를 정리하면서 상품 브랜드와 브랜딩의 지리에 대해 보다 정교화된 설명을 제시한다. 오리지네이션은 상품이나 서비스가 어디에서 왜 오는지를 조명하기 위한 개념이다. 이에 참여하는 행위자들은 공간순환상에서 관계적으로 얽혀 있고, 브랜드와 브랜딩을 통해서 특정 공간과 장소에 지리적 결합을 구축하고 표현한다. 이런 활동은 특정 시장의 시·공간 맥락에서 의미와 가치를 창출, 일관화, 안정화, 전유하려는 노력들로 구성된다. 이 책의 학문적 기여는 여섯 가지로 요약할 수 있다. 가

장 중요한 기여라고 할 수 있는 첫 번째는 브랜드와 브랜딩의 지리에 필수요소인 지리적 결합을 정의하고 그것의 다양한 종류, 범위, 성격을 개념화한 것이다. 브랜드와 브랜딩의 공간순환 속에서 행위자들은 지리적 결합을 활용해 브랜드 재화나 서비스 상품의 의미와 가치를 특정 시·공간 시장의 맥락에서 창출하고 고정하려 노력한다.

둘째, 이러한 지리적 결합의 근본적인 일시성, 불안정을 강조한다. 생산, 유통, 소비, 규제의 공간순환에서 행위자들이 결부되는 축적, 경쟁, 차별화, 혁신의 지배적 논리로 지리적 결합에 혼란이 발생할 수 있기 때문이다. 브랜드와 브랜딩에서 지리적 결합의 의미와 가치는 일관적인 형태와 형식을 취하지만, 이는 단지 일시적 조건하에서만 안정된다. 공간순환과 시장 맥락이 변하면 지리적 결합은 지속적으로 흔들리며 혼란을 겪게 된다. 셋째, 오리지네이션은 사회·공간적 불평등이 어떻게 시·공간상에서 재생산되는지를 파악하는 렌즈의 역할을 한다. 이는 행위자들이 지리적으로 불균등한 방식으로 브랜드와 브랜딩의 지리적 결합을 창출, 고정, 관리하는 것과 연관된다. 브랜드와 브랜딩의 역동성이 사회·공간적 차별화와 연동되어 있다는 말이다. 행위자와 축적, 경쟁, 차별화, 혁신의 과정이 서로 영향을 주고받으며, 시·공간상에서 사회·경제적 차이와 불평등은 생성, 이용, (재)생산된다. 이런 점에서 오리지네이션은 브랜드와 브랜딩 행위자가 공간순환상에 엮어 놓은 '신비한 베일'을 걷어 올리는 수단으로 평가할 수 있다(Greenberg 2008: 31).

넷째, 오리지네이션에 관한 경험적 연구의 방법론적·분석적 접근법으로 사회·공간적 일대기를 파악하고, 이를 통해 브랜드화된 재화와 서비스 상품, 그리고 이들의 브랜딩 과정을 탐구할 수 있다. 이 분석틀은 생산, 유통, 소비, 규제의 공간순환에 속한 행위자들을 확인하고 추적하는 데 도움을 준다. 이 과정에서 행위자들이 지리적 결합을 동원해 변화하는 시장의 시·공간 맥락에서 브랜드와 브랜딩의 의미와 가치를 (재)구성해 일관화하는 노력을 파악할 수 있다. 다섯째, 오리지네이션은 정치경제적 접근법과 문화경제적 접근법 간의 가교 역할을 하는 개념이며, 이는 지리학을 넘어 보다 광범위하게 사회과학 전반에 중요한 함의를 가진다. 경제적 가치의 창출, 분배, 전유의 동력과 논리에 관한 정치경제학적 해석을 제시하고, 동시에 정체성과 의미의 문화적 구성을 강조한다. 오리지네이션은 또한 재화나 서비스 상품의 브랜드와 브랜딩에서 공간순환의 행위자가 지리적 결합의 의미와 가치에 관여하는 과정을 밝힐 수 있도록 한다. 즉, 오리지네이션은 영토적 스케일(territorial scale)과 관계적 네트워크(relational network) **모두**의 문제에 주목하는 개념이다. 마지막으로 여섯째, 오리지네이션은 정치에 관해 비판적, 규범적 성찰을 자극한다. 오리지네이션은 브랜드와 브랜딩 그 자체의 한계를 인식하고 '누구를 위한 어떤 종류의 브랜드와 브랜딩인가?'의 질문에 주목한다. 이렇게 함으로써 브랜드화된 재화나 서비스 상품이 진보적이며 발전적인 방식으로 지리적 결합을 창출하는지, 어떻게 하면 관련된 사람들과 장소가 진보와 발전의 혜택을 볼 수 있는지에 대한 진지한 고민을 안겨 준다. 다른 한편으로, 오리지네이션은 지역발전의 차원에서 브랜드와 브랜딩에 대한 대화와 숙의를 자극한다. 이는 기후변화, 금융화, 자원고갈, 사회적 불평등과 같은 경제적·사회적·문화적·정치적·생태적 현안에 대한 문제와도 직결되는 것이다.

제2장

브랜드와 브랜딩의 지리학

도입

이 장에서는 오리지네이션의 핵심을 이루는 브랜드와 브랜딩에 대한 지리학적 이해를 정립한다. 우선, 브랜드와 브랜딩의 의미에 대한 정의와 개념적 문제를 고찰한다. 그리고 브랜드와 브랜딩에 불가피하게 나타나는 지리적 연결과 그것의 함의를 설명하고, 지리적 결합(geographical association)이란 개념을 정의하며 소개한다. 마지막으로, 의미와 가치의 공간순환(spatial circuit)에서 브랜드와 브랜딩을 활용하는 행위자의 역할도 살펴본다.

브랜드와 브랜딩의 정의

브랜드는 도처에 존재하고 중요한 연구의 대상이지만, 브랜드의 정확한 의미는 완벽하게 정착되지 못했다. 사전적 정의에 따르면, 브랜드는 '태우다', '라벨을 부착하다', '표시하다' 등을 뜻하는 동사이다(Collins Concise Dictionary Plus 1989). 물론, 지울 수 없는 기억을 새기거나 오명의 씌우는 것도 브랜드란 단어의 중요한 용법 중 하나다. 로마시대 이전에는 가축과 도자기에, 중세시대에는 교역 품목에 식별 가능한 표식으로 소유나 생산을 증명하기 위해 브랜드를 사용했다(Room 1998; 그림 2.1). 다른 한편으로, 브랜드는 오명이나 악명의 표시로도 쓰였다. 숙련도가 중요하고 경쟁이 치열한 사업 분야에서 재화나 서비스 상품의 정체성을 차별화하기 위해 브랜드가 동원되기도 했다 (Tregear 2003). 가장 대표적으로, 브랜드는 수공예 노동의 평판을 표시하고 표현하는 수단이었다. 수공예 노동의 "성공 여부는 생산품의 평판에 달려 있었

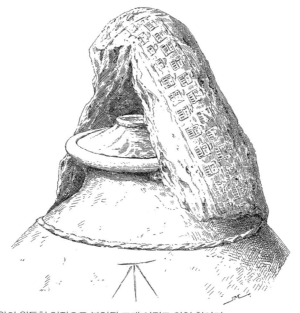

그림 2.1 왕의 원통형 인장으로 봉인된 고대 이집트 와인 항아리
출처: David Wengrow(2008: 10)

기 때문이다. 오늘날 우리가 '브랜드 라벨(label)'이라고 부르는 것처럼" 말이다(Sennett 2006: 68). 시간이 흐르면서 브랜드의 명칭, 기호, 로고는 재화와 서비스 상품의 특성을 확인하고 표현하는 수단으로 변했다(Riezebos 2003). 이는 품질, 유래, 원산지에 대해 소비자를 안심시키기 위한 것이다. 재화나 서비스 상품이 만들어지는 곳, 그리고 그것을 만들거나 전달하는 사람의 의미와 가치 **모두**가 브랜드에서 마무리된다. 이것이 바로 이 책에서 오리지네이션(origination) 개념을 동원해 상세하게 설명하는 현상이다.

브랜드란 용어가 마치 '공동 통화'처럼 빠르게 성장하고 확산하며 정교화되어 간다(Murphy 1998: 1). 그러면서 브랜드에 대한 다양한 정의들이 쏟아져 나오고 있다. 표 2.1은 분석의 수준과 초점에 따라 다르게 나타나는 브랜드와 브랜딩의 프레임을 정리한 것이다. 브랜드를 인식하는 방식은 다양화되면서 증가하고 있다. 학술적인 연구뿐 아니라 기업계, 컨설팅 업계, 관련 분야의 현직 종사자들의 처방적 설명들이 난무하고 전문가적 조언의 지위를 획득하

표 2.1 브랜드 박스

	행위성에 초점	구조에 초점
조직 및 생산 수준의 분석	논제: 경영 수단으로서 브랜드 문제: 브랜드를 다른 기능들과 함께 경영 수단으로 사용할 수 있는 방법은 무엇일까? 핵심 이론가: 데이비드 아커*	논제: 기업의 촉매제로서 브랜드 문제: 어떻게 브랜드를 기업 경영의 새로운 패러다임으로 활용할 수 있을까? 핵심 이론가: 메리 조 해치, 마이켄 슐츠**
사회 및 소비 수준의 분석	논제: 기호로서 브랜드 문제: 브랜드는 어떻게 사회적 기호, 심벌, 아이콘의 역할을 수행하는가? 핵심 이론가: 마르셀 다네시***	논제: 매개체로서 브랜드 문제: 새로운 인터페이스로서 브랜드는 어떻게 이해당사자 간 상호작용을 재구조화하는가? 핵심 이론가: 실리아 루리****

* 『브랜드 경영』의 저자; ** 『기업 브랜드의 전략적 경영』의 공저자; *** 『브랜즈(*Brands*)』의 저자;
  **** 『브랜즈: 글로벌 경제의 로고(*Brands: The Logos of the Global Economy*)』의 저자
출처: Kornberger(2010: 31)

기 위한 경쟁의 양상도 나타난다. 이들은 금전적 대가를 받고 나름대로의 브랜드를 가지며 상표로까지 등록된 자문과 지식을 판매한다(Hart and Murphy 1998; Upshaw 1995). 결과적으로, 브랜드와 브랜딩 '산업'에서 수많은 정의와 개념적 프레임이 출현하였다.

새로운 용어들이 쉴 새 없이 쏟아져 나오고 있다. '브랜드 에퀴티(equity)', '브랜드 정체성', '브랜드 전략', '브랜드 이미지', '브랜드 명성', '브랜드 약속', '브랜드 문화', '브랜드 경험', '브랜드 포지셔닝(positioning)', '브랜드 아키텍처(architecture)', '브랜드 인지'는 일부에 불과하다. 어쨌든 '브랜드'는 복잡한 단어의 앞자리에 아주 잘 어울리는 용어처럼 보인다. 그러니 개념적 인플레이션이 용어의 명확성을 확보하는 데에는 전혀 도움을 주지 못한다(Kornberger 2010: 15).

이러한 상황에서 브랜드에 대한 이해와 설명은 통합되지 못하고 오히려 파편화되어 가고 있다(Moor 2007).

브랜드를 특정한 상품이나 서비스의 독특한 유형이나 종류로 이해하는 것도 영향력 있는 정의에 해당한다(de Chernatony 2010). 그러나 브랜드의 (디자인, 기능, 품질 등) 유형적 속성과 (느낌, 외모, 스타일 등) 무형적 특색에 대해 일반적으로 용인되는 '만능' 모델은 존재하지 않는다(de Chernatony and Dall'Olmo Riley 1998; Holt 2006a; Thakor and Kohli 1996). 유·무형적 브랜드 성격 간의 관계나 상대적 중요성에 대해서도 마찬가지다. 그렇지만 널리 활용되고 있는 '브랜드 에퀴티' 개념화에는 주목할 필요가 있다. 이는 "브랜드의 명칭이나 상징과 관련된 자산(또는, 책무)"으로 정의되고, "기업과 고객이 상품이나 서비스를 통해 누릴 수 있는 부가된(또는 차감된) 가치"를 강조하는 용어다(Aaker

표 2.2 브랜드 에퀴티

에퀴티 유형	기능
브랜드 충성도	마케팅 비용 절감, 영향력 발휘, 신규 고객 유치, 경쟁 위협에 대처
브랜드 인지도	다양한 연상의 기초, 친밀감과 선호, 중요성과 관심의 신호, 고려 대상
품질 인식	구매 이유, 차별화와 지위, 가격, 이익의 통로, 확장성
브랜드 연상	정보 획득과 처리, 긍정적 태도와 감정의 창출, 확장성
기타 자산	경쟁 우위

출처: Aaker(1996: 9)

1996: 7). 브랜드 에퀴티는 브랜드 충성도, 브랜드 인지도, 품질 인식, 브랜드 연상, 기타 자산 등이 서로 밀접하게 관련되어 기능하는 점에 특히 주목받는 개념적 프레임이다(표 2.2). 무엇보다 브랜드와 브랜딩 행위자가 브랜드 에퀴티의 다양한 측면을 활용해 의미와 가치를 창출하고 표현하며 증진하는 기능을 강조한다.

　브랜드 에퀴티 프레임은 개념적 정의의 어려움을 해결하는 수단이라 할 수 있다. 브랜드 에퀴티는 다양한 유·무형의 자산으로 구성되고, 각각은 불가피하게 지리적 연결과 함의의 요소들과 얽혀 있다. 여기에는 (사람, 시간, 장소의) 연상, (이미지, 외모, 스타일 등) 정체성, (디자인과 생산품의 현실적 또는 상상된) 원산지, (감각, 형식, 기능 등) 품질, (효율성, 신뢰성, 명성 등) 가치가 포함된다. 마르셀 다네시(Marcel Danesi 2006: 41)가 설명하듯, 재화나 서비스 상품이 브랜드화되면서 "여러 가지 연상이 사용가치를 보완"하기 시작했다. 이와 유사한 케빈 켈러(Kevin Keller 2003)의 해석에 따르면, 브랜드의 의미는 근본적으로 사람, 장소, 재화, 서비스, 다른 브랜드와의 관계 속에서 형성된다. 특정한 시·공간 시장의 맥락에서 행위자들은 브랜드 에퀴티 요소의 다양성과 유연성을 바탕으로 상업적 의미와 가치를 가진 브랜드의 성격과 특징을 구성하고 형성한다. 특정 시장 상황에서 브랜드와 브랜딩의 사회·공간적 역사는 의미와 가치를 지닌 자산과 책무의 역할을 **모두** 수행한다. 브랜드 에퀴티에 대한 사회 **및** 공간적 접근은 비판적 관점에서 데이비드 아커의 '경영자적(관리자적)' 논의의 한계를 해결한다(Kornberger 2010: 35). 아커는 소비자를 간과하고 생산자의 소유와 통제에만 주목하며, 브랜드의 사회적 구성과 소비, 의미와 가치의 관계에 대해서는 대체로 무관심하다.

브랜드는 물질적 차원에서의 개념인 반면, 브랜딩은 의미를 부여해 재화와 서비스 상품에 가치를 부가하는 과정으로 이해할 수 있다(McCracken 1993). 그러나 재화와 서비스는 더 이상 물질적 기초와 기능으로만 정의할 수 있는 것이 아니라, 재화와 서비스의 '상징적 권력과 연상'도 매우 중요한 역할을 한다(Kornberger 2010: 13). 브랜딩은 비교적 최근에 등장한 용어이지만, 브랜드의 중요한 요소가 되었다(Arvidsson 2006). 논객, 전·현직 업계 종사자, 구루(guru) 등이 경쟁적으로 브랜딩에 대한 새로운 정의와 개념화를 쏟아 내고 있기 때문에 브랜드를 정의하는 것은 훨씬 더 어려운 일이 되었다(Moor 2007). 데이비드 아커의 '브랜드 에퀴티'(Aaker 1996) 프레임을 기초로 브랜딩은 특정한 시·공간의 시장에서 가치를 창출하기 위해 행위자들이 자산의 일부와 책무의 단서를 표현하고 증진해 재현하는 의미 만들기 활동으로 정의할 수 있다(Moor 2007). 즉, 브랜딩은 "[상품에] 의미를 부여하고 생산품을 차별화하기 위해 기호와 상징을 투입하는 과정으로, 생산의 비물질적, 창의적 측면에 속한다"(Allen 2002: 48). 마르틴 콘베르거는 브랜딩을 '브랜드=기능성+의미'란 '공식'을 수립해 해석했다(Kornberger 2010: xii). 이런 관점에서 3M은 (스카치테이프가 아니라) 혁신이고, 디즈니는 (영화로만 한정할 수 없는) 엔터테인먼트이다. 렉서스는 (운송수단의 기능을 뛰어넘어) 럭셔리한 것이며, 나이키는 (단순한 신발이 아니라) 퍼포먼스의 근원이다. 이러한 "의미의 생산(manufacture of meaning)"은 아주 오래된 현상이다(Jackson et al. 2001: 59). 1960년대의 (미국 위스콘

신주의) 밀워키 광고업계 한 임원에 따르면, "화장품 제조업체는 라놀린(lano-lin)이 아니라 희망을 판매한다. … 오렌지를 사는 것은 활력소를 구매하는 것이며, 마찬가지로 자동차의 소비는 위신, 선망과 관계된다"(Packard 1980: 35 재인용). 브랜딩은 소비자의 신뢰와 호감을 이끌어 내기 위해 노력하는 활동이며, 이를 위해 브랜딩 행위자들은 구매결정에 직접적인 영향력을 행사하는 (진정성, 품질, 스타일 등) 긍정적인 연상을 구성하려고 애쓴다(de Chernatony 2010). 브랜딩을 의미 만들기(meaning-making)로 개념화함으로써 브랜드에 대한 연상을 수정하고 변형하는 '리브랜딩(re-branding)'도 중요한 고려의 대상이 된다. 이는 브랜드화된 재화나 서비스 상품을 보다 적절한, 즉 상업적으로 유망한 시·공간 시장에 재위치시키려는 노력이라고 할 수 있다(Dwyer and Jackson 2003).

브랜드를 사물(object)로, 브랜딩을 과정(process)으로 구분하면 분석적인 측면에서도 유리하다. 그러나 두 개념 간 관계에서 통합적 성격을 인식해야 한다. 이러한 상호의존성이 브랜드의 관리와 경영에서 나타나기 때문이다. 브랜딩은 다양한 의사소통 미디어를 활용하는 광범위한 유통이나 판촉 활동으로 이루어지고, 이는 브랜드의 성격, 특성, 가치를 조절하고 조정하는 데 있어서 중요한 역할을 한다(Arvidsson 2006). 브랜드는 실리아 루리(Celia Lury 2004: 6)가 주장하는 바와 같이 '새로운 미디어 물체(new media object)'의 기능을 수행한다. 브랜딩은 브랜드에 대한 소비자의 헌신적 투자를 높이 평가하고 육성하며 보다 선명하게 하는 수단으로, "특별한 브랜드 이미지를 재생산하고 브랜드 에쿼티를 강화"하는 효과가 있다(Arvidsson 2005: 74).

브랜드의 성격과 특성을 구축해 의미와 가치를 창출하는 브랜딩은 매우 선택적인 행위자의 노력이다. 특정한 시·공간의 맥락에서 시장에 대한 해석과 판단이 중요하게 작용하고, 이 과정에서 브랜드 상품의 일부 특성과 성격만

이 강화되며 이외의 것들은 숨기고 지우는 효과가 발생하기 때문이다. 업계 관계자인 나이절 홀리스(Nigel Hollis 2010: 15)에 따르면 "브랜드 마케터가 가장 참을 수 없는 것은 브랜드에 대한 연상이 아무렇게나 마구잡이로 쌓여 있는 모습이다". 브랜드는 행위자들이 의도적으로 선택, 통합, 소통하는 브랜딩 과정을 통해 하나의 일관된 개체로 구성된다. 그래서 브랜드는 특정 재화나 서비스 상품의 겉모습과 성격의 일부를 조합한 합성물이라고 할 수 있다. 시장에 처음으로 진입하는 예외적인 경우를 제외하고, 브랜드와 브랜딩은 비어 있는 용기와 같이 소유자가 아무 콘텐츠나 집어넣는 것이 아니다. 브랜드와 브랜딩은 특정한 지리적, 역사적 상황에서 일정한 의미와 가치에 결부될 수밖에 없다.

브랜드와 브랜딩이 급속하게 성장하고 침투성이 증대되면서 차별화의 논리는 필수불가결해졌다. 이유는 피터 잭슨 등(Peter Jackson et al. 2011)이 제시한 차이의 구성(construction of difference)에 대한 개념을 통해 고찰할 수 있다. 실제로 행위자들은 브랜드와 브랜딩을 제품/이미지와 가격의 차별화 수단으로 활용한다(그림 2.2). 1950년대 '이미지 만들기의 위대한 창시자'로 알려진 피에르 마리노(Pierre Marineau)는 광고 담당 임원들 앞에서 다음과 같이 말했다고 한다.

어떻게든 비논리적인 상황을 만드는 것이 기본입니다. 고객들이 상품의 매력에 푹 빠지도록 해야 합니다. 수백 가지의 유사한 브랜드 콘텐츠가 경쟁하는 상황에서 강력한 브랜드 충성도를 창출해야 합니다. … [첫 번째 임무는] 고객의 마음속에 차별화의 이미지를 심어 주는 것입니다. 유사한 콘텐츠를 제공하는 경쟁업체의 상품과 대비되는 특별한 개성을 만들어야 한다는 이야깁니다(Packard 1980: 66 재인용).

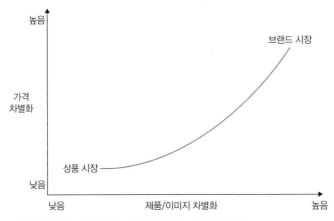

그림 2.2 상품 및 브랜드 시장에서 제품/이미지와 가격의 차별화

출처: Chernatony and McDonald(1998: 11)를 수정해 작성함.

이러한 중심 논리는 시간이 흘러도 거의 변하지 않았다. 리처드 세넷(Rich-ard Sennett 2006: 143-144)은 이 논리를 "세계적으로 일반화된 상품을 독특하게 보이게 하며 … 동질성을 숨기는" 과정으로 언급하고, "브랜드는 물건 그 자체가 아니라 소비자를 지향"하고 있음을 강조한다. 그러나 브랜드와 브랜딩의 차별화 대한 경제학적 설명에는 여러 가지 방식들이 존재한다.

완전 정보와 경쟁을 가정하는 신고전(neo-classical) 경제학에서 브랜드는 불필요하고 소모적인 것으로 간주된다. "이론상, 완전시장에서는 브랜드가 나타나지 않는다"(Kornberger 2010: xiii). 시장의 재화와 서비스가 동일해 대체 가능함에도 소비자는 브랜드 재화와 서비스에 더 많은 비용을 지불해야 하기 때문이다. 생산자의 입장에서는 광고와 홍보는 비용이 발생하는 일인 동시에 프리미엄 가격을 책정해 수익의 폭을 확대하는 수단이다. 그러나 비대칭적인 불완전한 정보가 제공되는 상황에서 브랜드는 중요한 경제적 역할을 수행하는 것으로도 이해할 수 있다. 브랜드는 소비자에게 스스로 파악할 수 없는 정보를 제공하고, 품질과 신뢰성을 보장하며 소비자의 탐색 비용을 낮추기 때문이다(Casson 1994). 브랜드는 개인 선택의 자유를 증진하며, 기존의 수행성, 품질, 신뢰성을 바탕으로 고객에게 프리미엄 가격의 신호도 제공한다(Klein and Leffler 1981). 브랜드는 (수리, 의료, 소프트웨어, 택시 등) 신용재(credence goods)와 관련해 중요한 역할을 수행한다. 전문적 지식을 필요로 하는 신용재에 대해서는 판매자와 구매자 사이에 정보의 비대칭성이 나타나기 때문이다. 다시 말해, "소비자들은 재화의 효용성을 **사후**에만 인식할 수 있으며 그것의 실질적인 필요성에 대해서는 **사전**에 판단할 수 없다"(Dulleck et al. 2010: 1). 한편, 광고는 브랜드 명성에 대한 프리미엄 가격을 보증하는 수단이다(Braithwaite 1928). 이는 소비자가 불완전한 정보 상황에서 위험회피를 추구하며 구매결정에서 불확실성을 줄이기 위해 지불하는 비용이기도 하다(Bauer 1960). 시장에서 브랜드에 대한 소비자의 인지와 인식은 기업들이 고품질의 재화와 서비스를 공급하며 높은 가격을 책정하고 이윤을 극대화할 수 있도록 한다. 기업은 브랜드를 가지고 새로운 시장으로 진입하고, 시가총액을 높이며 (잠재적 경쟁자에 대해) 진입장벽을 만들 수 있다. 이렇게 함으로써 재화와 서비스의 가격 탄력성(price elasticity), 즉 가격 상승에 대한 수요의 변화량이 작아질 수 있다.

같은 맥락에서 소스타인 베블런(Thorstein Veblen 1899)은 소비의 사회적 맥락에 대한 자신의 제도주의 분석에서 두 가지의 중요한 통찰을 제시한다. 첫째, 가격이 증가함에도 수요가 증가하는 재화의 존재를 확인했는데, 이것이 바로 위치재(positional goods)나 베블런재(Veblen goods)로 불리는 재화이다. 베블런재는 구매자의 지위를 높이는 훈장(勳章)과 같은 역할을 한다. 둘째, 베블런은 위치재가 소유자의 사회적 지위와 입지에 대한 신호와 상징의 역할을 한다고 설명한다. 이러한 두 가지의 통찰은 '고가품의 과시적 소비(conspicuous consumption)'에 대한 베블런 이론의 기초가 되었는데, 그는 고가품을 '여유로운 젠틀맨의 명성 수단'으로 이해한다. 한마디로, 고가품은 소득과 지위를 드러내는 수단이라고 할 수 있다. "산업의 효율성이 증가하며 적은 노동만으로도 생계를 유지하는 것이 가능해졌으며, 근면한 사람들은 느슨한 삶을 영위하지 않고 그들의 에너지를 과시적 지출에 쏟아부었다"(Veblen 1899: iv, 111). 의미와 가치의 강력한 상징으로서 오늘날의 브랜드는 지위와 위치를 재현하는 재화와 서비스의 대명사가 되었다.

(신)마르크스주의 관점에서 축적, 경쟁, 혁신의 역동성 때문에 차별화가 나타나고, 이는 지각된 가치를 뜻하는 교환가치와 실질적인 사용가치 간의 차이를 발생시키며 행위자의 잉여가치를 증가시킨다(Hudson 2005). 브랜드와 브랜딩은 기본적인 욕구의 충족을 넘어서 새로운 욕망과 수요를 창출해 꾸준한 축적의 동력으로 지속하려는 자본(가)의 목표에 부합한다(Streeck 2012). 그런 행위자들은 사용가치의 상징적 차원을 강화하며, 경쟁자들이 표준화, 모방, 비용절감 등을 통해 범용화(commoditization)하려는 시도를 차단하려 노력한다(Storper 1995). 이러한 설명은 스콧 래시와 존 어리(Scott Lash and John Urry 1994: 292)의 주장과 상반되는 이야기다(Du Gay and Pryke 2002). 래시와 어리는 빠른 이동성의 오늘날 사회에서 브랜드가 물질적 콘텐츠 없이 '자유롭게 떠다니는 기표(記表, signifer)'와 '기호 가치(sign value)'를 재현한다고 말한다. (신)마르크스주의 접근에서 기호 가치로서의 브랜드는 (일시적일지라도) 과대 수익을 전유하기 위해 명성의 독점을 추구하며 상징지대(symbolic rent)를 거두어들이는 (물질적인) 수단으로 이해된다(Jessop 2008). 이는 데이비드 하비(David Harvey 2002: 94)가 '독점지대(monopoly rent)'로 칭한 용어와 일맥상통한다. 브랜드와 브랜딩에서 사회적으로 구성된 이미지와 정체성은 차별화된 의미와 가치를 뒷받침하는데, 이때 지리적 결합의 전유가 발생하기도 한다. 차별화는 프리미엄 가격 브랜드의 기초가 되며, 이는 "소비자가 비교되

는 상품에 대해 브랜드 재화에 추가적 비용을 지불할 준비가 되어 있음을 뜻한다. 따라서 프리미엄 가격은 브랜드의 사용가치에 대한 금전적 재현이라고 할 수 있다"(Arbidsson 2005: 250).

경제적 범주로서 브랜드는 기능과 가치를 가진 것으로 이해된다. 기업회계 관행과 관습에서 브랜드는 재무상태표에 무형자산으로 기록된다. 기업의 경영과 전략에서 브랜드는 금융자산의 역할을 하고 투자 심리, 자본 접근성, 주가에 영향을 미친다(Arvidsson 2005; Lindemann 2010). 이처럼 증권화(securitization)되고 거래가 가능한 자산으로서 브랜드는 금융화(financialization)되고 있다. 현금의 흐름을 창출할 수 있는 브랜드를 증권으로 재가공해 투자자에게 팔아 자본을 증식할 수 있게 되었다는 말이다(Pike and Pollard 2010; Willmott 2010). 브랜드는 입증된 자산으로서의 지위를 확보하며 예측 가능한 수입의 흐름을 창출한다. "브랜드와 같은 무형자산의 증권화는 확고한 기업 금융의 수단"으로 자리 잡았다(Lindemann 2010: 87). 브랜드의 잠재적 가치와 실질적 가치는 기업의 인수·합병 활동에서 핵심을 이루기도 한다. 실제로 1980년대 후반과 1990년대 초반에 이루어진 네슬레의 로운트리 인수와 크래프트푸드의 필립 모리스 합병은 브랜드 가치 때문에 시가총액에 비해 높은 매입 가격이 책정되었던 최초의 사례들이다(Lindemann 2010; Willmott 2010). 로운트리는 장부가격의 5배인 28억 파운드에, 필립 모리스는 장부가격의 6배인 129억 달러에 매각되었다. 브랜드는 지적재산권이나 상표권 규제 때문에 지대를 발생시키기도 하는데, 이는 프랜차이징, 라이선싱, (적절한 시기와 알맞은 장소에서 적정 가격의 상품과 서비스를 유통하는) 머천다이징 등이 이루어지는 방식에서 확인할 수 있다(Batchelor 1998). 예를 들어, 라이선싱에 따른 로열티는 산업에 따라 매출액의 15~20%에까지 이르고, 이러한 가치평가에서는 시·공간 맥락이 결정적인 영향을 미친다(Lindemann 2010).

결정적인 브랜드의 속성과 가치는 기능, 겉모습, 품질과 같은 유형적 특성과 관계된다. 매력이나 느낌과 같은 브랜드의 무형적 요소 때문에 공장, 재고 등 유형적 요소에만 전적으로 의존한 기존 회계 프레임에서 브랜드의 가치평가는 대단히 어려운 일이었다. 그래서 다양한 가치평가 방법이 경쟁적으로 등장하기에 이르렀다(Lurry and Moor 2010). 국제적 비즈니스 컨설팅의 한 갈래로 브랜드와 관련해 여러 가지 가치평가 방법들이 개발되어 경쟁하고 있다는 이야기다(Willmott 2010). 예를 들어, 인터브랜드(Interbrand)는 지적재산권을 보유한 나름의 방법론을 가지고 매년 '글로벌' 순위를 발표하며, 코카콜라와 마이크로소프트 같은 미국계 브랜드의 지배력을 보여 주고 있다. 여기에서 일부 브랜드의 가치는 매출액을 훨씬 상회하는 것으로 나타난다. 쉘, 뱅크 오브 아메리카, 아마존, 코카콜라, 구글의 경우 2005년을 기준으로 브랜드 가치가 시가총액의 1/3을 넘는 것으로 분석되었다(표 2.3). 일부 선도적 브랜드의 금융 가치는 국가경제의 규모를 넘어선다. 2011년을 기준으로 720억 달러에 이르는 코카콜라의 브랜드 가치는 같은 해 세계은행의 국가 GDP 순위에서 64위에 해당하고, 이는 슬로바키아와 오만 사이에 위치하는 것이다(Interbrand 2012; World Bank 2012). 인터브랜드와 같은 업체에서는 상표권을 가진, 즉 자체의 '지식 브랜드'를 보유한 상업적 컨설팅 서비스를 특정 브랜드에 대한 호감을 평가하는 데에도 적용해 제공한다(Sum 2011: 165). 브랜드는 대체로 국가 수준에서 강력한 지리적 결합의 모습을 보인다. 공간적 연결 관계는 브랜드가 정의되는 방식에 명백하게 나타나고, 이처럼 공간적으로 차별화된 존재감과 주요 시장에서 브랜드 소유주의 권력은 순위 평가 계산에 반영된다.

차별화에 기초한 프리미엄 가격이 특정 시·공간의 시장에서 소비자 가치평가에 상응하는지에 따라 브랜드의 상업적 성공과 실패가 결정된다. 이것은

표 2.3 인터브랜드/비지니스위크 톱 글로벌 브랜드 순위(2005년, 명목가격 기준)

순위	기업	브랜드 가치 (백만 달러)	시가 총액 대비 브랜드 가치(%)	총매출액 대비 브랜드 가치(%)	국가
1	코카콜라	67,525	64	290	미국
2	마이크로소프트	59,941	22	138	미국
3	IBM	53,376	44	54	미국
4	GE	46,996	12	28	미국
5	인텔	35,588	21	93	미국
6	노키아	26,452	34	68	핀란드
7	디즈니	26,441	46	82	미국
8	맥도날드	26,014	71	128	미국
9	토요타	24,837	19	14	일본
10	말보로	21,189	15	22	미국
11	메르세데스	20,006	49	12	독일
12	씨티은행	19,967	8	22	미국
13	HP	18,866	29	22	미국
14	아메리칸 익스프레스	18,559	27	57	미국
15	질레트	17,534	33	157	미국
16	BMW	17,126	61	31	독일
17	시스코	16,592	13	67	미국
18	루이비통	16,077	44	102	프랑스
19	혼다	15,788	33	19	일본
20	삼성	14,956	19	26	한국

출처: Interbrand(2005)를 수정하여 작성함.

단순히 합리적, 경제적 계산에만 머무르는 것은 아니다. 어떤 브랜드든 간에 경제적 가치는 사회·문화적 의미와 복잡하게 얽혀 있다. 브랜드 재화와 서비스 상품은 기능적 요구와 상징적 요구 **모두**에 부응해야 한다는 이야기다. 특정한 시·공간 시장에서 브랜드를 가치 있는 것으로 만들려면, 행위자들은 브랜딩이란 의미 만들기 작업을 통해 브랜드에 상징적 성격과 문화적 의미를 불어넣어야 한다. 레이 허드슨(Ray Hudson 2005: 69)에 따르면 "구매자들이 브랜드 비용을 지불하는 데 있어 심미적 의미와 문화적 자본에 대한 판단이 중요하며, 이는 상품 그 자체의 사용가치를 초월하는 것이다". 다시 말해, 브랜드와 브랜딩은 재화나 서비스 상품의 문화적 형태와 의미에 대한 가치평가를 재현하는 것이다(Scott 2000). 브랜드 상품의 의미는 용도, 형태, 유통의 패턴으로부터 생성되기도 한다(Appadurai 1986). 그래서 지리학적 관점에서 의미를 "문화와 경제의 차원을 쉽게 구분하기 어려우며 사용과 실천으로 구성되는 하나의 우연적 범주로 이해"하는 것이 보다 유익한 접근이다(McFall 2002: 162).

브랜드와 브랜딩을 인기에 영합하고 피상적이며 쉽게 사라지는 마케팅이나 광고의 도구로만 단순화해 인식해서는 안 된다. 앨런 스콧(Allen Scott 2007: 1466)이 말하는 오늘날의 '인지-문화적 자본주의(cognitive-cultural capitalism)'에 필수불가결한 요소로 파악해야 한다.

경제의 모든 영역에서 경쟁의 심화가 나타난다. 글로벌화의 효과로 경쟁은 훨씬 더 치열해졌다. 이러한 경쟁의 대부분은 에드워드 챔벌린(Edward Chamberlin)이 말한 [독점적 경쟁의] 형식으로 발생한다. 인지-문화적 콘텐츠를 많이 함유하는 상품은 대체로 준독점적 특성을 가지고 있다. 따라서 불완전한 대체재밖에 존재하지 않으며 틈새 마케팅 전략에 매우 민감하게 반응한다.

지금까지 브랜드와 브랜딩의 의미를 정립해 보았다. 의미와 가치 **모두**를 연결해 브랜드와 브랜딩 발생의 기초가 되는 축적, 경쟁, 차별화, 혁신의 논리도 함께 검토해야 한다. 하지만 오리지네이션의 개념적, 이론적 기반을 더욱 공고하게 다지기 위해서는 브랜드와 브랜딩이 왜 지리적인지에 대해서도 살펴보아야 한다.

브랜드와 브랜딩의 지리

브랜드화된 재화나 서비스 상품의 지리적 연결과 함의는 불가피한 것이다. 이는 아주 오래된 현상이고 브랜드와 브랜딩의 정의, 가치, 의미에 필수불가결한 범주이다. 그러나 브랜드와 브랜딩의 지리에 대한 이해, 개념화, 이론화는 비교적 주목을 받지 못하는 분야다. 하비 몰로치(Harvey Molotch 2002: 665)는 "지리적 공간이 재화를 구성하는 방식은 평가절하"되고 있기 때문이라고 말한다. 브랜드화된 서비스 상품도 마찬가지다. 브랜드와 브랜딩은 최소한 세 가지 측면에서, 즉 불가피한(inescapable) 지리적 연결과 함의, 차별화된 지리적 표시와 유통, 지리적 불균등발전과 관계의 측면에서 지리적이라고 할 수 있다(Pike 2009a; 2011a; 2011c; 2013). 첫째, 구분 가능한 재화나 서비스 상품의 한 종류로 개념화할 수 있는 브랜드는 다양한 종류와 방식으로 공간적 연결과 함의를 가진 특징들로 구성된다. 도미닉 파워와 아틀레 헤우게(Dominic Power and Atle Hauge 2008: 138)가 주장하는 바와 같이 브랜드는 '본질적인 공간성'을 지니고 있다. 충성도, 인지도, 품질 인식, 연상 등 브랜드 에쿼티의 여러 측면은 공간적인 것들과 복잡하게 얽혀 있다. 여기에는 정체성, 역사, 사회·공간적 함의와 함께 재화를 생산하고 서비스를 전달하는 행위자와 장소도 포함된다.

브랜드와 브랜딩에 관계된 행위자들은 차별화된 의미와 가치를 창출할 노력의 일환으로 공간적 참조(spatial reference/referent)를 구성한다. 공간적 참조에 대해 노엘 캐스트리(Noel Castree 2001: 1520-1)는 다음과 같이 서술한다.

상품을 팔기 위해 광고, 라벨, 상표, 저작권, 게시판 등에 지리적 상상력이 동원된다. … 이는 지리적 무지함의 공백 상태를 채워 준다. 그러나 상업적 측면에서 효과적인 장소와 문화의 이미지만 사용한다는 점이 중요하다. 델몬트 맨, 엉클벤의 쌀(Uncle Ben's Rice), 지프 체로키 등을 사례로 생각해 보면 알 수 있다.

문화경제 접근법과 디자인 연구에서 특정한 장소와 브랜드/브랜딩의 차별화 간의 강력한 연관성을 살필 수 있다. 특정 지역은 좋은 평판을 가진 특정한 재화나 서비스 상품의 원산지로 알려진다(Scott 2000; Sunley et al. 2008). 장소와 브랜드가 뒤얽혀 가치와 의미를 가진 연상을 일으키고, 이는 공간과 장소의 브랜드로 스며드는 특징을 구성하며 공유한다(Molotch 2005).

공간적 참조를 강조한다고 해서 브랜드와 브랜딩의 의미나 가치는 단지 지리적으로 연결된 요소들로**만** 구성되었다고 볼 수는 없다. 경우에 따라서 공간적 연결과 함의가 거의 존재하지 않거나 전무할 수도 있다. 그리고 특정 시·공간 시장의 맥락과 너무 약한 반향을 일으켜서 가치를 창출하는 수준에까지 이르지 못하는 경우도 있다. 말 그대로 지리적 연결이 담론적으로 가려져 있는 기능성의 중간재 재화나 서비스 상품의 예는 수두룩하다. 지속적으로 성장하고 있는 (중간재가 거래되는) B2B(business-to-business) 시장에서의 브랜드와 브랜딩을 생각해 보자. 노먼 포스터(Norman Foster)와 같이 저명한 건축가가 설계한 빌딩에서 철골 구조의 브랜드, 브랜드가 부착된 생산품을 구성하는 부품의 이름과 생산지, 여러분의 보험 청구를 처리하는 사람과 장소 등은 시·공간 시장의 특정한 맥락에 따라 브랜드 상품의 의미와 가치 형성에서 중요할 수도, 그렇지 않을 수도 있다(Arvidsson 2005).

브랜드와 관련된 불가피한 공간적 연계와 참조 중에는 의도되지 않고 심지어는 바람직하지 못한 것들도 존재한다. 이런 요소들만 따로 떼서 추출하기는 어렵고, 그렇게 할 수 있더라도 의미와 가치 형성에 관련된 행위자들에게 문제를 일으킬 수도 있다(Hebdige 1989). 저항적 소비자의 행위성으로 인해 특정 브랜드의 이미지, 의미, 가치를 엄격하게 통제하려는 행위자의 노력은 경합이나 전복의 대상이 되기도 한다. 미국의 랩 스타와 저소득층 사람들, 그리고 영국의 '차브(chav)'나 다운마켓 유명인들이 버버리 브랜드의 시그니처 디자인을 사용했던 적이 있었는데(제5장), 이러한 전유(appropriation)는 브랜드 소유자가 부여한 의미와 가치를 훼손한다는 우려로 이어지기도 했다(Power and Hauge 2008; Moor 2007; Tokatli 2012a).

　행위자들이 브랜드의 특성과 특징에 의미나 가치를 부여해 표현하려는 노력을 하지만, 다른 한편으로 브랜딩은 지리적 결합의 맥락과도 긴밀하게 얽혀 있다(Moor 2007). 행위자들은 브랜딩에서 의미 만들기를 동원해 브랜드의 불가피한 공간적 맥락이나 힘의와 연관된 기호와 상징을 발굴하고 재현하며 전파한다. 디자인, 로고, 기타 상징적 도구를 포함한 브랜딩 활동은 공간적으로 맥락화된 라이프 스타일의 느낌을 불러일으키기기 위해 활용되기도 한다. "브랜딩에서 장소 이미지는 생산품과 소비자를 결합하기 위해 사용되는데, 소비자들은 선호하는 삶의 방식에서 자신의 정체성을 찾고 이처럼 상상된 지리와 라이프 스타일의 모든 요소를 사용한다"(Molotch 2002: 680). 이에 대해 리즈 무어(Liz Moor 2007: 48)는 다음과 같은 설명을 제시한다.

　브랜딩은 … 공간적 확장과 결합의 한 가지 양식이다. 확장과 결합을 통해 광고, 구매 시점, 집 안에서 사용 등 서로 분리된 브랜드 공간이 증대되어 보다 많은 '브랜드 공간들(brand spaces)'이 생겨난다. 그리고 이들 간의 상호 교류가 가능하도록 연결 또는 중첩의 과정도 발생한다.

이런 점에서 브랜딩은 공간적 상황을 가진 사회적 실천으로 해석하는 것이 가능해진다(Thrift 1996). 브랜딩은 특히 브랜드 관리와 경영을 통해 브랜드와 긴밀하게 연결된다. 브랜딩 행위자들은 다양하게 증가하는 브랜드의 시·공간적 '접점들', 예를 들어 핸드폰, 매장 내 미디어, 웹사이트, 검색 광고, 소셜 네트워크, 입소문, 급속하게 퍼지는 영상, 라디오, 텔레비전, 옥외 광고 등을 관리하거나 통제하기 위해 노력한다(Hollis 2010). 시간이 흐름에 따라 브랜드화된 재화나 서비스 상품과 브랜딩은 경제적, 사회적, 문화적, 생태적, 정치적, **그리고** 공간적인 진화의 역사를 축적한다. 이러한 사회·공간적 역사는 제3장에서 논의할 오리지네이션의 개념적, 이론적, 분석적 이해의 필수불가결한 요소이다.

둘째, 브랜드와 브랜딩은 시·공간 차원에서 지리적 차별화를 (재)생산하기 때문에 지리적이라 할 수 있다. 오늘날 인지−문화적 자본주의에서 보다 철저하게 브랜드의 세계를 논하기 위해 마이클 와츠(Michael Watts 2005: 527)가 주장하는 바를 다음과 같이 일부만 수정해 생각해 보자. "[브랜드화된] 상품의 생애는 일반적으로 시·공간상에서의 이동을 동반한다. 그러는 동안 다양한 형태의 가치와 의미가 부가된다. 따라서 [브랜드화된] 상품은 현저하게 지리적인 사물이라 할 수 있다"(Smith and Bridge 2003; Smith et al. 2002). 지리적 차별화에서 브랜드와 브랜딩의 역할은 다양한 설명의 관점으로 파악할 수 있다. 일부에서는 '글로벌' 브랜드와 브랜딩을 경계를 초월해 글로벌화를 진전시키는 무장소성의 수단으로 여긴다. 그러한 "글로벌 유동체(global fluids)"는 "영토를 초월하고, 초유기체적이며, 자유롭게 떠다니는" 것으로 이해되기도 한다(Urry 2003: 60, 68). 마르틴 콘베르거(Martin Kornberger 2010: 231)는 심지어 "우리는 브랜드를 통해 글로벌화를 경험하고, 브랜드 없는 글로벌화는 무의미"하다고 말한다. 이러한 해석은 마케팅의 선구자 시어도어 레빗(Theodore Levitt 1983: 100, 92-3)의 "지구는 평평하다"는 주장과 일맥상통한다. 그는

"글로벌 경쟁으로 민주주의적 영토성은 끝"났다고 주장했다. 그러면서 레빗 (Levitt 1983: 93)은 브랜드를 통한 글로벌 기업의 확장에 대해 다음과 같이 논의했다.

글로벌 기업은 상대적 비용의 절감에 대해서는 절대적인 일관성을 가지고 작동한다. 전 세계가 하나의 존재인 것처럼 글로벌 기업은 동일한 것을 동일한 방식으로 모든 곳에서 판매한다. … 세계의 욕구와 욕망은 돌이킬 수 없을 정도로 균질화되었다. … 상업적 측면에서 맥도날드의 성공에 견줄 만한 사례는 없다. 이처럼 글로벌화된 것에는 파리의 샹젤리제나 도쿄의 긴자 거리, 바레인의 코카콜라와 모스크바의 펩시콜라, 록음악, 그리스식 샐러드, 할리우드 영화, 레브론, 소니 TV, 리바이스 청바지 등도 포함된다. [감성을 자극하는] '하이터치' 상품은 하이테크 만큼이나 온 세상에 널리 퍼져 있다.

이와 같은 설명에서 브랜드와 브랜딩의 지리는 동질화와 획일성의 특징을 가지며(Ohmae 1992), 심지어 '동일함'을 주장하는 이들도 있다(Wortzel 1987). 비자(Visa)와 같은 브랜드는 "특정한 유래가 없는 것처럼 보이며, 다른 브랜드들처럼 … 글로벌 도달거리를 가진다. 그리고 메르세데스와 같은 브랜드는 전 세계를 누비고 있다. 이들의 물리적·감정적 존재감은 어느 곳에서든 확인할 수 있고, 더 나아가 전능해 보이기까지 한다"(Olins 2003: 17). 이런 형식의 해석에서 '원산지 국가(Country of Origin)'는 하나의 '부적절한 구성'인 것으로 이해된다(Phau and Prendergast 1999: 71). 정보통신 기술에 지원을 받고 장소가 아닌 브랜드에만 주목하는 '브랜드 공동체(brand community)'가 출현하고 있는데, 이는 "브랜드를 칭송하는 사람들 간의 구조화된 사회적 관계를 기초로 전문화되어 있지만, 지리적 결속력은 없는 공동체"로 설명된다(Muñiz and O'Guinn 2001: 412). 브랜드화된 재화나 서비스 상품의 편재성(遍在性)과 이동성 때문에 공간과 장소는 상업적으로 획일화된 '브랜드스케이프(brandscape)'로 변했다고 주장하는 이들도 있다(Klingman 2007: 3). 이런 경관은 동일한 이미지, 로고, 기호의 글로벌 브랜드와 브랜딩에 지배를 받는 것으로 여겨진다. "문화경관은 상업적인 브랜드스케이프로 변형되었다. 이는 기호의 생산과 소비가 물질 상품의 생산과 소비와 경쟁하는 곳"이라 할 수 있다(Schroeder and Salzer-Mörling 2006: 10). 이런 설명은 '평평한 세계(flat world)'에 대한 토머스 프리드먼(Thomas Friedman 2006: 206)의 논의와 유사하게 평평하고 미끌미끌한(slippery) 세계에서 공간적 차이가 줄어든다고 이해하는 것이다.

이러한 관점을 보다 공간적 감수성에 민감한 이질성, 다양성, 변형에 대한 해석에 근거해 반박할 수 있다. 이는 브랜드와 브랜딩이 뾰족하고(spiky) 끈적끈적한(sticky) 세계에서 어떻게 지리적 차이를 (재)생산하는지에 주목하는 입장이다(Hollis 2010; Jackson et al. 2007; Lewis et al. 2008; Pike 2009a, 2011a; Power and Hauge 2008; Quelch and Jocz 2012; Christopherson et al. 2008). 다시 말해, 브랜드화된 상품이 시·공간상에서 의미와 가치를 달리하며 이동한다는 점을 강조하는 관점이다. 특정 브랜드와 브랜딩에서는 지리적으로 차별화된 측면이 있다. 상업적, 사회적, 문화적, 생태적, 정치적 의미와 가치의 수준도 지리적으로 차별화된다. 브랜딩의 실천은 상이한 시·공간 시장의 맥락에서 특수성을 형성하거나 그것에 대응하기 위해 공간적으로 조율되어 이질성을 가질 수 있다. 경제인류학자들은 명백하게 '글로벌'한 것으로 여겨지는 브랜드가 특정한 지리적 상황에서 변형되는 과정에 주목한다. 트리니다드에서 코카콜라의 '혼성화(hybridization)'에 대한 대니얼 밀러(Daniel Miller 1998)의 연구가 대표적이다. 보다 지리적 감수성에 민감한 마케팅에 대한 연구에서는 특정 시장을 최대한 활용하기 위해 브랜드의 글로벌한 속성을 (지리적으로) 적응, 조정, 관리하는 것의 중요성에 주목한다(Holt et al. 2004). 브랜딩 업계의 내부자들도 "다수의 국가에서 강력한 소비자 관계를 형성한 브랜드는 극소수에 불과하고, 한 국가에서 성공한 방식이 다른 곳에서는 제대로 통하지 않을 수 있으며, 소비자의 요구와 가치는 여전히 장소마다 확연하게 다르다"는 사실을 부각한다(Hollis 2010: 1). 마르틴 콘베르거(Martin Kornberger 2010: 26)는 딜로이트(Deloitte)의 비즈니스 서비스를 예로 들어 설명한다. "브랜드는 여러 가지 부속품이 들어 있는 키트(kit)와 같다. 사람들은 그것을 공구상자를 사용하듯 로컬에 맞게 활용한다. 사전에 만들어진 공구들 때문에 일정정도의 균질성을 가지지만, 로컬 맥락에 조정된 로컬 브리콜라주(bricolage)가 가능하다". 보다 상세한 그의 설명은 아래의 인용문에서 확인할 수 있다.

> 브랜드 정체성은 동일함이 아니라 다름을 기초로 한다. 브랜드는 차이를 흡수하는 동시에 차이를 적절하게 활용하는 엔진이다. 로컬은 무한한 특이성의 보고(寶庫)다. … 브랜드는 세계를 통합하면서 통치하는 것이 아니다. 다양성과 차이를 통해 지배한다. 균등화는 시스템 장애를 일으킨다. 서로 다른 사람들은 제각각의 방식으로 브랜드를 해석한다. … 브랜드는 다른 사람들에게 다른 것을 의미한다(Kornberger 2010: 233).

국제화의 상황에서도 브랜드가 "수출되는 영토뿐 아니라 … 그것이 출발한 영토도 매우 중요하다"(Ritzer 1998: 12). 실제로 전 세계적 확산을 이해하는 데 있어서 '서구성', '미국성', '이국성'처럼 브랜드에 첨부된 [영토적] 속성은 중요한 요소이다(Askegaard 2006). 한마디로, 지리적 차별화 때문에 상이한 장소의 서로 다른 사람들은 브랜드화된 재화나 서비스 상품과 브랜딩 과정의 의미와 가치를 다양한 방식으로 해석하고 이해하며 수행한다.

셋째, 브랜드와 브랜딩이 지리적인 마지막 이유는 불가피한 공간적 차별화와 '불균등한 지리적 발전' 간의 관계에 기인한다(Harvey 1990: 432). 브랜드와 브랜딩은 경제와 사회의 공간적 차별화에 영향을 받을 뿐 아니라 동시에 공간적 차별화를 구성한다. 브랜드와 브랜딩 행위자들은 축적, 경쟁, 차별화, 혁신의 논리에 따라 시·공간상에서 사회·경제적 불균형을 추구하고 창출하며 이용하기 때문에 지리적 불균등발전을 (재)생산할 수밖에 없다. 이러한 브랜드 형성과 브랜딩 실천을 통해 행위자들은 브랜드의 시·공간 시장을 구성하고 정의한다. 럭셔리 브랜드의 경우 "여행을 즐기는 고소득층의 도시민에게 집중"하는 시장 세분화(market segmentation)에 주목하고, "지리적 특수성을 무색하게 하는 강력한 결정론에 의존한다"(Chevalier and Mazzalovo 2004: 127). 한편, 행위자들은 시장의 구조를 두고 경쟁한다. 이들은 기존 시장의 패턴에 안주하지 않고 슘페터주의적인 와해적(disruptive) 혁신을 이룩하려 노력하며 독점지대를 추구한다(Harvey 2006; Hudson 2005; Slater 2002). 브랜드나 브랜딩과 마찬가지로 시장과 이를 구성하는 요소들도 불가피하게 사회적인 **동시에** 공간적이다. 시장이 인간과 장소 간의 사회·공간적 관계를 반영하고 그것을 관통하면서 연결되어 있기 때문이다(Peck 2012).

브랜드 소유주들은 축적, 경쟁, 차별화, 혁신의 논리에 따라 특정한 시·공간 맥락의 재화와 서비스 상품 시장에서 수익성을 창출하는 부문을 세분화해 이용하며 방어한다. 그리고 소유주의 축적 의지에 따라 마케팅 전략에서 브랜드의 역할이 정해진다. 이런 논리는 킴벌리−클라크의 최고 마케팅 경영자 토니 팔머(Tony Palmer)의 발언에서 명확히 확인된다. "우리는 마케팅의 역할에 대해 매우 단순한 입장을 가지고 있습니다. 보다 많은 사람에게 가급적이면 많이 팔고자 합니다. 더 많은 돈을 벌기 위한 것이지요"(Hollis 2010: 205 재인용). 이와 유사하게 브랜딩 구루 왈리 올린스(Wally Olins 2003: 10) 또한 "상업 브랜드는 기업이 돈을 버는 강력한 수단이기 때문에 존재"한다고 말한다. 다른 한편으로 브랜드 행위자들은 사회적·지리적 차이를 이해하기 위해 엄청난 시간, 노력, 자원을 투입한다. 특히 공간순환에서 의미와 가치를 꾸준히 창출하고 실현하는 방안에 몰두한다. 나오미 클라인(Naomi Klein 2000: 117)은 브랜드 제조업자들이 "단일 세계의 무장소성, 즉 '코카콜라의 식민화'처럼 수많은 국가에서 단일 상품을 판매하는 글로벌 몰"을 열망한다고 주장한다. 그녀에 따르면, "시장이 주도하는 글로벌화는 다양성을 원하지 않는다. 정반대로 국가적 습관, 로컬 브랜드, 특이한 지역의 기호 등은 글로벌화의 적들로 간주된다"(Klein 2000: 130). 그러나 이러한 스케일의 의무(scale imperative)는 부분적인 설명에 불과하며, 차별화나 세분화 논리로 퇴색되기도 한다. 브랜드와 브랜딩 행위자들은 불평등한 공간적 차별화를 발생시키고 이로부터 수익을 창출하기 때문이다. 이들은 프리미엄 가격을 사용해 브랜드 상품을 동일한 사용가치를 보유하며 같은 기능을 수행하는 다른 재화나 서비스와 차별화한다. 그리고 높은 수익성의 프리미엄 틈새시장을 소비자가 동경하는 공간으로 구성해 보다 많은 이윤을 추구한다(Frank 2000). 예를 들어, 자본순환의 속도를 가속화하기 위해 패션과 시즌의 사이클을 만든다(Harvey 1989). 이와 같이 브랜딩은 기본적으로 전략적인 계산을 통해 기존 시장을 불안정하게 만들면서 새로운 재화나 서비스의 브랜드 개념을 가지고 시장을 다시 정의하는 것이다. 그렇게 함으로써 "브랜드와 서브브랜드의 심미적, 문화적 의미는 시장 세분화의 원인이 되며, 이것의 성공 여부는 브랜드를 소유하는 데 필수적인 프리미엄 가격을 지불하도록 만드는 역량에 달려 있다"(Hudson 2005: 69). 소비 역량은 사회·공간적으로 차별화되어 있기 때문이다.

다른 한편으로, 사회·경제적 차이와 불평등의 공간적 징후는 세분화된 시장 형성의 원동력이 되기도 한다. 실제로, "부유층과 빈곤층 간의 격차가 클수록 많은 종류의 사치품이 생겨난다"(Molotch 2002: 682). 사회적 계층과 위계 속에서 엘리트 그룹의 사람들은 소비를 통해 자신만의 독특함을 추구한다. 이러면서 욕구와 욕망은 기본적인 필요의 수준을 넘어서 새롭게 재구성해야 한다(Frank 2000; Streeck 2021). 차별화 의무(differentiation imperative)에 따른 브랜드와 브랜딩을 통해 행위자들은 불평등을 능동적으로 추구하는데, 이는 사회적 양극화의 원인으로 작용한다. "합당한 라벨과 브랜드를 갖지 못한 신빈곤층은 배제될 뿐 아니라 눈에 잘 들어오지도 않는다"(Lawson 2006: 31). 소비지향형 사회에서 소비와 브랜드는 다음과 같은 영향력을 행사한다.

[사람들은] 소비의 실천을 통해 존중을 받기도 하고, 반대도 오명을 얻기도 한다. 생산적이지 못한 실업만이 사회적 따돌림의 원인은 아니다. 소비를 하지 않거나 그럴 능력이 없는 사람들도 마찬가지다. 빈곤층은 브랜드를 감당하지 못하는 사람들이다. 이들은 별 볼일 없는 브랜드에 만족해야만 한다(Kornberger 2010: 211).

브랜드 소유주 전략의 핵심은 사회·공간적 불평등을 확인하고 이를 반영해 지휘하는, 즉 사회와 경제의 불균등한 공간의 지리를 찾아서 이용하는 것이다. 제과업체 마즈(Mars)의 글로벌 브랜드 디렉터의 견해에 따르면, "평균을 추구하는 시대는 끝"을 보았고 브랜딩의 우선순위는 "부유층의 주머니"로 옮겨 갔다(Murray 1998: 140).

브랜드와 브랜딩은 지리적 불균등발전을 지속하는데, 이에 대해 실리아 루리(Celia Lury 2004: 37)는 다음과 같은 설명을 제시한다.

위계적인 노동분업이 존재한다. … [일부의] 디자인 집약적 생산자들이 최상층에 위치하고 … 대다수의 생산자는 밑바닥에서 상품 제조업과 서비스 전달의 실질적인 일을 맡는다. … 스타벅스 카푸치노 가격 중 단지 몇 푼만이 원두를 수확하거나 로스팅 업무를 담당하는 노동자에게 돌아간다. 음료를 제공하는 [서비스] 인력에게 지급되는 것도 얼마 되지 않는다. 나머지 대부분의 수익은 브랜드 가치에 기여한 이들에게 돌아간다. 창조성, 상품 혁신, 디자인 활동에 종사하는 사람들에게로 말이다.

앨런 스콧(Allen Scott 2007: 1468)이 말하는 오늘날의 '인지−문화적 경제'에서 위계적 노동분업은 사회적인 **동시에** 공간적이다. 의미와 가치의 공간순환에서 브랜드와 브랜딩을 활성화하는 행위자들도 위계적 노동분업을 (재)생산한다(Hudson 2008; Smith et al. 2002). 지리적 불균등은 오늘날 사회·공간적 발전의 패턴에 새겨져 있다. 한편으로 메트로폴리탄의 중심에서 상층위 엘리트 직종 종사자들은 "경영, 연구, 정보처리, 커뮤니케이션, 개인교류, 디자인의 목적으로 정서, 감정, 상징적 콘텐츠를 최종 생산품에 투입하기 위해 … 엄청난 양의 인간 손길"을 동원하고, 다른 한편으로 하층위에서는 "금전적, 심리적 보상이 취약한 육체적인 생산 활동"에 종사하는 사람들이 주를 이룬다(Scott 2007: 1468).

브랜드와 브랜딩의 불가피한 공간적 속성으로 인해 지리적 불균등발전은 지속되며 강화되기도 한다. 불균등한 사회·공간적 노동분업이 형성되고 공간이나 장소 간의 경쟁 관계가 심화되면 지리적 불평등이 커지기 때문이다(Pike 2009a). 브랜드 소유주들은 국제적 수준의 아웃소싱에서 (국가와 지역 간) 규제의 차이를 이용하고 주변부 노동자를 착취하는 '바닥치기 경쟁'에 참여한다. 라이벌 관계의 생산자와 경쟁 브랜드의 유통자는 지역 간 경쟁을 심화시킨다(Pike 2011c; Ross 2004). 브랜드화된 재화나 서비스 시장에서와 마찬가지로 지역발전에 관여하는 제도적 기관도 기업, 투자, 일자리, 주민, 학생, 방문객, 스펙터클한 이벤트 등을 유치하기 위해 지역 간 경쟁에 능동적으로 참여하며 다른 곳에 비해 걸출한 장소의 특색을 마련하려고 노력한다(Hannigan 2004; Pike 2011c; Richardson 2021; Turok 2009; 제7장).

　브랜드/브랜딩과 불균등발전 간의 관계는 상품지리의 정치에서 중심을 차지한다. 이는 "시장과 상품에 대해 물신숭배라는 베일에 가려진 사회적 재생산의 전모를 밝혀야" 한다는 데이비드 하비(David Harvey 1990: 422, 432)의 요구에 부응하며, 상품과 '지리적 불균등발전' 간의 관계를 '역추적'하는 것이다. 이처럼 "상품의 숨겨진 일생"을 발굴하면, "상품 생산 시스템의 사회, 문화, 정치경제 전반에 대한 심오한 통찰력"을 얻을 수 있다(Watts 2005: 533). 그러나 이러한 '탈물신화'의 관점은 비판을 받는 논의다. 사회적 관계가 물질적인 상품으로만 구체화된다고 인식하는 점, 그리고 상업적 이해관계에 따라 형성된 지리적 상상에만 주목하는 점 때문에 '이중적 물신화'의 문제가 생기기 때문이다(Cook and Crang 1996). 상품의 사회적 삶에 나타나는 상상의 지리는 단순화하기 어렵고 매우 복잡하기 때문에(Castree 2001) 탈물신화에 초점을 둔 비평에는 대중적 소비자의 지식보다 학문적 설명을 우선시할 위험성도 내포한다(Jackson 1999). 반면, "물신화와 협력"함으로써 대안의 지리를 상상할 수 있으며(Smith and Bridge 2003; 262), "숨겨져 있는 헌신과 책무의 사슬을 회복"하여 상품 물신화의 적절성 이슈에 "재접속"하는 것도 가능하다(Barnett et al. 2005: 24). 이에 대한 오리지네이션의 기여 방안에 대해서는 제8장에서 보다 상세하게 논의할 것이다.

지리적 결합

지금까지 브랜드와 브랜딩의 지리적 성격에 대해 살펴보았다. 이런 맥락에서 이 절에서는 누가, 어떻게, 무슨 이유로 지리를 브랜드화된 재화나 서비스 상품, 그리고 브랜딩 과정에 불가피한 수준으로 얽히게 하는지에 대한 논의를 개념적·이론적 수준에서 제시할 것이다. 이를 위해 우선 경제인류학과 경제사회학 사이에서 벌어지는 얽힘(entanglement)에 대한 논쟁을 살펴보자. 시장의 상업적 의무(commercial imperative)로 인해 소비자의 삶이 재화와 서비스, 즉 '거래 가능한 사물'에 포섭되어 그들과 얽히는 과정이 논쟁의 초점이다 (Barry and Slater 2002: 183). 여기에서 행위자들은 상품에 의미를 부여하면서 상품이 '다양한 가치나 가치 시스템'과 (이성, 심미, 문화, 도덕 등) 여러 가지 등재(register)의 영역에서 반향을 일으키는 역할을 한다고 이해된다(Barry and Slater 2002: 183). 그리고 경쟁은 혁신과 차별화의 동력으로 여겨지는데, 성격이나 품질을 부여하는 '자격화(qualification)', 그리고 재화나 서비스 상품의 차이와 독특성을 강조하는 '유일화(singularization)'의 과정이 특히 중요하다 (Callon 2005: 6). 이들은 모두 소비자의 애착을 지속하는 효과를 발휘한다. 이러한 얽힘의 전개 과정은 핵심적인 논쟁의 대상이다. 한편에서, [행위자-네트워크 관점에서 경제활동을 탐구하는 사회학자] 미셸 칼롱(Michel Callon 2005; Callon et al. 2002)은 시장 거래를 통한 **풀림**(disentanglement)과 프레이밍의 순간은 필수적이라고 말한다. 이런 과정이 거래에 참여하는 사람들을 과도한 얽매임으로부터 자유롭게 한다고 여기기 때문이다. 칼롱의 설명에서 집착은 재화와 서비스 상품에 대한 소유권이나 재산권의 양도를 방해하는 요소로 간주된다. 칼롱과 달리, [경제인류학자] 대니얼 밀러는 **얽힘**을 지속적으로 증대되는 과정으로 이해한다. 그에 따르면 "대부분의 산업은 외모와 스타일, 이미지와 '느낌'에 대해서 고도로 정성적이며 **얽매인** 판단을 해야 한다. 예를 들어, 얽매임을 통해 '거리(street)'의 느낌에 대한 올바른 판단을 내릴 수 있다면 이익을 얻게 될 것이기 때문이다. 한마디로, **풀림이 아니라 보다 많은 얽힘을 통해서 이익을 취할 수 있다**"(Miller 2002: 227).

로저 리(Roger Lee 2006: 422)는 이 논쟁을 지리적으로 해석하면서 경제/사회의 불가분성을 강조하는 대니얼 밀러의 얽힘에 대한 지지 의견을 다음과 같이 표명한다.

> 얽혀 있는 경제지리는 … [단일한] 프레임으로부터 탈피한 상태로 남아 있다. 보다 엄밀하게 말해 경제지리는 여러 가지 프레임 속에 갇혀 있다. 관련된 행위자, 사물, 재화, 상품은 서로 결합되어 있어서 이들 간의 구분은 불완전한 상태로만 이루어질 수 있다. 이들 사이에서는 다각적인 사회적 관계가 작동하기 때문이다.

다른 한편으로, 로저 리는 미셸 칼롱의 견해에 나타나는 경제주의를 문제 삼아 비판한다. 경제주의는 "경제적 관계만을 정제"하려는 욕망이라 할 수 있으며, "일상 경제의 본질적인 복잡성"을 간과하고 "경제지리적 상상력을 저해"할 위험성을 내포한다(Roger 2006: 414). 칼롱의 입장은 포스트구조주의적 존재론에 영향을 받은 것으로 그의 설명에서는 축적, 경쟁, 차별화, 혁신, 자본의 공간순환, 국가와 제도적 규제 등에 대한 지리정치경제학적 인식은 불충분하게 반영되어 있다. 이에 반해, 얽힘에 관한 논의는 앞서 살핀 브랜드와 브랜딩의 지리를 정의하고 개념화해 설명하는 핵심 요소들과 아주 잘 어울린다. 여기에 주목하는 주요 학자들은 브랜드와 브랜딩을 차별화의 장치로 인식하며 '자격화'와 '유일화' 과정을 파악한다. 이런 과정들은 행위자들이 '콘셉트로서 브랜드(brand-as-concept)'를 인식하고, 브랜딩을 통해 특정 상품에만 몰두하지 않고 의미 만들기에 참여하며 보다 지속적인 수익 관계를 소비자들과 맺으려 노력하기 때문에 나타나는 현상이다. 케빈 로버츠(Kevin Roberts 2005: 1)는 그런 관계를 "이성의 차원을 넘어선 충성도"라고 말하기도 했다. 즉, '거래 가능한 사물'로서 브랜드 상품의 **불가피한 지리적 결합**과 브랜딩이란 의미 만들기를 제대로 이해하려면 **지리적** 얽힘을 개념화할 필요가 있다.

　이런 맥락에서 브랜드와 브랜딩의 지리는 지리적 결합으로 개념화할 수 있고, 이는 재화나 서비스 상품의 가치와 의미에 복잡하게 얽혀 있다. 이안 쿡과 필립 크랭(Ian Cook and Philip Crang 1996: 132)은 어떻게 행위자들이 "장소와 공간의 문화적 의미에 기초한 지리적 지식을 동원해 … 상품에 '또다시 마법'을 걸고, 낮은 가치로 표준화된 상품이나 동질화된 장소로부터 차별화"하는지 논한다. 장소는 의미의 층위(Harvey 1996), 그리고 '문화적 반향'(Scott 2010: 122)을 가진 개념이며 사회적으로 구성된다. 이 과정을 통해 행위자들은 피터 잭슨(Peter Jackson, 2002: 3)이 말한 '지리적 상상'의 함의를 이용한다. 이러한 상상은 브랜드와 브랜드 과정의 지리적 결합 **속에서** 그리고 지리적 결합을 **통해서** 이루어진다. 다양한 사회과학 분야에서 재화와 서비스 상품의 지리적 결합의 아이디어를 암묵적인 수준에서 인식하고는 있다. 널리 알려진 예로, 경제인류학의 '공간적 식별(spatial identification)'(Miller 1988: 185), 마케팅 연구의 '국가와 문화의 기표'(Phau and Prendergast 2000: 164), '여러 가지 요소를 결합해 장소가 상품과 결부'되는 과정에 대한 사회학적 설명(Molotch 2002: 686) 등이 있다. 사회학자 아담 아르비드손(Adam Arvidsson 2005: 239)의 주장에 따르면, "브랜드 에퀴티는 브랜드에 가능한 한 많은 애착을 담아 내는 것이며, … 경험, 감정, 태도, 라이프 스타일, 무엇보다 충성도가 중요하다". 각각의 요소에서 지리적 결합의 연결과 함의가 나타난다.

지리적 결합은 불가피한 공간적 연결과 함의, 지리적으로 차별화된 모습, 사회·공간적 불평등과의 관계를 통해 브랜드와 브랜딩의 지리를 이해하고 설명하는 개념이다. 특정한 '지리적 상상'을 함의하고(Jackson 2002: 3), 그것에 연결된 브랜드 상품과 브랜딩 과정의 특징적 요소들로 지리적 결합이 구성된다. 이는 브랜드와 브랜딩의 물질적 결속, 즉 특정한 장소나 공간과의 고정된 관계를 넘어서는 개념이다. 다양한 유형의 지리적 결합이 존재하며, 결합의 정도와 성격은 시·공간에 따라 달리 나타난다(Pike 2009a; 표 2.4).

지리적 결합은 물질적·상징적·담론적·시각적·청각적 유형으로 구성되고, 서로 다른 종류의 결합 간에는 중첩이 나타나기도 한다. 물질적 결합은 진정성을 지닌 전통적 방법이나 브랜드의 생산 장소에 공간적으로 연결된 것이다(Dwyer and Jackson 2003). 애버딘 앵거스 소고기, 웨일스 양고기처럼 브랜드 명칭에 지리적 표시가 직접적으로 나타나며, 취향, 질감, 사용자 편의성 등 감지할 수 있는 브랜드의 속성이 물질적인 지리적 결합을 통해 표현되기도 한다. 이와 달리, 상징적 결합은 브랜드 로고에 명시적이거나 암시적인 공간적 참조의 형태로 나타난다. 이는 대체로 잠재적 소비자의 관심을 끌기 위해

표 2.4 브랜드와 브랜딩의 지리적 결합

유형	정도	성격
물질적 결합	강함	내재성
담론적 결합	약함	진정성
상징적 결합		의제성
시각적 결합		혼성성
	예시	
메이드 인…	명칭	지리적 표시
언어	디자인	라벨링
로고	'무장소적' 편재성	스타일링
장소 이미지		

브랜드 생산자가 유통시키는 것이다. 그리고 브랜드와 브랜딩에 지리적으로 결합된 장소의 특성은 (영어와 같은) 국제적 언어에 의미와 가치를 담아 표현된다. "선호되는 지리적 위치를 … 함의하는 사물이나 디자인을 사용해" 장소와 관련된 소재를 과장해 표현하기도 한다(Molotch 2020: 678). 담론적 결합은 브랜드를 열망과 바람의 공간이나 장소와 함께 배치하려고 노력하는 것이다. 온·오프라인 광고의 스토리텔링과 내러티브, (논)픽션 문학 등이 수단으로 활용된다. 예를 들어, 기네스 맥주는 특정 아일랜드 역사와 문학의 전통에 기초한 브랜드다(Griffiths 2004). 시각적 결합은 "소비자들의 풍부한 연상을 자극하는 … 독창적 이미지"를 사용해(Thakor and Kohli 1996: 33), 그것을 브랜드에 담고 브랜딩 콘셉트나 메시지와 융합하는 것이다. 예를 들어, 뉴욕(New York City)은 NYC 화장품같이 수많은 브랜드에서 세련됨, 최신성, 도시성의 의미를 전달하는 약칭처럼 이용된다. 마지막으로 청각적 결합은 시, 음악, 언어, 은어, 말투, 방언 등에 의미를 담아 지리적 함의를 나타내는 것이다. 스포츠웨어 브랜드 나이키의 경우, 광고에서 브라질 국가대표 선수와 삼바 음악을 절묘하게 사용하면서 자사의 상품을 브라질과 브라질의 스포츠 역사에 결부시킨다(Haig 2004a).

브랜드와 브랜딩의 실천에서 서로 다른 유형의 지리적 결합이 연결되고 중첩될 수 있다. 유기농 회사 톰스 오브 메인(Tom's of Maine)의 사례에서 브랜드의 지리적 결합은 특정 브랜드 명칭과 특정 지역의 로컬리티에 공간적으로 놓인다(Molotch 2002). 반면, 지리적 결합에서 선택적으로 숨겨진 공간적 불연속성이 명백한 경우도 있다. 패션 의류와 신발 브랜드에서 '메이드 인 이탈리아' 라벨이 많이 사용되지만, 이는 저비용 국가로의 아웃소싱 확대를 숨기는 것과 마찬가지의 효과를 발휘한다(Hadjimichalis 2006; Thomas 2007, 2008; Ross 2004).

브랜드화된 재화와 서비스 상품의 지리적 결합에서 애착, 연결, 함의의 정도와 성격은 다양하다. 지리적 결합의 정량적, 정성적 범위와 성격을 조명하면 어떻게 지리적 결합이 브랜드화된 사물과 브랜딩 과정을 구성하며 관계되는지를 이해할 수 있다. 다양한 성격과 정도의 지리적 결합으로 생산자, 유통자, 소비자, 규제자의 행위성이 형성된다. 이런 행위자들은 브랜드 재화나 서비스의 공간적 연결과 함의를 구축하고 안정화하려 노력한다. 여기에서 다양한 지리적 결합에 대한 구분을 생각해 볼 수 있는데, 이들을 정적인 것이나 온전하게 분리된 것으로 여겨서는 안 된다. 그 대신 개념화 프레임의 출발점으로만 인식해야 한다. 표 2.5는 영토적 스케일과 관계적 네트워크 모두를 포착할 수 있는 용어들을 나열한 것이다. 예를 들어, 브랜드와 브랜딩의 지리적 결합으로 생성된 의미와 가치에 대해 공간순환의 행위자들은 동의와 이의(異意) 사이에서 여러 가지 입장을 취할 수 있다. 지리적 결합은 특정 영토에 공간적으로 구속된 것에서부터 관계적 네트워크를 통해 구애받지 않고 순환하는 것에 이르기까지 다양하다. 표 2.6은 브랜드와 브랜딩 속에서 지리적 결합이 나타나는 테마, 특성, 실천 및 구성요소를 구분해 정리한 것이다. 예를 들어, 경제 테마와 관련해서는 품질, 전통, 명성 등을 비롯한 수많은 특성들이 존재한다. 브랜드와 브랜딩에 일정한 성격을 불어넣기 위해 행위자들은 디자

표 2.5 지리적 결합의 구분

동의하는–이의하는	심층적인–피상적인
확장적인–제한적인	신속한–느린
고정된–유동적인	경성의–연성의
균질한–이질적인	물질적인–상징적인
영구적인–일시적인	공간적으로 구속된–공간적으로 얽매이지 않은
강한–약한	두터운–얄팍한
긴밀한–헐거운	투명한–불투명한

인, 명칭, 라벨링 등의 실천이나 구성요소를 활용한다. 일례로, 보험회사 스코티시 윈도즈(Scottish Windows)는 절약정신, 진실성, 신중함, 신뢰성을 스코틀랜드의 역사나 자사의 브랜드 서비스와 지리적으로 관련시키며 표현한다. 이런 가치들은 브랜드네임에서 상징적으로 나타나며, 동시에 은행구좌나 연금과 같이 이 회사가 판매하는 금융상품을 통해 물질적으로 표출된다.

브랜드화된 재화나 서비스 상품에 관여하는 행위자들은 특정한 지리적 원산지에 대해 진정성 있는 물질적 결합을 표현하고자 노력한다. 특히 농식품 브랜드의 경우, 샴페인 와인이나 파르마 햄처럼 브랜드화된 상품과 특정한 장소 간의 생물·물리적인 연결고리에서 고유한 관계가 명백하게 나타난다(Morgan et al. 2006). 강력하고 심오한 반향을 일으키는 지리적 결합은 브랜드 콘텐츠와 브랜딩 활동에 사용된다. 특정 장소와 본질적으로 연결되어 동일시되는 브랜드의 특수성을 행위자들이 쉽게 이용할 수 있기 때문이다. 이러한 특수성은 뉴캐슬 브라운 에일(제4장), 파르미지아노 레지아노 치즈, 피에르 가르뎅 파리 의류나 액세서리와 같은 브랜드 명칭에 압축되어 있다. 이러한 브랜드는 "지역적 결속"을 보유한다고 말할 수 있다(Molotch 2002: 672). "원산지의 위치를 [브랜드] 정의의 특징"으로 삼으면서 긴밀하고 밀착된 지리적 결합이 나타나기 때문이다(Molotch 2002: 677). 이러한 재화나 서비스 상품이 다른 곳에서 생산되지 못할 정도로 지리적 결합이 내재적이고 본질적인 것은 아니지만, 행위자들은 브랜드에 명시적인 공간적 연결을 구축하며 상업적 이익을 취하고자 한다. 예를 들어, 헬리한센(Helly Hansen)과 클라터뮤젠(Klättermusen)의 의류, 스키, 스노보드와 같은 북유럽의 익스트림 스포츠 장비 브랜드는 엘리트 수준의 사양과 높은 품질을 부각하며 의미와 가치를 표현한다. 이 브랜드의 행위자들은 북유럽의 가혹한 환경에 적합한 디자인, 테스트, 개발 과정을 강조한다(Hauge 2011). 특정 시점에서 사회·공간적으로 세분화된 시

표 2.6 지리적 결합 테마별 특성, 실천, 사례

테마	특성	실천	사례(소유주, 본사 위치)
경제	효율성 품질 명성 전통 가치	디자인 명칭 라벨링 포장	소니(전자제품): 일본의 독창성, 첨단 기술, 혁신(소니, 일본 도쿄) 스코티시 윈도즈(금융): 스코틀랜드의 절약정신, 진실성, 신중함, 신뢰성(Lloyds TSB, 영국 런던)
사회	건축 민족성 역사 언어 확실성 스타일 신뢰 가치	색 디자인 이미지 로고 명칭 발표	BMW(자동차): 독일의 합리성, 기술적 정밀함, 공학적 신뢰성(BMW그룹, 독일 뮌헨) 이케아(가구): 스칸디나비아 디자인, 스타일, 미니멀리즘(Inter IKEA Systems, 네덜란드 델프트)
정치	행정 카리스마 역량 제도 정치 지도자/정당 전통 비전	문장(紋章) 상징 깃발 이미지 명칭 포장 심벌	스위스항공: 스위스의 효율성, 중립성, 품질, 신뢰성(스위스항공, 스위스 취리히) Coutts(민간은행): 신중함, 지위, 영국의 진실성과 전통(Royal Bank of Scotland, 영국 에든버러)
문화	유물 민속 우상 정체성 신화 텍스트 전통	디자인 이미지 로고 포장 스타일링 변형	프라다(패션): '메이드 인 이탈리아' 디자인, 스타일, 품질(이탈리아 밀라노) 퀵실버(서핑 의류 및 장비): 유행, 느긋한 해변 스타일(오스트레일리아 토키)
생태	진정성 고유한 성격(맛, 냄새, 감촉 등) 환경 유래 품질 특이성	인증(공정무역 등) 원산지 라벨링 포장 근원	Ben and Jerry's(아이스크림): 소도시의 가치, 환경적 공헌(미국 웨스트 버지니아 버몬트) 몰슨(맥주): 선명함, 순수함, 싸늘한 기온(미국 콜로라도 덴버)

오리지네이션

장에 어필하기 위해 허구로 구성된 장소에 대해 지리적 결합을 추구하는 행위자들이 있을 수도 있다. 예를 들어, 피터 잭슨 등(Jackson et al. 2011: 59)은 영국의 한 식품 소매업체에서 '의미의 생산' 과정을 살피며, '오컴(Oakham)' 치킨, '로크뮤어(Lochmuir)' 연어와 같은 브랜드는 품질과 유래를 말하기 위해 허구의 장소에 가공된 결합을 추구하고 있음을 지적한다.

특정 시·공간 시장의 맥락에서 지리적 결합을 수단으로 의미와 가치를 구성하는 일은 한계에 봉착할 수 있다. 그러면 행위자들은 브랜드와 브랜딩의 대안적인 지리적 결합을 구성하려고 시도하기도 한다. 예를 들어, '글로벌'을 열망하는 브랜드에서는 '무공간성', 또는 렐프(Relph 1976)가 말하는 '무장소성'의 정체성과 의미를 표현하려 한다. 특정한 공간적 결속과 애착의 지리적 결합에서 벗어나려 한다는 말이다. 이러한 '글로벌' 정체성은 대체로 세계 시장을 이용하기 위해 최신성, (확대된) 도달거리, 편재성을 함의하도록 만들어진다. 캘리포니아 할리우드에 집중된 영화산업에서는 (대량 시장을 지향하는) '블록버스터' 프랜차이즈 모델을 활용한다. 이것은 영화에서 특정한 지리적 참조를 의도적으로 회피하는 것이다. 특정한 지리적 시장에서 일으킬 수 있는 오해를 방지하며, 글로벌 배급망을 통해 규모의 경제를 실현하기 위한 전략의 일환이다(Hoad 2012). 이처럼 명백한 '글로벌' 브랜드 또한 지리적 결합의 개념을 가지고 철저히 분석할 수 있다. 구글, 마이크로소프트, 토요타 같은 브랜드는 공간적 연결성과 함의를 유지하고 '글로벌' 속성을 관리하지만, 동시에 특정한 지리적 시장에 적응하려는 노력도 한다(Hollis 2010; Holt et al. 2004). 코카콜라, 맥도날드, 나이키처럼 초연결성을 가지며 지리적 얽매임 없이 모든 곳에 존재하는 것으로 보이는 '글로벌' 브랜드도 미국화, 제국주의, 모더니티처럼 지리적으로 맥락화된 관념과 뒤섞여 있다(Goldman and Papson 1998; Ritzer 1998). 트리니다드의 '메타-상품(meta-commodity)'인 코카콜라의 모습에서 확인할 수 있는 바와 같이(Miller 1998: 170) 이런 브랜드의 소유주들은 상업적 이익을 찾아 브랜드를 로컬 시장의 맥락에 맞게 적용시켜 '혼성화'한다. 따라서 '무공간성'과 '무장소성'을 '글로벌' 브랜드의 성격이라고 규정할 수는 없다. 소위 글로벌 브랜드라 불리는 것들도 지리적 결합에서 벗어날수 없다. 행위자들은 특히 브랜드의 국가적 이미지에서 쉽게 탈피할 수 없다(Papadopoulos 1993). 브랜드의 의미와 가치는 지리적으로 차별화, 불균등화되어 있고, 이는 여러 장소에서 상이한 방식으로 소비되기 때문이다(Jackson 2004).

지리적 결합의 서로 다른 유형, 범위, 성격을 구분해 특정 시·공간 시장의 맥락에서 의미를 가지지만 가치는 인정받지 못하는 부분에 대해서도 설명할 수 있다. 브랜드와 브랜딩 행위자들은 선택적 방식으로 재화나 서비스 상품의 지리적 결합을 구성한다. 이들은 한편으로 특정 장소에 함의된 유산, 품질, 명성 등 호감과 가치를 지닌 의미들을 이용하려 한다. 밀라노의 디자인, 타이의 실크처럼 말이다. 그러나 다른 한편으로, 행위자들은 상업적 가치가 낮거나 손해를 입힐 수 있는 의미를 숨기려 한다. 품질은 떨어지지만 (낮은 가격 때문에 소비자 입장에서 취할 수 있는) 가치를 강조하는 자동차와 전자제품 브랜드에서 두드러지게 나타나는 현상이다. 1970년대에는 한국과 일본 브랜드가, 1980년대부터는 중국 브랜드가 그런 상황에 있었다(Willmott 2010). 브랜드와 브랜딩 행위자들은 지리적 결합의 다양한 유형, 정도, 특성을 팔레트의 물감과 같이 유연하게 뒤섞어 활용한다. 이러한 자산과 자원이 브랜드화된 재화나 서비스 상품의 특정한 역사와 지리, 그에 따른 시·공간적 시장의 경험과 명성으로 조정된다는 것이 오리지네이션 논의의 핵심이다. 행위자들은 물질적, 인지적, 허구적 결합 간의 경계에서 애매모호한 공간적 연결을 의도적으로 만들어 내며, 브랜드와 브랜딩이 특정 시·공간 시장에서 상업적 기능을 수행하도록 한다. 이는 의류 상품 브랜드 EAST에서 다음과 같이 확인된 사실이다.

> [EAST는] 인도와 특별한 연결성보다 일반화된 '민족성의 인상'을 풍긴 다. … [그러나] 생산의 견지에서 인도와의 직접적 연결성이 항상 부각되 는 것은 아니다. … 질감, 디자인, 근면 등에 관한 여러 가지 담론을 통해 EAST 브랜드가 유지된다. 이는 일반화된 '민족적' 심미성에 관계된 것 이며, 인도에서 영감을 받은 것이지만 특정한 물리적 위치에 고착된 것 은 아니다(Dwyer and Jackson 2003: 277).

이처럼 조작 가능한 지리적 결합의 의미와 가치 덕분에 EAST 브랜드 소유 주들은 생산, 유통, 소비, 제도의 배치에서 행위성과 공간적 유연성을 누릴 수 있다.

브랜드 상품의 지리적 결합을 구별하면서 공간과 장소에 대한 영토적 인식 과 관계적 개념화 간의 긴장관계나 협상의 과정을 살필 수 있다(Agnew 2002; Amin 2004; Bulkeley 2005; Pike 2007; Jackson 2004). 브랜드와 브랜딩의 지리 를 구성하는 지리적 결합은 관계적인 **동시에** 영토적이고, 얽매인 **동시에** 해 방되었으며, 유동성과 고착성, 영토화와 탈영토화 **모두**의 속성을 지닌다(Pike 2009a). 잠재적 대립성과 중첩성을 가진 힘들 간에 나타나는 복잡성과 우연 성, 그리고 이를 이용하는 행위자들의 방식에 주목하면서 브랜드와 브랜딩의 지리에 대한 분석과 이해를 추구해야 한다. 이를 통해 브랜드와 브랜딩 지리 의 불안정하고 일시적인 성격이 드러날 수 있을 것이다.

아울러, 지리적 결합은 **국가**에만 초점을 맞춘 '원산지 국가(Country of Ori-gin)' 접근법의 한계를 극복하며, 영토적 견지에서 브랜드와 브랜딩에 대한 다양한 지리적 스케일의 프레임을 제시한다(Pike 2009a). 행위자들은 특정 재화나 서비스 상품에 대한 브랜드와 브랜딩의 연결과 함의를 확립, 재현, 규제하는 데 있어서 공간적 단위의 경계를 설정하며 지리적 결합을 구성하려고 노력한다. 사회학에서는 익명성이 당연시되는 대량생산 상품이 정체성과 얽히는 과정에서 지리적 맥락의 역할과 연결에 주목한다. 이는 "(허구적이라 할지라도) 식별 가능한 생산자와 발명가나 특정한 물리적 장소에 … [대량생산 상품이] 연결"된 상태를 강조하는 것이다(Arvidsson 2005: 244; Goldman and Papson 2006; Molotch 2002, 2005). 제3장에서 논의하는 바와 같이 '원산지 **국가**'에 대한 마케팅 연구에서는 제한되고 공간적으로 고정된 지리적 결합에만 관심을 갖는다. 특히, 브랜드의 기원에 관해 국가적 스케일에 한정된 프레임의 문제가 나타난다. 사례에 따라서 국가가 중요할 수는 있지만, 국가를 행위자와 지리적 결합의 유일한 프레임이라고는 볼 수 없다. 물론, 특정 재화나 서비스 상품에 대해서는 국가 수준의 연결과 함의가 특정한 시·공간 시장의 맥락에서 의미와 가치를 가질 수 있다. 예를 들어, 스와치(Swatch) 시계에 관계된 행위자들은 브랜드 명칭에서 '스위스'와 '시계'를 합성한다. 이는 "기원의 장소가 브랜드와 접점을 가지도록 디자인하는 경우다. 이를 바탕으로 … 스와치 상품은 (특정) 소비자의 신뢰를 얻고 품질을 보장받는 동시에, 브랜드를 원산지에 연결하며 판매된다"(Lurry 2004: 54). 영토로서 공간과 장소는 브랜드 재화와 서비스 상품이나 브랜딩의 지리적 결합의 일부이다. 생산자, 유통자, 소비자, 규제자들은 다양한 스케일에서 영토를 한정지으며 공간적 연결과 함의를 형성한다(표 2.7). 라틴아메리카의 커피, 바덴뷔르템베르크 슈바벤 지방의 정밀 엔지니어링, 카탈루냐의 디자인, 남부유럽의 맛, 미국 서부의 개척정신, 마이애미의 다운타운 스타일, 파리의 쿨함, 런던 나이츠브리지의 고급스러움, 새빌로의 품질 등의 사례에서 확인할 수 있는 것처럼 브랜드의 의미와 가

표 2.7 지리적 결합의 스케일

스케일	예시
상위국가	유럽, 라틴아메리카
국가	브라질, 일본
하위국가 행정단위	바이에른, 캘리포니아
민족	카탈루냐, 스코틀랜드
범지역	북부, 남부
지역	북동부, 남서부
하위지역 또는 로컬	베이 지역, 다운타운
도시	밀라노, 파리
근린	어퍼이스트사이드, 나이츠브리지
거리	새빌로, 매디슨애비뉴

치의 득성은 영토석으로 정의된 공간과 장소에 착근한다.

그러나 브랜드와 브랜딩의 지리적 결합은 영토적 스케일에 한정된 것만은 아니다. 관계적 네트워크의 속성도 지니고 있기 때문이다. 특정 영토와 지리적 스케일을 초월해 순환과 네트워크를 따라 뻗쳐 있어 얽매이지 않고 유동적이며 탈영토화된 공간과 장소의 모습도 지리적 결합에서 빈번하게 등장한다. 리즈 무어(Liz Moor 2007: 9)는 보다 개방적, 투과적인 개체로서 공간을 인식하며 브랜딩을 이해한다. 브랜딩은 "의미 있는 패턴을 마련해 정보를 공간상에서 연결"하는 것이기 때문이다. 같은 맥락에서 하비 몰로치(Harvey Molotch 2002: 678)는 지리적으로 결합된 브랜드는 원거리 소비와 관계된다고 주장한다. "소비자들은 구매활동을 통해 원거리 지역에 가지 않고도 그곳의 일부를 떼서 가져오고, 그렇게 함으로써 원거리의 사회·문화적 특징을 취하는 것"이 가능하기 때문이다. 행위자들은 영토적 이해와 관계적 접근을 결합해 차별화된 의미와 가치를 창출하는 장치로서 브랜드와 브랜딩을 활용한다. 특정한 공간과 장소의 영토를 뒤섞어 '매시업(mash-up)' 상태로 혼성화된 물질적인 지리적 결합을 만든다. 럭셔리 브랜드 구찌의 현대적 성공 비결은 LA의 스타일과 감각에 기초한 지리적 결합에서 찾을 수 있다(Tokatli 2013). 성공을 이끈 디자이너 톰 퍼드(Tom Ford)는 텍사스 오스틴 출신이지만, 프랑스 파리에서 경력을 쌓았다. 본사를 피렌체에 둔 구찌 브랜드의 생산은 이탈리아에서 이루어지지만, 다른 한편으로 브랜드의 국제화도 확대되었다(Tokatli 2012b). 이러한 창발적인 '브랜드공간(brandspace)'은 관계적인 동시에 영토적이다. 브랜드공간은 "특정한 시·공간에 얽매이지 않는다. … 브랜드 자체가 소유하는 공간이라 할 수 있다. … 브랜드의 소통을 목적으로 감정에 기초해 별도로 오려 낸 영토" 같은 것이다(Hollis 2010: 182). 사회학자들은 브랜드를 상호작용적인 심벌, 기호, 로고로 이해하는 관계적 관점을 발전시키고 있다. 미디어의 다원화 때문에 브랜드 공간성의 고삐가 완전히 풀려 버렸다. 실리아 루리(Celia Lury 2004: 50)에 따르면 "브랜드의 접점은 … 단일한 장소와 시간에서 찾을 수 없다. 헤아릴 수 없이 수많은 (상품, 포장 등) 겉모습, (텔레비전, 컴퓨터, 영화 등) 스크린, (소매 아웃렛, 광고판 등) 현장에 흩어져" 있기 때문이다(Power and Hauge 2008; Power and Jansson 2011).

공간과 장소에 대해 영토적 또는 관계적 관념 **둘 중 하나만**을 취하는 이분법적 사고는 브랜드와 브랜딩의 지리가 전개되는 복잡하고 우연적이며 때로는 모순적인 방식을 제대로 이해하고 설명하지 못한다. 디지털화 수단을 통해 의사소통과 브랜드 상품이나 서비스의 소비가 탈중개화(disintermediation)되면서 브랜드와 브랜딩의 공간은 보다 개방적이고 투과적이며 관계적인 형태로 변화했다. 현실적인 동시에 가상적인 '브랜드의 공간'도 형성되어 기존에 분리되었던 브랜드 재화나 서비스 상품이 한곳에 모아졌다(Hudson 2005: 68). 각각은 물질적, 물리적으로 특정한 장소에 위치하지 않더라도 서로 연결되어 지리적으로 결합된 경험을 창출할 수 있게 되었다. 온라인 가상공간의 'e브랜딩'에서조차도 영토적으로 분리된 방식의 적응과 '로컬화'가 필요해 졌는데, 이는 언어, 심벌, 컬러, 소비자 선호 등이 지리적으로 차별화되어 이 질적으로 남아 있기 때문이다(Ibeh et al. 2005). 이에 마르틴 콘베르거(Martin Kornberger 2010: 251)는 "브랜드는 오프라인보다 온라인에서 훨씬 더 큰 역할 을 한다. … 대체 비용이 거의 들지 않는 브랜드만이 특정한 사이트로 사람들 이 꾸준히 돌아오게 할 수 있다"라고 주장한다. 브랜드와 브랜딩의 지리를 규 제하는 것에서도 긴장과 지리적 차별화는 명백하게 나타난다. 소유권과 저작 권을 비롯해, 브랜드의 불가피한 지리적 결합을 공간적으로 한정짓는 노력들 은 항상 유동적이기 마련이다. 왜냐하면 거버넌스와 규제의 시스템에서 '경 계가 있는 관할구역의 공간'은 변화하는 경제와 가치의 지리 때문에 지속적 인 방해를 받으며 재구성되기 때문이다(Lee 2006: 418).

행위자들이 브랜드와 브랜딩을 동원해 전달하는 지리적 결합의 형태, 정 도, 특징은 '경계를 초월한' 관계적 공간과 장소, 그리고 '경계로 한정된' 영토 적 공간과 장소 **모두**를 통해 전개된다. 관계의 지리와 영토의 지리 간의 관계 는 시간의 맥락에 따라 우연한 방식으로 형성된다. 이런 관점에서 나오미 클 라인(Naomi Klein 2000: xvii)의 '비물질화'되고 '무중력 상태'의 경제에 관한 '포 스트국가적 비전'은 너무 지나친 논의처럼 보인다. 그녀는 『슈퍼 브랜드의 불 편한 진실』에서 "기업들이 생산하는 것은 사물이 아니라 … 브랜드 **이미지**" 라고 주장하면서 브랜드화된 자본주의에 대한 정치경제학적 인식을 고취한 다(Klein 2000: xvii). 이러한 정치경제학적 접근법의 경직성을 개선하려면 브 랜드화된 물건과 브랜딩 과정에서 나타나는 지리적 결합이 얼마나 복잡하고 다양하며 가변적인지를 살펴봐야 한다. 이를 위해 경험적 연구의 맥락에서 브랜드와 브랜딩의 형태, 범위, 성격도 설명해야 한다.

브랜드와 브랜딩이 점점 더 두드러지게 나타나고 있지만, 브랜드와 브랜딩의 지리가 어떻게 물신주의와 재접속하고(Hartwick 2000) 그것을 '뒤쫓는지' (Castree 2001: 1521)에 대한 설명은 제대로 이루어지지 못했다. "브랜딩의 효과 때문에 상품이 신화와 상징에 둘러싸여 [그것을 구성하는] 사회적 관계와 조건으로부터 멀어졌다"면(Edensor and Kothari 2006: 332) 상품 브랜드와 브랜딩의 지리적 얽힘을 인식함으로써 관련된 정치와 불균등발전을 분석해야 한다. 이는 중요하지만 매우 어려운 일이다.

지금의 브랜딩은 물신화를 한걸음 더 나가게 했다. [기존의] 물신주의가 [보다 많이] 물신화되었다 할 수 있다. 다른 말로, 상품으로 구체화되었던 이미지가 [보다 높은 수준으로] 상품화되었다. 브랜딩은 '신비한 베일'을 씌우며 상품의 사회적 원산지를 보다 두텁게 가릴 뿐 아니라 신비한 베일을 생산하고 유통하는 산업까지 낳았다. 이 산업은 신비한 베일을 짜내는 방법을 고안해 총체성에 대한 환상을 심어 주고 있다(Greenberg 2008: 31).

브랜드화된 상품과 브랜딩의 불균등발전에서 탈물신화라는 '아주 중대한 작업'은 아직까지 마무리되지 못했다(Castree 2001: 1520). 행위자들이 구성한 브랜드와 브랜딩의 신비한 베일을 벗기려면 "진정성에 관한 양극화된 논쟁에서 탈피해야 한다. 이런 논의는 물신주의를 '들추어 내고' 상품의 내면에 감추어진 착취적인 사회적 관계를 폭로하는 것에 머물러 있다. … 소외와 착취가 발생하는 정치경제적 과정에서 더 나아가 의미가 생산되는 문화적 과정을 이해하기 위해 … 보다 복잡한 담론적 전유(專有, appropriation)의 과정에 대한 논의를 이끌어 내야 한다"(Jackson et al. 2007: 328-9). 여기에서 지리적 결합의 개념은 두 가지 방식으로 기여한다. 첫째, 문화경제적 접근법의 견지에서 다양하고 가변적인 지리적 결합을 물질적, 담론적, 상징적 측면에서 포착해 파악할 수 있다(Cook and Harrison 2003). 둘째, 이러한 문화적 구성을 축적, 경쟁, 차별화, 혁신 등 오늘날의 자본주의에 관한 체계적 논리와 연결시키며 강조하지만 이를 단일한 원인과 결과의 산물로 환원하지는 않는다(Castree 2001, 2004; Watts 2005). 문화적 감수성을 가진 정치경제학을 추구한다는 이야기다.

의미와 가치의 공간순환

지리적 결합의 개념을 가지고 브랜드와 브랜딩을 지리적 맥락에 위치시키면 의미와 가치의 공간순환에서 브랜드와 브랜딩의 역할과 중요성을 이론화하는 것이 가능해진다.

공간과 의미나 가치의 순환 간의 변증법적 관계, 그리고 시장에서 '경제'적 재현은 브랜드와 브랜딩의 필수적인 요소이다(Hudson 2005; Sayer 2001). 레이 허드슨(Ray Hudson 2005: 68)이 설명하는 바와 같이 "브랜드 소유자들은 브랜드화된 물건을 공원, 식당, 술집, 상점 등 테마화된 공간에 배치한다. 그들은 이벤트 활동을 후원하면서 테마화된 라이프 스타일의 정교화에 기여하기도 한다. … 이처럼 (환각을 일으키는) '브랜드의 공간'은 공간과 의미의 순환 간의 변증법적 관계를 드러낸다". 브랜딩과 마찬가지로 "브랜드의 창출과 관촉은 … 상품으로 구체화된 잉여가치를 실현하는 데 중요한 역할을 하고, 그렇게 함으로써 가치의 흐름과 자본의 팽창을 보장한다"(Hudson 2005: 76). 행위자들의 입장에서 브랜드와 브랜딩은 공간순환에서 의미와 기치를 구성하는 지리적 결합을 창출해 일관화하고 안정화하는 수단이다. 이런 관점에서 도미닉 파워와 아틀레 헤우게(Dominic Power and Atle Hauge 2008: 125)는 "기업을 비롯한 경제적 행위자들이 시장에서 혁신적·경쟁적 활동에 초점을 두고 브랜드를 이용"한다고 파악하며, 브랜드를 "제도"로, 브랜딩을 "수많은 산업에서 경제적 배치와 시장 과정의 밑바탕이 되는 구조 역할을 하는 제도적 환경"으로 해석한다. 이들은 브랜드와 브랜딩을 통해 나타나는 '제도화' 과정이 고착성 문제를 유발하는 것에도 유념한다. 그러나 다른 한편으로 자본의 공간 순환에서 가치와 의미에 일관성을 부여할 목적으로 브랜드와 브랜딩이 활용되는 사실에도 주목해야 한다. 왜냐하면 "특정한 사물이 상품으로서 수행성을 발휘하고, 그렇게 함으로써 시장이 (재)생산될 수 있도록 하려면 의미는 일정 정도의 안정성을 유지"할 필요가 있기 때문이다(Hudson 2008: 430).

행위자들은 브랜드와 브랜딩을 통해 특정한 시간과 지리적 상황의 시장 맥락에서 브랜드화된 상품의 의미와 가치를 구성하고 정착하려 한다. 이러한 의미와 가치는 브랜드의 지리적 결합과—단순화해 환원론적으로 해석해서는 안 되지만—복잡하게 관련된다. 그러나 행위자가 달성한 고착성과 안정성은 일시적이고 부분적인 성과라는 점은 분명히 해 둘 필요가 있다. 축적, 경쟁, 차별화, 혁신, 소비자 기호의 변화를 비롯해 와해적인(파열적인) 자본주의 논리들은 특정 시·공간 시장의 맥락에서 브랜드와 브랜딩의 의미와 가치에 균열을 일으키며 그것을 재구성한다. 휴 윌모트(Hugh Willmott 2010: 526)에 따르면 "브랜드와 같이 무형자산은 잉여가치 창출에서 엄청난 잠재력을 가진다. 그러나 브랜드 에퀴티는 혁신, 유행의 변화, 소비자 활동가의 영향력 때문에 파괴의 위험에 취약하다". 브랜드와 브랜딩 행위자들은 이런 현상을 다음과 같이 인식한다.

브랜드는 관리를 통해 개발되어야 한다. 시간의 변화에 부응해 질과 느낌을 꾸준히 개선해야 한다. 식물과 마찬가지로 브랜드를 신중하게 가꾸어야 한다. 유행을 따라가며 최신성, 매력, 호감을 유지하고 생명력을 지속할 수 있도록 꾸준한 보살핌도 필요하다. … 아무것도 하지 않는다면 브랜드의 쇠퇴는 불가피하다. 그릇된 브랜드 경영은 … 시장에서 적절성의 상실, 비효율적인 운용, 비일관적인 전략, 부적절한 투자 등의 원인으로 작용한다. … 상품의 광범위한 보급, 반복적인 광고의 방영은 탈신비화(demystification)로 이어질 수 있다. 그러면 브랜드는 신비로움과 매력을 잃는다. 신기성(新奇性, novelty)을 향한 오늘날 경쟁의 맥락에서 성공의 감퇴 효과는 훨씬 더 빨라지고 있다. … 욕구, 유행, 기술, 기호에 민감하게 반응하는 우리 시대 문명의 근본적인 트렌드도 마찬가지다(Chevalier and Mazzalovo 2004: 89, 128-9).

인지—문화적 자본주의에 착근된 논리와 경향은 위험으로 이어지고, 이는 브랜드와 브랜딩의 일관성과 안정성에 위해를 가하며 공간순환에서 가치의 흐름과 자본의 확대를 방해한다. 의미와 가치는 단순히 브랜드 소유자가 부여해 고정시킬 수 있는 것이 아니며, 공장을 떠날 때 재화나 서비스 상품에 부착되는 스탬프나 마크에만 머무르지도 않는다. 브랜드는 경제적, 사회적, 문화적, 생태적, 정치적인 것이기 때문에 본질적으로 유동적이고 불안정하며 "사회적으로 협상"(Power and Hauge 2008: 130)되며 "깨지기 쉬운 것"(Kornberger 2010: 53)이다. 시장에서 경쟁이나 소비자 활동가들의 반발로 일부는 시·공간적 경합에 직면한다. 지리적 결합은 브랜드의 의미와 가치 형성에서 핵심을 차지하지만 결합된 공간과 장소의 성격도 꾸준히 변한다. 그래서 이를 고정하고 일관화해 안정화하려는 행위자들의 노력은 언제나 부분적이며 일시적이다. 물론, 경우에 따라서는 브랜드의 의미와 가치가 특정한 시·공간에서 아주 오랫동안 지속되기도 한다. 그러나 브랜드와 브랜딩 행위자들의 일은 언제나 미결의 상태로 꾸준하게 유지된다.

예를 들어, 한국의 전자제품 기업 삼성은 1970~1980년대에 동아시아 신흥 제조업체로서의 지리적 결합 속에서 저가와 낮은 품질의 평판을 가지고 있었으나 이를 탈피하기 위해 부단히 노력했다. 브랜드 소유주는 선진국 시장에서 수익을 개선할 목적으로 지리적 결합의 재구성에 능동적으로 대처했다. 신제품에 투자를 집중했고, 유명 연예인을 이용한 홍보, 관심을 집중시키는 스폰서십 등 품질 향상과 브랜드 판촉 노력을 펼쳤다(Willmott 2010). 아시아 금융위기 무렵인 1996년 삼성의 이건희 회장은 브랜드와 연구개발(R&D) 역량을 개선해 주문자상표부착생산자(Original Equipment Manufacturer: OEM)의 지위를 벗어나 가치사슬의 상층위로 업그레이드하려는 목표를 세웠다. 이를 위해 무엇보다 "브랜드 가치를 핵심적인 무형자산과 기업 경쟁력의 원천으로 인식하고 이를 글로벌 수준으로 향상"시키고자 하였다(Samsung 2007: 1 재인용). 이렇게 마련된 삼성의 핵심 전략은 강력한 '마스터브랜드' 하나를 육성하는 것이었다. 이에 따라 플레이노(Plano), 탄투스(Tantus), 엡(Yepp), 와이즈뷰(Wiseview) 같은 서브브랜드의 사용을 중단했고, 17곳의 세계 주요 도시에 디자인 센터를 설립했다(Hollis 2010). 최근에는 '삼성 익스피리언스(Samsung Experience)'란 명칭의 플래그십 스토어를 유행을 선도하는 글로벌 도시 뉴욕의 핵심 상권에 열었고, 체험 마케팅(experiential marketing) 기법을 도입해 공식 출시 이전에 신상품의 소비자 노출을 높이고 있다. 이는 신상품을 소비자 라이프 스타일에 스며들게 하면서 충성도 증진, 입소문 확산, 지속적인 구입과 소비를 위한 수단으로 활용하려는 전략이다(Moor 2007). 그러나 의미와 가치를 창출하고 일관화해 안정화하려는 노력은 모든 곳에서 동일하지 않다. 브랜드와 브랜딩에 새겨진 지리적 차별화 때문이다. 상이한 장소에서 서로 다른 사람에게 브랜드와 브랜딩의 의미와 가치는 다르게 인식된다. 삼성은 모국의 국내 시장을 장악하고 있지만, 고급 품질의 명성을 축적하기 이전까지 국가적 수준의 지리적 연결은 국제 사회에서 그다지 높은 평가를 받지 못했다(Quelch and Jocz 2012). 특정 국가의 이미지와 명성에 대한 고정관념은 확고하게 정립되어 오래 지속되기도 하고, 그와 관련된 재화나 서비스에 대한 인식에 지속적으로 영향을 미친다. 기존의 국가 이미지와 명성은 광고, 홍보, 수출 증진 등을 통해 재구성하려는 노력의 제약요소로 작용하기도 한다(Phau and Prendergast 1999).

삼성의 사례와 대조적으로, 오랜 역사의 명맥을 지닌 피어스비누(Pear's Soap)는 특정 시·공간 시장의 상황에서 의미와 가치를 지속적으로 잃어 갔다. 미용사 출신 앤드루 피어스(Andrew Pears)는 1789년 런던에서 피어스비누의 특허를 취득했다(Haig 2004b). 투명한 디자인이 피어스비누 브랜드의 독특하고 차별화된 특징이었다. 이 비누는 빅토리아시대 동안 영국에서 대량 생산 광고 상품의 선봉에 있었고, 이를 통해 강력한 브랜드와 정체성을 창출해 전파할 수 있었다. 브랜드의 인식을 높이기 위해 유명인을 이용한 홍보 활동도 활발하게 벌였다. 여기에는 왕립외과의협회장이었던 이래즈머스 윌슨(Erasmus Wilson)도 포함되어 있었는데, 그는 피어스비누가 "효율적이고 부드러운 세제의 특징을 가지고 있고 일반 비누의 불쾌한 속성은 전혀 없다"라고 말했다(Haig 2004b: 219). 미국 시장에 진출해서는 국가적 수준의 광고 활동을 펼쳤고, 종교 지도자들의 입을 빌어 "피어스는 성스러울 정도의 청결함을 지녔다"라고 홍보했다(Haig 2004b: 220). 당시 선진경제에서 소득과 발전의 수준이 높아짐에 따라 비누는 소비문화의 중심에 서게 되었다. 이는 프록터 앤드 갬블(Procter and Gamble: P&G)이나 유니레버(Unilever)와 같은 소비재 기업의 성장으로도 이어졌다. 이런 기업들은 시장 분석, 텔레비전 광고, '솝 오페라(Soap Opera)'라 불리는 드라마 시리즈의 스폰서십에서 선구자적인 역할을 했다(Bunting 2001). 피어스는 제2차 세계대전 이후부터 1990년대 중반까지 높은 판매 실적을 올렸다. 그러나 1990년대 후반부터 영국의 시장 상황은 피어스 브랜드의 상업적 운명에 역행하는 방향으로 흘러갔다. 시장은 파편화되었고 '대량생산된 덩어리' 비누에 대한 수요는 급감했다. 새롭게 등장한 샤워젤, 보디워시, 액상비누 등의 시장이 급성장하며 다양한 브랜드, 색상, 향기의 상품이 등장했다. 덩어리 비누는 행위자들이 기존 대량생산 브랜드와 차별화하며 장인의 진정성을 강조하는 소규모 생산의 수공예 부문에서만 성장했다. 반면 대량생산에 기초한 피어스의 시장 점유율은 3%까지 급락했고, 소멸해 가는 브랜드라는 인식 때문에 마케팅 투자는 전무한 지경에까지 이르렀다. 피어스는 인도와 같은 시장에서 여전히 판매되고 있지만, 이 브랜드의 소유주 유니레버는 2000년 피어스 브랜드의 영국 판매를 중단했다. 이는 400개의 '파워 브랜드'에만 집중하고 1,200개의 성공적이지 못한 약한 브랜드를 폐지했던 보다 광범위한 전략의 일환이었다(Haig 2004b). 한마디로, 기술과 소비자의 기호가 변화하고 홍보와 마케팅이 감소했기 때문에 시·공간 시장에서 의미와 가치가 약화되면서 피어스 브랜드의 일관성은 흐트러져 버렸다. 피어스의 몰락과는 대조적으로 유니레버의 도브(Dove) 브랜드 덩어리 비누는 마케팅 지원을 받아 꾸준한 상업적 성공을 누리고 있다. 맷 헤이그(Matt Haig 2004b: 221)의 설명에 따르면 "피어스는 광고로 만들어진 브랜드이지만, 광고 지원이 점차 사라지면서 피어스의 브랜드 정체성은 부적절한 것이 되어 버리고 말았다".

공간순환에서 "상품 생산이 심미적, 기호적 의미와 뒤섞이게 되면서"(Scott 2007: 1474) "의미의 생산"(Jackson et al. 2011: 59) 또한 가치 창출의 방법이 되었다. 증대하는 무형자산의 중요성이 이런 경향을 입증한다. 19세기 산업화와 대량생산의 시대 동안 자본이 노동을 대체하면서 가치 창출의 중심은 노동력에서 기계와 공장을 비롯한 유형자산으로 옮겨갔다(Mudambi 2008). 최근 들어서는 가치 창출의 원천에서 무형자산이 보다 중요해지고 있는데, 이는 R&D, 지적재산, 특허, 저작권, 브랜드와 브랜딩이 포함된 영업권(good-will) 등으로 구성된다(Lury and Moor 2010; 그림 2.3). 스탠다드 앤드 푸어스(Standard and Poors, S&P)의 500대 기업 시장평가에서 무형자산의 비중은 1982년 38%에서 2001년 85%까지 증가했다. 2004년을 기준으로 미국 경제에서 무형자산에 대한 투자액은 GDP의 8%를 초과하는 1조 달러에 이를 것으로 추정되었다. 이는 33%의 소프트웨어, 특허와 저작권을 포함한 33%의 지적재산권, 33%의 브랜딩을 포함한 광고와 마케팅으로 구성된다(Nakamura

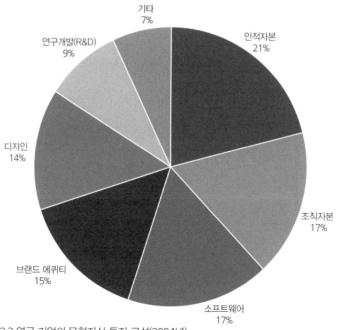

그림 2.3 영국 기업의 무형자산 투자 구성(2004년)

출처: Department of Business, Enterprise and Regulatory Reform(DBERR 2008)

2003).

브랜드와 브랜딩의 전반적 모습은 브랜드화된 재화와 서비스 상품의 거래나 판매의 시점에서 완벽하게 확인할 수 있는 것은 아니다. 브랜드와 브랜딩은 의미와 가치를 가진 방식으로 공간순환 **내부**로, 그리고 공간순환 **사이**로 스며든다. 마르크스의 기본적인 자본순환(M-C ... P ... C′-M′)으로 유추해 보면, 브랜드와 브랜딩은 공간순환을 통해 공간적 연결과 함의를 형성하고 동시에 공간적 연결과 함의에 영향을 받는 것으로도 이해할 수 있다. 지리적으로 결합된 브랜드의 상업적 의미와 가치는 화폐 형태의 자본에 대한 접근성을 획득할 수 있는 조건이며, 이를 바탕으로 행위자들은 자본 축적의 순환을 시작할 수 있다(Lindemann 2010; Willmott 2010). 화폐자본을 투자해 생산수단, 노동력, (자연 또는 중간재 형태의) 자원 등 최초 상품을 구입하고 조합해 생산하는 것처럼 인지-문화적 자본주의의 맥락에서 그런 상품들이 브랜드화되어 지리적 결합을 이루는 것도 중요하다. 공장이라면 독일 베링거(Beohringer)의 공작기계, 금융거래소라면 뉴욕에 위치한 로이터(Reuters)의 뉴스 서비스가 생산수단이 될 수 있다. 누가, 어디에서 브랜드화된 투입요소를 제공하는지에 따라 차후에 생산된 브랜드 상품과 서비스의 의미와 가치는 달라진다. 숙련도, 생산성, 임금 측면에서 명성이 높은 장소에 있는 사람들의 노동력을 투입하면 국제적인 업무의 무역에서 평판이 좋은 브랜드를 만들 수 있다. 높은 수준의 상호작용과 대인관계가 요구되는 루틴화되지 않은 활동의 경우는 더욱 그렇다(Kemeny and Rigby 2012). 파리의 오트쿠튀르(haute couture) 패션 디자이너, 인도 벵갈루루의 신흥시장 투자 분석가 등을 그에 대한 사례로 언급할 수 있다(Scott 2000; Dossani and Kenney 2007). 원자재와 관련해서도 유래와 브랜드는 의미와 가치의 원천으로 작용하는데, 에스파냐 라만차(La Mancha)의 사프란 양념, 타이의 티크가 그런 사례에 속한다(Bryant

2012).

노동 과정에서도 의미와 가치의 창출은 중요하다. 누가, 어디에서 생산에 참여하는지와 관계되기 때문이다(Sennett 2006). 이와 같은 브랜드 재화와 서비스 상품의 사례로 제네바 장인이 만든 수제 시계(Glasmeier 2000), 영국 은행을 대상으로 글래스고에서 제공되는 콜센터 서비스를 생각해 볼 수 있다 (Taylor et al. 2002). 특정 시·공간 시장의 맥락에서 상품의 생산은 차별화되어 의미나 가치와 뒤섞이고, 이런 과정에서 지리적인 브랜드와 브랜딩은 불가피한 것이 된다.

[브랜드화된] 상품은 구매자들이 유용하다고 여겨야만 팔린다. 상품이 사용가치가 있으려면 구매자 삶의 세계 맥락에서 의미가 있는 것이어야 한다. 그러한 의미는 (자동차 공장에서 구입하는 강판처럼) 실용적 측면과 엄밀한 관련성을 가질 수 있지만, 최종 소비자 입장에서 상품의 정동적 (affective) 차원과 문화적으로 코드화된 상징적 의미도 점점 더 중요해지고 있다(Hudson 2008: 429, 강조 추가).

의미와 가치는 각양각색이며 다양한 지리적 조건에서 창출된다. 예를 들어, 상하이의 나이키타운에서 나이키 운동화를 구입하고(Goldman and Papson 1998), O₂ 모바일 서비스를 글로벌 로밍으로 상파울로에서 이용할 수 있다. 브랜드와 브랜딩은 소비 상품의 판매와 구매에서 핵심을 차지하고, 이로써 순환의 한 바퀴가 마무리된다. 이 순간에 잉여가치가 실현되며, 이렇게 팽창된 화폐자본은 전유되거나 또 다른 순환에 재투자된다(Hudson 2008). 밴스패커드(Vance Packard)가 '심벌조작자(symbol manipulator)'라고 칭한 사람들이 유통, 마케팅, 판매의 과정에 참여하면서 브랜드 속의 지리적 결합 또한 유

통, 거래된다. "그러한 공간은 상품의 거래를 위한 물리적 장소인 동시에 상
징적, 비유적 영토"이다(Hudson 2005: 145). 소비자들은 그들의 행위성 프레임
을 형성하면서 브랜드나 브랜딩의 주장과 재현을 해석해 이해한다. 예를 들
어, 브랜드 소매 아웃렛은 관여하는 행위자들의 상황에 맞춰 의미와 가치를
창출할 수 있도록 뉴욕 5번가나 도쿄 긴자와 같은 특정한 장소의 쇼핑 구역에
입지한다.

사회과학에서는 최종 소비재와 서비스 상품의 소비 시점에서만 브랜드와
브랜딩의 역할을 파악하는 경향이 있다. 그러나 인지−문화적 자본주의의 공
간순환을 **통해** 의미와 가치가 형성되는 과정에 주목하고 브랜드와 브랜딩에
관한 이론화를 추구해야 한다. 그러면 브랜드와 브랜딩에 대한 우리의 이해
는 훨씬 더 나아질 수 있다. 이를 통해 브랜드와 브랜딩 지리가 어떻게 전개
되는지, 그리고 어디에서, 어떻게, 무슨 이유로 누구와 함께 행위성이 작용하
는지를 파악할 수 있기 때문이다. 이는 물론 오리지네이션의 개념화와 이론
화에도 보탬이 되는 작업이다. 공간순환의 중요성에 대한 인식은 존재하지
만 최근의 연구에서조차도 의미와 가치가 브랜드나 브랜딩과 교차하는 유동
적인 순간보다 생산, 소비, 유통의 장소들을 우선시하는 경향이 있었다. 사회
학적 관점에서는 특히 소비 시점의 중요성을 강조한다. 브랜드는 소비자에게
"현실 정보, 상호작용, 상징의 이익"을 제공하며 사회적 의존성을 발생시키는
신뢰의 메커니즘으로 간주된다(Holt 2006a: 300). 이로부터 브랜드 소유주는
경제적 지대를 추구한다. 아르비드손(Arvidsson 2005: 237, 244)의 주장에 따르
면 "소비자의 의미 만들기 활동은 … 브랜드 가치의 기초를 형성"하고 브랜딩
은 "소비의 맥락"을 설정한다.

소비자 행위성은 브랜드나 브랜딩의 의미와 가치에 필수적인 부분이다. 이
는 브랜드 소유주의 의도에 이의를 제기하고 그것을 재구성하는 데 특히 중

요한 역할을 한다. 중국의 캐드버리 초콜릿처럼 로컬 소비문화의 영향력 때문에 글로벌 브랜드가 로컬 시장에 적응하는 경우가 많다(Jackson 2004). 새로워지는 생산자—소비자 관계와 혁신에서 그런 관계의 역할은 중대한 변화지만(Arvidsson 2006; Thrift 2006) 이에 대한 설명은 아직까지 충분하게 이루어지지 못하고 있다. 콘베르거(Kornberger 2010: 43)가 명확하게 정리하듯이 "브랜드의 의미는 경영인이든 소비자든 단일한 행위자만이 결정하지 않는다". 이러한 설명은 생산, 유통, 소비, 규제를 연결하는 가치와 의미의 광범위한 공간순환과 관련성 속에서 이루어질 필요가 있다. 브랜드와 브랜딩에 참여하는 다양한 행위자들은 생산자(producer), 유통자(circulator), 소비자(consumer), 규제자(regulator)로 유형화해 개념적 프레임을 마련할 수 있다. 이들은 공간순환 내에서, 또는 공간순환 간에서 브랜드의 의미와 가치를 생산, 유통, 소비, 규제한다(표 2.8). 이와 같은 개념적 유형화는 행위자를 추적하고, 이들이 관계를 맺고 활동하는 공간순환 속에서 다양한 행위자의 역할, 위치, 주장을 평가하는 데 도움이 된다. 민간, 공공, 시민사회 영역의 행위자들뿐 아니라 혁신적이고 혼성적인 형태의 사회 조직과 제도적 장치의 역할을 파악하는 데에도 유용하다.

공간순환의 관계와 과정에 주목하면 브랜드와 브랜딩의 지리에 대한 이해를 증진할 수 있다. 브랜드와 브랜딩을 통한 의미와 가치의 창출이나 활용

표 2.8 브랜드와 브랜딩 행위자의 유형

유형	예시
생산자	브랜드 소유주, 디자이너, 제조업자, 장소창작자(place-maker), 주민
유통자	광고업자, 블로거, 언론인, 마케터, 미디어
소비자	쇼핑객, 주민, 관광객, 사용자, 방문객
규제자	정부 부서, 상표권 감독기구, 지방정부, 수출기구, 지적재산권 컨설턴트, 기업 협회

출처: 저자의 연구

은 생산의 지점을 **넘어서** 이루어지기 때문이다. 이에 대해 존 앨런(John Allen 2002: 41, 강조 추가)은 다음과 같이 주장한다.

> 광고에서 이미지의 조합, 물질적인 것들의 기호와 가치, 브랜딩이라는 기호적인 작업 등 … 상징적 활동은 경제의 심미화(aestheticization)를 증진한다. **이는 생산의 영역에서뿐 아니라 거래와 소비의 순환 과정에서도 발생한다.**

이처럼 의미와 가치 만들기는 '유통의 영역'에서도 전개되는데, 여기에서 "사용자-소비자들은 무급 노동을 제공하며 콘텐츠에 기여하고, 이렇게 함으로써 브랜드 에퀴티 구성에 참여한다"(Willmott 2010: 518). 이러한 의미와 가치의 '공동생산(co-production)'은 소비에서도 분명하게 나타난다. 소비자들은 브랜드의 성격을 알아차릴 뿐 아니라 그것을 형성하는 역할도 한다. 이들은 공간적 확장성을 가지는 온·오프라인 '브랜드 공동체'를 통해 의미와 가치를 동원, 전달, 공유한다.

의미와 가치는 생산, 유통, 소비의 차원을 관장하는 규제의 과정 속에서도 창출된다. 그러나 최근까지도 규제에 대한 설명이 충분히 이루어지지 못했기 때문에 브랜드와 브랜딩의 규제에 대한 보다 심층적인 고찰이 필요하다. 규제는 (IT, 상표권, 품질보증, 원산지의 지리적 표시 등) 브랜드의 생산, (광고 표준, 저작권, 윤리 기준 등) 브랜드의 유통, (원산지 규정, 상표 부착, 재활용 등) 브랜드의 소비를 비롯해 모든 영역에서 중요하게 작용한다(Lury 2004; Morgan et al. 2006). 그리고 행위자들은 규제적 장치를 사용해 특정 시장 상황에서 의미와 가치를 구성하고 고정하려 노력한다. 이는 브랜드 재화와 서비스, 그리고 브랜딩 활동에서 지리적으로 결합된 가치와 의미를 통제, 제도화, 전유할 목적을 가진 실천이다. 이와 관련된 제도적 장치들은 브랜드의 "핵심 구성요소"이며, 이들의 범위는 "브랜드 명칭, 로고, 포장 디자인, 배색, 형태와 냄새"에서부터 "기술과 제조법에 대한 특허"에까지 이른다(Lindemann 2010: 7). 규제는 현실과 가상공간의 세계에 깊숙이 스며들어 있다. 규제에 주목함으로써 특정 이익을 가진 행위자들이 어떻게 브랜드와 브랜딩에 대한 법적, 금전적 통제와 소유권을 행사하는지를 파악하며 이런 과정의 정치경제적 중요성을 이해할 수 있다. 이러한 인식은 의미와 가치의 공동생산에서 소비자를 '소유주'와 동격으로 파악하는 입장에 힘을 보탠다(Kornberger 2010). 브랜드에 대한 규제는 점점 더 중요해지고 있다. 위조된 상품과 서비스가 증가하고, 그것들의 품질이 좋아지고 있는 상황에서 소비자들은 무엇이 진품인지 파악하는 데 어려움을 겪고 있기 때문이다(Phau and Prendergast 1999).

공산품의 원산지와 관련해 원산지 규정(rules of origin)은 지리적 결합에 대한 규제와 거버넌스에서 중요한 역할을 한다. 원산지 규정은 특정 제품이 어디에서 만들어졌는지를 정하는 기준을 제시하는 것이다. 이런 규제는 무역법의 일부를 차지하는데, 이는 WTO(World Trade Organization) 체제하에서 국가나 정부 간의 협상과 협의로 마련된다. 그리고 [개별 국가 또는 국가 간의] 무역정책 기구와 무역관계에서 차별대우 조항의 역할도 매우 중요하다. 반덤핑, (상대국의 수출 장려금의 효과를 상쇄하기 위해 부과하는) 상계관세, ('메이드 인'을 부착한) 원산지 표시, 특혜관세, 쿼터, 세이프가드 조치 등의 이슈도 원산지 규정과 관계된다. 국가 입장에서 원산지 규정은 국제무역에서 비관세장벽의 기능을 하며, 특정 국가의 생산자에게 비용을 유발하고 시장을 세분화하는 효과도 발휘한다(Krishna 2005). 그러나 글로벌 가치사슬이 복잡해지고 있는 상황에서 원산지를 정확하게 파악하는 것은 점점 더 어려워지고 있다. WTO(2013: 1)에 따르면 "원자재와 부품이 세계 도처를 오가면서 (지리적으로)

산재한 생산 공장에서 투입물로 사용되기 때문에 상품이 어디에서 만들어졌는지를 결정하는 것은 더 이상 쉬운 일이 아니다". 원산지 규정을 적용하는 것은 "글로벌화와 상품이 시장에 나오기 전까지 여러 국가에서 공정을 거치는 과정 때문에 더욱 복잡"해졌다(WTO 2013: 1). 이를 훨씬 더 복잡하게 하는 새로운 이슈들도 등장하고 있다. 쌍방 간의 원산지 규정에 기초한 특혜무역 관계가 중요해지고 있다. 섬유나 철강 무역의 경우 (다자간 섬유 협정과 같은) 쿼터 협약 관계에서 원산지 분쟁이 증가한다. 제3국의 생산시설을 경유해 관세를 회피하는 관행이 늘면서 쌍방 간의 반덤핑 분쟁도 빈번해졌다.

　오늘날의 규제 원칙들은 제2차 세계대전 이후 무역장벽을 균일화하거나 철폐하려는 정부 간 협정과 노력의 결과로 마련된 것이다. 관세와 무역에 관한 일반 협정(General Agreement on Tariffs and Trade: GATT)의 체결로 시작되었으며, 뒤이어 WTO가 출범했다. 이는 모든 회원국에서 "투명한 … 원산지 규정"을 보증하는 것이었으며, 이를 위해 "국제무역의 제약, 왜곡, 훼방의 효과를 방지하고, 일관성, 통일성, 공정성, 합리성을 바탕으로 운용하며, (원산지가 아닌 기준을 제시하지 않고 무엇이 원산지를 뜻하는지 명시하는) 포지티브(positive) 기준을 따르는" 방침을 정했다(WTO 2013: 1). EU의 규정에서 원산지는 "국제무역 재화의 '경제적' 국적"으로 정의된다. 이 규정은 제품의 생산지를 기준으로 결정되는 '비특혜(non-preferential)' 원산지와 할인관세나 무관세의 혜택을 적용해 특정 국가의 특정 품목에 대해 부여하는 '특혜(preferential)' 원산지를 구분한다(European Commission 2013: 1). 재화가 단수나 복수의 국가에서 생산되는지도 EU 규정에서는 중요하다. 예를 들어, 원자재는 어디에서 공급받은 것인지, 최종 또는 상당 부분의 생산 활동은 어디에서 이루어지는지, 최종 상품에 부가되는 상대적 가치의 국가별 비중은 어떠한지를 판단해야 한다. 그러나 모든 기준을 구체화해 측정하는 것은 매우 어려운 일이다

(WTO 2013).

원산지 규정은 표시(labelling) 규제에도 영향을 준다. 상품의 표시 제도는 브랜드 상품의 지리적 결합을 구성하는 한 축으로 국제기구, 국가 제도, 영토 관할 기관 등이 마련해 브랜드 소유주가 생산품과 서비스에 대해 공개해야 만 하는 사항을 법적으로 명시한 규정이다. 어디에서 조립, 생산되는지도 표 시 제도의 핵심 구성요소에 속한다. 표시 규제의 목적은 시장의 판매자와 구 매자에게 완전한 (또는 완전에 가까운) 정보를 제공해 이에 기초한 의사결정을 할 수 있도록 지원하고, 비대칭 정보에 의한 시장실패의 위험을 줄이며, 소비 자의 이익을 보호하는 것이다. 특정한 요구 사항을 마련하기 위해 국가와 상 위국가(supranational) 기구는 서로 협력하기도 한다. 대체로 포장과 표시의 준수에 관한 것들을 다루며, 상품의 재료와 제조방법, 현지 언어로의 번역 요 건, 원산지 표시의 지역적 수준, 생산 일자 등을 규정한다. 여기에는 지리적 표시(geographical indication: GI) 제도도 포함되는데, 이는 브랜드화된 재화와 서비스 상품에서 지리적 결합을 통제하는 규제라 할 수 있다. 지리적 표시제 는 특히 브랜드 유래의 공간적 참조와 지리적 원산지의 바탕이 되는 특성을 보호하며, "**상품** 자체의 고유한 특성을 **생산 맥락**의 고유한 성격과 연결"하는 것이다(Parrott et al. 2002: 246; 제7장).

브랜드와 브랜딩의 공간순환에서 생산자, 유통자, 소비자, 규제자를 비롯 한 다양한 행위자의 역할을 설명하는 데 있어 상충하는 이해관계와 행위성도 파악할 필요가 있다. 이에 대해 미셸 슈발리에와 제랄드 마차로보(Chevalier and Mazzalovo 2004: 178)는 다음과 같이 설명한다.

상이한 기능을 수행하는 관리자들은 서로 다른 교육을 받았고 각양각색 의 전문성을 가진다. [상품기획을 맡는] 머천다이저(merchandiser: MD)들은 당장 팔아 치우기를 원하지만, 정체성 관리자는 장기적인 관점에서 브랜드를 육성하고 싶어 한다. 비용절감이 생산 관리자에게는 최우선이며, 브랜드 정체성 매니저는 항상 품질 향상에 신경을 많이 쓴다.

서로 다른 이해들은 수렴할 수도, 분산할 수도 있고, 심지어 마찰의 소지가 되기도 한다. 이는 브랜드 상품의 공간순환에서 다양한 방식으로 나타난다. 그래서 특정 시장 상황에서 지리적 연결을 통해 의미와 가치를 구성하고 정착하는 것은 관련 행위자에게 매우 어려운 작업이다.

요약 및 결론

이 장에서는 브랜드와 브랜딩을 지리적으로 해석하는 방법을 제시했다. 이를 통해 기존 연구의 한 가지 맹점을 해결하고, 제3장에서 심도 있게 다룰 오리지네이션의 개념적·이론적 토대를 마련하였다. 사물로서 브랜드는 식별 가능하며 차별화된 특성을 보유한 하나의 재화나 서비스 상품의 종류로 정의되었다. '브랜드 에퀴티'의 프레임을 활용해 브랜드의 속성은 유·무형의 자산과 책무로 구성된다고 파악했고, 이들이 브랜드의 의미와 가치를 증진하거나 와해하는 측면도 강조했다. 그리고 브랜딩은 의미를 만드는 과정으로 설명했다. 여기에서는 브랜드의 특징적 구성요소를 표현하고 전달하는 것과 경쟁적인 시·공간 시장의 맥락에서 다양한 방식으로 재화나 서비스 상품에 가치를 부가하는 과정이 중요하다. 한마디로, 브랜드와 브랜딩은 가치와 의미 **모두**를 연결하는 것으로서 오늘날 '인지-문화적 자본주의'의 중추를 이룬다(Scott 2007: 1466). 한편, 브랜드와 브랜딩을 '무공간성의 개념'으로 파악하지 않고

(Lee 2002: 334), 그것들이 지리적이라고 할 수 있는 세 가지의 이유를 강조했다. 첫째, 브랜드와 브랜딩의 정의, 가치, 의미에 나타나는 **불가피한** 공간적 연결과 함의를 살폈다. 둘째, 시·공간 상황에 따라 지리적으로 차별화되는 브랜드와 브랜딩의 창출과 전파를 파악했다. 셋째, 사회·공간적 불평등과 위계질서의 원인이 되는 축적, 경쟁, 차별화, 혁신의 논리를 통해 브랜드/브랜딩과 지리적 불균등발전 간의 관계를 고찰했다. 그다음 누가, 어디에서, 어떻게, 무슨 이유로 브랜드 재화나 서비스 상품과 지리를 얽히게 하는지에 대한 이론적·개념적 설명을 제시했다. 얽힘에 대한 기존 논의를 바탕으로 지리적 결합을 브랜드 상품과 브랜딩 과정의 특징적 요소로 파악했고, 지리적 결합을 특정한 '지리적 상상'에 연결하며 함의를 발산하는 것으로 소개했다(Jackson 2002: 3). 그리고 다면적인 지리적 결합의 모습을 (물질적, 상징적, 담론적, 시각적, 청각적 결합 등) 유형별, (강한 vs. 약한 결합의) 정도별, (내재성, 진정성, 의제성, 혼성성 등) 성격별로 구분해 논했다. 지리적 결합이 영토적 스케일**과** 관계적 네트워크 간의 상호작용, 긴장관계, 조정의 과정을 통해 표출되는 점도 살펴보았다.

브랜드와 브랜딩의 지리에 대한 이론화는 생산자, 유통자, 소비자, 규제자 등 주요 행위자들이 창출, 확산, 평가하는 차별화된 의미와 가치를 바탕으로 이루어진다. 행위자들은 생산의 지점뿐 아니라 그것을 초월한 공간순환을 통해 상호작용하고, 이를 통해 지리적 결합을 구성, 일관화, 안정화하는 수단으로 브랜드와 브랜딩을 활용한다. 이는 특정한 공간적 연결과 함의를 강조하거나 제거하는 매우 선택적인 과정이며, 특정 시·공간 시장의 맥락에서 상업적 가치와 의미를 바탕으로 수행된다. 행위자들은 축적을 위해 지리적 결합을 고정하려 노력하지만, 안정화는 부분적인 상황이며 일시적으로만 유지되는 경향이 있다. 축적, 경쟁, 차별화, 혁신의 논리 때문에 지리적 결합의 의미와 가치에 균열이 생길 수 있기 때문이다. 이와 같이 파열적인(와해적인) 논리로 인해 공간순환에서 지속적인 가치의 흐름과 자본의 팽창을 보장하는 장치로써 브랜드의 일관성과 안정성이 위태로워질 수 있다는 이야기다.

제3장

오리지네이션

도입

오리지네이션은 브랜드 상품과 브랜딩에 있어서 어떤 행위자들이 지리적 결합을 구성해 특정 시·공간 시장 상황에서 재화나 서비스에 의미와 가치를 포착하고 스며들게 하는지를 이해하고 설명하는 개념이다. 공간순환 속의 행위자들이 어떻게 축적, 경쟁, 차별화, 혁신의 논리를 규정하는지, 이에 대응함에 있어서 (브랜드와 브랜딩의 의미나 가치에서 가장 핵심을 차지하는) 지리적 결합이 일시적으로 궁지에 빠졌을 때 어떻게 이를 돌파하는지를 해석할 수 있도록 도와주기도 한다. 이와 관련해 이 장에서는 지리적 원산지와 유래의 문제, '원산지 **국가**(Country of Origin)'에 대한 탐구와 연구의 동향, 브랜드 상품과 브랜딩의 사회·공간적 역사를 차례로 검토할 것이다. 이와 같이 오리지네이션을 개념적, 이론적으로 설명하면서 관련 사례들도 다양하게 소개하고 브랜드와 브랜딩의 지리에 대한 오리지네이션 연구가 직면할 수 있는 방법론적,

분석적 난관에는 어떤 것들이 있는지도 살펴볼 것이다.

지리적 원산지와 유래

재화와 서비스 상품의 지리적 원산지(origin)는 오랜 역사를 가지며 지속되는 특성을 갖는다. 유래(provenance)는 말 그대로 기원한 장소를 가리키는 용어이다. 유래는 특정 상품과 시·공간 시장 상황에 영향을 받으며 진정성, 품질, 신뢰성 등의 특정한 속성을 바탕으로 가치와 의미를 나타내는 마커(marker)의 역할을 한다. 제2장에서 검토한 바와 같이 재화와 서비스 상품에는 불가피한 지리적 결합이 스며들어 있다. 하비 몰로치(Harvey Molotch, 2002: 665, 686)에 따르면 재화와 서비스 상품은 "제작품과 결과물의 세부 항목에 기원한 장소를 포함한다. … 어떤 재화의 구성 요소와 재료가 어떻게 결합되어 있는지를 보여 줌으로써 장소는 재화 속에 스며들어 있다". 유사한 견해는 쇠렌 아스케고르(Søren Askegaard 2006: 94)의 논의에서도 찾아볼 수 있다. "각각의 브랜드 배후에는, 심지어 '글로벌' 브랜드에도 원산지를 나타내는 문화적 참조(cultural reference)가 붙박이로 새겨져 있다. 그러나 기원한 장소는 각 소비자의 생활 속에서 수많은 여타의 공간적 참조들과도 공존한다". 이처럼 장소와 브랜드의 연결은 대단히 중요한 문제이다. "구매자가 상품의 유래를 확인할 수 있도록, 그리고 다른 중개 거래상들이 자신의 상품을 거짓으로 조작하지 못하도록 상품의 생산자는 언제나 진실성(integrity)을 보호하는 데 관심을 둔다. 그래서 브랜드는 항상 상품 포장이나 봉인과도 관련되어 있다"(Fanselow 1990: 253). 이러한 장소와 브랜드의 연결은 브랜드 상품과 서비스 창조에서 강력한 힘을 발휘한다. 재화와 서비스가 실제로 어디에서 유래하는지와 어디

오리지네이션

와 관련되어 있는지는 (그리고 어디에서 유래하거나 어디와 관련되어 있다고 **인지되는지는**) 브랜드 에퀴티(brand equity)의 뼈대를 이루는 중요한 자산이자 책무이다. 유래는 특정 시·공간 시장에서 행위자들이 의미와 가치를 부여하려고 시도하는 단면과 단서를 제공한다.

오랜 역사 동안 브랜드를 특징짓고 차별화하는 마크들은 특정 장소의 지리적 식별자(identifiers)의 전형으로 사용되어 왔다. 생산자, 원재료의 산지, 독특한 건축물, 미술 작품, 수공예품, 디자인, 민속, 랜드마크, 검증서, 사람, 옷감 등의 장식, 문양, 증명서 등은 재화와 서비스가 어디에서 왔는지, 그리고 어디와 관련되어 있는지를 소통하기 위한 수단이다(Fleming and Roth 1991; Room 1998). 더글러스 홀트(Douglas Holt 2006a: 299)의 주장에 따르면 생산자와 소비자 간 지리적 분리의 문제에 대처할 목적으로 "상인들은 대면 접촉이 불가능한 고객들에게 자신의 상품을 보증할 수 있는 방안을 모색했다. 우선적으로 마크를 찍었고, 이렇게 해서 브랜드는 시장의 기초를 이루게 되었다". 산업화 초창기에 일부 브랜드 소유자들은 보다 넓은 시장과 연결하려는 목적의 일환으로 지리적 관계를 끊기도 했다. 예를 들어, '그레이트 애틀랜틱 앤드 퍼시픽 티 컴퍼니(The Great Atlantic and Pacific Tea Company)'는 기업명을 A&P로 변경했다(Chevalier and Mazzolovo 2004). 산업화가 전개됨에 따라 19세기 이후부터는 '브랜드로서의 생산품(products-as-brands)'이 뚜렷한 지리적 연계를 나타내며 부상하기 시작했다. 생산자들은 국내 시장에서 특정 장소들과의 연계를 통해 상품의 차별화와 특성화를 추구했다. "주요 국가들은 고유의 개별적 특이성을 지닌 철강업, 군수산업, 화학공업, 비누공장, 조선업 등을 보유했다. 빵과 케이크에서부터 건축양식과 의류에 이르기까지 모든 것들에는 그 국가의 맛이 담겨 있었고, 이는 상당히 중요한 역할을 했다"(Olins 2003: 136). 국가, 지역, 도시 스케일에서 공간적 참조가 지속된 사례에는 브라질의 커피, 캐드버리의 본빌(Bournville) 초콜릿, 할리우드의 영화, 인도의 차, 일본의 전자제품, 런던의 보험, 파리의 패션의류, 셰필드의 철강 등이 있다 (Moor 2007; Papadopoulos and Heslop 1993).

제품 포장과 통제를 위한 필수요소 '메이드 인 …(Made in …)'이라는 라벨은 지난 100여 년 간 브랜드 상품의 지리적 원산지를 밝히는 데 사용되었다 (Morello 1984). 여기에는 다양한 사례들이 있으나, 주로 국가적 수준에서 사용되었기 때문에 '원산지 국가'의 의미와 가치를 함의하는 것으로 이해된다. 예를 들어, 상품에 부착된 '메이드 인 저머니(Made in Germany)' 라벨의 의미와 가치는 고품질의 상품을 제조하는 국가로서 독일의 유서 깊은 엔지니어링 역량과 명성을 나타낸다(Harding and Paterson 2000). 글로벌화와 유럽 통합의 압력 속에서도 지속되는 이야기다. 왈리 올린스(Wally Olins 2003: 137)가 말했던 것처럼 "메르세데스나 지멘스와 같은 브랜드의 후광효과(halo effect)는 여전히 독일의 엔지니어링 제품들에 대한 신뢰를 보장하고 있다"(그림 3.1). 국가를 기반으로 하는 '메이드 인' 라벨의 사용은 글로벌 노동분업이 형성되던 시기에 보스니아-헤르체코비나, 체코, 슬로바키아 등의 신생 민족국가들이 등장하면서 더욱더 지리적으로 확대되었다. 우선은 1950년대부터 원산지 '국가'와 상품 브랜드의 이미지에 대한 인식은 국제화 과정을 통해 두드러지게 성장했다. 이에 따라 1970년대 후반부터 1980년대 초반에는 원산지 관련 규제들이 더욱 강화되었다. 세 가지 힘이 중요하게 작용했다. 첫째는 국제무역의 자유화와 국가의 근대화나 (재)산업화에 따른 것이다. 이런 상황에서 국가는 '로컬'의 생산역량, 유치산업, 기술혁신을 강화하고 지원하기 위해 '로컬 콘텐츠(local content)'를 필수적으로 요구하기 시작했다. 둘째로 '바이 아메리칸(Buy American)'이나 '바이 브리티시(Buy British)' 운동과 같은 경제민족주의를 언급할 수 있다. 내수를 진작하고 국내 생산자를 지원하는 동시에, 수입을

오리지네이션

그림 3.1 헬라-메이드 인 저머니 품질
출처: Hella KGaA HUeck & Co.

억제하고 무역불균형을 해소하려는 국가의 의지가 반영되었던 현상이다. 셋째, 치열해지는 시장 경쟁의 힘도 중요하게 작용했다. 이런 상황에서 행위자들은 원산지 구별을 통해 재화와 서비스 상품에 차별화된 의미와 가치를 창출해 부여하고자 노력했다(Papadopoulos and Heslop 1993).

1990년대 초반 이후부터는 제품 마케팅 전략의 일환으로 '원산지 식별자'의 사용이 훨씬 더 많이 증가했다. 니컬러스 파파도풀로스(Nicolas Papado-poulos 1993: 10)처럼 브랜딩 분야의 영향력 있는 논객들이 그러한 변화를 강조했다. 동일한 맥락에서 미셸 칼롱(Michel Callon 2002)은 '품질경제(economy of qualities)' 개념을, 이고르 코피토프(Igor Kopytoff 1986)는 상품 '유일화(sin-gularization)'의 필요성을 언급했다. 실제로 유일한 원산지나 복수의 원산지들이 형성하는 지리적 결합은 더욱 중요해졌고, 이에 대한 가시적인 증거들도 계속 늘어갔다. 그러면서 원산지의 지리적 결합은 제품 차별화를 뒷받침하는 가치와 의미를 지속적으로 창출하고 보호하는 원천으로 자리 잡았다. '국가 이미지 식별자'(Papadopolous 1993: 17)와 제품의 '국적'의 중요성이 날로 커지고 있다(Phau and Prendergast 2000: 164). 글로벌 시장에서 경쟁과 표준화의 논리가 독특성을 위협하고, 이에 따라 진정성에 대한 수요가 촉진되고 있기 때문이다(Beverland 2009; Storper 1995). 유래, 즉 기원한 장소가 특정 시장 상황에서 브랜드화된 재화나 서비스 상품에게 진정성, 품질, 신뢰성처럼 가치가 높고 유의미한 속성들을 부여한다는 이유도 있다.

합리적 선택이라는 프레임에서 보면 재화와 서비스는 상이한 종류의 단서(cues)를 제공하고, 그렇게 함으로써 소비자의 행위성에 영향을 미친다. 단서는 제품이나 서비스의 특성에 대한 내재적(intrinsic) 단서, 그리고 이와 관련된 기타 고려 사항에 대한 외재적(extrinsic) 단서로 구분된다(Bilkey and Nes 1982). (디자인, 핏, 성능, 맛 등) 내재적 단서와 (브랜드, 가격, 명성, 제품보증 등) 외재적 단서 모두는 제품이나 서비스 상품에 대한 소비자의 인지와 행태에 영향을 미친다(de Chernatony 2010). 마케팅 연구에서는 제품의 국가 이미지, 원산지 등과 같은 외재적 단서들이 소비자의 의사결정에서 어떻게 결정적인 역할을 하는지에 주로 주목한다. 제2장에서 설명한 바와 같이 이러한 단서들은 '원산지'나 '메이드 인'이 지니는 장기적 효과를 뒷받침하고, 특정 상품과 서비스의 지리적으로 차별화된 특수한 역량이나 역사적 명성에 대한 소비자의 인식에서 뚜렷하게 드러난다(Bass and Wilkie 1973; Bilkey and Nes 1982; Johansson 1993; Thakor and Kohli 1996). 이에 대한 연구는 주로 국가적 수준에

오리지네이션

초점을 두어 왔다. 실제로 국가적인 고정관념은 특정 상품들에 대한 인식에 주입되어 있다. 피터 반 햄(Peter van Ham 2001: 2)이 명쾌하게 말하는 바와 같이 "'아메리카'와 '메이드 인 USA'는 개인의 자유와 번영을 상징한다. 에르메스의 스카프와 보졸레누보는 프랑스의 '생활예술(art de vivre)'을 연상시킨다. BMW와 메르세데스-벤츠는 독일의 효율성과 신뢰성을 나타낸다. 우리 모두가 아주 잘 알고 있는 이야기들이다".

원산지 단서(origin cues)란 시대에 따라 종류, 범위, 성격을 달리하는 지리적 결합이다. 브랜딩 행위자들은 그러한 단서를 이용해 지리적 원산지를 내포하며 자산과 책무로 구성된 브랜드 에퀴티를 형성한다. 브랜딩 행위자들은 특정 시·공간 시장의 맥락에서 다양한 전략, 프레임, 기술, 실천 등을 동원해 실행에 옮긴다. '원산지 국가'의 맥락에서, 즉 국가적 스케일에서 구성된 지리적 결합이 가장 독보적인 역할을 해 왔다. 이의 사례에는 브리티시항공이나 일본제철과 같이 직접적인 지시어를 사용하는 브랜드명, 구찌나 람보르기니와 같이 모국어를 기초로 간접적인 지시어를 사용하는 브랜드명, '메이드 인'과 같은 라벨 표시, 그리고 국가나 기장(emblem) 등 국가적으로 프레임된 지리적 상징이 포함된다(Riezebos 2003; Thakor and Kohli 1996).

이에 더해, 논의의 초점을 '**브랜드**의 원산지 국가(country-of-origin of brand)'로 확장해 생각해 보자(Phau and Prendergast 2000). 다양한 제품-국가의 이미지들은 제품에 대한 소비자의 평가에 영향을 미치는 후광 구성물(halo constructs)로 작동할 수 있다. 소비자 입장에서 국가 이미지는 상품과 관련된 지식의 복잡성이나 불완전성을 해결하는 수단이 될 수 있다는 말이다. 다른 한편으로, 국가 이미지는 제품의 원산지에 관한 지식을 해당 국가에 적용하는 '요약 구성물(summary constructs)'의 역할도 한다(Han 1989; Papadopoulos and Heslop 1993). 마틴 로스와 진 로메오(Martin Roth and Jean Romeo 1992)는 수많은 차원의 국가 이미지들이 브랜드 재화와 서비스에 대한 평가에 영향을 미친다는 점을 확인하였다. 여기에는 효율성, 디자인, 혁신성, 명성, 품질, 인기, 장인정신, 가치 등이 포함된다(표 2.8). 이러한 특징들은 지리적으로 뿌리를 두거나 영향을 받기 때문에 브랜딩 행위자들은 이를 이용해 지리적 결합의 기초를 형성해 브랜드 상품들의 의미와 가치를 공간순환 속에서 구축하고 응집한다. 이러한 특징들은 "생산자들로 하여금 자신의 브랜드를 단순하고 강하며 빠르게 자리 잡게"(Morello 1993: 288) 하며, "소비자들이 제품에 대한 첫 인상을 강화하고 창조하며 편향적으로 이해하도록 만드는 데" 이용된다(Johansson 1993: 78). 그러나 제2장에서 살펴본 바와 같이 브랜드와 브랜딩의 행위자들이 구성하는 지리적 결합은 '원산지 국가'라는 단일한 국가적 프레임 너머까지 포괄해 확장될 수 있다.

'원산지 국가'를 넘어

노동의 공간분업이 국제화되고 경제활동의 지리적 패턴이 전 세계적으로 형성됨에 따라 브랜드의 원산지와 브랜딩은 복잡한 양상으로 변하고 있다. 이렇게 요란한 변화가 생겨난 데에는 여러 가지 이유가 있겠지만, 여기에서는 네 가지 측면에 주목한다.

첫째, 제품들은 수많은 부품과 하위 시스템으로 구성되어 복잡하게 생산된다. 따라서 특정 시·공간 시장 상황에서 팔리는 어떤 제품이 단일한 국가에 지리적으로 기원한다고 결정적으로 말하는 것은 더 이상 불가능하다(Dicken 2011). 세계무역기구(WTO)의 안드레아스 마우러(Andreas Maurer 2013: 13)에 따르면 "산업 공급사슬은 원산지 개념의 '흐릿함'을 가중시키고 있다. 수입된 재화의 가치가 더 이상 통관서류에 적힌 지리적 원산지에서 전적으로 비롯된 것이 아니기 때문이다". 이안 파우와 제라드 프렌더개스트(Ian Phau and Gerard Prendergast 1999: 72) 역시 "원산지 개념의 적절성을 둘러싼 논쟁은 여러 국가와 연계된 상품의 모호한 라벨을 계속 뿌옇게 만든다"라고 주장한다. '글로벌 생산네트워크(global production networks)'(Coe et al. 2004, 2008; Henderson et al. 2002), 또는 '글로벌 가치사슬(global value chains)'(Gereffi et al. 2005; Gibbon and Ponte 2008; Neilsen and Pritchard 2011)로 불리는 경제 조직의 형식들이 시·공간적으로 더욱 복잡해지고, 정교해지며, 지리적으로 확장되고 있다. 이에 따라 개별 브랜드 상품들 또한 수많은 부품이나 하위 조립품들로 만들어지고 전 지구적으로 흩어져 있는 수많은 재화나 서비스 공급업체의 활동들을 결합하고 있다. 이런 맥락에서 람 무담비(Ram Mudambi 2008: 704)는 "정보통신 기술을 중심으로 하는 기술의 진보로 기업들의 비즈니스 과정을 미세한 조각들로 분해하는 것이 가능해"졌다고 말한다. 이처럼 미세한 조각으로 분해된 국제노동분업을 통합하고 조정하기 위해 두 가지의 상반된 경영과 입지 전략이 나타나고 있다.

수직적 통합(vertical integration) 전략은 '연계경제(linkage economies)'의 이점을 강조한다. 이는 다수의 가치사슬 활동을 경영하면서 개별 활동의 효율성과 효과성을 향상하는 방안이다. 이와 반대로, 전문화(specialization) 전략은 가치사슬에서 창조적 핵심부를 찾아내 경영하고, 나머지 모든 활동은 입지적 차원에서 아웃소싱하는 것이다. 이는 일반적으로 지리적 분산의 패턴을 낳는다. 점차 많은 기업이 입지적 비교우위를 이용하기 위한 전략을 구사하고 있으며, 이러한 경향으로 인해 기업 활동의 광범위한 지리적 분산이 나타나고 있다(Mudambi 2008: 702).

오늘날의 브랜드 재화들은 '하이브리드(혼성적) 형태'를 특징으로 한다. 그래서 더 이상 하나 또는 그 이상의 국가적 단서를 분별해 내는 것은 매우 어려운 일이 되었다. 이는 다음과 같은 모습으로 전개되고 있다.

전 세계 다양한 곳에서 만들어지면서도 단일한 브랜드네임으로 판매되는 제품들이 압도적으로 증가하고 있다. 이런 상황에서 원산지란 수많은 요소가 혼성적으로 섞여 있는 다면적 구성물과 같다. 제조 또는 조립되는 국가와 기업의 본사가 위치한 국가가 뚜렷하게 분리되어 있기 때문이다(Phau and Prendergast 1999: 1981).

예를 들어, 그림 3.2는 787 드림라이너(Dreamliner) 항공기의 국제화된 가치사슬과 공간순환을 요약해 제시한다. 이처럼 보잉은 수많은 부품, 시스템, 활동의 복합체를 조정하고 통합해 구체화된 하나의 브랜드 재화와 서비스를 공급한다. 마찬가지로 소비재나 서비스도 복잡하고 지리적으로 광범위한 시스템에서 조직되고 있다(Dicken 2011). 부품용 재화나 서비스 상품 역시 브랜드화될 수 있는데, 이는 특히 최종 브랜드 상품의 의미와 가치에 핵심적인 활동과 관련된 경우에 두드러진다. 일례로, 노트북 컴퓨터 브랜드의 종류가 매우 다양한 상황에서 업체들은 내장된 마이크로프로세서가 미국 인텔사의 제품이라는 것을 알리기 위해 '인텔 인사이드(Intel Inside)' 브랜드 라벨을 부착한다. 그렇게 함으로써 제품의 품질, 성능, 신뢰성을 소비자들에게 확신시키고자 한다.

이러한 지리적 원산지 이슈는 1980년대 일본의 혼다나 토요타가 미국에 '이식한(transplant)' 자동차 조립공장에 대한 투자의 가치와 영향에 대한 논의에도 등장했었다(Mair et al. 1988). 미국의 소비자 단체들과 전미자동차노동조

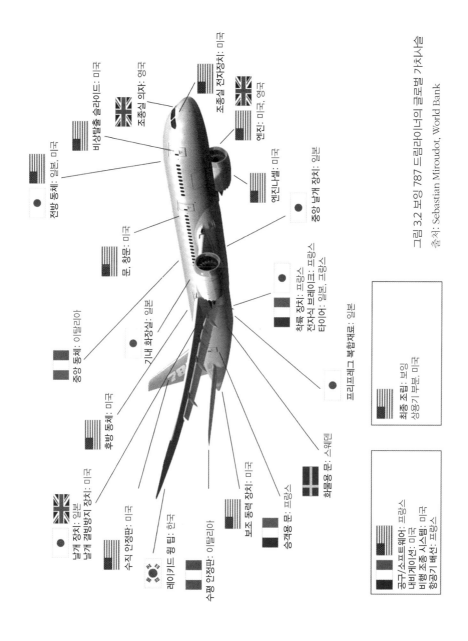

전방 동체: 일본, 미국

비상탈출용 슬라이드: 미국

조종실 의자: 영국

조종실 전자장치: 미국

엔진: 미국, 영국

문, 창문: 미국

엔진나셀: 미국

중앙 날개 장치: 일본

중앙 동체: 이탈리아

기내 화장실: 일본

착륙 장치: 프랑스
전자식 브레이크: 프랑스
타이어: 일본, 프랑스

프리프레그 복합재료: 일본

후방 동체: 미국

날개 장치: 일본
날개 결빙방지 장치: 미국

수직 안정판: 미국

레이키드 윙팁: 한국

보조 동력 장치: 미국

수평 안정판: 이탈리아

승객용 문: 프랑스

화물용 문: 스웨덴

최종 조립: 보잉
상용기 부문: 미국

공구/소프트웨어: 프랑스
내비게이션: 미국
비행 조종 시스템: 미국
항공기 배선: 프랑스

그림 3.2 보잉 787 드림라이너의 글로벌 가치사슬

출처: Sebastian Miroudot, World Bank

합(United Auto Workers: UAW)은 '빅3'라 불리는 거대한 노동조합 기반의 미국 기업들, 즉 포드, GM, 크라이슬러의 생산과 고용을 촉진하기 위해 '바이 아메리칸' 운동을 벌였다. 그러나 혼다와 토요타의 국적은 일본이지만, 이들의 해외직접투자(foreign direct investment: FDI)로 건설된 미국 내 공장에서 만들어진 자동차들도 빅3와 마찬가지로 '메이드 인 USA'라고 주장하는 사람들도 있었다. (다만 혼다와 토요타가 건설한 새로운 공장에서는 노동조합이 조직되지 않았다.) 이처럼 로버트 라이시(Robert Reich 1990)의 '우리가 누구인가?'라는 질문에 답하는 것이 더욱더 어려워지게 되었다. 1980년대부터 노동분업의 글로벌화가 급속하게 전개되면서 '메이드 인'이라는 원산지에 대한 주장도 훨씬 복잡하게 되었다. 일부 제품의 경우, 소비자들의 인식과 친숙함이 커져 감에 따라 "메이드 인 라벨을 사용하는 것이 점차 감소"하기도 했다(Phau and Prendergast 1999: 1981). 보다 많은 국가가 생산 역량과 기술을 발전시키고 있기 때문에 원산지가 갖는 중요성이 더욱 약해졌던 것이다(Sheth 1998). 더글러스 홀트 등(Douglas Holt et al. 2004: 71)은 '글로벌 브랜드'의 부상과 유행을 검토하면서 다음과 같이 주장한다.

가치의 품질과 기술적 우수성에 대한 사람들의 인식은 상품의 원산지 국가가 어디인지와 관련되어 있었다. 그래서 '메이드 인 USA'가 한때는 중요했었다. 마찬가지로 일부 산업의 경우 일본산 제품의 품질이나 이탈리아산 제품의 디자인도 그랬던 적이 있었다. 그러나 점차 어떤 기업이 얼마나 글로벌하게 성장했는지가 제품 품질의 우수성을 결정하는 잣대가 되었다. 이를 연구하면서 비교의 근거로서 원산지 국가에 관한 지표들을 분석했는데, 원산지 국가가 소비자의 인식에 미치는 영향력은 브랜드의 '글로벌성(globalness)' 중요도와 비교할 때 1/3에도 미치지 못했다.

　오늘날 많은 행위자가 원산지의 범주를 (모호하게 할 뿐만 아니라) 열어젖히고, 확장시키며, 분절화하고 있다. 이들은 어떤 제품이 누구에 의해서, 어디에서, 어떤 활동들을 통해 만들어지는지에 대해 신중하게 고민한다. 브랜드 소유주들은 차별화 전략과 규제 표준화의 일환으로 새로운 의사소통 방식과 라벨 형식을 고안하고 있다. 이들의 실천은 대개 특정 브랜드를 구성하는 생산이나 서비스 활동 장소 간의 다중적인 (심지어 '글로벌한') 연계와 씨름하는 것에 집중된다. 이와 같은 원산지의 새로운 표시들은 조립, 디자인, 배달, 엔지니어링, 부품 조달, 제조 등 상이한 기능들이 이루어지는 장소를 표시하며 대표하고 있다(Phau and Prendergast 2000).

　둘째, 서비스업의 부상 때문에 브랜드의 '원산지'가 훨씬 더 복잡해졌다. 서비스 주도형 경제로의 전환이 지속되는 가운데, ICT의 발전과 (무형재(intangibles)의 중요성 대두에 따른) 제조업-서비스업의 경계 소멸로 거래되는 서비스가 급증하고 있다(Dicken 2011; Mudambi 2008). 서비스는 관계적 성격을 갖기 때문에 서비스의 원산지와 유래를 생각하기란 쉽지 않다. 그러나 은행, 금융, 보험의 경우 장소와 대면접촉 기반의 상호작용이 지배적인 역할을 한다. 예를 들어, 런던의 더시티나 뉴욕의 월스트리트와 같은 지리적 위치는 개인 간 접촉 네트워크를 통해 신뢰, 명성, 전문성을 쌓는 데 핵심적인 중심지가 되었다(Storper and Venables 2004). 이러한 서비스의 지리적 원산지는 특정한 장소들에 입지한다고 볼 수 있다. 그러나 서비스 부문이 빠른 속도로 전문화되면서 서비스 활동들도 거래가 가능한 수준의 상품 단위로 쪼개지고 포장된 후 전선이나 온라인 네트워크를 통해 다른 시·공간으로 전달되고 있다(Dossani and Kenney 2007). 따라서 대면접촉은 서비스 거래를 위한 관계적 접근을 가능케 하는 수많은 양식 중 단지 하나에 불과하게 되었다(Boschma 2005). 왈리 올린스(Wally Olins 2003: 17)는 비자(VISA)의 사례를 들면서 다음과 같이 말했다. 비자 브랜드의 서비스를 "분명하게 이해하는 것이 너무나도 어렵다. 마치 유령을 대하는 것 같다. 비자 서비스는 원산지가 없는 것처럼 보인다. 타이에 있을 때처럼 터키에서도 편리하게 이용할 수 있다. 비자는 연계된 금융서비스 기관들의 보호색을 입고 있는 듯하다". 이런 맥락에서 어떤 브랜드 서비스의 원산지가 정확히 어디인지, 아니면 어디와 연계되어 있는지를 확인하는 것은 점점 더 어려워지고 있다. 우리가 이용하는 은행계좌 서비스는 원산지가 어디이며 어디와 연계되어 있을까? 브랜드를 소유하고 있는 은행 본사일까? 우리 동네의 은행 지점일까? 상담전화를 받는 콜센터일까? 온라인 서비스를 지원하는 서버팜(server farm)일까?

앤드루 시슨스(Andrew Sissons 2011: 3)는 제조업과 서비스업이 하나의 패키지로 결합된 것을 제조서비스(manu-services)라는 용어로 표현했다. 제조서비스도 상이한 경제활동을 하나의 묶음으로 만들어 통합하기 때문에 브랜드나 브랜딩의 원산지에 대한 이해를 어렵게 만든다. 보잉, 노키아, 롤스로이스 등 역사적으로 유명한 제조업 기반의 기업들은 이제는 더 이상 비행기, 휴대폰, 항공엔진과 같은 유형의 재화만을 판매하지 않는다. 이들은 물질적인 재화를 보증서비스, 고객지원, 소프트웨어와 같은 서비스와 통합해 '솔루션', '성과', '경험'과 같은 패키지로 정교하게 구성해 공급한다. 그러면서 자사의 브랜드를 의사소통 수단으로 활용한다(Pike 2009c; 그림 3.3). 브랜드 분야의 권위자인 왈리 올린스(Wally Olins 2003: 51)는 1990년대 후반 미국의 포드자동차(Ford Motors)의 한 임원의 발언을 언급하면서 "자동차 제조업은 포드의 여러 사업 중에서 쇠퇴하는 부문에 속하게 될 것이며, 그 대신 미래의 포드는 디자인, 브랜딩, 마케팅, 판매, 서비스 운영 등에 집중할 것"으로 전망했다. 이처럼 브랜드화된 비즈니스는 더 이상 유형의 재화를 생산하는 활동에만 머물러 있지 않는다. 디자인, 인적자본, 조직자본, R&D, 소프트웨어와 같은 무형자산들에 대한 투자와 통합된 방향으로 나아가고 있다. 이를 위해 많은 기업은 전문적인 지식과 기술의 활용을 극대화하려고 노력한다. 그렇게 함으로써 제품 차별화를 꾀하고 저비용 경쟁사들의 모방과 시장 잠식에 대처해 나가는 전략을 펼치고 있다. 최근의 한 연구 결과에 따르면(NESTA 2011), 영국의 제조업체들은 매년 자사의 부가가치 중 20%에 달하는 350억 파운드를 무형자산에 투자하고 있다. 이는 유형자산에 대한 투자금인 120억 파운드의 거의 3배에 달하는 규모다. 결과적으로, 글로벌 가치사슬에서 시·공간을 초월해 제조업과 서비스업을 통합한 브랜드 패키지의 원산지를 구축하는 것은 오늘날

그림 3.3 보잉의 제조서비스
자료: Boeing

에는 훨씬 더 복잡한 업무가 되었다.

셋째, '원산지 **국가**'가 브랜드의 유래를 표현하는 핵심 방식이었던 시대에는 '국가적' 표시자가 중요했지만 이제는 점차 경시되어 가고 있다. 재구성되거나 심지어 사라지는 경우도 있다. 많은 행위자가 글로벌화의 맥락에서 내수 시장의 범위를 넘어서 해외 시장 진출을 확대하기 위해 노력한다. 그래서 기존의 역사적 결합을 모호하게 만들거나, 특정 국가의 영토에서 브랜드를 이탈시키는 전략마저 생겨났다. 이러한 산업적 분산의 결과로 다음과 같은 변화가 나타나고 있다.

> 회사 창립자의 이름이나 피츠버그 플레이트 글라스(Pittsburgh Plate Glass: PPG)와 같은 지역적 원산지는 차츰 보다 상징적인 이름으로 바뀌고 있다. … 새로운 브랜드로 신조어가 흔하게 사용되고 있고, 지리적 중립성과 추상적 경향을 추구한다. … 실제로 브랜드의 정체성은 개념으로 바뀌고 있다. 브랜드네임은 더 이상 창립자나 원산지, 그리고 제품이나 서비스의 품질을 함축하지 않는다. 명칭의 불확정성이야말로 변화를 일으키는 핵심 동력이다(Chevalier and Mazzolovo 2004: 29, 30).

'국가적'인 것들이 경시받게 된 것은 현대화 전략의 산물이다. 행위자들은 특정 브랜드에 고착된 국가의 속성이나 특성을 강조했던 것으로부터 벗어나려 한다. 변화된 시장 상황에서 기존의 브랜딩 방식은 상업적 문제나 손해를 일으킨다고 생각하기 때문이다. 예를 들어, 초창기 글로벌화와 포스트식민화가 나타나던 기간에 영국의 제국주의 역사에 얽혀 있던 '영국다움(British-ness)'이라는 관념은 착취, 지배, 군국주의와 같이 바람직하지 못한 것들을 연상시켰다(Goodrum 2005). 이러한 결합은 결과적으로 문제를 일으켰다. 그래서 행위자들은 기존의 '영국다움'을 적극적으로 모호하게 만든 다음 이를 새로운 버전으로 재구성해 진정성, 장인정신, 디자인과 같이 보다 깊이 있는 의미와 가치를 자아내고자 노력했다(제5장).

국가적인 것에 기반을 두었던 브랜드네임들은 리브랜딩(rebranding) 전략의 초점이 되고 있다. 심지어 기업 명칭 자체가 대폭 바뀌는 경우도 있었다. 한때 국유화되었던 통신사업자 브리티시텔레콤(British Telecom)은 1991년에 다시 민영화된 이후 리브랜딩 전략의 일환으로 BT로 이름을 변경했다. 브리티시페트롤리엄(British Petroleum)도 2001년에 앞 글자만 따서 BP로 이름을 바꾸었다. 재생자원 시장으로 신속하게 진출하기 위한 신호였다(Moor 2007). 영국항공(British Airways)의 경우는 국제화와 '세계시민'으로 리브랜딩하기 위해 1996년 항공기에서 유니언 잭(Union Jack) 마크를 삭제했다. 그 대신 글로벌 열망을 표현하며 고객을 확대하기 위해 여러 색상으로 구성된 다문화적 캐릭터를 개발했다(Beverland 2009). 그러나 이런 변화는 부정적인 여론의 반응을 자극했고, 결국 영국항공은 기존의 국가적 디자인으로 되돌렸다. 이와 같이 전통 기술이나 문화적 진정성과 지리적으로 결합되어 있는 부문과는 별개로 "일부의 진정한 국가적 브랜드가 쇠퇴의 마지막 국면에 있는 동안에도 뉴트로지나(노르웨이), 런던포그(영국), 베일리(아일랜드), 하겐다즈(스칸디나비아-노르웨이)와 같이 번영을 누리는 공상적인 국가 브랜드들도 있다"(Olins 2003: 147). 신생 민족국가들은 에미리트항공이나 싱가포르항공의 사례에서와 같이 자국의 근대화나 발전 서사들을 브랜드 재화와 서비스에 투사하고 있다(Buck Song 2011).

마지막으로 넷째, 제2장에서 설명한 바와 같이 마케팅 분야에서는 지리적 '원산지'가 국가 수준 이상으로 연결될 수 있다는 인식이 커지고 있다. 니컬러스 파파도풀로스(Nocolas Papadopolous 1993: 4)는 이미 1990년대 초반에 선견

지명을 갖고 다음과 같이 말했다.

제품들은 반드시 '국가' 안에서만 만들어지지 않는다. 이는 '장소'에서, 즉 **지리적 원산지**'에서 만들어진다. 도시, 주(州)나 도(道), 국가, 지역, 대륙 중 어느 곳이든 될 수 있다는 말이다. 만약 '글로벌' 제품이라고 한다면 세계를 지리적 원산지라고 부를 수 있을 것이다(저자 강조, Morello 1993 참조).

스티븐 태커와 라지브 콜리(Stephen Thakor and Rajiv Kohli 1996: 27)도 브랜드의 원산지를 "특정 상품이 목표로 삼은 소비자들이 속한다고 인식할 수 있는 장소, 지역 또는 국가"라고 이야기했다. 같은 방식으로, 스티븐 소드와 제임스 마스컬카(Stephen Thode and James Maskulka 1998)는 장소 기반의 전략들을 '원산지 국가'의 확장물이라고 해석했다. 지리적 명칭이 브랜드 에쿼티에서 품질의 신호로 작용한다고 믿었기 때문이다. 겉보기에 '글로벌' 브랜드 또한 '세계 원산지'임을 불러일으키고자 한다는 점에서 지리적이다(Papadopoulos 1993: 18). '베네통'과 같은 브랜딩 활동이나 포드의 '지오(Geo)'와 같은 모델 명칭이 그런 사례에 해당한다. 마케팅 활동들을 살펴보면 '장소'라는 개념을 훨씬 느슨하게 특정화해 사용하는 경향이 있다. 아우라(aura), 느낌, 신비한 매력 등 보다 소프트한 무형의 속성을 연상시키거나(Papadopoulos and Heslop 1993: xxi), 감정에 기반을 두고 브랜드의 차별화를 추구하기 위한 것이다(de Chernatony 2010). 왈리 올린스(Wally Olins 2003: 143)는 이러한 모호함이나 유동성에 주목하면서 "국가와 국가적 브랜드에 대한 태도는 예측불가능하고 감정적이며 다양하고, 대개 전설, 신화, 루머, 일화에서 유래"한다고 주장했다.

이처럼 마케팅 분야 연구의 상당수는 브랜드와 브랜딩에 내재된 광범위한 공간적 연결들과 함의들이 원산지 국가의 프레임을 넘어서는 가능성에 주목하고 있다. 하지만 지리적 측면들은 여전히 발전의 여지가 크고 더 많은 주목을 받을 필요가 있다. 이런 견지에서 이안 파우와 제라드 프렌더개스트(Ian Phau and Gerard Prendergast 1999: 1984)는 다음과 같이 주장한다.

> 오늘날의 소비자들은 제조업 활동의 글로벌화를 인식하고 있다. 그래서 어떤 제품이 특정한 브랜드 국가에서 만들어지지는 않는다는 사실을 '익숙하게' 받아들인다. 어떤 제품이 어디에서 만들어지는가는 적절한 질문이 아니다. 소비자들은 다국적 연계망의 복잡한 난장판 속을 관통해 이해하려 들지 않는다. 그 대신, 자신들이 선호하는 '브랜드'와 결합된 (예를 들어, 디자인, 스타일, 품질 측면에서) 호의적 속성에 평가의 단서를 맞춘다. 하지만 제품의 디자인이나 구상만은 본사에서 유래한다고 볼 수 있다. 이들은 최소한 브랜드의 원산지 국가로부터 승인을 받는 것이기도 하다.

이런 점에서 볼 때, 브랜드는 원산지에 대한 '신호(signal)'를 발신하고 이는 원산지와 관련되어 나타나는 다양한 변화를 덮어쓰기 해 버린다. 따라서 "브랜드의 원산지는 어디에서 제조하더라도 변하지 않으며, 사람들이 인식하는 브랜드의 원산지는 '메이드 인' 라벨에 쓰인 국가명과 동일할 필요가 없다"(Phau and Prendergast 1999: 1984). 이와 같은 오리지네이션의 실천에 주목하면서 지리적 결합이 부적절하다고 말하는 주장을 개념적, 이론적, 경험적 측면에서 보다 면밀하게 검토해야 한다. 무엇보다 브랜드와 브랜딩의 지리적 결합을 형성함에 있어서 영토적 사고와 관계적 사고 간 긴장관계의 형성과 조정의 과정을 이해하는 것이 중요하다.

마케팅 분야의 초기 연구들은 "장소 기원이란 도시, 로컬, 지역, 구역, 국가, 지방, 대륙, 무역블록 등"과 관련되어 있다고 보았다(Papadopoulos 1993: 29-30). 그러나 스케일에 따른 구별을 염두에 두지 않는다면, 장소 기원이 구체적으로 특정화되지 않고 다양한 공간적 수준이 무시되는 문제도 발생한다. 일례로, 니컬러스 파파도풀로스(Nicolas Papadopoulos 1993: 16)의 논의에서는 지리적 스케일이 다음과 같이 뒤섞여 있다.

원산지 정보는 … 국가보다는 지역과 더욱 밀접하게 (가령, 자동차 렌트 회사인 '유로카(Eurocar)'와 같이) 연관될 수 있다. 때로는 (스카치 위스키, 브리티시 에일, 캘리포니아 와인, 보헤미아 수정처럼) 제품 범주를 표현하는 핵심적인 **기술자**(descriptor)로 사용되기도 한다(저자 강조).

장-노엘 카프레르(Jean-Noel Kapferer 2002: 163)의 '로컬' 브랜드 개념도 유사한 사례다. 그는 '로컬'이 무엇을 의미하느냐를 특정하지는 않고, '글로벌' 브랜드를 제외한 다른 모든 것들을 '로컬'이라고 말한다. (물론, 글로벌과 로컬 모두가 특정될 수 없다는 점에서는 비슷하다.) 이와 같은 카프레르(2005: 319)의 '포스트-글로벌(post-global) 브랜드' 개념은 상위국가적인(supranational) 스케일에 위치하지 않은 '지역적인' 것을 의미한다. 한편 미셸 슈발리에와 제랄드 마차로보(Michel Chevalier and Gerald Mazzalovo 2004: 101)에 따르면 "브랜드의 '문화'는 그 브랜드를 창조한 사람들의 원초적 가치와 연계되어 있다. 마드리드의 로에베, 시실리의 돌체앤가바나, 마요르카의 마요리카, 일본의 시세이도와 같이 브랜드는 그것이 발전해 온 국가, 지역, 도시의 문화와 연계되어 있다". 이러한 설명들은 다양한 연계의 지리를 최소한의 수준에서만 파악하고 있다. 사회학자들도 마찬가지로 느슨한 정도로만 지리의 중요성을 설명한다. 리즈 무어(Liz Moor 2007: 24)의 경우는 "브랜드가 ··· 재화의 장소적 함의에 조응"하는 점을 인정한다. 하지만 그녀는 상위국가적인 수준에서 "지역적인" 것을 "비국가적인(non-national)" 것으로 간주하고, 비국가적인 것의 의미가 글로벌한 것인지 아니면 하위국가적인 것인지를 분명하게 특정하지 않는다.

오리지네이션의 관점에서 원산지의 지리적 다중성과 복잡성은 지리적 결합을 (재)구성하는 브랜드와 브랜딩 행위자들에게 고도의 유연성과 유동성을 제공한다는 점이 중요하다. 원산지는 특정 시장의 지리적, 시간적 맥락이 갖는 구체적인 함의들에 좌우된다. 그래서 원산지를 쉽게 또는 명료하게 파악하기 어렵다. 관련된 행위자들이 원산지를 촉진하거나 모호하게 만드는 목적을 이해하는 것도 쉬운 일은 아니다. 노동분업이 국제화되고 '원산지'에 대한 지리적 이해가 국가적 수준을 넘어섬에 따라, 오늘날에는 원산지 단서들을 마음대로 조정하거나 은폐할 수 있는 행위자들의 힘이 엄청나게 증가했다. 이에 따라 브랜딩을 통해 원산지를 선택적으로 구성하거나 표시할 수 있게 되었다(Papadopoulos 1993; Thakor and Kohli 1996). 그리고 디지털 시대가 도래하고 온라인 서비스가 급부상하면서 가상공간에서 원산지의 유연성은 더욱 크게 증폭되고 있다. 원산지를 위치시킴에 있어 여전히 국가적 스케일이 포함될 수 있지만, 이는 여러 가지 영토적 구성물의 공간적 수준 중에서 단 한 가지에 불과할 뿐이다. 국가 스케일이 관계적 네트워크에 대한 이해 속에서 조율되어야 할 문제도 있다.

경우에 따라 브랜드 소유자들과 유통자들은 특정한 부품이나 재료의 원산지와 유래를 강조할 때 상업적 의미와 가치가 높아 보이도록 일정한 시·공간 맥락에 초점을 맞추기도 한다. BMW의 경우, 엔진이나 트랜스미션과 같은 동력전달장치에 대해서는 '메이드 인 저머니'를 뚜렷하게 강조한다. 이런 브랜딩은 제조업에서 독일의 국가적 명성이 지닌 의미와 가치를 전달한다. 동시에 **독일 입지**(Standort Deutschland)라는 유서 깊은 제조업의 전통 안에 위치시키는 역할도 한다. 심지어 이런 오리지네이션은 노스캐롤라이나의 스파튼버그에서 조립한 BMW 자동차를 미국 시장에 판매하는 상황에서도 등장한다. 남아프리카공화국의 로슬린에서 생산된 BMW가 아프리카 지역에서 팔릴 때도 마찬가지다. 국가적 프레임은 바이에른의 정교함이나 뮌헨이라는 도시와의 관계 등 다른 어떤 하위공간적 수준보다 더욱 많이 강조된다. 소유주의 입장에서 바이에른이나 뮌헨을 중심으로 하는 지리적 결합은 광범위한 세계의 소비자들에게 자신이 희망하는 BMW 브랜드의 의미와 가치를 전달하기에는 부족해 보일 수 있다. 이런 사례와 달리, 부품과 재료의 정확한 원산지가 경시되거나 흐릿해지는 경우도 있다. 브랜드 휴대폰의 스크린 제작에 이용되는 콜탄은 주로 콩고민주공화국의 내전 지역에서 생산되지만 아무런 원산지 표시가 없다(Montague 2002). 상호 관련된 여러 행위자들은 수많은 방법을 통해 브랜드를 다루어 장소에 대한 지리적 결합을 교묘히 주입하거나 흐릿하게 만들기도 한다. "유기농 회사인 '톰스 오브 메인(Tom's of Maine'은 ('신시내티의') 프록터 앤 갬블(P&G)과 달리 입지를 브랜드의 핵심"에 둔다(Molotch 2002: 680). 이 외에도 수많은 브랜드 소유주들과 유통자들은 '혼성화' 전략을 구사하면서 브랜드 재화의 '양국가적(bi-national)', '다국가적', 심지어는 '글로벌한' 연계를 강조한다. 마이크로전자제품 제조업체인 인텔이 구사하는 '인텔 인사이드' 브랜딩 전략은 노트북 컴퓨터나 PC에 내장된 마이크로프로세서 칩의 지리적 생산지를 정확하게 나타내지는 않지만 미국의 하이테크 전문성과 노하우를 지시한다(Norris 1993). 재화와 마찬가지로, 서비스 부문 또한 국제노동분업의 영향을 많이 받는다. 예를 들어, R&D와 소프트웨어 개발 활동은 인도와 같은 해외의 공급업체들에게 국제적으로 아웃소싱되고 있다

(Mudambi 2008). 이런 상황에서 서비스의 원산지에 관한 연구의 관심도 증대되고 있다.

브랜드와 브랜딩의 사회·공간적 역사

원산지와 관련해서는 시간적 측면도 중요하다. 상품의 사회적 삶과 역사에 주목한 아르준 아파두라이(Arjun Appadurai 1986)의 연구나 상품의 일대기에 관한 이고르 코피토프(Igor Kopytoff 1986)의 연구를 통해 널리 알려진 사실이다. 브랜드 재화나 서비스와 이의 브랜딩은 나름의 역사를 지니고 있으며, 그런 역사는 뒤이어지는 브랜드의 발전 과정에 영향을 미친다(Koehn 2001; Room 1998). 브랜드화된 대상과 브랜딩 과정에 불가피한 지리적 결합은 시간의 흐름에 따라 여러 공간을 관통한다. 이는 케빈 모건 등(Kevin Morgan et al. 2006: 3)이 '사회·공간적 역사'의 축적으로 지칭한 현상이다. 사회·공간적인 역사는 다양한 정도와 방식으로 미래의 진화 과정을 패턴화하는 조건의 역할을 한다. 브랜드와 브랜딩에서 지리적 결합이 불가피하다는 점을 감안해 관계적 네트워크와 영토적 스케일 모두의 맥락에서 브랜드와 브랜딩의 공간적, 역사적 차원을 인식할 필요가 있다.

브랜드화된 재화나 서비스의 사회·공간적 역사는 특정 상품의 생애와 수명에 의존하면서 수많은 원재료들의 아카이브를 긁어모은다. 여기에는 구형 모델과 버전, 디자인, 시제품, 광고, 포장, 브로슈어, 소프트웨어, 단종된 제품 등이 포함된다. 앨런 스콧(Allen Scott 2010: 123)은 인지-문화적 자본주의의 맥락에서 다음과 같이 말한다.

[이러한 아카이브는] 지식, 전통, 기억, 이미지의 저장고라 할 수 있다. 이러한 자산은 예술가, 디자이너, 장인, 여타 창조적인 개인들에게 영감의 원천으로 기능한다. 따라서 이러한 사람들이 생산한 최종 생산물에는 그러한 저장고의 흔적이 남아 있다. 이는 제품들에 진정성이 스며 있는 것 같은 느낌을 준다. 그리고 현대 문화경제의 특징이라 할 수 있는 제품 차별화의 논리에도 기여한다.

이러한 저장고가 바로 브랜드 원산지의 근원이다. 앞으로 상세히 검토할 뉴캐슬 브라운 에일(제4장), 버버리(제5장), 애플(제6장)에 관한 분석 사례에서와 같이 이러한 자원은 전통과 서사의 토대를 이룬다. 관련 행위자들은 그런 이야기를 주기적으로 선별하고 재가공함으로써 특정 시·공간 시장에서 의미와 가치를 창조하고 고정한다.

종종 브랜드 행위자들은 매력적인 '상품 일대기(commodity biographies)'를 창출함으로써 원산지에 관한 이야기를 상품의 진정성, 유래, 품질과 정교하게 연관시키며 특정 시·공간 시장의 상황에서 유의미하고 가치 있는 브랜드로 만들어 낸다(Hughes and Reimer 2004; Jackson et al. 2006 참조). 뚜렷한 정체성과 역사는 지리적 결합을 끌어들여 진정성을 창조하며, 미디어의 다원화와 불협화음의 맥락 속에서 특정 브랜드의 차별화를 유인하고 자극하며 지탱한다. 예를 들어, 특수식품(specialty food) 브랜드는 다음과 같은 성격을 가지고 있다.

[특수식품 브랜드는] 생산지에 부착된 문화적 의미를 이끌어 내는 방식으로 마케팅된다. … 특정 상품을 '문화시장(cultural market)'이나 경관, 문화전통, 역사유적 등의 로컬 이미지와 연계하면, 소비자들은 특정 상품

을 특정 장소와 동일시하게 되므로 상품의 가치가 증대될 수 있다(Ilbery and Kneafsey 1999: 2208).

재화와 서비스 브랜드의 행위자들이 브랜딩 과정을 통해 만들어 내는 정체성, 특성, 서사는 역사적으로 늘 진화하며 공간적으로 불가피하게 착근되어 있다는 점은 다른 분야의 연구에서도 확인되고 있다. 특히 브랜딩 논객(Aaker 1997), 경제인류학자(Wengrow 2008), 경제사학자(Da Silva Lopes 2002), 사회학자(Holt 2006b) 등의 연구에서 명확하게 나타난다.

브랜드와 브랜딩에서 역사는 중요하다. 브랜드화된 재화나 서비스 상품은 특성, 정체성, 가치로 구성된 지리적 결합을 축적하지만, 지리적 결합으로만 의미와 가치를 추출해 브랜드를 재구성하는 것은 어려운 일이기 때문이다. 이에 사회·공간적 역사는 다양한 정도와 상이한 방식으로 상당한 수준의 경로의존성을 제공하고, 브랜딩의 진화와 궤적을 형성한다. 특정 시장에서 일부 브랜드들은 이러한 결합을 털어 버리는 것이 불가능하다. 예를 들어, 맥도날드는 저품질의 패스트푸드로 유명할 뿐만 아니라 미국의 문화·경제적 제국주의와 연결되어 있는데, 이런 마커는 상당히 끈질긴 생명력을 가진다. 최근 들어 브랜드 변신을 시도하면서 영국을 비롯한 여러 국가에서 제품의 질적 수준을 개선하려고 노력하고 있지만, 맥도날드의 기존 브랜드 마커는 여전히 지속되고 있다(Ritzer 1998). 다른 브랜드들도 지리적으로 차별화된 공간적 함의 때문에 부정적인 영향을 받는다. 예를 들어, 2006년 종교적 내용의 만화를 둘러싼 논쟁으로 이슬람 국가들에서는 덴마크 제품을 보이콧한 적이 있었다. 2012년 멕시코만에서 발생한 원유시추선 딥워터호라이즌호(Deep-water Horizon) 사고와 원유 유출의 결과로, 셸(Shell)은 미국 내 자산을 강제 처분해야만 했다. 이런 식으로 '지리적 전통'의 결합은 끈적끈적하고 느린 속도로 변화하며, 특정한 브랜드 상품에 고착될 수 있다(Jackson 2004). 실천뿐만 아니라 중대한 사건도 원산지에 대한 인식을 신속하게 재편할 수 있고, 특정한 시·공간 맥락에서는 재화와 서비스의 지리적 결합에 위해를 가할 수 있다.

그러나 오랜 역사 동안 축적된 속성들이라고 해도 브랜드와 브랜딩의 미래 발전 경로를 필연적으로 결정하는 요인이 되지는 못한다. 브랜드 재화와 서비스 상품이 역사에 갇혀서 언제 어디서나 과거에 의해서만 결정되지는 않는다는 이야기다. 지리적 결합과 인식은 시간이 지나면서 공간순환에서 활동하는 행위자들의 행위성과 그에 따른 브랜딩 실천을 통해 브랜드의 상업적 이익에 맞도록 능동적으로 재편될 수 있다. 새로운 브랜드가 시장에 진입하는 경우에는 그런 모습이 두드러지게 나타난다. 전자통신 분야에서 거대기업으로 부상 중인 중국의 화웨이(Huawei)는 철저한 브랜드 구축 활동을 구사해 왔다. 화웨이의 전략은 중국이라는 거대한 시장에서 국제적 경쟁력을 갖추고 차별성 있는 브랜드를 만들어 보다 장기적인 국제화를 위한 플랫폼을 구축하는 것이다. 화웨이는 네 곳의 R&D 센터를 핀란드, 아일랜드, 이탈리아, 영국에 세웠고, 제품 라인을 합리적으로 조직하며 선제적으로 브랜드의 프로필을 구축해 왔다(Hille 2013). 그러나 상업시장에서의 이러한 능동성은 화웨이와 중국정부 간의 관계에 대한 논란을 불러일으켰고 결과적으로 광범위한 비판의 대상이 되기도 했다(Hille 2013). 어쨌든 이 사례에서 중요한 것은 중국의 평판이 변하고 있다는 사실이다. 중국은 다른 곳에서 오리지네이션된 브랜드 상품을 제조만 하는 곳에서 자체의 브랜드와 브랜딩을 오리지네이션할 수 있는 곳으로 진화했다는 이야기다. 이런 장기적 목표는 국가발전 전략에서도 확인된다. 최근 중국은 자국에 대한 홍보 캠페인의 초점을 '메이드 인 차이나'에서 '세계와 함께하는 메이드 인 차이나(Made in China, Made with the World)'

로 변경했다(Ryssdal 2009).

오리지네이션

지리적 원산지는 최근 들어서 매우 복잡해졌다. 국제노동분업의 맥락에서 유래라는 것은 이미 '원산지 **국가**'의 범위를 넘어섰기 때문이다. 동시에 사회·공간적 역사도 브랜드와 브랜딩의 의미와 가치를 형성하는 데 핵심적이고 능동적인 역할을 하고 있다. 이런 맥락에서 오리지네이션 개념은 행위자들이 어디에서, 어떻게, 무슨 이유로, 어떤 방식으로 브랜드와 브랜딩에서 지리적 결합을 형성하는지를 파악하고, 특정한 시·공간 시장에서 생성되는 재화나 서비스 상품의 의미와 가치를 설명하는 수단으로 활용될 수 있다. 지리적 결합은 공간순환 속의 브랜드 상품이 지닌 의미와 가치의 형성에서 필수적인 요소이다. 하지만 축적, 경쟁, 차별화, 혁신의 논리들 때문에 행위자들이 특정 시·공간 상황에서 지리적 결합을 확보하려는 노력은 혼란에 빠지기도 한다. 심지어 그러한 지리적 결합은 와해되기도 한다. 오리지네이션은 행위자들이 브랜드 상품과 (특정한 공간적 참조를 함축해 제시하고 그것에 호소하는) 브랜딩을 위해 지리적 결합을 구성하는 방식을 지칭한다. 따라서 오리지네이션에 대한 분석의 초점은 어떻게 행위자들이 축적, 경쟁, 차별화, 혁신의 논리를 구체화하고 그에 반응하는지에 맞춰진다. 한마디로, 재화와 서비스의 오리지네이션은 브랜드와 브랜딩에 관여하는 행위자들이 어디의 무엇에서 유래로 삼고, 어디와 연관시키는지를 보여 주거나 암시하는 행위를 말한다. 따라서 오리지네이션은 특정 장소와 시간에서 사람들이 구입하기를 원하는 재화와 서비스를 마케팅하고 제시하는 방법을 뜻하기도 한다. 특정 시장의 시·공간 속에서 행위자들이 어떻게 여러 가지 재화와 서비스를 다양한 방식으로 오리지네이션하는지를 이해하려면 맥락(context)을 파악하는 것이 특히 중요하다. 오리지네이션은 단순한 기술적(descriptive) 메타포(은유)가 아니라 원산지화와 관련된 사회·공간적 과정에 대한 개념화이자 이론화의 방안이다.

브랜드화된 재화나 서비스 상품이 단일한 지리적 원산지를 갖는다는 생각은 더 이상 고수하기 어렵다. 국제노동분업을 통해 국가적 '원산지'라는 하나의 스케일 프레임 너머에서 형성된 지리적 결합이 복잡해지고 있기 때문이다. 그래서 오리지네이션 분석에서는 상품 생산에서 어떠한 중추적인 원천이나 순수한 형태가 기원하는 단일한 공간과 장소를 찾아내려고 시도하지 않는다. 단일한 순수성의 존재를 기대하지 않는다는 이야기다. 어쩌면 유일무이한 공간적 참조에 기초한 원산지를 가진 재화나 서비스 상품이 **있을는지도** 모른다. 그러나 실리아 루리(Celia Lury 2011: 50)가 지적한 것처럼 특정 브랜드 재화나 서비스 상품이 '단일한 원산지의 순간'을 갖지 않는 경우가 훨씬 더 많다. 복잡한 노동분업과 글로벌 가치사슬로 인해 브랜드화된 상품과 서비스는 복수의 원산지들을 가질 수밖에 없다. 브랜드와 브랜딩은 발견되고 세계에 알려지기를 기다리는 신비로운 것들에 존재하는 본질적인 실체라기보다는 공간순환 내 행위자들의 행위성을 통해 사회적으로 구성, 유통, 전유, 규제되는 것이다. 제2장에서 설명한 것처럼 생산자, 유통자, 소비자, 규제자 등은 브랜드와 브랜딩의 지리를 창조하고 재생산하는 데 핵심적인 역할을 한다. 특정 행위자들이 진정성 있고 고유한 원산지를 주장한다고 하더라도 그것의 진실성은 충분히 조사해 볼 필요가 있다. 브랜드와 브랜딩의 사회·공간적 역사는 신화 창조나 스토리텔링를 통해 브랜드의 의미와 가치를 창출하려는 행위자들의 동기와 유기적으로 얽혀 있기 때문이다(Holt 2004).

유래(provenance)는 앞서 언급한 바와 같이 '기원의 장소'라고 정의된다.

어원은 '기원하다(originate)'는 의미의 라틴어 'provenire'에서 찾을 수 있다 (Collins Concise Dictionary Plus 1989: 1036). 마찬가지로, 이 책에서 오리지네이션은 의미와 가치의 공간순환에서 특정한 시점에 '기원하다'라는 뜻의 [과정적인 뉘앙스를 풍기는] 동사로 사용되기도 한다. 이 개념을 통해 우리는 어떻게 행위자들이 브랜드화된 상품과 브랜딩의 기원을 고안하는지를 (그리고 만들어 내는지를) 고찰하고 설명할 수 있다. 동시에 오리지네이션은 브랜드화된 상품과 서비스의 정확한 기원을 명명하거나 기술하기 위한 명사나 형용사의 기능으로도 쓰인다. 이런 사고방식은 능동적으로 오리지네이션 **하는**(doing) 행위자들의 행위성을 중시하는 것이다. 같은 방식으로 오리지네이션은 시·공간 시장의 상황과 축적, 경쟁, 차별화, 혁신이라는 논리를 이해하고 그것에 설명적 가중치를 부여한다. 축적, 경생, 차별화, 혁신의 논리들이 브랜드와 브랜드 행위자들의 활동을 결정한다고 여기기보다는 능동적인 행위자들이 그러한 논리들을 형성하거나 와해시키는 과정을 강조하기 위해서다.

제2장에서 살펴본 바와 같이 브랜드와 브랜딩의 영토적 지리와 관계적 지리는 긴장 상태에 있으면서도 서로 조절되기 때문에 오리지네이션은 다채롭게 얼룩덜룩한 색깔을 띤다. 행위자들은 브랜드 상품과 브랜딩 속에서 그리고 브랜드와 브랜딩을 통해 전적으로나 부분적으로 상이한 종류, 정도, 성격의 지리적 결합을 구축하고자 한다. 이런 노력은 의미와 가치를 발굴하려는 작업이기도 하다. 실리아 루리(Celia Lury 2004: 54)는 이러한 다양성, 이질성, 변형성을 새로운 매개체나 인터페이스(interface)로 기능하는 브랜드의 '독창성'에 대한 인식과 연관시킨다. 그녀는 스포츠웨어 브랜드 나이키의 사례를 가지고 다음과 같이 이야기했다(Lury 2004: 55).

나이키 인터페이스의 독창성은 단일한 국가적 원산지와는 뚜렷한 관련성이 없다. 실제로 단일한 원산지는 존재하지 않는다. … 나이키는 복수의 원산지들로 구성된다. … 나이키 브랜드의 인터페이스에서는 … 브랜드의 정신(ethos)과 그에 대한 소유권이나 효과가 정해지는 특정한 영토의 경계를 찾아낼 수 없는 듯하다. … 나이키의 인터페이스는 어디에도 얽매여 있지 않다. … 그것은 탈영토화되어 있다. … 나이키 브랜드의 원산지는 특정한 생산지에 가시적으로 연계되어 있지 않다. 나이키는 자사의 제품 생산지와 관련해 어마어마한 공간적 유연성을 발휘할수 있는 기업이다(Lury 2004: 54-5).

여기에서 루리(Lury 2004: 55)는 '나이키 브랜드의 기능이 무제한적'이라고 말하는 것은 아니다. 그녀는 단지 "나이키 인터페이스의 수행성은 **어떤 상품과 그 원산지의 관계가 다양한 방식으로 조직될 수 있음**"을 보여 주고자 한다 (저자 강조). 우리는 이러한 관계적 사유를 영토적 접근과 겸비함으로써 오리지네이션에 대해 보다 심층적인 설명을 제시할 수 있다. 실제로 나이키가 영토의 뿌리를 가진 미국 문화와 연결되어 있고 미국 문화를 전파한다는 점을 강조하는 연구도 있다(Goldman and Papson 1998). 이 연구는 영토의 경계를 지닌 사법당국이 국제 시장에서 나이키의 상표를 위조로부터 보호하기 위해 지적재산권을 바탕으로 규제하는 측면에도 주목한다.

오리지네이션이라는 개념적 프레임을 통해 우리는 행위자들이 브랜드화된 재화나 서비스 상품을 다양한 방식으로 **원산지화하려는** 노력을 해석할 수 있다. 특정 시장 상황에서 의미와 가치를 창출하고 유지하는 데에는 다양한 종류, 범위, 성격의 지리적 결합들이 이용된다(표 2.6). 한쪽 끝단에서 행위자들은 의미와 가치를 구축하고 전유하기 위해 강력하고 명시적이며 직접적인 유형의 오리지네이션을 수행한다. 예를 들어, 대다수의 농식품 브랜드 생산자들은 특정 장소에 고유한 지리적 결합과 함께 장기적으로 지속되는 유래의 진정성을 힘주어 말한다. 와인의 지리에서 사용되는 '테루아(terroir)'라는 개념은 그러한 수행의 한 가지 사례라고 할 수 있다(Banks et al. 2007). 또 다른 극단에서 행위자들은 제품 유래의 모호성과 유동성, 그리고 유래에 대한 지식이 부족하거나 무지하다는 점을 이용하기도 한다. 가상공간에서의 온라인으로 이루어지는 상호작용은 원사지에 대한 주장들의 변동성을 가속화한다. 따라서 행위자들은 약하고 은밀하며 간접적인 유형의 오리지네이션을 통해 브랜드화된 재화나 서비스 상품의 의미와 가치를 창출하는 지리적 결합이 희미해질 수 있다. 완벽하게 새로운 지리적 결합을 창조하는 것도 가능하다. 제4장~제6장의 사례 분석에서 제시할 것처럼 이러한 유형의 원산지화는 특정한 공간순환에서 난절이나 재입지처럼 상당한 변화가 나타나는 상황에서 두드러지게 발생한다. 이러한 변화는 브랜드의 지리적 결합들이 수정이나 변형되는 과정과 결부되어 있기 때문이다. 그리고 새로운 브랜드 재화나 서비스를 선보이는 행위자들은 사회·공간 시장 속에서 가치와 의미를 창출하기 위해 자신만의 공간 대본(spatial script)을 만들어 다채로운 지리적 결합과 상상에 호소하기도 한다. 예를 들어, 킹피셔(Kingfisher)는 '진정한 인도풍'을 내세우는 라거 맥주의 브랜딩을 통해 자사의 브랜드를 인도에 위치시킨다. 이런 전략은 영국 내 인도 레스토랑에서 판매되는 인도 요리에 잘 맞는 맥주로서 킹피셔 맥주 제품의 의미와 가치를 구축하기 위해서다. 그러나 그 이면에는 킹피셔의 대주주가 네덜란드계 기업인 하이네켄이며 킹피셔의 양조 활동도 하이네켄과 계약하에서 이루어진다는 사실을 약화시키려는 의도가 깔려 있다.

오늘날 재화와 서비스 상품의 생산을 위한 노동분업은 지리적 확대와 전문화의 변화를 겪고 있다. 이에 따라 '브랜드의 원산지 국가'를 만드는 데 지리가 더욱더 강하게 반영된다(Phau and Prendergast 2000: 165). 브랜드의 공간순환에 관여하는 생산자들과 유통자들은 의미와 가치를 창출하는 오리지네이션을 수행하면서 독특함을 창출하려고 노력하기 때문이다. 생산비에 민감한 조립이나 생산 활동은 선진경제를 이탈하고 있고, 이들은 국제적 수준에서 선진국과 비슷한 수준의 생산성과 품질을 갖추고 있으면서도 훨씬 더 저렴하게 공급할 수 있는 업자들에게 아웃소싱되고 있다(Dossani and Kenney 2007). 그림 3.4는 람 무담비(Ram Mudambi 2008: 706, 2007)가 제시하는 공급사슬 경영과 입지의 국제적 지리를 보여 준다.

많은 기업은 부가가치가 가치사슬의 업스트림과 다운스트림 양 끝단에 집중되고 있다는 사실을 깨닫고 있다. … 양 끝단에서의 활동으로 지식과 창조성이 집약적으로 투입되고 있다. 가장 왼편에 있는 '투입' 부문에서의 활동은 (기초연구, 응용연구, 디자인과 관련된) R&D 지식을 기초로 한다. 가장 오른편에 있는 '산출' 부문은 (마케팅, 광고, **브랜드 관리**, 판매,

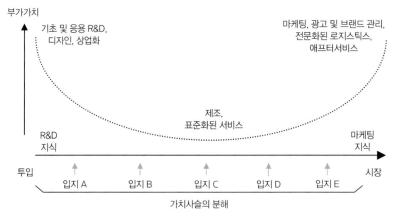

그림 3.4 가치창출의 스마일
출처: Mudambi(2008, 707)

애프터서비스와 관련된) 마케팅 지식이 뒷받침한다. … 이러한 가치창출의 스마일 곡선으로 인해 가치사슬의 양 끝단에 속한 활동은 대부분 선진 시장경제에 위치하는 반면, 가치사슬의 중간에 속한 활동은 신흥시장경 제로 (이동해 왔고) 이동하는 지리적 현실이 조성되고 있다(저자 강조).

이러한 경제 질서하에서 임금 수준이 높은 경제권의 행위자들은 보다 정 교하고 보다 생산적인 고부가가치 활동을 발전시킴으로써 저비용 경제권의 모방과 복제에 맞서 시장에서의 우월한 지위를 방어하고 차별화하고 있다 (Storper 1995). 이와 동시에 브라질, 중국, 인도, 멕시코와 같은 신흥경제의 행 위자들은 글로벌 가치사슬의 위계에서 지위를 업그레이드하고자 노력한다. 기업의 활동은 기조적인 생산이나 조립에만 집중해 위탁생산하는 주문자상 표부착생산자(Original Equipment Manufacturer: OEM)에서부터, 유통과 구매 활동에까지 관여하는 제조자설계생산자(Original Design Manufacturer: ODM), 그리고 지위의 꼭대기에 위치한 '자가브랜드생산자(Own Brand Manufacturer: OBM)'로 구분할 수 있다(Humphrey 2004). 선진경제의 행위자들은 업그레이 딩에 대한 동기에 자극을 받아 "자신의 브랜드와 마케팅 전문성을 발전시키 고 있는데, 이는 가치사슬의 다운스트림 극단에 대한 통제력을 증진"하기 위 한 것이다(Mudambi 2008: 708).

'인지—문화적 자본주의'(Scott 2007: 1465)하에서 혁신에 기반한 '지식경제' 로의 전환이 이루어지고 있다. 디자인이나 스타일링에 대한 내러티브도 중요 한 역할을 하게 되었고, 그에 대한 정책적 지원도 빠르게 증가하고 있다. 아울 러 전문화와 노동분업의 지리적 팽창 과정이 강화되고 있다. 이러한 흐름 속 에서 브랜드 개념과 브랜딩 과정의 잠재력이나 영향력에 대한 관심이 재화와 서비스 상품의 세계를 넘어서 지역발전의 영역으로까지 확대되었다(제7장).

도미닉 파워와 아틀레 헤우게(Dominic Power and Atle Hauge 2008: 3)는 브랜딩이 "현대 경제에서 기업, 클러스터, 지역, 국가를 추동하는 전략적·상업적 핵심 경쟁력"이 되었다고 주장한다. 브랜드 재화와 서비스 시장의 발전 때문에 "기업이 일차적으로 생산하는 것은 물건이 아니라 … 브랜드라는 **이미지**가 되어"버렸다(Naomi Klein 2000: xvii, 4, 원문 강조). 이런 세계는 '탈물질화'되고 '중량이 없는' 경제로 가득 찬 '포스트국가적(postnational) 비전'을 향하고 있는 것처럼 보인다. 하지만 그러한 과정이 지리적으로 균일한 방식으로 진행되어 온 것은 아니다. 브랜드와 브랜딩의 오리지네이션에 대한 사유와 성찰은 보다 미묘한 지리적 차이를 만들어 낸다. 오리지네이션은 행위자들이 브랜드와 브랜딩의 지리를 구축하고 그것에 대응하는 과정에서 나타나는 보다 복잡한 다양성과 차별성을 개념화하고 포착하는 수단이다.

재화나 서비스의 브랜드와 브랜딩에 대한 오리지네이션의 개념화를 통해 오늘날 마케팅 분야에서 강한 영향력을 가진 '원산지 국가'라는 (그리고 '브랜드의 원산지 국가'라는) 개념이 얼마나 분절화, 파편화되는지를 이해할 수 있다. 글로벌 노동분업은 완성된 재화와 서비스의 교역만이 아니라 '업무의 무역(trade in tasks)'까지도 공간적으로 분산하고 통합한다(Kemeny and Rigby 2012). 분석적인 측면에서 공간순환 내의 행위자들이 구성하고 있는 오리지네이션에는 10개의 (어쩌면 그 이상의) 상이한 범주들이 확인되는데, 이들을 나열하면 다음과 같다.

1. 브랜드가 최초로 탄생한 곳
2. 브랜드가 혁신적으로 고안된 곳
3. 브랜드가 디자인되고 발전한 곳
4. 브랜드가 검증되고 다듬어진 곳

5. 브랜드의 본사가 위치한 곳 (또는 간접적으로는 브랜드 소유주의 본사가 위치한 곳)

6. 브랜드 상품이나 서비스를 (물리적, 가상적으로) 발송하거나 제공하는 곳

7. 브랜드가 만들어진 (또는 제조되거나 조립된) 곳

8. 브랜드가 (도매 또는 소매를 통해) 판매되는 곳

9. 브랜드 재화나 서비스에 대한 지원이나 사후 관리와 유지 서비스를 제공하는 곳

10. 브랜드가 재활용되거나 해체되는 곳

더 나아가 이러한 오리지네이션의 유형들 사이에서 중요도의 순위가 바뀌고 있다는 섬도 중요하다. 글래스고칼레도니언대학교의 마케팅·리테일 분야 교수인 크리스 무어(Chris Moore)는 다음과 같이 말한다.

예전에는 제조된 장소가 두각을 나타냈지만, 이제는 생산 장소의 중요도가 가장 낮습니다. … 사람들은 디자인 아이디어와 독창성이 중요한지, 아니면 물건을 만든 장소가 중요한지에 대해 질문하기 시작했어요. 대부분 사람의 답은 첫 번째를 향하고 있답니다(2008년 저자 인터뷰).

글로벌 상품사슬이 복잡해지고 국제화되는 맥락에서 존 퀠치와 제니퍼 조크츠(John Quelch and Jennifer Jocz 2012: 44)는 '마케팅 담당자들'의 발언을 인용하며 "일부 유형의 상품들은 여전히 탁월한 전문성의 특정한 장소와 광범위하게 연관"되어 있다고 말한다. 이에 더해, 그들은 "브랜드의 신뢰도를 바탕으로 여러 국가에 걸친 아웃소싱을 통해 만들어진 상품에 대한 소비자들의 의구심을 떨쳐 낼 수 있으며, 소비자들은 생산의 장소보다는 디자인이나

품질관리의 원산지에 훨씬 더 많이 주목"한다고 주장한다. 이런 맥락에서 오리지네이션은 행위자들이 재화나 서비스 상품에 의미와 가치를 부여하기 위해 무슨 지리적 결합을 어떻게 구성하는지를 이해할 수 있도록 한다. 오늘날의 상황에서 참신하고 풍요로운 아이디어를 제공하는 개념이라고 할 수 있다. 그래서 경험적 탐구와 도전을 통해 브랜드와 브랜딩의 지리를 이해하는데 있어서 오리지네이션의 강점과 가치를 검토할 필요가 있다. 제4장~제6장에서는 그러한 사례로 뉴캐슬 브라운 에일, 버버리, 애플을 살펴볼 것이다. 그에 앞서 다음 절에서는 오리지네이션이 복잡하면서도 새로운 방식으로 뚜렷하게 나타나는 사례들을 집중적으로 조명해 보고자 한다. 개념화, 이론화, 분석의 수단으로서 오리지네이션의 가치를 보다 정교하게 해석하기 위한 중요한 출발점으로 의류와 원격중개 서비스 부문을 살펴본다.

의류와 원격중개 서비스의 사례

의류산업은 오랜 국제노동분업의 역사를 가지며 지리적으로 광범위하게 분포하는 특성을 보이는 부문이다. 그럼에도 불구하고 의류산업에서 의미와 가치의 표시자로서 브랜드와 브랜딩의 중요성은 지속되고 있다(Dicken 2011; Dwyer and Jackson 2003). 오늘날의 사례는 어떻게 행위자들이 자신의 브랜드를 특정한 방식으로 오리지네이션하는지를 보여 준다. 대표적으로 아메리칸 어패럴(American Apparel)은 의류 상품과 아웃렛에서 '메이드 인 다운타운 LA(Made in Downtown LA)'를 최전면에 내세우며 브랜드의 정신을 보여주고자 한다. 이 브랜드에 관여하는 행위자들은 의류산업에 만연한 저비용의 수직적 분화(vertical disintegration)나 국제적 하청과는 달리 노동착취공장

(sweatshop)이 없는 수직적 통합(vertical integration)을 추구한다고 강조한다. 그러면서 시장 경쟁에서 아메리칸 어패럴 브랜드를 차별화한다(Ross 2004). 아메리칸 어패럴은 로스앤젤레스 다운타운에 입지해 핵심 R&D, 마케팅, 제조활동을 수행하는 하나의 '산업혁명'으로 제시되기도 한다. 이러한 내러티브는 소매업체들이나 웹사이트를 통해 브랜드의 유통과 소비에 접합되어 있으며, 잠재적 소비자들에게 전해지는 '우리 공장을 탐험하시겠어요?'란 메시지에도 나타난다. 아메리칸 어패럴의 의미와 가치를 구성하는 지리적 결합들을 해석하기 위해 오리지네이션을 활용해 보자. 관련 행위자들은 재화와 서비스 상품을 '**아메리칸** 어패럴'이라는 국가적으로 위치화된 브랜드네임으로 오리지네이션하면서, '메이드 인'에 대한 주장을 단순한 국가적 수준이 아니라 캘리포니아주 로스앤젤레스의 다운타운이라는 특정 도시의 특정 영역에 접합시킨다. 로스앤젤레스는 하나의 장소로서 글로벌 패션 산업에서는 혁신, 스타일, 활력의 중심지 역할을 한다(Tokatli 2013). 이러한 오리지네이션을 통해 아메리칸 어패럴은 브랜드의 정체성과 브랜딩 활동의 핵심을 이루는 특정한 유형과 형식의 지리적 결합을 창출해 제시한다.

아메리칸 어패럴과 마찬가지로, 영국의 의류 브랜드인 스컹크펑크(Skunk-funk: SKFK)의 소유주들과 유통자들은 '메이드 인 차이나'라는 국가적 원산지의 표시를 통해 의류가 어디에서 제작되었는지를 인정한다. 하지만 동시에 '바스크 디자인(Designed in the Basque Country)'이라는 특정한 하위국가적 영토를 제시함으로써 의류 브랜드 생산의 지리적 결합을 혼합하는 전략도 취한다. 이러한 오리지네이션을 통해 행위자들은 바스크라는 '진정한' 장소를 제시하면서 자신들의 제품이 문화적으로 풍요롭고, 의미가 깊으며, 가치 높은 전통과 스타일에서 유래하고 그곳에 뿌리를 두고 있다는 내러티브를 구성한다. 동시에 행위자들은 생산품 표기에 대한 규제적 통제의 맥락에서 (중국으로의) 국제적 아웃소싱을 인정할 수밖에 없는 것이다. 아메리칸 어패럴이나 스컹크펑크와 같이 영토적 오리지네이션과는 대조적으로, 또 다른 의류 브랜드인 수퍼드라이(Superdry)와 관련된 행위자들은 보다 관계적 오리지네이션 전략을 구사한다. 수퍼드라이는 중국이라는 특정 영토에서 제조되었다는 점을 드러내면서도, '영국의 디자인, 일본의 정신(British Design, Japanese Spirit)'을 강조하며 관계적인 형식으로 브랜딩한다. 이러한 유형의 오리지네이션은 '영국의 디자인'이라는 국가적 수준에서 특정한 영토 내의 특정한 활동을 '일본의 정신'이라는 원거리에 있는 또 다른 국가적 영토에 대한 관계적 사고와 영향력에 융합한다. 이처럼 오리지네이션은 브랜드와 브랜딩에 있어서 영토적 오리지네이션과 관계적 오리지네이션 간의 긴장관계와 조정을 개념화하고 설명할 수 있다.

　아울러 오리지네이션이 갖는 개념적, 이론적 가치는 보다 복잡한 형식의 지리적 결합을 설명하는 데에도 도움을 준다. '메이드 인'이라는 주장이 더욱 복잡해지고 의문시되는 맥락에서 브랜드와 브랜딩 행위자들의 활동은 오랜 세월동안 자랑스러운 의미와 가치를 끈질기게 지켜온 '메이드 인 이탈리아'에 대한 의문을 낳게 한다. 이탈리아의 패션 기업들은 브랜드 재화의 가장 기초적인 제작 단계 중 일부를 불가리아나 루마니아 등의 중·동부유럽과 중국 등에 있는 저비용 계약생산업체에게 아웃소싱한다는 비판을 받아 왔다. 실제로 이탈리아에서는 오직 최종 단계만 이루어지고 '메이드 인 이탈리아' 라벨만 붙여서 높은 가격을 더 얹는 일만 수행한다(Thomas 2007, 2008; Hadjimichalis 2006; Ross 2004). '메이드 인 이탈리아' 라벨을 보다 엄격한 법률로 통제해야 한다는 주장이 부상하는 가운데, 패션기업 프라다(Prada)는 자사의 '메이드 인' 범위를 시장에 공개했다. 관련 행위자들은 프라다 제품 중 특정 디자인의 진정성 있는 유래를 강조하는 한편, 제품 제조를 위한 영감과 재료는 몇 몇 해외 국가의 영토에서 가져오고 있을 **뿐만 아니라** 해외 제작도 한다고 말한다. 프라다 제품들은 '프라다, 밀라노(Prada, Milano)' 마크를 달고 있지만, 라벨에는 '메이드 인 인디아(Made in India)', '메이드 인 재팬(Made in Japan)', '메이드 인 페루(Made in Peru)', '메이드 인 스코틀랜드(Made in Scotland)'라고 적혀 있다(그림 3.5). 이러한 논쟁이 한창이던 시점에 기업주인 미우치아 프라다(Miuccia Prada)는 다음과 같이 말했다.

'메이드 인 이탈리아'라고 한들 누가 신경이나 쓰겠습니까? 제품을 지켜 주는 것은 브랜드의 힘이 아닙니다. 저의 제품은 정치적 선언이며, 독창성에 대한 저의 개인적 평가에서 비롯된 것입니다. 이 시대를 살기를 원한다면 세계를 껴안아야 합니다. 이것이 위선에서 빠져나오는 길입니다. … 우리 유럽은 가치를 보유하고 있고, 오랜 역사도 가지고 있습니다. 그러나 오늘날 젊은이들이 역사를 받아들이는 방식으로 역사를 제시하지 못한다면 어찌 유럽의 가치와 역사가 살아남을 수 있겠습니까(Miuccia Prada 2010, Menkes 2010: 1 재인용)?

이처럼 프라다는 혼성적(하이브리드) 오리지네이션을 제시하는 사례다. 관련 행위자들은 이탈리아 도시 밀라노라는 특정한 영토와 브랜드 간의 오랜 지리적 연계를 강조하며, 여기에 특정한 유형의 브랜드 상품과 이를 구성하는 디자인이나 원료로 차별화된 국가적 원산지화를 통합한다. 이처럼 오리지네이션은 브랜드 행위자들이 유연하고 정교한 방식으로 지리적 결합들을 구성, 고정, 전유하려고 애쓰는 것과 밀접히 관련되어 있다. 이 접근 방법을 통해 행위자들이 특정한 지리적 상상을 사용해 어떻게 의미와 가치를 창출하는지를 이해할 수 있다. 동시에 브랜드와 브랜딩의 밑바탕을 이루고 있는 투자,

그림 3.5 프라다의 '메이드 인' 라벨

출처: Prada SA

일자리, 지역발전의 불균등한 지리도 파악할 수 있다.

　오리지네이션이 브랜드 재화의 생산과 관련해서만 해석적, 설명적 가치를 가지는 것은 아니다. 브랜드화된 서비스의 의미와 가치를 창출하고 고정하기 위한 지리적 결합의 노력을 펼치는 브랜딩 행위자들도 있다. 원격중개(telemediated) 서비스의 경우, 실제 업무를 수행하고 서비스를 전달하는 곳의 원산지화는 더욱더 복잡해지고 있다. 노동의 새로운 사회·공간적 분업은 브랜딩 행위자가 자신의 서비스를 오리지네이션하는 데 영향을 끼치며, 시장 상황에서 의미와 가치를 창출하기 위한 공간적 연결과 참조를 변화시키고 있다. 백오피스(back-office) 서비스 기능의 표준화와 루틴화로 고객센터나 콜센터는 점차 경제적으로 뒤처진 곳으로 탈중심화되는 경향이 있다. 그런 곳은 주로 여성으로 구성된 저임금 노동력 풀을 바탕으로 성장한다(Richardson et al. 2000). 경쟁과 비용 압력으로 고객센터의 아웃소싱과 국제적 오프쇼어링(off-shoring)이 강화되고, ICT의 발달은 그러한 변화를 촉진한다(Dossani and Kenney 2007). 그러나 품질, 소비자 불만, 그리고 경쟁과 관련된 문제들로 인해 서비스 공급자들은 고객센터 서비스를 영국 내에 위치한 자사나 외부 계약업체로 되가져오고 있다. 이 과정은 '온쇼어링(on-shoring)'이라고 알려진 변화의 물결이다(Christopherson 2013; 그림 3.6). 이러한 경제 조직에서의 변화는 브랜드 서비스의 오리지네이션이 접합, 유통되는 방식에도 영향을 미친다. 예를 들어, 영국 은행 냇웨스트(NatWest)가 브랜드 명성을 구축할 목적으로 '도움을 주는 뱅킹(Helpful Banking)'으로 광고하는 마케팅 전략을 생각해 보자. 여기에서 냇웨스트는 고객들에게 "우리는 **영국 내** 콜센터를 1주일에 7일 24시간 내내 풀가동하고 있습니다. 여러분의 은행은 어떤가요?"라고 질문을 던짐으로써 다른 경쟁 은행과 대비되는 차별화 전략을 구사한다(저자 강조). 이에 관여하는 브랜딩 행위자들은 냇웨스트를 '영국의 콜센터'에서 오리지네이션하고 있는 것이다. 그러면서 서비스의 품질을 높게 유지하면서도 모든 사람이 쉽게 접근할 수 있다는 점을 명시적으로 내세운다. 영국에 대한 강조는 브랜드가 주장하는 의미와 가치의 핵심을 이룬다. 이런 브랜딩은 다른 경쟁사들이 여전히 고객센터 서비스를 국제적으로 아웃소싱하고 있기 때문

그림 3.6 '영국으로 … 다시 전화 주세요.'
출처: BBC

에 그들의 서비스 품질이 낮을 수밖에 없다는 점을 함의한다. 냇웨스트는 명시적으로 서비스 공급의 오리지네이션을 촉진함으로써 영국 내의 특정 지역에서 서비스를 받기 원하는 소비자들과의 연결성을 추구한다. 기술적인 측면에서 볼 때 통신 네트워크에 기반을 둔 원격중개는 사실상 영국 너머 모든 곳에 서비스를 제공할 수 있다. 그럼에도 불구하고 영국화된 오리지네이션 전략이 현실화되어 실질적인 효과를 발휘하고 있는 것이다.

브랜드화된 서비스 상품에서 오리지네이션은 저부가가치 활동을 중심으로 나타나지만은 않는다. 소프트웨어 엔지니어링과 같은 고부가가치 서비스에서도 오프쇼어링의 성장과 관련해 공급지 이슈가 부상하고 있다. 선진국에서 비용 상승과 경쟁 압박에 직면하는 오늘날의 생산자들은 모듈화, 표준화, 자동화가 가능한 활동의 국제적 아웃소싱을 추구한다. 이런 활동은 대체로 진입 장벽이 낮고 소비자와 정기적인 접촉이 불필요한 특징을 가진다

오리지네이션

(Dossani and Kenny 2007). 현존하는 많은 기업은, 예를 들어 TI, 애질런트, HP, 오라클, GE 등은 자사 내 제품 개발을 위해, 그리고 ANZ은행, ABN암로은행, 액센추어(Accenture), IBM, Dell 등은 서비스 전달 시스템을 위해 소프트웨어 활동을 오프쇼어링 해 오고 있다. 이러한 수요에 부응하는 인도의 생산업자나 외부 소유 자회사와 같은 행위자들이 신흥경제에서 성장하고 있다. 이는 각 국가의 산업화 전략이나 지역개발 전략과 관련해 환태평양권을 중심으로 나타나는 숙련 노동의 '두뇌순환(brain circulation)'에 힘입은 바가 크다(Saxenian 2005). 수출 시장을 겨냥해서 생산하는 소프트웨어 회사들은 이른바 '인도의 실리콘밸리'라 불리는 벵갈루루와 같은 곳에 지리적으로 집중하고, 이들은 기하급수적인 속도로 성장하고 있다. 이 부문의 고용규모는 1995~2005년 동안 27,500명에서 513,000명으로 급증했고, 기업의 수는 2000~2004년 사이에 816개에서 3,170개로 크게 증가했다(Dossani and Kenney 2006). 텐실리카(Tensilica)와 같은 실리콘밸리 기업들은 기존의 소프트웨어에 추가 기능을 장착하거나 안정성을 제고하는 등의 '2세대' 작업을 적극적으로 인도로 이전하고 있다. 대신에 미국의 값비싼 소프트웨어 엔지니어링 자원들은 신제품 개발에만 투입하는 전략을 취하고 있다(Dossani and Kenney 2006: 14). 이러한 발전의 양상은 고부가가치 활동을 신흥경제의 생산자들에게 아웃소싱하는 것에 대한 초창기의 회의론에 역행하는 것이다. 나아가 저비용, 저생산성, 저품질 간의 상호연계성을 와해시키는 측면도 있다. 그러나 선진경제의 브랜드네임 기업들은 이런 과정과 제품을 어떻게 오리지네이션할 것인지, 그리고 국제 고객들이 이를 어떻게 인식하고 있는지를 주의 깊게 관리해 오고 있다. "개발도상국에서 수출되는 서비스는 브랜드 가치도 부족하고 선진국에서 수출되는 것과는 매우 다르기" 때문이다(Dossani and Kenney 2006: 18). 텐실리카의 경우에는 외부 위탁업체와 계약을 맺어 초기 비용

을 줄이는 대신, 미래에 정당한 절차를 거쳐 이를 모기업이 100% 소유하는
자회사로 전환하려는 계획을 세웠다. 그러나 초창기의 작업들은 "인도에서
최고로 유능한 인재들을 끌어들이기에는 브랜드 명성이 부족했기 때문에"
원활하게 이루어지지 못했다(Dossani and Kenney 2006: 14). 실제로 인도의 소
프트웨어 산업은 가난한 개발도상국에서 공급되는 재화와 서비스가 보다 부
유한 선진국에서 공급되는 제품들에 비해 좋지 못하다는 인식과 씨름해야 하
는 처지에 있다(Phau and Prendergast 1999). 이는 수입 제품과 서비스의 대중
적인 명성이 높은 국제적 브랜드에게 특히 중요한 문제다. 그러나 인도의 소
프트웨어 산업이 성장하고 발전함에 따라 인도 자체의 토착 생산업체들도 국
제 시장에서 브랜드 명성을 쌓아 가고 있다. TCS, 인포시스(Infosys), 와이프
로(Wipro) 등이 대표적인 사례에 속한다.

지금까지 살펴본 의류와 원격중개 서비스 상품들의 사례들을 통해 분석적
방법론으로서 오리지네이션 접근의 가치를 이해할 수 있었을 것이다. 이는
브랜드와 브랜딩에 관여하는 행위자들이 어떻게 가치 높고 의미 있는 장소들
이나, 상업적으로 모호하고 심지어 손해를 입힐 수도 있는 곳들의 공간적 함
의들을 지리적 결합과 조화시켜 나가는지를 이해하고 설명하는데 보탬이 된
다. 이러한 행위자들이 시도하는 오리지네이션은 '로컬', '지역', '국가', '글로
벌'과 같이 이미 결정된 영토적 스케일에 고정되어 있지는 않다. 오리지네이
션은 관계적 회로와 네트워크를 통해 다양한 스케일을 가로질러 이동하는 행
위자들의 노력으로 보다 유동적이고 변동적이며 모호한 방식으로 구성될 수
있다. 앞으로는 이러한 이론화의 강건함의 정도를 점검하는 작업도 중요한
일이 될 것이다. 이를 위해, 특정한 사회·공간적 역사를 들추면서 브랜드와
브랜딩 행위자들이 어떻게 오리지네이션을 다루고 있는지, 그리고 이로 인해
생산자, 유통자, 소비자, 규제자에게 무슨 일이 벌어지고 있는지를 경험적으

로 검토하는 과정이 필요하다.

오리지네이션 연구방법론

오리지네이션에 관한 개념적·이론적 탐구는 연구방법, 연구계획, 분석과 관련된 의문을 낳는다. 어떻게 오리지네이션을 연구할 수 있을까? 지금까지 연구를 주도해 왔던 특정 브랜드와 브랜딩의 지리에 관한 개별 연구를 어떻게 뛰어넘을 수 있을까(Pike 2011d)? 어떤 종류의 연구방법과 비교의 프레임을 사용하는 것이 적절할까? 어떻게 개별적인 경험 연구로부터 보다 일반적으로 적용 가능한 분석의 틀을 도출할 수 있을까? 오리지네이션의 개념과 이론을 보다 정교화할 수 있는 방안은 무엇일까? 브랜드와 브랜딩의 복잡성, 다양성, 변이를 고려할 때, "우리는 오직 세부적인 경험적 연구를 통해서만 브랜드가 다양한 로컬 맥락에서 규정되고, 전개되고, 이용되는 방식을 탐구"할 수 있다는 마르틴 콘베르거(Martin Kornberger 2010: 271)의 주장은 매우 적절한 지적인 것으로 보인다.

역사의 중요성을 인식하고 이를 지리적 맥락에 위치시키는 더글러스 홀트(Douglas Holt 2006b: 359, 2004)의 계보학적 방법은 브랜드와 브랜딩의 '사회적 구성에 관한 세부적인 분석'에 적용될 수 있다. 이러한 접근을 통해 연구자들은 특정 브랜드 상품의 사회·공간적 일대기(socio-spatial biography)가 어떻게 구성되는지를 이해함으로써 브랜드의 '사회·공간적 역사'를 파악할 수 있다(Morgan et al. 2006: 3). 우리는 이런 방법을 통해 특정 상품들의 지리적 '일대기(biography)'와 '생애(lives)'(Watts 2005: 534), '상품 이야기'(Hughes and Reimer 2004: 1), '생애 이야기'(Smith and Bridge 2003: 259)뿐만 아니라, 사회적 생애와 역사(Appadurai 1986), 상품의 '커리어'(Kopytoff 1986: 66), 물질문화의 민족기술지(Miller 1998)를 이해할 수 있다. 여기에서는 브랜드와 브랜딩에 대한 역사적 접근이 무엇보다 중요하다. 브랜드의 스토리와 원산지의 내러티브는 행위자들이 브랜드의 의미와 가치를 창조하고 고정하려는 시도에서 핵심을 차지하는 부분이기 때문이다.

> 글로벌 무대에서 성공을 거둔 브랜드들은 … 수십 년에 걸친 스토리들을 가지고 있다. 공식적으로 발표되든 아니든 간에 이런 브랜드의 원산지는 독창적이며 사람들의 이목을 끈다. … 사람들은 원산지에 대해 진실성 있는 브랜드에 매혹을 느낀다. 강력한 헤리티지는 진정성의 신호일 뿐만 아니라 성공의 신호이기도 하다. 사람들은 진정성 있는 인물들이 창조하고 시간의 검증을 거친 브랜드들을 인정하고 존중한다(Hollis 2010: 62).

역사가 중요한 또 다른 이유는 시간과 공간에 걸쳐 브랜드의 가치와 의미를 지켜내고 그런 명성을 보증하는 데 핵심적인 역할을 하기 때문이다. "어떤 계약의 시간적인 연장은 보증이라는 관념에 내재되어 있다. 어떤 브랜드가 존재하려면 자신의 명성을 달성해야 할 뿐만 아니라 이를 오랫동안 지속할 수 있어야 한다는 이야기다. 이러한 연대기적 관점은 브랜드에 대한 이해의 토대를 형성한다"(Chevalier and Mazzolovo 2004: 15).

사회·공간적 일대기는 구체적인 브랜드와 브랜딩에 대한 확장사례분석(extended case analyses)을 통해 파악할 수 있다. 확장사례분석은 특정 브랜드와 브랜딩에 대한 구체적이고 우연적인 세부사항들을 단순히 기록하는 것 이상의 방법이다. 확장사례분석을 통해 개념적, 이론적 틀로서 오리지네이션에 대한 광범위한 주장들이 어떤 가치를 지니는지도 밝힐 수 있다. 확장사례분석에서 브랜드와 브랜딩 사례들은 "현존하는 이론적 주장들을 단순히 조명하는 데 그치지 않고 새로운 이론적 통찰력을 창출하려는" 목적하에 선정된다. 지리적 결합과 오리지네이션에 대한 개념화와 이론화에 도전할 수 있는 "중대한(critical) 사례"로 간주된다는 이야기다(Barnes et al. 2007: 10). 다른 한편으로, 혼합연구방법(mixcd mcthods)도 사회·공간적 일대기에 적합한 분서 수단이다. 이는 상이한 종류, 범위, 성격의 지리적 결합들이 공간순환 속에서 브랜드와 브랜딩이 지니는 가치와 의미를 오리지네이션하기 위해 어떤 노력들이 전개되는지를 추적할 수 있도록 한다(Pike 2011a). 사회·공간적 역사는 누적적, 다층적, 변동적 성격으로 인해 밀도 높은 구성물들을 창조해 낸다. 이들로부터 브랜드와 브랜딩의 의미와 가치에 핵심적인 지리적 결합들의 정확한 형태, 정도, 성격을 분석하는 것은 어려울 뿐만 아니라 오랜 시간이 소요되는 작업이다. 브랜드의 구성과 브랜딩 과정의 역사적 성격을 고려할 때 그러한 도전은 매우 중요한 일이다. 시간과 공간에 걸친 종단적인(longitudinal) 변화를 추적하려면 풍부한 역사적 자원에 대한 접근성이 필요하다. 앨런 스콧(Allen Scott 2010: 123)이 지적한 바와 같이 "장소와 제품 간의 결합은 … 오랜 시간을 거치며 자기강화적 경향을 가지게 된다. 오랜 이미지들이 창조적으로 재가공되고 새로운 디자인과 상징물의 로컬 레퍼토리가 지속적으로 추가되면서 장소와 제품은 나선형의 상호의존성을 형성하며 결합되기 때문이다".

분석과 비교의 개념적 틀로서 사회·공간적 일대기는 공간적으로 민감한 '자본의 완전한 순환(full circuit of capital)' 속에 위치한다(Willmott 2010: 517). 이 관점은 생산과 소비에서뿐만 아니라 유통과 규제의 과정에서도 특수적이지만 상호 밀접하게 연결되는 '시점들'을 구별해 낼 수 있도록 한다(Hudson 2005; Smith et al. 2002). 제2장에서도 살펴본 바와 같이 이 분석은 보다 광범위하고 상호 연관된 사회·공간적 순환의 맥락 속에서 상이한 종류의 행위자, 활동, 관계, 과정들이 사회적으로 관련되어 있고 지리적으로 특수하게 위치한다는 점을 고려한다. 특정한 환경에서 의미와 가치를 창출하기 위한 행위자들의 역할 간에는 모호한 점이 있기는 하지만(제2장), 분석과 해석을 위해서는 상이한 유형의 행위자들을 구별할 필요도 있다. 사회·공간적 일대기 접근은 특히 생산, 유통, 소비, 규제에 관여하는 공간순환의 행위자들에게 지대한 관심을 두고 있으며, 이들이 (자본의 확대가 '루틴하게 재생산되는' 토대 위에서) 브랜드 상품의 의미와 가치를 어떻게 일관화해 안정화하는지에 대한 역동적인 분석을 가능하게 한다(Hudson 2008: 424). 따라서 브랜드와 브랜딩의 오리지네이션에서 나타나는 공간적 차별화와 불균등 지리는 "가치의 흐름과 그 흐름의 거버넌스에 속한 경제 행위자들의 차별적 권력과 위치에 초점을 두어야" 설명될 수 있다. "이런 흐름으로부터 **어떤 행위자들과 어떤 장소들이** 이익을 얻거나 또는 이익을 상실하는지를 이해"할 수 있다(Smith et al. 2002: 54, 원문 강조).

'브랜드의 장소성(placeness)'은 지리적 결합에 대한 영토적 이해와 관계적 이해 간의 긴장관계와 조절을 반영하기 때문에 복잡하고 심지어 경합적인 성격을 띤다(Molotch 2002: 679). 따라서 브랜드의 장소성을 이해하려면 우리는 공간적으로 광범위한 흐름, 표면, 네트워크뿐만 아니라(Lury 2004), "다양한 역사·지리적 스케일에 걸쳐 추적할 수 있는 … 특수한 상호연계들의 전체 무리"(Cook and Harrison 2003: 311)를 특정하고 확인할 필요가 있다. 지금까지의 연구는 주로 의류나 음식 등 상대적으로 협소한 범위의 재화와 서비스나(Cook and Harrison 2003) 맥도날드, 나이키, 스타벅스와 같이 세계적으로 잘 알려진 브랜드와 브랜딩(Goldman and Papson 1998; Klein 2000; Ritzer 1998)을 중심으로 이루어져 왔다. 하지만 피터 잭슨(Peter Jackson 2004: 173)이 주장한 것처럼 이러한 범위를 넘어서 상이한 세계들로 브랜드에 대한 경험적인 연구를 더욱 확대해야 한다. 이를 체계적인 비교 연구의 관점에서 탐구하려면 그 첫 단계로서 오리지네이션을 분석적, 설명적 프레임으로 발전시킬 필요가 있다. 그러면 브랜드와 브랜딩에 관여하는 행위자들이 형성하고 있는 복잡하고 중첩적인 지리적 결합의 다양성과 변이를 추적할 수 있게 될 것이다.

  이러한 사회·공간적 일대기 방법과 연구 설계를 바탕으로 특정한 브랜드와 브랜딩 사례들의 사회·공간적 역사들을 하나로 모을 수 있다. 그다음 공간순환의 순간들을 구성하는 생산, 유통, 소비, 규제를 중심으로 연구를 조직해 분석하고 설명할 수 있게 된다. 구체적인 행위자들이 (생산자, 유통자, 소비자, 규제자라는 개념적 범주를 통해) 특정되지만, 2차 자료와 눈덩이표집(snowballing)에 대한 검토를 통해 광범위한 네트워크에서 접촉을 축적하며 주요 행위자들을 선별하는 과정도 필요하다. 특히 버버리나 애플과 같이 명성 높은 브랜드의 경우, 브랜드 이미지와 명성이 상업적 전망에 치명적인 영향을 끼친다는 이유로 자료가 엄격하게 통제된다. 이처럼 자료에 대한 접근성이 제한적인 사례에서는 2차 자료가 특히 중요하다(Tungate 2005). 얀 린드만(Jan Lindemann 2010: 152)은 "브랜드와 관련해 해당 기업 소유자들이 제공하는 구체적인 정보는 매우 부족"하다는 문제를 지적하기도 했다. 특히 애플은 '비밀주의로 명성이 높은' 기업이다(Duhigg and Bradsher 2012: 3).

  이 책에서 소개하는 사례들에 대한 경험적 연구는 크게 두 단계를 거쳐서 진행되었다. 첫째, 2003년부터 2013년까지의 경험적 연구 활동은 대개 2차 자료 조사와 분석을 중심으로 이루어졌다. 이 시기의 조사, 분석, 해석된 경험적 자료들의 대부분은 출판물이었다. 여기에는 (캠페인, 『파이낸셜타임스』, BBC 등) 경제 전문 미디어나 일반 미디어 자료, (학술논문, 정책자료, 싱크탱크 보고서 등) 논문과 보고서, (연감, 회계자료, 재정보고서, 매출 전망 등) 기업 공개 자료, (기업이나 공공기관이 발행한) 공문서, (광고, 사진 등) 이미지 등이 포함되었다. 둘째, 자료 접근이 허가된 경우에는 브랜드나 브랜딩과 관련된 핵심 인물들과 49건의 반구조화(semi-structured) 인터뷰(면담조사)를 실시했다. 인터뷰 대상자에는 공공, 민간, 시민사회 영역의 다양한 행위자들이 포함되었고, 이들은 생산, 유통, 소비, 규제의 공간순환 전반에 다양하게 관련되어 있었다. 인터뷰 대상자들로부터 수집된 경험적 자료 중 일부는 본문에서 인용해 사용했다. 이 경우, 면담 대상자를 익명으로 처리하고 '응답자의 유형'과 '인터뷰 실시 연도'를 제시했다. 행위자들과의 인터뷰에서는 '친밀한 대화(close dia-logue)'를 추구하면서 증거를 체계적으로 수집하였다(Clark 1998: 73). 이렇게 수집된 자료는 브랜드와 브랜딩의 의미와 가치를 구성하고 안정화함에 있어서 지리적 결합과 오리지네이션이 지닌 설명적 가치를 점검하는 수단으로 활용했다. 인터뷰의 주요 질문은 다음과 같다. 누가 어떻게 브랜드와 브랜딩을 창출하는가? 브랜드와 브랜딩은 어떻게 구성되어 있는가? 지리적 결합은 의미와 가치를 결합, 유지, 안정화하는 데 어떤 역할을 했는가? 브랜드화된 재화와 서비스의 공간순환에 관련된 핵심 행위자들은 무슨 역할을 하는가? 각 브랜드에 있어서 원산지에 관한 특정한 해석들은 축적, 경쟁, 차별화, 혁신에도 불구하고 어떻게 통합될 수 있는가? 브랜드를 특정한 지역으로 얽어매려는 영토적 충동과 시·공간상에서 브랜드를 넓게 확대하려는 관계적 네트워크 간의 긴장관계는 브랜드의 공간순환에서 어떻게 나타나는가?

오리지네이션에 대한 분석 대상으로 뉴캐슬 브라운 에일, 버버리, 애플을 선정했다. 각 브랜드의 사회·공간적 일대기를 정리하면서 브랜드와 브랜딩에 관여하는 행위자들이 어떻게 지리적 결합과 오리지네이션을 통해 의미와 가치를 창출하고자 했는지를 분석했다. 위의 세 브랜드를 사례로 선정한 이유는 상이한 종류의 브랜드와 브랜딩을 탐구함으로써 관련 행위자들이 지리적 결합을 통해 의미와 가치를 구축하고 안정화하는 공통의 노력을 비교하기 위해서다. 각 사례에서 행위자들은 (상이하고 변화무쌍한 시·공간 시장의 상황에서) 자사의 브랜드 재화나 서비스 상품을 축적, 경쟁, 차별화, 혁신의 압력이라는 맥락에서 오리지네이션하는 노력을 하고 있다. 아울러, 기존의 개별 사례 연구들이 제공하는 풍부한 통찰력을 참고하는 연구 전략과 경험적 분석을 마련하기도 했다. 예를 들어 버버리에 대한 분석의 경우, 도미닉 파워와 이틀레 헤우게(Dominic Power and Atle Hauge 2008)의 연구와 네바하트 토카틀리(Nebahat Tokatli 2012a)의 연구가 큰 도움을 주었다.

각각의 브랜드에 대한 확장사례연구를 통해 영토적 그리고 관계적 긴장관계와 조정이 어떻게 브랜드와 브랜딩의 지리적 결합과 오리지네이션을 형성하는지를 검토할 수 있었다. 사례 분석에서는 원산지를 프레임하는 특정한 공간적 참조 내부와 그 너머까지를 **동시에** 고려하였다. 뉴캐슬 브라운 에일에 관한 분석에서는 국제적인 맥주산업에서 뉴캐슬어폰타인이라는 도시와 잉글랜드 북동부 지역의 '**로컬**(local)' 오리지네이션을 분석하였다. 버버리는 국제적 패션산업에서 영국과 '영국다움'이라는 '**국가적**(national)' 오리지네이션의 사례로 분석했다. 애플의 사례에서 분석의 초점은 국제적인 기술 산업과 전 세계적 차원에서 반향을 일으키는 '**글로벌**(global)' 오리지네이션이었다. 이 책에서 제시하는 사회·공간적 일대기의 이야기가 모든 것을 총괄해 망라하지는 못한다. 그러려면 책 한 권의 분량을 훨씬 더 넘어서는 기술과 설명이 필요하기 때문이다. 각각에 대해 보다 완전한 오리지네이션 분석을 하려면 각각의 브랜드마다 책 한권씩은 필요할 것이다(Griffiths 2004).

마지막으로 세 가지 사례 연구의 배경을 간략하게 소개하고자 한다. 첫째, 뉴캐슬 브라운 에일(Newcastle Brown Ale: NBA)은 영국의 뉴캐슬어폰타인이란 도시와 잉글랜드 북동부 지역이라는 특수한 '로컬'의 맥락에 위치한다. 이

곳에서 NBA는 강건한 역사를 보유하며 깊이 착근되어 있으면서도 변화무쌍한 지리적 결합을 지닌 아이콘 브랜드라고 할 수 있다. 더글러스 홀트(Douglas Holt 2006b: 357)는 NBA를 "두드러지면서도 오랜 시간을 견뎌 온 문화적 상징"이라고 말했다. NBA가 브랜드네임의 일부를 도시 이름에서 가져왔기 때문에 NBA는 국제적으로 뉴캐슬어폰타인과 동일시된다. NBA의 사회·공간적 일대기를 통해 NBA가 영국 시장에서 생존하고 미국에서 성장하는 동안 브랜드의 오리지네이션이 어떻게 변화했는지를 살펴볼 것이다(제4장). 둘째, 국제적인 패션산업에서 버버리를 선택한 이유는 이 브랜드가 "영국다운 브랜드의 정수"이기 때문이다(Goodrum 2005: 20). "다른 어떤 산업들보다 패션산업에서는" 브랜드와 브랜딩을 통해 형성되는 "스타일과 이미지가 옷감과 노동력만큼이나 교환가치를 창출하는 데 중요"한 역할을 한다(Dwyer and Jackson 2003: 270). 그리고 패션 브랜드의 공간순환에서는 정치가 문화경제와 강하게 연결되어 있다. 버버리의 브랜드 소유자는 시·공간 시장의 변화라는 맥락 속에서 차별화된 의미와 가치를 창출하기 위해 '영국다움'에 대한 '국가적 상상'(Reimer and Leslie 2008: 145)이라는 '국가적' 틀 속에서 지리적 결합을 (재)구성하고, 응집하고, 안정화하려 노력해 왔다(제5장). 셋째, 애플은 전 세계적인 규모, 명성, 영향력을 지닌 '글로벌 브랜드'라는 점 때문에 선택하였다(Hollis 2010: 25-6). 애플은 "다양한 국가에서 다양한 문화적 배경을 지닌 소비자들과 강한 관계를 발전해 나기기 위해 자신의 문화적 원산지를 초월"했으며, "상대적으로 등질적인 애호가들"에게 어필하면서 "공통의 이미지를 유지할 필요성을 더욱 강하게" 유지하고 있다(Hollis 2010: 25-6). 이러한 애플 브랜드의 사회·공간적 일대기는 기술의 심장부라 할 수 있는 캘리포니아의 실리콘밸리와 지리적 결합을 이루고 있다. 이런 맥락에서 행위자들이 그러한 지리적 결합의 의미 있고 가치 높은 속성과 이미지를 어떻게 글로벌하게 이용하고자 노력해 왔는지를 분석할 것이다(제6장).

요약 및 결론

오리지네이션은 하나의 개념이자 이론화의 노력이라고 할 수 있다. 어떤 행위자들이, 어디에서, 무슨 이유 때문에, 어떤 방식으로 선택적인 지리적 결합을 동원해 브랜드화된 재화나 서비스 상품의 의미와 가치를 특정 시·공간 시장의 맥락에서 창출하고 고정하려 하는지에 대한 이해와 설명을 추구하는 것이다. 오리지네이션은 특히 다섯 가지 측면과 관련해 중요한 통찰력을 제공한다. 첫째, 지리적 원산지와 유래는 오랜 역사를 견뎌 왔으며, 제2장에서 살펴본 바와 같이 브랜드와 브랜딩의 불가피한 지리를 구성한다. 원산지는 상품을 장소와 연결하고 관련 행위자들로 하여금 진정성, 신뢰성, 품질과 같은 유·무형의 특질을 특정한 시·공간 시장의 맥락에 연결한다. 둘째, '원산지 국가'는 복잡한 오늘날의 상황에서 의문시되고 있는 국가적 프레임이다. 이것은 보다 복잡하고 정교한 조정과 통합을 요구하는 국제노동분업과 글로벌 상품사슬이 낳은 결과이다. 이러한 변화의 주요 요인으로 단일성의 쇠퇴와 다중적이고 혼성적인 원산지의 출현, 유·무형 서비스의 등장과 통합, 국가적 표식들의 퇴조와 변형, 재화와 서비스 상품들의 원산지에 대해 초국가적 지리에 대한 인식의 증대 등을 꼽을 수 있다. 셋째, 사회·공간적 역사는 지리적 원산지의 시간적 측면들이 브랜딩 행위자들에게 어떠한 자원을 공급하는지, 이 과정에서 행위자들은 어떻게 브랜드의 속성, 특성, 양상을 시장 상황에 접합하고 구성하며 투사하는지를 설명할 수 있도록 한다. 넷째, 오리지네이션은 공간순환 속의 행위자들이 특정 시·공간 시장의 맥락에서 특정한 재화나 서비스에 의미와 가치를 불어넣기 위해 브랜드 상품과 브랜딩 과정에서 지리적 결합을 구축하는 방식을 일컫는다. 행위자들이 브랜드화된 재화와 서비스 상품에서 정체성과 가치를 오리지네이션하는 방식에 있어서는 다채로움(variegation)이 뚜렷하게 나타난다. 이로 인해 상이한 종류, 범위, 성격의 지리적 결합들이 전개되기도 한다. 오리지네이션을 통해 우리는 어떻게 '브랜드의 원산지 국가'가 여러 범주로 쪼개어지는지, 그리고 브랜드가 원초적으로 어디에서 태동했으며 어디로 향하고 있는지를 이해할 수 있다. 마지막으로 다섯째, 오리지네이션 연구는 사회·공간적 일대기라는 방법론적 프레임을 활용함으로써 브랜드와 브랜딩에 의해 축적된 사회·공간적 역사를 추적하며 원산지화의 과정을 설명한다. 여기에서 연구 전략, 활동, 분석은 개별 브랜드들의 사회·공간적 일대기를 하나로 묶는 데 초점을 맞추고 있다. 그리고 혼합연구방법을 사용함으로써 1차 자료와 2차 자료를 대조, 확인, 해석하는 것도 가능하다. 뉴캐슬 브라운 에일, 버버리, 애플의 사례를 선정한 이유는 각각의 브랜드와 브랜딩에 관여하는 행위자들이 '로컬', '국가적', '글로벌' 오리지네이션에서 영토적인 동시에 관계적인 지리적 결합의 과정을 통해 의미와 가치를 만들어 나가고 있기 때문이다.

제4장

'로컬' 오리지네이션: 뉴캐슬 브라운 에일

도입

이 장에서는 특정 시·공간 시장 환경에서 뉴캐슬 브라운 에일(Newcastle Brown Ale: NBA)의 브랜드와 브랜딩에서 의미 있고 가치 있는 지리적 결합을 형성하고 고착하고자 하는 행위자들과 그들의 역할을 살펴보고자 한다. 이를 위해 브랜드의 사회·공간적 역사를 파악하는 것이 중요하다. 그래서 우선은 브랜드의 역사지리적 기원을 추적한다. 특히, 뉴캐슬어폰타인과 잉글랜드 북동부 지역이란 특정한 '로컬(local)'의 맥락 속에서 NBA의 오리지네이션을 설명할 것이다. NBA의 브랜드 소유주와 경영인, 유통자, 소비자, 규제자는 도시와 지역의 상업 중심지에서, 그리고 동시에 국가적 유통의 전통과 가치로부터 적절한 의미와 가치를 창출해 전유하기 위해 노력했다. 그러나 이러한 오리지네이션은 광범위한 시장 변화와 세분화의 맥락에서 브랜드 소유주와 경영인이 잉글랜드 북동부나 이를 넘어서는 지역에서 새로운 세대의 소비자를 끌어들이는 데 걸림돌로 작용했다. 오리지네이션에 대한 분석을 통해 브랜드를 위한 브랜드 소유자의 신흥시장 탐색이 미국에서 성장하고 있는 세분시장과 어떻게 연결되었는지를 조명할 수도 있다. 영국에서의 다민족(pluri-national) 국가의 오리지네이션과는 달리, 미국에서 NBA의 오리지네이션은 특정한 국가적 스케일로 전환되었다. 미국에서 NBA는 '잉글랜드 수입품' 브랜드로 새롭게 오리지네이션되었는데, 이는 대학 교육을 받은 부유한 젊은 남성 소비자들을 대상으로 고급화된 의미와 가치를 형성하기 위해서였다. 이렇게 보다 광범위해진 오리지네이션의 가치는 NBA의 특정한 로컬 오리지네이션을 분석하며 살펴볼 것이다. 이 분석을 통해 특별한 장소에 대한 브랜드의 강력한 물질적, 상징적, 담론적 유형의 지리적 결합들이 시간의 흐름에 따라 어떻게 상업적 가치와 의미를 잃어 가는지도 파악한다. 오리지네이션은 새로운 시·공간 시장의 맥락에서 어떻게 행위자들이 미묘하게 다른 지리적 결합을 바탕으로 브랜드를 재구성하려고 노력하는지를 이해하는 수단이다.

'로컬'의 생산

NBA의 기원에서 뉴캐슬어폰타인이란 도시와 잉글랜드 북동부 지역을 기반으로 하는 특정한 '로컬'의 지리적 결합이 뚜렷하게 나타난다. 이 브랜드는 제임스 포터(James H. Porter) 대령의 실험에서 비롯되었다. 포터 대령은 1927년 뉴캐슬 브루어리(Newcastle Breweries)를 위해 독특하고 깊은 풍미를 가진 병맥주 브랜드를 개발하고자 노력했다. 그는 노팅엄셔 버턴 어폰 트렌트 에일의 "병에서 국가를 떠올리는" 것에 대해 경쟁심을 가지고 있었다(전 마케팅 디렉터, 2008년 저자 인터뷰). 그래서 NBA의 공간순환 초창기부터 생산과 마케팅을 결합하는 전략에 집중했다. '차이의 생산'(Dwyer and Jackson 2003: 271)에 주목하며, 1920년대 후반 잉글랜드 북동부에서 저부가가치의 대용량 상품으로 판매되었던 다른 에일이나 맥주와 차별화되는 브랜드를 만들고자 했다(Bennison 2001). 새로운 다크 에일은 일관된 맛과 품질, 더 높은 알콜 도수, 보다 매력적인 미적 감각의 용기에 담아 제공되면서 프리미엄 가격으로 팔릴 수 있었다. 병에 담는 포장 덕분에 타인사이드를 넘어 지리저으로 보다 광범위한 지역에서 유통과 판매가 가능해졌다. 한마디로, 일관된 형태와 품질을 유지하며 "맥주는 여행할 수 있는" 상품이 되었다(전 마케팅 이사, 2008년 저자 인터뷰). 이러한 기초적인 기술을 바탕으로 초창기 브라운 에일의 고유한 특성과 생산 공정이 개발되었고, NBA는 뉴캐슬어폰타인의 타인 브루어리(Tyne Brewery)라는 특정한 장소와 물질적인 측면에서 지리적 결합을 이루게 되었다. 이러한 결합은 "타인 원천(原川)"이라는 기원의 신화를 낳았다(브루어리 매니저, 2008년 저자 인터뷰). 지역 고유의 생산 장비와 숙련 기술, 보리, 홉, 맥아 등의 원료, 효모 균주가 타인 강물을 통해 결합되었음을 뜻하는 신화였다. 이러한 시·공간 시장의 환경에서 뉴캐슬 브루어리는 의미와 가치를 가진 NBA의 '로컬' 오리지네이션을 구축하기 위해 강력한 지리적 결합들을 형성하며 일관성을 부여했다.

2008년까지 영국에 본사를 둔 스코티시 앤드 뉴캐슬(Scottish and Newcastle: S&N)에서 NBA 브랜드를 소유했다. S&N은 스코틀랜드와 잉글랜드 북부에 지역적 기반을 둔 브루어리와 펍(pub)의 소유주였지만 기업 인수를 통해 국제적인 맥주회사로 성장했다. 이러한 성장은 앤하이저부시인베브(Anheuser-Busch/InBev)와 사브밀러(SABMiller)가 지배하는 산업 통합의 맥락 속에서 이루어진 것이었다(표 4.1). 다시 말해, 칼스버그와 하이네켄 컨소시엄이 78억 파운드를 들여 S&N을 인수해 해체하기 이전 기간에 있었던 일이다. 성장기 동안 S&N은 맥주산업의 높은 자본집약도와 매몰 비용에서 탈피해 브랜드 지향적인 판매와 마케팅에 집중하는 기업으로 거듭났다. 그리고 영국 시장 내에서 시장 리더로서 S&N의 핵심 전략은 대량으로 판매되는 (존 스미스, 포스터스, 크로넨버그와 같은) '대세 브랜드'를 우선시하는 것이었다. 이들은 고수익성의 틈새를 이루는 '특별' 브랜드로서 가격을 높이 매기며 '프리미엄화(premiumization)'를 추구할 수 있도록 했다. S&N에 따르면, "성숙한 시장에서 가치를 높이면서도 성장하는 시장에서 입지를 빠르게 확장하는 것이 브랜드의 강점에서 핵심"을 차지한다(S&N 2006: 6). S&N을 '브랜드의 연방'처럼 경영하면서(상무이사, 2007년 저자 인터뷰), (양조, 포장 등) 비핵심 기능과 (식스턴(Theakstons)과 같이) 특정 시장 지역에서 여전한 가치를 누리는 '헤리티지' 브랜드들은 합작투자의 형태로 스핀오프되거나 하도급 계약을 통해 아웃소싱되었다. 한마디로 S&N의 특수성, 독특성, 국제적 인지도 덕분에 NBA는 '생존자'로 살아남았다(상무이사, 2008년 저자 인터뷰).

맥주산업의 과점 경쟁 속에서 양조 기술의 발전이 촉진되었다. 그러면서

표 4.1 초국적 맥주기업 순위(2012~2013년 생산량 기준)*

회사	생산량(M/HL)	총수입(미국 달러)	본사 위치	소유 구조
앤하이저부시인베브	403	39,758,000	루뱅(벨기에)	공개기업
사브밀러	306	34,487,000	런던(영국)	공개기업
하이네켄	171	23,686,000*	암스테르담 (네덜란드)	공개기업/ 가족통제
칼스버그	120	11,606,000*	코펜하겐(덴마크)	공개기업/ 재단통제
화룬창업	106	8,252,000*	홍콩(중국)	공개기업

*유로, 덴마크 크로네, 홍콩 달러를 미국 달러로 환산한 명목가격 기준임.
출처: AB INBEV(2012), Heineken(2012), Carlsberg(2012), SABMiller(2013)

보다 엄격한 성능 관리 시스템을 토대로 차세대 '브루팩토리(Brewfactory)' 운영에서 표준화된 산업 관행도 마련됐다. S&N의 브랜드 각각은 엄격하게 특성화된 제조법과 공정에 맞추어 미생물학적 정교화와 형식화의 대상이 되었다. 이는 미리 정해진 색상, 풍미, 냄새, 강도, 맛의 특성을 제공해 필수적인 특성을 유지하기 위한 것이었다. NBA의 경우, 생수기업 노섬브리아 워터의 위틀 덴 저수지를 비롯한 일관된 물 공급원, F40 효모의 사용, 특정한 보리, 홉, 맥아, (캐러멜 등) 향미료의 품종, 유통기한을 연장하기 위한 저온 살균법이 중요했다. 그러나 이러한 관행은 시간이 지나면서 점차 느슨해졌다. 타인 브루어리, 뉴캐슬이란 도시의 영역, 잉글랜드 북동부와 맺어진 NBA 고유의 지리적 결합이 때에 따라 단절되기도 했다. 한 임원의 말에 따르면, "타인사이드에 입지하는 사실 이외에는 어떤 헤리티지도 유지하지 못하는" 지경에까지 이를 정도였다(상무이사, 2007년 저자 인터뷰). 이러한 변화는 생산의 이동을 낳았고 어떠한 공간적 결속도 남겨지지 않았다. 이에 S&N은 최초 오리지네이션 특유의 지리·역사적 '로컬'을 뛰어넘어 NBA의 물질적 특성을 재생산할 수 있었다.

한편, 금융화(financialization)의 맥락에서 주식회사로서의 제도적 소유권 때문에 런던의 금융 중심지인 더시티(The City)의 자본시장에 강력한 영향을 받기도 했다(Pike and Pollard 2010). 포화된 산업에서 스케일, 전문화, 원가절감이라는 경제적 의무 때문에 S&N은 뉴캐슬어폰타인의 타인 브루어리에서 이루어지는 NBA 생산의 물리적인 지리적 결합과의 단절을 겪었다. 더시티의 주주들과 분석가들이 비용 절감과 투자 수익 증대를 위해 맥주 생산량의 합리화를 추진해야 한다고 S&N에 압력을 가했고, 이에 따라 타인 브루어리는 2004년 폐쇄되었다. S&N은 충분히 활용되지 못하는 생산력, 고비용, 공장의 노후화, 유연성의 결핍, 토지 재개발의 기회, 기존 '대세' 브랜드에 대한 투자 필요성을 공장 폐쇄의 이유로 들었다(S&N 2004). 이를 통해 연간 약 1,000만 파운드에 이르는 비용이 절감될 것이며, 이는 NBA 브랜드 개발에 재투자될 것이라고 약속했다. 도시 중심에 위치한 공장 부지를 당시 지역발전기구(regional development agency: RDA)였던 원노스이스트(ONE North East), 뉴캐슬 시의회, 뉴캐슬대학교에 매각하며 S&N은 5,000만 파운드를 벌어들였다는 소문도 돌았다(Walker 2004a). 이는 2004년 에든버러 중심부에 위치한 파운틴브리지 브루어리(Fountainbridge Brewery)를 폐쇄하며 처음으로 시도했던 S&N의 부동산 개발 거래 모델을 반복한 것이었다. S&N은 (NBA 브랜드 전체 생산과 포장의 5%를 담당하는) 맨체스터, 레딩, 태드캐스터에 위치한 소수정예의 대규모 공장에서 영국의 생산을 집중한다는 전략을 천명했지만, 이 브루어리들 중 어떤 곳에서도 예전의 NBA 생산량을 감당하지 못했다(그림 4.1).

　S&N은 운 좋은 지역 거래의 기회를 통해 빚더미에 앉은 더페드(Industrial and Provident Society Northern Clubs Federation: The Fed) 브루어리를 3,560만 파운드에 인수했다. 이 공장은 타인강 건너편 게이츠헤드의 던스턴(Dunston)에 위치한다. S&N은 기존의 역사·물질적 측면의 지리적 결합과 단절하면서 기존 공장을 재정비해 새로 설립된 뉴캐슬 페더레이션 브루어리(Newcastle Federation Brewery: NFB)로 NBA의 생산을 이전했다. 타인 브루어리와 더페드 브루어리를 통합하면서 170개 일자리가 줄어들었다(Tighe 2004; 그림 4.1). 그런데 타인 브루어리의 폐쇄는 순전히 경제적인 결정만으로 비롯된 사건은 아니었다. 공간순환에서 의미와 가치로 점철된 문화정치경제적 현상의 사례라고도 할 수 있다. S&N의 경영진은 특별한 지리적 결합들로 인해 갈라지게 되었는데, 이 결합은 뉴캐슬어폰타인과 잉글랜드 북동부의 특정한 '로컬' 속에서 NBA 브랜드의 의미와 가치를 이루는 역사와 진정성에서 비롯된 것이

그림 4.1 영국에서 S&N 브루어리의 입지(2009년)

*2004년 폐쇄된 브루어리

었다. '게이츠헤드 브라운 에일'이나 '던스턴 브룬(Dunston Broon)'에* 대한 이야기에서(BBC Tyne 2004) S&N은 물리적인 지리적 결합의 변화로 NBA 브랜드의 진정한 의미와 가치에 훼손이 가해질 위험을 우려했다. S&N의 전신 스코티시 커리지(Scottish Courage)에서 상무와 회장을 역임한 한 임원에 따르면 "순수하게 비용의 관점에서만 보면 태드캐스터 브루어리에서 맥주를 생산하는 것이 훨씬 더 저렴"하지만 이 기업은 "북동부 지역에서 엄청나게 쏟아부은 헌신을 잘 알고" 있었다. 이는 "타인사이드에서 유래한 뉴캐슬 브라운 에일에 대해서도 마찬가지"였으며, "동일한 물을 공급하고 … 동일한 제조법을 사용해 … 동일한 맛을 낼 것"이라는 점을 강조하는 것이었다(Walker 2004b: 32 재인용).

NBA 생산은 동일한 스펙, 동일한 생산 기준, 동일하게 숙련된 노동력을 가지고 더페드 브루어리로 이전되었다. 타인 브루어리와 유사한 설비를 갖추고 생산량을 확대하기 위해 더페드 브루어리에는 600만 파운드에 달하는 현대화 투자가 이루어졌다. 아울러 맛의 차이에 대한 우려를 불식하기 위해 '더페드 뉴캐슬 브라운'과 '타인 뉴캐슬 브라운'의 '맛을 일치'시키는 과정을 6개월 동안 비밀리에 진행했다.

이러한 로컬 조정(local fix)은 생산의 정치와 브랜드와 관련된 지리적 불균등발전의 측면에서 '더페드의 구원'으로 이어졌다(상무이사, 2007년 저자 인터뷰). 두 곳의 노동조합 모두는 이를 수용했고, 타인 브루어리 폐쇄에 대한 대중의 저항은 나타나지 않았다. 최소한 일부의 생산과 고용은 타인사이드에서 보장받고 싶었던 기대가 있었기 때문이다. 사회적 행위성의 부재는 '우리 고

---

* 역자 주: 뉴캐슬을 비롯한 잉글랜드 북동부 지역에서 NBA는 '브룬(Broon)'으로 불리기도 한다. 브룬은 '브라운(Brown)'을 뜻하는 이 지역의 방언이다.

장 브룬 사수(Keep Broon in the Toon)'나* '우리의 개를 오스트레일리아 개에게 맡길 수 없다(Don't Give Dog to the Dingo)'던** 구호가 난무했던 1980년대 후반의 캠페인과는 다른 모습이었다. 오스트레일리아의 엘더스 그룹(Elders XL)이 적대적 인수를 시도했을 때 (500명 넘게 고용하는 뉴캐슬의 핵심 기업이었던) S&N, 뉴캐슬 시의회, 노동조합이 (대중 청원, 대규모 시위, 거대한 현수막을 이용해) 동원했던 구호들이다(Competition Commission 1989). 던스턴 브루어리의 경우, 리얼 에일 캠페인(Campaign for Real Ale: CAMRA)과 '블루스타 살리기(Save Blue Star)' 운동이 있었음에도 불구하고 폐쇄되고 말았다. S&N의 새 소유주인 하이네켄이 던스턴 브루어리를 2009년 매물로 내놓았고, 이에 따라 NBA의 생산은 요크셔 태드캐스터로 옮겨지며 '태드캐스터 브라운 에일'에 대한 기사가 헤드라인을 장식하기도 했었다. 타인 브루어리의 새로운 소유주인 시의회, RDA, 뉴캐슬대학교는 서둘러 기존 건물을 철거하고 유리와 철강의 미래를 그리는 '과학 도시' 프로젝트의 장소로 변화시켰다. 반면, 도시 브랜드에 차별화된 의미와 가치를 부여할 수 있었던 타인 브루어리 건축의 어떠한 독특함도 살아남지 못했다.

브랜드화된 상품에 관한 이야기에서 시작, 끝, 모퉁이, 경계 등을 한정하는 것은 매우 어려운 일이다(Cook et al. 2006). 하지만 행위자들이 이용하는 지리적 결합은 브랜드의 의미와 가치의 공간회로를 해석하고 이해하는 입구로 활용될 수 있다. NBA에 대한 오리지네이션의 경우, 뉴캐슬어폰타인과 잉글랜드 북동부라는 특정한 '로컬'과의 관계 속에서 이루어지는 오리지네이션의 과정을 파악할 수 있다. 물질적인 측면에서 NBA의 지리적 결합은 단절과 재

---

* 역자 주: 툰(Toon)은 '타운(Town)'에 해당하는 뉴캐슬 지역 방언이다.
** 역자 주: 뉴캐슬 지역에서 NBA는 개(dog)라는 별칭으로 불리기도 한다. 이곳의 남자들이 펍에 가면서 가족에게는 '잠깐 어디 좀 갔다 올게(see a man about a dog)'라고 버릇처럼 말하는 행동에서 유래되었다고 한다.

입지를 겪었지만, 나름대로의 의미와 가치를 보유하며 여전히 불가피한 것으로 남아 있다. 이러한 지리적 결합은 뉴캐슬어폰타인이란 특정한 도시에 국한된 '로컬'은 아니며, 특정 시·공간 시장의 상황에서 차별화된 브랜드의 의미와 가치에서 일부를 차지했다. 그러면서 브랜드 소유주와 생산자의 행위성을 형성해 최소한 일시적으로나마 북동부 지역에서 생산을 유지하려는 노력을 뒷받침했다. S&N 소유권의 사회·공간적 관계에 영향을 받아 경제적 의무가 생겨났고, 이로 인해 타인 브루어리와 뉴캐슬어폰타인에서의 물질적인 생산의 고착성은 사라지게 되었다. NBA 생산의 공간적 이동이 가능해졌다는 이야기이며, 처음에는 던스턴과 태드캐스터로 옮겨갔다. 이것의 전개 과정은 NBA와 관련된 문화적인 의미와 가치의 생산 때문에 복잡해졌다. 특정한 '로컬' 오리지네이션을 구성하는 지리적 결합은 물질적·상징적·담론적 측면에서 강력하게 나타났지만, 기본적으로는 깨질 수 있는 것들이며 로컬한 생산 조정에서 원인으로 작용했다. 분석의 초점을 브랜드의 오리지네이션을 추구하는 NBA 행위자들이 주도하는 '로컬'의 생산으로 옮겨 보자. 그러면 물질적으로 나타나는 공간적 변동이나 공간적 불균등발전과의 관계를 분명하게 파악할 수 있을 것이다. 이는 경제경관에서 생산, 투자, 고용의 패턴을 지리적으로 차별화하는 요인에 해당한다.

'로컬'의 유통

지리적 결합의 상업적 의미와 가치는 광고를 통해 퍼져 나간다(Burgess 1982). NBA의 경우, 특유의 '로컬' 오리지네이션이 지리적으로 차별화된 유통과 이동성에서 핵심을 차지한다. 뉴캐슬 브루어리는 1920년대 후반부터 NBA의 특성, 겉모습 등을 비롯해 브랜드의 단서가 되는 요소들을 일관화했다. 이를 통해 시·공간 시장 환경에서 다른 브랜드들과의 차이를 고정해 전파하고자 했다(Jackson 2002). 여기서 일관화 과정이란 브랜딩을 강력하고 독특하며, "특별하고 … 즉시 알아볼 수 있는" 브랜드로 연결하고 강화하는 것을 뜻한다(상무이사, 2007년 저자 인터뷰). 일례로, 뉴캐슬 브루어리는 브랜드의 위상을 높이고 맥주 품질을 테스트하기 위해 [1928년] 국제 맥주 박람회(International Brewer's Exhibition)에 참여했다. 여기에서 수상한 이력을 활용해 NBA의 인지도를 높이기 위한 마케팅 전략도 추진됐다. 다른 한편으로, 뉴캐슬 브루어리는 NBA에 대한 '로컬' 오리지네이션을 통해 브랜드 에퀴티와 가치를 증진하려 노력했다. 이는 사회·공간적 원산지와 관련된 상징적, 담론적, 시각적 형태의 지리적 결합들을 기초로 마련된 것이었다. 이러한 지리적 결합은 1977년 NBA의 50주년을 기념하면서 '뉴캐슬에서 시작되어 숙성된—뉴캐슬 브라운 에일'이라는 표현으로 칭송되기도 했다(Dobson and Merrington 1977: 6). NBA 특유의 사회·공간적 역사는 물질적, 상징적 차원에서 '브라운 에일'과 뉴캐슬이란 도시 간의 강력한 지리적 결합으로 이어졌다(Pearson 1999). 이러한 역사 속에서 NBA 브랜드는 조디(Geordie)* 사람들의 대중 의식과 문화에 깊게 뿌리 내렸다. 특유의 '로컬'로 오리지네이션된 지리적 결합들은 브랜드의 사회적 가치와 소유에 대한 강력한 의식을 불러일으켰다. S&N은 다음과 같은 대중적인 정서를 인지하고 있었다. "[NBA 브랜드에] 충성도가 높은 사람들은 … 아마도 이렇게 말할 겁니다. … 우리의 에일이고, 우리의 뉴캐슬 브라운이다. … 이 맥주를 뉴캐슬에서 빼앗으면 안 된다. … 엄청난 힘인 것이죠. … 그걸 무시하면 진짜로 명청한 짓입니다. 우리가 무엇을 하든지 말이죠. …

---

* 역자 주: 잉글랜드 북동부 타인사이드 출신의 사람을 지칭하는 뉴캐슬 지역의 방언이다.

왜냐하면 이 맥주는 그렇게 만들어졌기 때문이에요"(상무이사, 2007년 저자 인
터뷰).

　NBA 브랜드와 브랜딩의 '로컬' 오리지네이션에서 지리적 결합들은 독특
한 포장 용기를 통해 물질적, 상징적, 담론적으로 표현되고 있다. NBA는 품
질을 재현해 강조하기 위해 550ml 용량의 투명한 플린트(flint) 유리병에 담겨
생산되고 유통된다. 전통적인 파인트 단위에 상응하는 용량을 유지하려는 목
적도 있다. 이렇게 차별화된 포장 용기는 초창기 광고의 핵심이었다(그림 4.2).
NBA 라벨은 특유의 오리지네이션과 오래된 유래를 함축하고 있다. 이를 위

그림 4.2 '뉴캐슬 챔피언 브라운 에일' 광고(1928년)
출처: Historical image, Newcastle Breweries

　　　　　　　　　　　　　　오리지네이션

해 브루어리 주소, 성 니컬러스 성당의 실루엣과 뉴캐슬의 스카이라인, 뉴캐슬 성과 타인브리지, 블루스타(Blue Star) 로고가 라벨에 새겨져 있다. 블루스타의 각 꼭짓점은 뉴캐슬, 노스실즈(2곳), 게이츠헤드, 선덜랜드에 입지했던 다섯 곳의 창립 브루어리를 나타내는 것이다. 다시 말해, 블루스타는 1890년 다섯 곳의 브루어리를 합병해 뉴캐슬 브루어리가 탄생했던 역사를 상징한다(Hodgson 2005; 그림 4.3). 블루스타 로고는 1928년에 처음으로 사용되었다. 그 이후부터 "성가시게 라벨을 읽지 않고도 뉴캐슬 브루어리의 에일임을 쉽게 알아차릴 수 있도록 하는 매우 중요한 장치"의 역할을 해 왔다(홍보 전단

그림 4.3 '뉴캐슬 브라운 에일' 라벨
출처: S&N

지, Hodgson 2005: 18 재인용), 고유의 빨간색 대문자 레터링(lettering), '1927년부터 양조됨'이라고 쓰인 태그, 1928년 [박람회 수상] 기념 배지, 상표 이미지에 새겨진 홉과 보리 등을 포함하는 브랜드네임은 NBA의 진정성과 문화적 권위를 재현한다. '오직 하나(The One and Only)'의 슬로건은 NBA의 독특함을 표현한다. 이 슬로건은 1928년 타인사이드 신문 『뉴캐슬 저널』을 통해 대중화되었던 것이다(Newcastle Brown Ale 2007). '오직 하나'는 영국 내 판매용 유리병에 새겨져 있고, 수출용에는 별도의 라벨로 부착되어 있다. 병 뒷면의 라벨은 80년을 거친 브랜드 특유의 사회·공간적 역사를 이야기하는 담론의 공간으로 활용된다. 예를 들어, NBA의 별칭 '더 도그(the dog)'의 유래에 대한 이야기가 뒷면 라벨에 쓰여 있다. 조디 남성들이 NBA를 찾아 펍으로 나설 때 '나 잠깐 어디 좀 갔다 올게(I'm gannin' to see a gadgie aboot a dog)'라는 핑계를 일상적으로 자주 썼고(NBA 병 라벨, 2006년 11월 30일), 이처럼 젠더화된 은어가 오리지네이션의 수단으로 활용되고 있는 것이다.

도시와 지역을 기초로 한 '로컬'의 오리지네이션은 NBA 브랜드의 상업적 성장을 뒷받침했다. 이에 관여된 행위자들은 NBA의 브랜딩에서 잉글랜드 북동부 도시, 구산업 지역, 조디 사람들의 맥락을 중시했다. 특히, '강인한 노동자 계급의 전통과 가치'로부터 NBA만의 의미와 가치를 창출하려고 노력했다(S&N 2007: 1).

NBA는 강력한 브랜드예요. … 왜냐하면 북동부 지역과 관련해 엄청난 정체성을 갖고 있거든요. … 북동부의 아이콘이라 할 수 있습니다. … 항상 동급 최강이었죠. … 우리는 이렇게 말해요. 'NBA는 체급 이상의 펀치를 날린다' … 영국에서의 유통이나 물량만 보면 … 비교적 왜소한 브랜드입니다. … 그러나 아이콘으로서 이 브랜드의 위상은 … 뉴캐슬과 [뉴캐슬 유나이티드] 축구팀, 조선산업에 연결되어 있어요. … 바로 알 아차릴 수 있는 것들이죠. … 마케팅에서도 매우 강력한 브랜드 단서들이 들어 있습니다. … 투명한 플린트 유리병 … 라벨을 둘러싼 금색 띠 … 블루스타를 비롯해 모두가 그렇습니다. … 이 모든 것은 … 브랜드를 정형화하는 것이고, 우리에게는 매우 가치 있는 상표권 장치입니다(기업 이사, 저자 인터뷰, 2007).

이와 같은 NBA 특유의 '로컬' 오리지네이션은 유통 전략과 브랜딩에 동원되었다. 이를 위해 한편으로는 뉴캐슬어폰타인과 잉글랜드 북동부에서 NBA가 보유한 특유의 사회·공간적 역사를 강조했다. 다른 한편으로, 언론의 이목을 끌고자 뉴스거리가 되는 '신화와 전설'에 브랜드를 연결하며 브랜드의 층위를 두텁게 했다(전 마케팅 디렉터, 2008년 저자 인터뷰). 뉴캐슬 도시경관은 타인 브루어리를 통해 '뉴캐슬 브라운 에일의 고장'으로서 기호를 가지게 되었다(그림 4.4). NBA의 명성과 민속의 '로컬' 오리지네이션은 (북쪽의 천사 (Angel of the North)*와 같은) 기념 라벨, (포스터, 현수막, 우산, 풍선 등) 홍보 자료, (레시피, 다딩턴(Doddington's) 아이스크림, 옷, 기념품 등) 브랜드 확장을 장식했다. 뉴캐슬어폰타인, 즉 도시에 기초한 오리지네이션이 주를 이루지만, NBA는 보다 광범위한 지역에서 '북동부의 아이콘'으로 여겨지기도 한다(노동조합 임원, 2007년 저자 인터뷰). 1990년대 잉글랜드 북동부의 타인사이드, 위어사이드, 티스사이드에서 NBA의 매출은 전국 평균을 상회했고, 이는 하위지역의 다른 경쟁 브랜드를 넘어서는 수준이었다. 이 지역에서는 스폰서십도 경쟁의

---

* 역자 주: 1998년 게이츠헤드에 세워진 영국 최대 규모의 현대 조각품이다. 이 조형물은 구산업도시에서 '창조도시'로 전환하는 게이츠헤드의 현실과 포부를 재현하는 문화경관으로 평가받기도 한다. 이를 기념하기 위해 한때 북쪽의 천사가 NBA 라벨에 새겨졌었다.

그림 4.4 영국 뉴캐슬어폰타인의 타인 브루어리-'뉴캐슬 브라운의 고장'
출처: 2006년 저자 촬영

대상이었다. 도시 뉴캐슬이나 프리미어리그 축구팀 뉴캐슬 유나이티드와 역사적으로 형성된 NBA의 지리적 결합 때문에 생겨난 경쟁이었다. S&N은 뉴캐슬 유나이티드를 후원했고 1990년대 유니폼에는 NBA 브랜드가 새겨져 있었다.

1960년대부터 NBA는 북동부의 핵심 판매권역을 넘어서 유통되었고, 그러면서 국가적인 브랜드로 거듭났다. NBA는 S&N의 인수 중심의 성장 전략에서 단행된 합리화와 간소화 조치에서도 살아남았고, S&N의 국가적 유통망 안에서 프리미엄의 틈새 브랜드로서 특별한 입지를 다졌다. NBA의 영국 판매량은 1970년대 초반에 정점을 찍었다. 그리고 1990년 학생들 사이에서 컬트의 지위를 차지하고 '우주여행(Journey into Space)'이란 별칭을 얻으면서 NBA의 인기는 다시 치솟았다(그림 4.5). 광고 캠페인을 통해 NBA는 '로

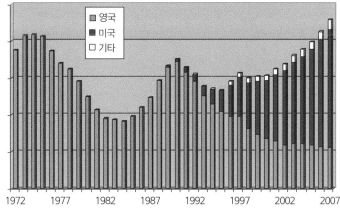

(십만 리터)

■ 영국
■ 미국
□ 기타

1972   1977   1982   1987   1992   1997   2002   2007

그림 4.5 국가별 뉴캐슬 브라운 에일 판매량(1972~2007년)

출처: 직소브랜드(Jygsaw Brands) 관계자

컬 영웅(local hero)'이라는 차별화된 위상을 누리기도 했다(상무이사, 2007년 저자 인터뷰). 이런 홍보 활동에는 (굿바이 펫(*Auf Wiedersehen Pet*), 폭풍의 월요일(*Stormy Monday*) 등) TV나 영화의 간접광고, (지미 네일(Jimmy Nail), 스펜더(Spender) 등) 유명 연예인과의 관계가 포함되었다. 뉴캐슬 타인 브루어리의 블루스타 출입문에 쓰인 '당신이 돌아와야 할 단 한 가지 이유(The One You've Got to Come Back For)'라는 문구도 중요한 홍보 방법 중 하나였다. 이는 순례에 바탕을 둔 문구인데, 에스키모, 아메리카 원주민 등을 대상으로 한 인종적 고정관념과도 관련된 것이었다.

2004년 타인 브루어리의 폐쇄, 그리고 이에 따라 게이츠헤드의 던스턴으로 이전한 NBA의 생산 때문에 기존의 지리적 결합은 물리적인 차원에서 근본적으로 변했다. 이런 맥락에서 NBA의 유통에 관여하는 브랜드 소유주, 경영인, 유통자 사이에서 브랜드 오리지네이션의 진정성을 계속해서 주장할 수 있을지에 대한 의문이 제기되었다. '브라운 에일의 종말'에 대한 이야기가 있었지만(노동조합 임원, 2007년 저자 인터뷰), S&N은 더페드로의 생산 이전을 성공으로 평가하며 "판매 실적에는 아무런 영향도 없었다"고 말했다(상무이사, 저자 인터뷰, 2008). 실제로 NBA의 '로컬' 오리지네이션은 변하지 않은 채로 남아 있었다. NBA의 새로운 주요 생산지와 물질적으로 이루어진 지리적 결합들은 단지 맥주병 라벨에만 표시되어 있었다. 기존의 '뉴캐슬 브루어리, 갤로우게이트, **뉴캐슬어폰타인**, NE11 9JR'의 라벨 표기가 '뉴캐슬 페더레이션 브루어리 유한책임회사에서 양조함, **타인과 위어**, NE99 1RA'로 변경되었다는 말이다. 여기에서 NBA의 특정한 '로컬' 오리지네이션은 제도적인 '역사의 전달자(carrier of history)'처럼 작용하며(David 1994), 사회—문화적으로 축적된 의미, 지리적으로 결합된 브랜드의 단서와 브랜드 에퀴티를 전달했다. 이 덕분에 특정한 물질적인 유래가 무시되거나 덜 중요하게 여겨지던 당시의 특정 시·공간 시장의 맥락 속에서도 NBA의 경제적인 가치는 유지될 수 있었다. 그리고 후기산업주의의 부상, 조디 사람들의 정체성 변화(Nayak 2003), 생산 이전의 맥락에서도 NBA는 여전히 '도시의 [뉴캐슬어폰타인의] DNA 안에' 남아 있는 것으로 간주되었다. 특유의 성격과 역사에 기초한 오리지네이션 덕분에 국제 사회에서 NBA는 여전히 '뉴캐슬 브랜드'로 인정받고 있었다(로컬 정부 관료, 2008년 저자 인터뷰). 뉴캐슬어폰타인에서 생산되는지와 관계없이 NBA는 여전히 기존의 특징과 특성을 보유했다. NBA의 새로운 라벨에는 밀레니엄브리지(Millennium Bridge)가 있는데, 이는 기존의 타인브리지를 대체하며 새롭게 그려 넣은 것이다(그림 4.6). 던스턴의 뉴캐슬 페더레이션 브루어리(NFB)는 뉴캐슬 브루어리의 다섯 개 창립 공장 중 하나, 즉 게이츠헤드 공장에 상응하는 것이었다. 새로운 로고는 타인강 양안의 소비 지향적 리브랜딩 명칭인 '뉴캐슬게이츠헤드(NewcastleGateshead)'와도 아주 잘 맞아 들어간다. 이 프로젝트는 게이츠헤드와 뉴캐슬의 지방자치단체 간 협력을 통해 착

(a)

NEWCASTLE FEDERATION
BREWERIES

(b)

NewcastleGateshead
Initiative

그림 4.6 게이츠헤드 던스턴의 뉴캐슬 페더레이션 브루어리(a)와 뉴캐슬게이츠헤드 이니셔티브(b)

출처: S&N; Newcastle-Gateshead Initiative

수된 것이다(Pasquinelli 2014; Richardson 2012).

1980년대 후반부터 영국의 맥주 시장에서는 ('라거화'로도 불리는) 라거로의 전환이 나타났다. 새로운 주류가 범람하고 음주의 기회가 다각화되면서 시장 세분화와 파편화의 경향도 생겼다. 그러면서 포화 상태에 이른 에일 시장은 쇠퇴했다(그림 4.5). 이러한 변화의 맥락에서 S&N은 자본 확장 논리에 의거해

NBA 브랜드를 위한 새로운 시·공간 시장을 모색할 수밖에 없었다. 그러나 뉴캐슬어폰타인과 잉글랜드 북동부에 기초한 '로컬' 오리지네이션의 의미와 가치는 이 지역과 그 너머의 광범위한 시장에서 신세대 소비자들을 끌어들이는 데 걸림돌로 작용했다. 이에 NBA는 다소 일찍 국제시장에 진출하기 시작했다. 차별화된 맥주병 포장, 독특함, 강력한 지리적 결합을 바탕으로 NBA는 고향을 떠나 일하는 전통적 북동부 노동자 계층을 중심으로 유통되었다. 이는 탈산업화의 결과로 지역 노동시장이 축소된 변화에 대처하는 것이었다. 북동부 출신 이주 노동자들 사이에서 NBA는 소속감의 상징과 향수(鄕愁)의 자극제로 여겨졌다. 돕슨과 메링턴(Dobson and Merrington 1977: 6)의 설명에 따르면 "전 세계 각지로 흩어진 조디 사람들은 특별한 일이 있을 때 그들만의 맥주를 원했고 … [이 때문에] 전 세계적 수출 네트워크의 토대가 마련되었다". S&N은 군사 기관과도 적극적으로 교류하며, ('브라운 에일만(Brown Ale Bay)'이라는 별칭을 가진) 뉴캐슬에 정박하는 해군 함정에 NBA를 공급했다. 해외 파병 부대에도 NBA를 보내기도 했고, 이에 대한 보답으로 '헵번의 뉴캐슬 브라운 에일, 보르네오 상륙'처럼 언론이 주목하는 사진을 얻었다(전 마케팅 디렉터, 2008년 저자 인터뷰).

　　NBA가 조디인의 디아스포라에서 홍보대사와 같은 역할을 하는 동안, '영국다움(Britishness)'의 국가적 오리지네이션을 내세우는 광고 캠페인도 있었다. ('하와이 한량'과 '타인과 모든 곳에서'란 표제어를 포함하는) '세계 유일의 유명 영국 맥주'처럼 독창적인 광고 캠페인도 선보였다. 그러나 국제시장에서 NBA는 미국을 제외한 다른 곳에서는 비교적 적은 양만 유통된다. 중국, 인도, 동부 유럽을 포함한 40개국에서만 프리미엄 브랜드로 팔린다. 한마디로, NBA의 지리적 결합과 '로컬' 오리지네이션은 비교적 제한된 시·공간 시장에서만 상업적인 의미와 가치를 지닌 것이다. 1980년대 초에는 미국 시장 특유의 시·공간 맥락을 겨냥한 실험적인 시도가 있었다. 결과적으로 S&N은 대니얼 밀러(Daniel Miller 2002: 27)가 말한 "얽힌 판단(entangled judgements)" 중 하나를 성공시켰고, 브랜드화된 상업적인 상품과 미래 성장 동력으로서 NBA 가치의 회복을 이루었다. S&N은 프리미엄 다크 에일 틈새시장의 성장세, 고급 앵글로-아이리쉬 바의 증가, "진정성 있는 영국 전통 … 수입 브랜드" 대한 관심의 물결 속에 있었다(미국 수입업자, 2008년 저자 인터뷰). S&N의 유통 전략에서 NBA는 "풀뿌리 수준의 탐색 브랜드"로 언급되었다(미국 수입업자, 2008년 저자 인터뷰). 유통 초기 단계에서는 대규모 주에 속하는 보스턴, 시카고, 뉴욕, 샌프란시스코와 같이 경쟁이 치열한 오랜 전통의 음주 중심지를 목표로 하지는 않았다. 그 대신 노스캐롤라이나, 사우스캐롤라이나, 남부 캘리포니아, 특히 샌디에이고에서 트렌드를 선도하고 힙(hip)한 느낌을 자아내는 소매 아웃렛을 목표로 삼았다.

이와 같이 미국이라는 신흥시장의 시·공간 시장 환경 속에서 S&N은 신중하게 NBA의 브랜드 에퀴티를 구축하고자 노력했다. 특히, '긍정적인 상품 차별화', ('프리미엄, 수입품, 진정성, 유머 감각' 등의) 독특한 이미지, ('훌륭한 맛, 마시기 쉬움' 등) 취향에 많은 신경을 썼다(Froggatt 2004). 영국에서의 표현이나 유통과는 확연하게 다르게 미국에서는 '하위문화 소속감'(Holt 2006b: 373)이 작동했다. 이는 새로운 틈새의 시장 세분화를 구축하고자 했던 NBA 브랜드 경영진의 브랜딩 성과였다. NBA의 의미와 가치는 대학 교육을 받은 신세대 (25~34세의) 청년 남성층의 소비문화와 반향을 일으킬 수 있도록 재조정되었다. 아울러 NBA 브랜드는 비주류 음악, 영화, 여행 장면에도 잘 어울리는 것이 되었다. 미국 시장의 맥락에서 생산자와 유통자는 NBA 브랜드의 개성을 힙(hip), 역설, '간단명료함'의 에일로 재위치시키는 브랜딩 노력을 펼쳤다. 그럼에도 행위자들은 '로컬' 오리지네이션을 구성하는 지리적 결합들의 마커

(marker)를 버리지 않았다. 예를 들어, "이름과 … [블루]스타의 … 유래, … ['개'런] 별칭과 완곡한 표현에 관해 … 뒷면 라벨에서 제시하는 핵심적인 브랜드 단서를 고수하면서 … 브랜드의 전통과 진정성을 홍보했다. … 이것들이 매력적인 브랜드로 보이게 했기 때문이다"(미국 수입업자, 2008년 저자 인터뷰). 브랜딩과 유통 활동에서는 ('다른 어떤 제품보다 부드러움'처럼) NBA의 독특함, ('쓴맛을 보고 싶으면 바텐더에게 팁을 주지 말라'는) 유머 감각, ('음양이 조화로운 에일'처럼) 기발한 개성 등을 강조했다. [초창기 미국 국가인] '올드 글로리(Old Glory)'에 둘러싸인 NBA의 브랜드 상상, NBA의 블루스타를 [미국 국기의 별의 수를 연상시키는] '51번째 스타'로 언급(Froggatt 2004), (그린 데이즈(Green Day's)의 2005년 아메리칸 투어에서처럼) 음악 행사 스폰서, 주요 도시 장소에 눈에 띄는 대규모 '브랜드스케이프' 설치 등도 있었다(그림 4.7). 한마디로, 유통 활동은 문화적 정체성 형성과 특정한 사회·공간적 집단의 위상 표출의 목표를 지향했다. NBA 소비자는 사리 분별력을 갖추고 정보를 가지며 자신감이 충만한 음주자의 이미지를 구축했다. S&N에서는 그런 음주자들이 "프리미엄화, 상향소비, 감식안, [술의 브랜드로 사회적 위상을 과시하는] 배지 드링킹(badge drinking)을 지향하는 트렌드에 적합"하다고 판단했다(미국 수입업자, 2008년 저자 인터뷰). 그리고 이들을 미국에서 유통과 판매를 지원하기 위해 직접적으로 관련되어야 하는 사람들의 부류로 여겼다.

컬트의 위상은 매출 성장뿐 아니라 ('뉴캐슬 원자탄 한 잔 주시오(Give me a Newcastle, The Nuke)'와 같이) 새로운 별칭의 출현으로도 이어졌다. (스노우보드, 의류와 액세서리, NBA 커스텀 나이키 운동화 등) 브랜드 확장의 모습도 있었다. 이 오리지네이션에서는 가상공간에서 이루어지는 온라인 상호작용도 신중하게 다루어졌다. 일례로, 'newcastle-brown.com' 웹사이트는 미국, 오스트레일리아, 중국 등 성장하는 시장의 소비자들을 대상으로 운영되는데, 여

그림 4.7 미국에서 뉴캐슬 브라운 에일 '브랜드스케이프' 광고(2006년)
출처: S&N

기의 내용은 영국의 'newcastlebrownale.co.uk' 웹사이트와 다르다. 이러한 방식들로 NBA의 소유주, 경영진, 유통자는 NBA의 의미와 가치를 재구성하면서 상당한 상업적 성장을 이루었다. 1991~2003년 동안 NBA의 미국 수출

량은 300만 리터에서 4,410만 리터로 급증했다. 이는 전 세계 40개국으로 수출되는 총량인 7,700만 리터의 60% 이상을 차지하는 것이었다(Froggatt 2004; 그림 4.5). 2005년 NBA는 주요 경쟁 브랜드인 바스를 제치고 미국 제1의 수입 에일 자리를 차지했고, 식료품 '파워 브랜드' 순위에서는 3위에 올랐다(Just Drinks 2006). 위기의식을 느낀 경쟁업체들은 이러한 프리미엄 수입 맥주에 맞서고자 했다. 브루클린 브루어리는 '**브루클린** 브라운 에일'과 같은 모방 상품을 내놓으면서 '모든 면에서 미국적임'을 강조하는 오리지네이션을 추구했다. NBA는 브랜딩을 문화적 이익과 물질적, 경제적인 결과를 연결하면서 미국에서 매출 성장과 매우 높은 수익을 동시에 달성할 수 있었다. 미국의 수입 맥주 시장에서 6병 묶음 NBA 한 팩은 주요 경쟁 브랜드보다 1.40달러 비싼 프리미엄을 붙여 팔렸는데, 이처럼 "마진이 높지 않았다면 [NBA는 미국 시장에서] 정착하기 어려웠을 것"이다(미국 수입업자, 2008년 저자 인터뷰).

"인터페이스의 수행성 때문에 하나의 브랜드와 원산지 간의 관계가 다양한 방식으로 조직될 수 있다"라는 말과 같은 일이 NBA와 관련해서도 생겼다(Lury 2004: 55). 실제로 오리지네이션의 변동이 미국이라는 새로운 시·공간 시장의 맥락에서 NBA 소유주가 브랜드를 정의하고 구축하며 브랜딩 활동을 펼치는 노력의 핵심을 차지했다. 구체적으로 S&N은 '잉글랜드 수입품' 라벨을 가지고 미국 시장에서 NBA의 오리지네이션을 변화시켰다. 브랜드 경영인들은 '수입품'과 프리미엄 시장의 위상을 강조하며, 전통적인 '영국' 에일을 원하는 미국 소비자들의 선호를 충족시키고자 했다. 경영진은 물질적, 상징적, 담론적 형태의 지리적 결합을 통해 NBA를 특정한 '민족'의 영토와 연결했다. 이렇게 영국의 다민족(pluri-national)적 맥락성은 무시되었던 것이다. 다른 한편으로, NBA를 뉴캐슬과 잉글랜드 북동부와 연결하는 특정한 '로컬' 오리지네이션이 있었고 이것이 NBA 브랜드와 브랜딩의 사회·공간적 역사에서 중심을 차지하지만 미국 시장에 관여한 행위자들에게는 그다지 중요하지 않은 부분이었다. 이러한 전략이 활용된 이유는 "미국에서 NBA의 주요 경쟁자인 바스와 기네스는 영국에서 수입한다고 아주 잘 알려져 있기 때문이다. 그래서 [로컬을 강조해 봤자] 큰 거래에서의 이익에 보탬이 되지 않는다"(미국 수입업자, 저자 인터뷰, 2008). 이에 더해, S&N의 수입업자와 마케터 사이에서는 다음과 같은 인식이 있었다.

> 미국 소비자들은 NBA가 어디에서 만들어졌는지 별 관심 없을 겁니다. 모든 것이 뉴캐슬이라고 불리는 장소에서 올 것이라고 기대도 안 해요. … [장소를 강조하는] 그런 방식은 혼란스러운 메시지를 보냅니다. … NBA는 확실히 바뀌었고, 세계 속에서 나가고 있어요. … 그러나 다른 한편으로 NBA는 노동자 타운의 술주정뱅이 맥주로 해석될 여지도 있지요. … 우리가 얻고자 하는 위상은 그런 것이 아닙니다(미국 수입업자, 2008년 저자 인터뷰).

S&N은 NBA의 지리적 결합을 '잉글랜드 수입품'으로 오리지네이션하려고 노력했다. 이 때문에 이 브랜드는 타인 브루어리 폐쇄나 던스턴과 태드캐스터로의 공장 이전 이슈에서 멀어졌다. 이런 거리화 전략은 의미와 가치를 일관화하는 수단으로 동원되었다. 미국이라는 특정 시·공간 시장의 맥락에서 지식은 부족했기 때문이다. 이에 대해 한 노동조합 임원은 다음과 같이 말했다. "미국 사람들은 맥주가 어디서 생산되든 별 신경을 쓰지 않을 거예요. 선더랜드, 게이츠헤드, 그 어느 곳이라도 상관없죠. … 영국 맥주를 원하고, 브라운 에일을 마시고 싶을 겁니다. … 흑맥주라면 충분하겠죠. 영국에서 온 맥주라면 행복해할 거예요"(노동조합 임원, 2017년 저자 인터뷰).

브랜드 소유주와 생산자로서 S&N과 하이네켄은 '잉글랜드 수입품' 오리지네이션이 의미와 가치의 핵심을 차지하도록 NBA의 공간순환을 조직했지만 이는 딜레마의 원인이 되었다. NBA의 판매량이 증가하면서 미국 내에서 생산하는 것이 더 경제적일 수 있기 때문이다. 왜냐하면 알프레드 베버(Alfred Weber)의 관점에서 맥주산업은 생산 과정에서 중량이 증가하는 부문이기 때문이다. 이런 산업에서는 규모 경제와 시장 근접성이 매우 중요하다. 하지만 미국에서 생산하게 되면, '잉글랜드 수입품' 오리지네이션과 라벨은 진정한 의미와 가치를 잃게 되고 상업적 이익에도 불리하게 작용할 수 있다.

이제는 경제적일 필요가 있죠. … 미국에서 생산해서 포장해야 합니다. … 시도를 해 보긴 했어요. … 여기[영국]에서 생산한 다음 미국으로 보내 포장하는 것이었죠. … 하지만 마케팅 담당자들이 매우 민감하게 반응했어요. … 이게 더 나가지 못하는 이유입니다. … 만약 미국에서 포장된다는 사실이 미국 시장에 퍼지면 파장이 클 겁니다. … 하지만 유통 비용이 절감되긴 하겠죠. … [NBA가] 헤리티지 브랜드이기 때문에 … 영업사원들도 불안해할 겁니다. … 프리미엄 가격을 매길 수 있어야지만 … 수익을 낼 수 있는 브랜드죠(브루어리 관리자, 2007년 저자 인터뷰).

이러한 시·공간 시장의 맥락에서 '수입품' 범주의 의미와 가치 때문에 S&N은 한때 다음과 같은 방안들도 고려했다. "우리는 '잉글랜드 수입품' 라벨을 유지하고 싶었어요. … 이게 이 브랜드의 매력이죠. … 그것이 브랜드 메시지임에 틀림없어요. … 하지만 '수입품'이면 다 괜찮지 않을까 하는 생각도 했어요. 멕시코나 캐나다에서 생산하는 것도 괜찮겠다 싶었죠"(미국 수입업자, 저자 인터뷰, 2008). 그러나 '티후아나 브라운 에일'이나 '토론토 브라운 에일'은 아직까지 현실화되지 못했다.

브랜딩을 통해 브랜드 상품의 시·공간적 가변성이 창출된다(Smith and Bridge 2003). NBA의 경우 뉴캐슬어폰타인과 잉글랜드 북동부라는 영역에 근거한 지리적 결합과 오리지네이션이 구성되어 일관화되었다. NBA 브랜드의 소유주, 관리자, 유통자는 물질적·상징적·담론적·시각적 형식으로 그러한 오리지네이션의 구성과 일관화 작업에 참여했다. 특정한 도시와 지역의 사회적 역사를 기초로 풍부한 지리적 결합이 형성되었고, 이것은 뉴캐슬어폰타인의 특정한 '로컬' 속에서 NBA를 원산지화하기 위해 동원되었다. 그다음, 영국 북동부를 넘어선 새로운 시장에서도 NBA의 유통이 이루어졌다. 2004년 타인 브루어리가 폐쇄되고 생산은 던스턴과 태드캐스터로 이전되었지만, 이는 NBA의 오리지네이션과 유통에서 강조되지 않았다. 이는 의미와 가치를 일관화하는 브랜드의 인지된 오리지네이션에도 영향을 주지 못했다. 새롭게 등장한 교차—영토적인 '뉴캐슬게이츠헤드' 장소 브랜드 때문에 기존 오리지네이션이 흐려지기까지 했다. 브랜드 소유주의 미국 사업은 특정 시·공간 시장 맥락에 진입하는 데 초점을 맞췄다. 이는 오랫동안 지속된 국제화를 바탕으로 이루어졌고, 여기에서는 새롭게 성장하는 시장을 확보하기 위한 경제적인 의무도 중요하게 작용했다. 그러나 소유주는 '신비한 베일'을 문화적으로 재구성하는 일에 착수해야만 했다. 이는 NBA의 브랜드 에쿼티를 활용해 성장하고 있는 특정 구매자 집단에 연결하기 위한 것이었다. 구체적으로, NBA 유통자는 영국의 뉴캐슬어폰타인과 잉글랜드 북동부 지역에 뿌리를 두었던 기존의 '로컬' 오리지네이션을 미국에서는 '잉글랜드 수입품' 프레임의 (하위)국가적 오리지네이션으로 전환했다. 이렇게 NBA의 의미와 가치는 재조정되었던 것이다. 이러한 오리지네이션의 변화 때문에 다양한 스케일에서의 영토적 공간과 이동성의 관계적 공간 간의 긴장관계와 조정이 나타났다. NBA의 유통 전략은 새로운 시장과 문화에서 성공했지만, 의미와 가치의 공간순환에서 생산의 위치와 관련한 새로운 이슈가 부상했기 때문이다.

'로컬'의 소비

NBA 특유의 '로컬' 오리지네이션은 차별화된 브랜드 에쿼티, 기술적 특성, 포장 방식과 밀접하게 연관되어 있다. 그리고 잉글랜드 북동부 지역의 사회·공간적 역사를 반영하는 독특한 소비 실천과도 강력하게 지리적으로 결합되었다. 전통적으로 소비자들은 550ml 병에 담긴 NBA를 1/2 파인트 용량의 스쿠너(Schooner)나 웰링턴(Wellington) 유리잔에 부어 마셨다. 거품을 풍부하게 유지하며 맛을 극대화한다는 이유 때문이었다. 이러한 로컬 특유의 '음주 스타일'은 NBA만의 심미적, 감각적 매력에 대한 '신화를 지속하는' 데 중요한 역할을 한다. 이에 대해 마케팅 부장을 역임했던 한 직원은 다음과 같이 말했다.

> 어깨 부분이 높은 병의 디자인은 매우 중요합니다. … 바로 알아볼 수 있는 모양이죠. … 맥주를 따를 때 콸콸콸 소리가 나게 만듭니다. … 거품과 물방울을 만드는 효과도 있어요. … 코를 대면 … 유리잔에서 신선한 기분을 느낄 수 있답니다. … [NBA는] 이렇게 마셔야만 해요. … 콸콸콸 소리가 날 때마다 맥주가 톡톡 터지기 때문이죠. … 그러면서 모든 특성들이 나타납니다. … 이것을 의식처럼 따라하면 맥주의 겉모습도 보기 좋게 되지요(전 마케팅 부장, 2008년 저자 인터뷰).

이러한 지역적 뿌리를 가지고 있는 소비 실천은 NBA만의 독특한 브랜드 정체성의 의미와 가치를 강화했다. 판매량은 잉글랜드 북동부의 핵심 소비 지역을 넘어서 성장했다. 1970년대 초반 정점을 찍었다가 감소세로 돌아섰지만, 유통망은 잉글랜드 남동부와 미들랜드 지역까지 확대되었다. 1980년대에는 회복기를 거쳤고, 이후의 2000년대는 하락과 안정화의 시기라고 할 수 있다(그림 4.5).

브랜드의 레퍼토리와 음주의 일상이 확대되는 가운데 맥주 브랜드에 대한 영국인들의 충성도는 낮은 편이다. 이러한 상업적 맥락 속에 NBA가 위치해 있다. 그럼에도 불구하고 NBA는 브랜드 차별화를 통해 프리미엄 가격을 유지할 수 있는 역량을 보유한다. 실제로 정체되어 있고 때에 따라 축소되는 시장을 지배해 왔다. 2003년에 이르러 바, 펍, 레스토랑에 공급되는 업소용 에일 병맥주 부문에서 NBA의 시장 점유율은 42%에 이르는 절정의 수준까지 성장했다. 훨씬 더 지역적으로 유통되는 9.3%의 만즈(Manns)와 7.2%의 위트브레드 페일 에일(Whitbread Pale Ale)과는 비교가 되지 않는 수준이었다(S&N 2004). 소비자들 사이에서 전통과 유래가 점점 더 중요하게 여겨지는 영국의 틈새시장에서 NBA는 시장의 강자로서 위상을 지켜 왔던 것이다. 이는 S&N UK가 '대세 브랜드'에 비해 훨씬 적은 규모로 마케팅에 투자하는 상황에서 이룬 값진 성과다. 더욱이 NBA의 생산은 처음에는 게이츠헤드 던스턴의 뉴캐슬 페더레이션 브루어리로, 그다음에는 요크셔 태드캐스터로 이전되었다. 일부 소비 행위자들은 NBA를 "이제는 뉴캐슬게이츠헤드 브랜드"로 인식하기도 한다(장소마케팅 담당 CEO, 2007년 저자 인터뷰). NBA가 지금은 '뉴캐슬게이츠헤드'라는 장소 브랜드 속에 위치해 있다는 이야기다. 이 장소 브랜드는 특별한 지역 정체성의 반향을 불러일으키는 식별자로서 국제적인 무역 박람회나 관광 마케팅에서 사용되며, 고위 인사 방문객에게 제공되는 맞춤형 기념 라벨에도 쓰인다. 이에 대해 지방정부 관계자는 다음과 같이 말했다. "뉴캐슬 브라운은 이 지역을 방문하는 사람들에게 아주 잘 팔리는 이야기입니다. 실제 맥주 생산은 게이츠헤드에서 이루어지기 때문에 일정 부분에서는 '탈뉴캐슬화'된 측면도 있어요. … 하지만 북동부의 작은 부분을 말하기보다 광역적인 차원에서 북동부를 이야기하는 측면도 있답니다"(지방 정부 관계자, 2008년 저자 인터뷰).

1990년대부터 영국의 에일 시장은 쪼그라드는 상황에 처하기 시작했다. 이러한 성장의 한계에 직면한 브랜드 경영인과 유통자는 브랜드 정체성을 확립해 전파하기 위해 노력했다. 우선은 지리적 결합을 이용해 독특한 '로컬' 오리지네이션을 시도했다. 시·공간 시장 맥락이 변화함에 따라 브랜드의 특징을 둘러싼 새로운 소비 풍습을 창출하려는 노력도 있었다. S&N은 청년층, 특히 여성 맥주 애호가를 끌어들이며 소비자의 세대교체를 꾀했지만 큰 도움이 되지는 않았다. NBA와 관련해서는 "브라운 에일, 빵모자, 개 경주, 리크(leek) 농부"를 비롯해 사회·공간적으로 특수한 계급의 역사가 "문화의 중요한 부분"을 차지하고 있었기 때문이다. "북쪽의 천사 조형물 … 세이지 게이츠헤드 공연장 … 생명과학 … 헤리티지와 혁신의 융합" 등을 비롯해 새로운 장소 브랜드에서 제시하는 "지역의 도상학(iconography)"과도 잘 어울리지 않는 것들이다(장소 마케팅 CEO, 2007년 저자 인터뷰). 한편, 미국 시장으로부터 NBA의 유통 전략을 모방하고 접목하고자 했던 브랜드 경영진의 시도는 "시작도 못해보고 실패"로 끝났다(전 마케팅 부장, 2008년 저자 인터뷰). 이 전략은 뉴캐슬 밴드인 맥시모 파크(Maxïmo Park)가 디자인한 맥주병 라벨을 부착하고 뉴캐슬의 디지털(Digital) 나이트클럽에서 355ml NBA를 홍보하는 활동을 포함하는 것이었다. 지역 특유의 전통적 소비 관습이 지속되며 변화의 시도를 혼란스럽게 만들었다. 이에 대해 노동조합 관계자는 다음과 같은 이야기를 전했다.

오리지네이션

"반쪽짜리 브라운 에일이라구요? 그딴 말은 들어본 적이 없네요. … 이 지역에서는 더욱더 그럴 겁니다"(노동조합 관계자, 2007년 저자 인터뷰). 하이네켄에 인수되기 직전까지 S&N은 NBA와 같은 '헤리티지 브랜드'를 비핵심 부분으로 취급하며 매우 소홀히 대했다. 이는 S&N도 인정한 사실이다. 실제로 영국에서의 NBA 판매와 마케팅 권리를 신생 스핀오프 기업인 직소브랜드(Jigsaw Brands)에 넘기기도 했다. 이들의 전략은 'NBA에서 조디함(Geordieness)'의 재발견, 브랜드와 핵심 소비 지역 간의 재결합, 'I ★ NE' 캠페인을 통한 인식의 증대, '브룬 투어(Broon Tour)' 지도 제공, 주요 아웃렛에 '브랜드 공간' 설치 등을 포함하는 것이었다(판촉·마케팅 부장, 2008년 저자 인터뷰). 그리고 "뉴캐슬에 있는 모든 바의 계산대에서는 들어오는 손님을 향해 뉴캐슬 브라운을 외쳤는데 … 그러고 나면 사람들이 '이 도시가 또 다시 뉴캐슬 브라운의 도시처럼 느껴진다'고 응답하는 것만 같았다"고 말하는 사람도 있었다(판촉·마케팅 부장, 2008년 저자 인터뷰).

미국에서 NBA의 유통과 판매는 1990년대 초반부터 성장하기 시작했다. 미국에서 NBA의 '로컬' 오리지네이션을 구성하는 지리적 결합이 소비되는 방식은 영국에서와는 확연하게 달랐다. 소비의 방식도 미국이란 특정 시·공간 시장의 맥락에 적합한 특성을 결합해 형성되었다. 여기에는 라거 상품에서 흑맥주와 수입 맥주로 이동하는 수요의 변화, 탄산을 가미하고 냉장 보관된 달콤하고 풍미가 깊은 주류에 대한 취향이 포함되어 있었다. 이러한 소비의 변화가 NBA 특유의 성격과도 연결되었다. 원산지 표기를 위해 붙여진 '잉글랜드 수입품' 딱지를 통해 변화된 오리지네이션이 나타났다. 미국의 NBA 소비에서 대부분은 (업소용 판매의 75% 가량은) 파인트 잔의 생맥주로 팔렸지만, (영국의 6°C에 비해 낮은 3°C로) 냉장 보관된 355ml 병맥주로 (업소용 판매의 25%는) 소비되기도 했다. NBA는 바스나 기네스와 같은 다른 수입 맥주보다

(보스턴의 새뮤얼 아담스, 콜로라도의 팻 타이어 등) 지역적인 마이크로/크래프트 맥주와 경쟁했다. 이런 상황에서 NBA는 특정한 세분시장을 목표로 삼았다. "다른 흑맥주와 차별화했습니다. … 맥주 맛의 프로필이 다르기 때문에 소비 자에게는 색다른 선택이 될 수 있다고 했죠. … 소비자들은 이 브랜드의 개성 을 즐겼을 겁니다"(미국 수입업자, 2008년 저자 인터뷰). 이러한 NBA의 의미 만 들기 덕분에 이 브랜드는 프리미엄이 매겨진 시장 가치를 누리며 고수익을 창출할 수 있었다. 새롭게 성장하는 세분시장과 변화된 브랜드 오리지네이 션에 힘입어 브랜드 소유주 S&N은 엄청난 상업적 이익을 거두었다. NBA는 S&N "그룹 내에서 브랜드를 한 지역에서 세계의 다른 지역으로 이전시킨 최 고의 사례"로 평가받고 있다(S&N 홍보부서장, Whitten 2007: 1 재인용).

이와 같은 원거리의 시·공간 시장 상황에서 물질적인 지리적 결합의 변동, 즉 뉴캐슬에서 게이츠헤드로 이전된 생산의 효과는 무시할 만한 것으로 해석 되었다. NBA의 오리지네이션이 '잉글랜드 수입품'으로 미묘한 변화를 겪었 기 때문이다.

[공장 이전]은 그다지 중요한 일이 아닙니다. … 게이츠헤드로 이전한 것 은 로컬에서만 중요한 이야깁니다. … 이 도시의 10마일 밖에서는 아는 사람이 있을까요? 관심이라도 두겠어요? 뉴캐슬에서 생산되는 것이나 마찬가지예요. … LA나 베트남에 있는 바에서는 … 뉴캐슬에서 만든다 고 생각할 겁니다. … 어쨌거나 국제적으로는 여전히 뉴캐슬 브라운 에 일이잖아요(상무이사, 2007년 저자 인터뷰).

미국에서 판매가 성장했지만, 던스턴 브루어리에서 NBA 생산 물량은 급 증하는 수요를 따라가기에는 역부족이었다. 그래서 던스턴 공장은 폐쇄되고 요크셔 태드캐스터로의 이전이 추진되었던 것이다. 그럼에도 NBA의 미국 소비 증가로 관계적 공간에서 브랜드의 지리적 도달범위가 확장되었다. 이는 웹 기반의 브랜드 확장 판매 촉진이나 경쟁, 다운로드, 홍보를 포함한 상호작용 활동의 모습으로 나타났다. 레이 허드슨(Ray Hudson 2005)이 주장하듯, 보다 개방적이고 다공성의 성격을 가진 가상적 '브랜드 공간(spaces of brands)'이 창출되었던 것이다. 그러나 온라인의 관계적 공간에서 NBA의 국제적 웹사이트의 콘텐츠는 특정한 공간적 지향성을 가지고 있었다. 특정 시·공간 시장에서 유통과 소비가 이루어질 때 브랜드의 지리적 결합과 오리지네이션이 지속적으로 차별화되는 모습이라 할 수 있다.

NBA의 오리지네이션에서 지리적 결합은 독특한 방식으로 구성되었는데, 이는 관여된 행위자들이 의미와 가치를 구축하고 일관화하려는 노력의 일환이었다. 영토적이고 경계로 한정된 공간과 장소에서의 소비를 뒷받침하는 것이기도 했다. 여기에서 행위성은 브랜드 소유주와 생산자에게만 한정된 것은 아니었다. 광고업자, 수입업자, 마케팅 컨설턴트를 포함한 유통자, 영국과 해외의 소비자, 로컬의 관계 기관과 장소 마케팅 제도와 같은 규제자도 브랜드의 공간순환에서 나름의 역할을 수행했다. 잉글랜드 북동부 지역에 기초한 NBA의 '로컬' 오리지네이션은 물질적 속성과 문화적으로 구성된 의식을 혼합한 것이기 때문에 NBA의 소비는 특정한 실천과 결부될 수밖에 없었다. 이에 따라 브랜드의 '신비한 베일'에 몇 가지 층이 덧붙여졌으며, 독특한 차별성은 강화되었다. 1990년대의 시장 변화 맥락, 그리고 '뉴캐슬게이츠헤드'라는 창발적 브랜드화를 낳던 생산의 이전이라는 물리적인 지리적 결합의 변화가 있었지만, NBA의 가치는 강력한 의미를 가진 소비 정체성을 통해 유지될 수 있었다. 그러나 영국에서 에일 시장이 쇠퇴했고, 로컬한 방식으로 오리지네이션되었던 실천은 신세대 소비자들과는 잘 어울리지 않았다. 이에 브랜드 소유주는 미국에서 새로운 판매와 마케팅 기회를 탐색했다. S&N은 1990년대의 미국이라는 상이한 시·공간 시장에서 현저하게 다른 소비문화와 실천에 NBA를 성공적으로 연결했다. 특히 '잉글랜드 수입품'으로 변화된 (하위)국가적 오리지네이션은 미국의 특정 고객층 사이에서 새로운 의미와 가치를 갖게 되었다. 이와 같이 유통되는 재현의 프레임은 타인사이드에서의 공간적 결속이 변화하는 가운데 나타났던 것이다.

'로컬'의 규제

NBA 소유주는 맥주업계에서 의미의 문화적 구성에 대해 다음과 같이 말했다.

브랜드는 성장과 가치를 끌어올리는 수단일 뿐입니다. 그 이상도 이하도 아니에요. 감정이 메마른 것이라고 할 수 있죠. 물론 브랜드의 아름다움 같은 것을 이야기할 수는 있을 겁니다. 하지만 투자자들은 오직 하루 단위로 거두어들이는 수익만을 알고 싶어 하죠(S&N CEO 토니 프로갯(Tony Froggatt), Bowers 2006: 30 재인용).

브랜드 재화나 서비스 상품의 의미와 가치에서 지리적 결합은 불가피한 것이고, 이는 오리지네이션에서 필수적인 부분을 차지한다. S&N도 마찬가지로 브랜드네임과 13건의 상표권을 통해 브랜드에 결합된 공간적 연결과 함의를 소유하며 통제한다. 이들은 '브라운 에일을 만드는 모든 장치'라 할 수 있으며(상무이사, 2007년 저자 인터뷰), 여기에는 병, 라벨, 블루스타, (레시피, 사양 등) 상업적 기밀이 포함되어 있다. 브랜드와 브랜딩에 대한 설명에서 자산의 소유권과 가치평가가 무시되는 경우가 종종 있다(Da Silva Lopes and Duguid 2010; Lury 2004; Lury and Moor 2010는 예외적으로 그렇지 않음). 하지만 그러한 자산은 공간순환에서는 규제력을 지닌 '지적재산권의 도구'로써 매우 중요한 역할을 한다. 이에 대해 캐스트리(Castree 2001: 1523)는 다음과 같이 설명한다. "[지적 재산권은] 담론적인 동시에 물질적인 것이다. 유동적인 사회적 삶 속에서 고정시키는 기능을 하기 때문이다. 그리고 상품을 만드는 사람과 특정한 지리적 스케일에서 잉여가치를 가져가는 사람을 식별할 수 있도록 한다".

S&N은 금융자산 소유자로서 NBA 브랜드를 규제한다. 영국과 EU 시장에서의 지리적 결합과 오리지네이션은 EU의 지리적 표시 보호(Protected Geographical Indication: PGI) 정책을 통해서도 공식화된다. S&N이 국제화 전략을 추구하는 동안에도 NBA에 대한 브랜드 차별화는 한층 더 강화되었다. 2000년대 EU라는 특정한 시·공간 시장 맥락에서 의미와 가치를 구축하는 것이 필요했기 때문이다. 이와 더불어 중부와 동부 유럽의 신흥시장에 진출하면서 저작권 침해에 맞서는 통제와 보호를 강화해야만 했다. 이에 S&N은 NBA에 대한 EU의 PGI 자격을 1996년에 신청해 취득하는 데 성공했다. "브루어리에서 배양한 효모와 독특한 소금/물 배합을 사용해 로컬 입맛에 적합한 … 독특한 레시피를 … 개발"했다는 평가를 받았기 때문이었다(Department of Environment, Food and Rural Affairs(DEFRA) 2006: 2).

PGI를 … 유럽공동체 내에서 … 신속한 브랜드 보호의 방법 중 하나로 … 생각했어요. … PGI는 매우 훌륭한 마케팅 도구로 여겨지기도 했습니다. … 하나의 지리적 지역에서 독특한 것으로 인정받는다면, 경쟁 브랜드보다 한 발 앞서는 것이죠. … 마케팅 측면에서 유럽으로 향하는 발판라고도 할 수 있어요. … [NBA는] 잉글랜드 북동부 고유의 것입니다. … 그래서 베낄 수 없고 … 복제할 수도 없습니다. … 뉴캐슬 타인 브루 어리에서 S&N이 소유한 레시피에 따라 생산된 독특한 브라운 에일이라고 PGI 문서에 분명하게 쓰여 있어요. … 그건 브라운 에일을 특정 레시 피, 하나의 이름, 하나의 장소에 묶어 놓은 겁니다(상무이사, 2007년 저자 인터뷰).

PGI 정책의 목적은 농식품의 유래와 가치를 인정하고 보호하려는 것이다 (Parrott et al. 2002). 이에 따라 S&N은 PGI 신청서에서 다음과 같이 주장했 다. "물은 해당 지역에서만 공급"되고 "첨가된 효모와 소금/물 배합은 타인 브루어리 고유의 것"이지만, "나머지 기타 원료는 모두 영국에서 공급된다" (DEFRA 2006: 1). 이에 더해 S&N은 (원료, 공정, 레시피 등) NBA 브랜드의 '영업 비밀'에 대한 상표권을 취득해 브랜드 소유주가 통제하는 점도 강조했다. 하 지만 이 표현은 PGI 정책의 정신과 조건하에서 NBA의 PGI 자격에 대한 주장 을 약화시키는 두 가지 우려를 낳았다. 첫째, 특정한 로컬과 그 이외의 지역 이 **동시에** 지리적으로 결합되어 있었다. 이는 NBA의 고유하고 구체적인 특 성이 오직 타인사이드 지역의 생산 위치에서만 기인하는지의 여부를 모호하 게 하는 진술이었다. 이 때문에 NBA는 유래와 오리지네이션을 보다 엄격하 게 규제하는 EU의 원산지 명칭 보호(Protected Designation of Origin: PDO) 자 격은 취득하지 못했다. 둘째, 일반적으로 PGI는 하나의 장소에서 생산하는 특정 브랜드 소유 기업에게는 부여되지 않는다. (파르마 햄처럼) 브랜드네임을 소유하는 특정 지리적 지역의 생산자 집단이나 컨소시엄에게 부여되는 것이 다. 브랜드가 1927년에 창립되었고 "뉴캐슬과 불가분의 관계에 있다고 해도 … 지리적인 위치만으로 제품의 특성이 결정된 것은 아니"었다(중앙정부 관계자, 2006년 저자 인터뷰). 다른 한편에서는 PGI가 자산을 장소에 착근시켜 부착하는 로컬발전의 도구라는 해석도 있었다(Morgan et al. 2006). 이것 때문에 로컬 경영진이 타인 브루어리의 미래를 보호하기 위한 수단으로 PGI를 신청했다는 소문도 돌았다. NBA 브랜드를 PGI와 엮어 뉴캐슬어폰타인의 것으로만 만들겠다는 의도가 깔려 있었다는 말이다. 이런 조건에서 S&N이 타인 브루어리를 폐쇄하고 생산 이전의 결정을 내리면, PGI의 대상으로서 NBA의 기반은 흔들릴 수밖에 없다. 실제로 S&N은 PGI 영역의 지리적 경계를 타인강 건너 던스턴까지로 재설정하는 것을 꺼려했다. "유연성을 발휘해 생산 이전을 원한다면 큰 부담"으로 작용할 수 있기 때문이었다(중앙정부 관계자, 2006년 저자 인터뷰). 이는 이후에 선견지명이 있는 견해로 판명되었다. 2010년에 던스턴 공장마저 폐쇄되고 NBA 생산을 다시 태드캐스터로 이전했기 때문이다.

2004년 S&N은 PGI가 타인 브루어리 폐쇄를 기술적으로 막을 수 없다는 결론을 내리고 NBA의 PGI 자격을 철회하고자 했다. 이에 따라 다음과 같이 전례 없던 철회 신청서를 EU에 제출했다.

> 뉴캐슬어폰타인에 위치한 장소에서의 생산은 … 더 이상 상업적으로 가능하지 않다. … [그리고] 여러 가지 운영상 어려움도 있다. … [S&N은] 뉴캐슬 브루어리를 폐쇄하고, 잉글랜드 북동부의 다른 곳으로 이전할 계획이다 … 따라서 PGI에 명시된 한정된 지리적 지역, 즉 뉴캐슬어폰타인이라는 도시와 관련된 요건을 더 이상은 준수할 수 없다(S&N의 PGI 철회 신청서, European Commission 2006).

PGI 철회 신청서가 EU 관보에 의무적으로 공시됨에 따라 공개적인 논쟁이 시작되었다. 에일 맥주 애호가 단체인 리얼 에일 캠페인(CAMRA)에서는 NBA

의 PGI 자격이 유지되어야 한다고 주장했다. S&N이 이 지역에서 NBA 생산을 원하지 않더라도, 다른 생산자가 할 수도 있다는 이유를 들었다. 그리고 뉴캐슬과 NBA 간의 규제된 역사지리적 결합이 로컬하게 오리지네이션된 의미와 가치의 핵심을 이루는데, PGI가 취소된다면 그 결합은 산산조각 날 수 있다는 주장도 했다. 연쇄적 생산 이전의 가능성도 언급했다. 이에 CAMRA는 환경식품농무부(DEFRA)에 다음과 같은 내용의 서신을 전달했다.

> 소비자의 마음속에서 [NBA는] 뉴캐슬어폰타인과 본질적으로 연결되어 있다. 따라서 [PGI의 취소는] 소비자들을 호도하는 것이다. … [S&N은] 효모와 소금/물의 추가가 타인 브루어리 고유의 것이라고 주장한다. … 이윤 극대화를 위한 생산 이전 때문에 PGI 철회를 허가하면, EU의 명칭 보호 정책에 대한 신뢰는 훼손될 수밖에 없다(환경식품농무부에서 수신한 CAMRA 서신, 2005년 6월 7일).

CAMRA의 반발에도 불구하고 영국정부는 사례의 특수성을 이유로 EU에 NBA의 PGI 철회를 권고했다. PGI 정책은 특정한 지리적 영역에서 집단적 소유 품목의 요건을 정확하게 충족하는 생산자 컨소시엄을 보호하는 것을 목표로 한다(Morgan 외, 2006). 이와 달리, NBA는 단일 생산자가 (즉, S&N이) 소유하고 상표권을 취득한 브랜드였다. 이 단일 생산자가 주식회사 자격으로 단일 생산 장소에 대한 (즉, 타인 브루어리에 대한) PGI를 등록하고 있었던 것이다. 이 사례에서는 '상업적 논리'를 기초로 한 S&N의 주장이 결정적이었다. 왜냐하면 "이것을 반박할 수 있는 유일한 사람은 뉴캐슬 브라운 에일의 동료 생산자"였기 때문이다. "정의만 따져 보면 … 아무리 강력한 상표 보호책이라도 PGI를 능가하는 것은 불가능"하다(상무이사, 2007년 저자 인터뷰).

이런 S&N의 접근법은 논쟁의 여지가 많은 것이었다. 로컬 정치인들은 다음과 같이 주장했다.

> NBA의 PGI는 결코 유럽 규정에서 정당한 것이 아니었습니다. … PGI 자격이 주어지지 말았어야 했어요. … NBA는 언제나 브랜드일 뿐이었지요. … 브랜드로서 법적 지위는 항상 기업의 통제 아래에 있습니다. … EU 집행위원회는 … NBA의 PGI가 브랜드의 지적재산권을 넘어서 독립적으로 존재할 수 없다고 판단했어요. 따라서 철회는 당연한 것입니다(영국 의회 의원, 2008년 저자 인터뷰).

한편, NBA와 같은 기존의 브랜드 상품을 생산하고자 새롭게 시장에 진입하면 S&N이 보유한 NBA의 상표권을 침해하는 것이 된다. 레시피나 사양 같은 S&N의 상업적 기밀에도 접근할 수 없다. 규모, 유통, 마케팅과 관련해서도 상당한 시장 진입의 장벽에 직면하게 될 것이다. 그래서 PGI 사건이 이후 타인사이드와 북동부 지역의 소규모 브루어리들을 중심으로 NBA를 동경하는 브랜드 전복 활동이 확산됐다. 조디 프라이드의 '툰 에일(Toon Ale)', 해드리언 앤드 보더의 '바이커 브라운(Byker Brown)' 모듀의 '월젠드 브라운 에일(Wallsend Brown Ale)' 등이 생산되었다.

반면, NBA는 더 이상 뉴캐슬 타인 브루어리에 공식적으로 규제된 지리적 결합에 얽매이지 않게 되었다. 이는 미국에서 NBA의 판매량 성장과 관련된 것이었다. S&N의 공간적 유연성과 새로운 소유주 하이네켄의 국제적인 역량 때문에 NBA 브랜드 생산의 추가적인 이동에 대한 우려도 일었다. 이에 대해 S&N의 대변인은 다음과 같이 말했다. "우리는 전 세계 어디에서든 뉴캐슬 브라운을 생산할 수 있습니다. … 던스턴에서 가능하다면, 달에서도 문제없을 겁니다"(S&N 대변인, Whitfield 2006: 2 재인용). 로컬에서는 "NBA와 뉴캐슬 간의 관계 단절이 더욱 심해질 것이며, 아주 쉽게 [미국의] 오하이오 브라운 에일"이 나올 수도 있다는 우려가 제기됐다(CAMRA 대변인, Whitfield 2006: 1 재인용). S&N이 합병된 후에는 '헤리티지 브랜드'를 스핀오프하는 하이네켄의 전략과 구조도 근심거리가 됐다. 계약생산의 증가와 더불어 NBA의 매각 전망도 있었다.

브라운 에일 브랜드를 매각하고 싶을 겁니다. … 브라운 에일을 미국의 아무나에게 넘겼다고 생각해 봅시다. 그러면 매수자는 가장 경제적으로 생산하는 방법을 찾으려 하겠지요. … '브라운 에일 브랜드를 샀으니까 던스턴 브루어리도 주시오.'라고는 말하지 않을 겁니다. … '브라운 에일 브랜드를 샀으니깐 이제 팔아야지.'라고 하겠죠. … 전 세계 어디든지 … 살 수만 있다면 그렇게 할 겁니다. … 지금의 소비 브랜드가 아마 다 이럴 거예요(브루어리 관리자, 2007년 저자 인터뷰).

NBA의 총체적인 스핀오프는 아직까지는 일어나지 않았다. 그러나 추가적인 이동은 발생했다. 게이츠헤드의 던스턴 브루어리가 폐쇄됐고, 생산은 요크셔의 태드캐스터로 옮겨졌다. NBA의 의미와 가치의 중심에는 특정한 '로컬' 오리지네이션과 결부된 지리적 결합이 있었다. 공간순환에서 서로 관계된 다양한 행위자들로—즉, 브랜드 소유주와 경영인, 국가정부 부처, EU 집행위원회 이사회, 영국 의회의 지역구 의원, 캠페인 단체 등으로—인해 지리적 결합은 혼란과 논쟁을 불러일으키며 (재)구성되었다. PGI라는 경계로 한정된 영토적 규제와 브랜드 소유주 S&N의 경계를 초월한 관계적 행위성 간의 긴장관계도 분명해졌다. 전자는 특정 영토에서 생산할 것을 규제한 반면, 후

오리지네이션

자는 NBA의 상표권과 상업적 기밀들에 대한 소유권과 통제권을 누렸기 때문이다. 다른 한편에서 CAMRA는 PGI에 내재하는 규제된 형태의 '물신성'을 들추어 내며 타인 브루어리라는 특정한 생산 장소, 뉴캐슬어폰타인과 북동부 지역의 영토와의 결속을 유지하고자 노력했다. 그러나 S&N은 브랜드 소유권의 권력을 보유하며 지리적 불균등발전을 재생산했다. 생산의 물리적인 지리적 결합을 역사적 원산지인 타인 브루어리에서 던스턴이나 태드캐스터로 이전할 수 있는 공간적 유연성을 발휘할 수 있었기 때문이다.

요약 및 결론

이 장에서는 NBA 특유의 사회−공간적 역사와 지리적 결합을 살펴보았다. 공간순환에서 의미와 가치를 창출해 일관화화는 브랜드 소유주와 경영인의 활동을 설명하는 데 있어서 '로컬' 오리지네이션이 중요하다는 사실도 파악했다. 1990년대의 영국이라는 특정한 시·공간 시장 환경에서 NBA 소유주들은 세분시장과 잉글랜드 북동부 지역에 강력한 뿌리를 가진 오리지네이션이 쇠퇴하고 있다는 점을 제대로 이해해야만 했다. 그리고 미국에서는 소유주, 수입업자, 마케터를 비롯한 행위자들이 NBA 브랜드의 오리지네이션을 미묘하게 변화시켰다. 잉글랜드 북동부의 뉴캐슬어폰타인에 국한된 '로컬'한 지리적 결합을 '잉글랜드 수입품'이란 (하위)국가적 프레임으로 전환했다. 이는 빠르게 확대되고 있는 신흥시장에 진출하기 위한 노력이었다. 시·공간 시장의 맥락에 따라 중요한 (또는 중요하지 않은) 브랜드의 오리지네이션 방식은 지역발전에도 영향을 미친다. 어디에서 경제활동이 이루어지는지, 다시 말해 투자, 공급 계약, 일자리 등의 위치에 대한 결정과 결부되어 있기 때문이다. 영국에서는 NBA의 '로컬' 오리지네이션에도 불구하고 브랜드 소유주는 생산, 즉 물질적인 지리적 결합과 역사적 유래 간의 단절을 막지 못했다. 타인 브루어리와 던스턴 브루어리가 순차적으로 폐쇄되면서 300개 이상의 일자리가 사라졌고, NBA의 생산은 요크셔의 태드캐스터 공장으로 이전하고 말았다. 미국 시장에서 '잉글랜드 수입품'으로 변화된 NBA의 오리지네이션도 그것이 마케팅에 주는 효과와 관련해 여러 가지 의문을 야기한다. 예를 들어, NBA가 보다 경제적인 방식으로 미국에서 생산된다면 어떨까? 어쩌면 캐나다나 멕시코에서 생산되어 그곳의 '수입품'으로 원산지화될 수도 있지 않을까? 한편, NBA의 사회·공간적 일대기를 통해 브랜드 상품의 오리지네이션은 고정된 것이 아님을 알 수 있다. 의미와 가치를 창출해 고착하는 지리적 결합의 묶음은 영원하지 않다는 이야기다. 행위자들의 행위성 때문에 지리적 결합과 오리지네이션의 형성과 와해는 지속적으로 발생한다. 특정한 시·공간 시장의 맥락에서 축적, 경쟁, 차별화, 혁신의 논리에 꾸준히 대처할 필요성이 있기 때문이다.

오리지네이션

제5장

'국가적' 오리지네이션: 버버리

도입

버버리(Burberry)의 브랜드와 브랜딩에 관계된 행위자들은 '국가적' 오리지네이션을 구성하기 위해 노력해 왔다. 이들은 특히 국가적으로 프레임되어 뿌리내린 '영국다움(Britishness)'의 지리적 상상을 자아내고자 한다. 국제적인 패션 비즈니스의 시·공간 시장의 맥락에서 의미와 가치를 창출해 일관되게 하려는 노력의 일환이다. 버버리 특유의 사회·공간적 역사는 브랜드 소유주, 매니저, 마케터, 고객, 규제자들이 유연하게 활용할 수 있는 지리적 결합의 원천을 제공한다. 이는 버버리만의 진정성, 품질, 전통에 기초한 것이며, 담론적·물질적·상징적 측면에서 구현된다. 오리지네이션을 통해 영국다움의 의미와 가치가 시·공간 시장의 맥락에서 경제적·사회적·문화적 변동에 어떻게 대처했는지 파악할 수 있다. 버버리의 영국다움은 제2차 세계대전 이후 영국이 이룩한 지속적인 성장을 기초로 형성되었다. 당시 버버리 브랜드는 협소한 범위의 핵심 상품으로만 노출되었고, 보수적인 소비자층 일부만을 지향하고 있었다. 그러나 국제적 브랜드 확장, 유통, 라이선싱이 통제가 불가능할 정도로 이루어지면서 버버리의 상업적 전망은 악화되고 말았다. 이에 대응해 새로운 경영진은 상업적인 성공과 현대화를 위해 버버리 브랜드의 영국다움 오리지네이션을 재활성화하려고 시도했다. 브랜드의 유산과 지리적 결합을 재구성해 버버리의 이미지와 마켓 포지셔닝을 개선하는 방식이었다. 동시에 생산과 유통에 대한 내부 통제를 강화하고 상품 포트폴리오를 선택적으로 확장했다. 그러나 국제화, 시장의 시·공간적 전환, 하위문화의 전유 때문에 국가적으로 프레임된 지리적 결합에는 혼란이 가해졌다. 버버리의 의미와 가치를 영국다움의 지리적 상상과 결부해 오리지네이션을 추구하던 행위자들의 노력이 방해를 받았다는 이야기다. 한편, 버버리 브랜드의 주식회사 소유 구조는 성장과 금융 수익 창출의 압력으로 작용했다. 이는 실제로 브랜드 유통망의 국제화와 합리화 방안으로 이어졌다. 경영 합리화는 영국에서 공장 폐쇄의 결과를 낳았고, 이에 반대하는 로컬 행위자들은 '버버리 영국 사수 캠페인(Keep Burberry British Campaign)'을 벌이기도 했다. 이와 같은 버버리 브랜드의 어려운 상황을 심층적으로 이해하는 데 있어 오리지네이션은 매우 적합한 개념으로 활용될 수 있다. 경제결정론적 설명에 치중하지 않도록 하는 것이 이 접근의 중요한 장점 중 하나다. 버버리의 경우 브랜드의 물질적 생산의 지리는 영국의 국가 영토를 넘어서 국제화되고 있지만, 창조적 디자인, 스타일링, 디테일링(detailing), 광고 등은 여전히 영국에 머물러 있으면서 공간 순환에서 의미와 가치의 구성 요소로 통합되어 있다. 이러한 오리지네이션은 국제화된 특정한 시·공간 시장의 맥락에서 나름의 방식으로 생산, 유통, 소비, 규제되고 있다. 특정한 장소에서 이루어지는 물질적인 생산의 지리적 결합과는 별개로 진행되고 있다는 말이다.

오리지네이션

영국다움의 생산

버버리는 150년이 넘는 역사를 자랑한다. 1856년 잉글랜드 햄프셔에서 토머스 버버리(Thomas Burberry)가 설립한 기업이다. 버버리의 사회·공간적 역사에서는 고유한 영국다움의 의미와 가치에 얽혀 있는 브랜드 관계가 중심을 차지한다. 국가직으로 프레임된 지리적 결합의 세트는 꾸준하게 재창조되었기 때문에 그것에 고정된 정의를 부여하기는 대단히 어렵다. 그러나 영국다움은 국제적인 패션 브랜드와 브랜딩에서 강력하게 지속되는 진정성, 품질, 전통의 표식으로서 역할을 한다(Goodrum 2005; McDermott 2002; McRobbie 1998). 런던은 오래된 글로벌 패션 중심지이지며 영국다움과 복잡하게 얽혀 있다(Breward and Gilbert 2006). 그리고 영국다움은 패션 브랜드와 브랜딩에 관여하는 행위자들에게 의미와 가치를 조정할 수 있는 풍부한 원천으로 작용한다. 버버리 브랜드의 사회·공간적 역사는 영국다움의 관계와 상징으로 가득 차 있다. 버버리는 국가정부에 군대 유니폼을 납품했고, [왕가에 공급할 수 있는] 왕실인증(Royal Warrants)도 획득했다(Burberry 2005). 이는 담론적, 물질적, 상징적 형태로 버버리 브랜드와 브랜딩의 자원으로 활용되고 있다. 예를 들어, 홍보 글귀와 이미지에서 개버딘(gabardine) 섬유의 '통기성, 방수성, 찢어짐 방지' 기술은 제국주의 시대에 영국군이 사용할 수 있도록 개발되었던 것이라고 강조한다(Burberry 2006: 2). 이러한 의미와 가치의 원천은 '버버리의 브랜드 파워'를 구성한다(전 CEO 앤절라 애런츠(Angela Ahrendts), Burberry 2007: 41 재인용). 이러한 자산은 말 모양 로고, 트렌치코트, 대표적인 체크 문양 등을 포함한 (라틴어로 '진격'을 뜻하는) 프로섬(Prosum) '브랜드 아이콘'에 '중심 가치'로 형식화되어 있다(Burberry 2005: 86; 그림 5.1).

1990년대 후반부터 버버리는 CEO 로즈 마리 브라보(Rose Marie Bravo)의

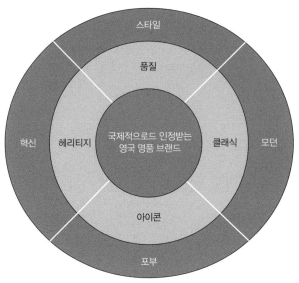

그림 5.1 버버리 브랜드의 핵심 가치
출처: Burberry(2005: 86)

지휘하에서 브랜드 통제를 회복했고, 고유한 영국다움의 오리지네이션을 바탕으로 브랜딩을 추진했다. 이것의 성공에 힘입어 버버리는 10억 파운드의 판매액을 자랑하는 기업으로 성장했다. [1955년부터 2005년까지 버버리를 소유했던] "GUS(Great Universal Stores) 제국의 후미진 곳에서 무시당하던"(*The Economist* 2004: 1) 때도 있었다. 상품개발, 마케팅, 머천다이징, 인프라 등 핵심 부문에 대한 투자가 제대로 이루어지지 않아 버버리 브랜드가 시련을 겪던 시절이었다. 탈중심화된 GUS의 지배구조 안에서는 여러 가지 브랜드를 광범위하게 판매하는 (일본의 미쓰이물산 같은) 소매기업 그룹과 라이선싱 관계를 남발하면서 브랜드에 대한 통제가 매우 느슨해졌다. 당시 디자인과 브랜딩 업무는 여러 곳에서 분산적으로 수행되었다.

1990년대 말부터 새로운 경영진은 브랜드 주도의 전략을 마련했다. 전략의 핵심은 버버리의 브랜드 이미지를 개선하고 다양한 브랜드 포지셔닝을 추구하는 것이었다. 이를 위해 생산과 유통에 대한 내부적 통제를 강화했고 상품의 포트폴리오를 신중하게 확대하며 광범위한 고객층을 겨냥했다(Moore and Birtwistle 2004). 글로벌 패션업계의 '주요 장소'와 네트워크 인프라에 위치한 '스타' 디자이너를 고용하는 업계 트렌드도 따르기 시작했다(Weller 2007: 39). 2001년 (구찌와 도나 카란(Donna Karan)에서 일했던) 크리스토퍼 베일리(Christopher Bailey)를 크리에이티브 디렉터(Creative Director)로 영입했다. 베일리의 지휘 아래서 버버리 브랜드의 디자인 업무는 국제적으로 통합된 팀 한곳으로 집중되었다.

버버리는 디자인 업무를 런던 한곳으로 몰았다. 지역별 디자인 센터를 대부분 정리했고, 부문별 디자인 팀들을 물리적으로 통합했다. 이렇게 단일한 디자인 창구를 마련했다. 생산팀에서 개별적으로 개발되었던 컬렉션 스타일의 수도 대폭 줄였다. 매장 진열의 명확성을 높이기 위한 조치였다. 신규 컬렉션의 수를 늘리기 위해 디자인 사이클도 수정해 신상품을 매달 한 번씩은 매장에 제공했다. 이러한 디자인과 머천다이징 방안을 지원하기 위해 상품개발에 투자를 늘렸다. 관련 분야의 인재 고용도 확대했다(Burberry 2007: 44).

이 크리에이티브 디렉터는 버버리 브랜드와 관련된 "스토리, 아카이브, 전통"의 역사를 "결합"했다(패션업계 분석가, 2008년 저자 인터뷰). 그리고 "버버리의 새로운 DNA"를 찾아냈다(로즈 마리 브라보, Schiro 1999: 1 재인용). 행위자들은 새로운 밀레니엄을 [즉, 21세기를] 위해 버버리 특유의 '영국다운' 헤리티지 자산을 재구성해 오리지네이션하려고 노력했다. 시대정신을 포착하고 예견

하는 영국다움의 새로운 버전을 소개했고, '쿨'함을 불어넣으면서 보다 젊어진 브랜드를 만들었다(Tungate 2005). 2,200만 파운드를 들여 새롭게 마련한 런던 본사에는 디자인 센터를 새로 설치했다. 디자인 센터는 주요 세계 시장, 특히 일본과 에스파냐와 긴밀하게 연결되어 정보를 제공받았다. 특정한 시·공간 시장의 상황과 성격에 적합하게 의미와 가치를 조정하고, 브랜드의 지리적 결합과 오리지네이션의 일관성을 확보하기 위한 것이었다.

브랜드 피라미드도 새롭게 정의해 확립하였다. 버버리 브랜드의 의미와 가치를 재구성해 정착하기 위한 노력의 일환이었다. 브랜드 계층의 서열화는 타깃 집단을 겨냥한 브랜딩 전략을 마련하기 위한 것이다. 그리고 "소싱의 원산지와 생산 피라미드를 조율"하면서 생산의 우선순위를 정하는 가이드의 역할도 한다(Burberry 2008: 46; 그림 5.2). 다시 말해, "브랜드와 상품 카테고리의 차별화된 가격 포지셔닝을 다양하고 폭넓게 커버"하고, "포괄적인 라이프 스타일을 제공하면서 고객들이 다양한 브랜드 레벨을 오가면서 접근성을 누리게" 하는 목적을 가진 것이다(Moore and Birtwistle 2004: 416). 프리미엄 브랜드인 프로섬 컬렉션이 피라미드의 맨 꼭대기를 차지한다. 프로섬은 '럭셔리'나 '디자인 영감'을 제시하는 '한발 앞선 유행'의 라인이다(Burberry 2008: 51). 프로섬 바로 아래에 위치한 런던 컬렉션(London Collection)은 중간급의 기성복으로 구성되며, '코어 인터내셔널(core international)' 컬렉션과 (일본과 에스파냐에서) 역사적으로 '로컬화된(localized)' 컬렉션으로 세분된다. 피라미드의 맨 아래 부분은 라이프 스타일 확산을 위한 브랜드 컬렉션이 차지한다. 이는 저가의 캐주얼 스포츠웨어 상품을 중심으로 브랜드 인지도, 리터러시, 충성도를 증진하기 위해 마련된 것이다.

이와 같이 버버리 브랜드의 계층구조와 지리적 결합에서는 국가적으로 프레임된 특정한 영국다움의 버전이 다양한 품목에 걸쳐 적용되어 있다. 이처

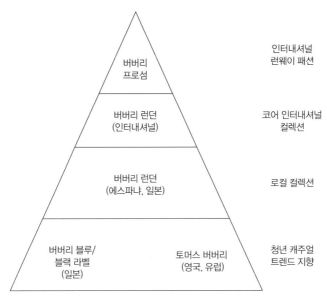

그림 5.2 버버리의 브랜드 피라미드

출처: Burberry(2005: 86)

럼 패션업계에서는 경제결정론이 불가피한 것만은 아니다(Jones and Hayes 2004). 모든 생산이 저비용의 장소와 우수한 공급업체에게 국제적으로 아웃소싱되는 것은 아니라는 이야기다. 버버리의 생산 매니저들이 생산의 지리적 결합을 어떻게 조직하는지에 대해 철저히 조사할 필요가 있다. 이를 통해 '생산할 것인지, 아니면 구매할 것인지'의 결정과 관련해 공간적 다양성을 확인할 수 있기 때문이다(Pickles and Smith 2011). 버버리의 의미와 가치에서는 영국다움을 기초로 하는 오리지네이션이, 다시 말해 영국이라는 특정한 국가 영토와의 관계 속에서 만들어지는 영국다움에 대한 인식과 함의가 중심을 차지한다. 이러한 오리지네이션과 지리적 결합을 통해 다양한 품목들이 만들어진다. 각각의 브랜드 상품에 대한 생산 전략은 다양한 연관 요인들로 결정된다. 여기에는 '버버리 브랜드의 아이콘 감각', '생산의 품질', 장인정신, 물질,

스타일, 브랜드 계층 등이 포함된다(버버리 회장 존 피스(John Peace), Welsh Affairs Select Committee 2004: 4 재인용). 이러한 브랜딩의 과정은 시장분석, 가격의 적정성, 단위 비용, 생산량, "소싱 효율성, 주문 실행, 매장 생산성 개선을 위한 스타일의 지속적인 축소"(Burberry 2008: 44) 등과 같은 여러 가지 경제적 의무와 얽혀 있다.

이처럼 특정한 방식으로 상품을 차별화하면서 버버리는 수직적으로 통합된 '공장 운영 유통업체(retailer with factories)'의 성격을 유지한다. 버버리의 생산 품목 중에서 시그니처(signature) 아이템들은 내부 생산 대상이다. 진정성, 전통, 고품격에 초점을 맞춘 시그니처 품목의 오리지네이션에서 국가적으로 프레임된 '메이드 인 브리튼(Made in Britain)'은 의미, 가치, 프리미엄 가격 형성에 필수적이기 때문이다. 브랜드 고유의 레인웨어(rainwear)와 '브랜드 아이콘' 트렌치코트는 버버리가 직접 운영하는 영국의 캐슬퍼드(Castleford) 공장에서 생산된다(그림 5.3). 이런 생산 방식은 최근까지 로더럼(Rotherham)과 사우스요크셔(South Yorkshire)에서도 이루어졌다. 프리미엄 브랜드인 프로섬 컬렉션의 대부분은 이탈리아에서 생산된다(Tokatli 2012a). 이는 버버리의 유래와 헤리티지에 대한 인식과 관련해 영국다움의 관계적 구성이 나타나고 있음을 시사한다. 프로섬 브랜드의 의미와 가치에서 고품격의 유래와 끝손질도 필수적이기 때문에 버버리는 핵심 투입요소의 조달 과정을 통제하며 공급업체와의 긴밀한 관계를 유지한다. 안감과 직물 원료의 소싱은 웨스트요크셔의 카일리(Keighley)에 위치한 우드로-유니버셜(Woodrow-Universal)을 통해 이루어진다. 이 공장의 전체 소유권은 버버리가 보유하고 있다. 가죽과 니트웨어는 오랜 관계를 유지하고 있는 영국이나 유럽대륙, 특히 이탈리아에 입지한 공급업체로 아웃소싱한다(Burberry 2009). 최근에 공급업체 수를 240개에서 100개로 줄이는 합리화 조치를 단행하면서 소싱 전략

스코틀랜드

블라이스(도매창고)

카일리(섬유공장)

캐슬퍼드
(의류공장)

로더럼(의류공장,
2009년 폐쇄)

잉글랜드

웨일스

트레오키(의류공장,
2007년 폐쇄)

런던
(본사, 디자인센터)

그림 5.3 영국에서 버버리의 운영 현황(2010년*)

* 공개되지 않은 세 곳의 도매창고 위치는 빠져 있음.
출처: Burberry(2005, 2009)

도 '자르고 만들어서 손질하는(cut, make and trim)' 단순가공에서 '풀 패키지(full package)' 공급 관계로 전환했다. 이를 실행할 수 있는 유능한 공급업체들은 소규모로 영국 내에 주로 위치하지만 이탈리아, 터키, 홍콩 등의 중개업체를 통한 국제화도 증가하고 있다(Tokatli 2012a).

브랜드 계층 피라미드의 하부는 "영국 브랜드 버버리가 만든 것으로 인식"되는 진입 수준의 저부가가치의 아이템들로 구성된다(버버리 회장 존 피스, Welsh Affairs Select Committee 2007: 4 재인용). 이들 제품은 비용 압박이 강력하게 작용하기 때문에 가격 수준, 시장 포지셔닝, 경쟁력 조사가 철저하게 이루어진다. 이렇게 브랜드화된 상품의 소비자들은 특정한 시·공간 시장 상황에 위치하며, 이들에게는 '메이드 인 브리튼'의 오리지네이션은 훨씬 덜 중요하다. 주변부 상품들의 생산은 주로 동유럽, 모로코, 터키에서 이루어지고, 보다 최근에는 중국에 위치한 저비용 하청업체에게 아웃소싱되고 있다. 브랜드 확장의 일환으로 '공동브랜딩(co-branding)' 전략도 추진되기 시작했다. 이를 위해 버버리는 안경(밀라노의 룩소티카), 향수(뉴욕의 인터파퓸스), 시계(텍사스 리처드슨의 파슬) 등의 분야에서 브랜드를 보유한 글로벌 공급 파트너와 협력하고 있다. 이러한 파트너십의 체결은 기존의 로컬 공급업체들을 대체하는 방식으로 진행된다.

버버리의 오리지네이션에서 영국다움은 중심을 차지하지만, 물질적인(material) 지리적 결합과 인지적인(perceived) 지리적 결합 **모두**를 구성하는 과정에서 긴장 상태가 발생하기도 한다. 2006년에 발생했던 사건 하나를 돌이켜 보자. 309명을 고용하던 웨일스의 트레오키(Treorchy) 공장을 폐쇄한다는 계획을 발표하면서 생겼던 일이다. 이는 버버리의 기업 시스템과 공급사슬을 전면 개편할 목적을 가진 조치였다. 당시 버버리는 트레오키 공장이 더 이상 "상업적으로 생존하기 어렵다고" 판단했다(버버리 대변인, Western Mail

2006: 1). 트레오키의 생산 기능은 버버리 폴로셔츠의 75%를 담당하고 있던 남부유럽과 동유럽의 기존 공급업체와 중국에 위치한 신규 공급업체 한 곳에게 맡기기로 되어 있었다. 브랜드 피라미드에서 가장 낮은 층위에 위치한 폴로셔츠는 비용에 가장 민감한 제품이기 때문이었다. 트레오키 공장 폐쇄에 대해 지역 공동체, 버버리 노동자, 정치인, 노조를 포함한 로컬 주민들은 계획을 저지하기 위한 반브랜드 캠페인을 벌였다. '버버리 영국 사수'를 위한 이 캠페인에는 다른 웨일스 지역의 사람들과 유명인들도 동참했다(그림 5.4). 참가자들은 국제적 아웃소싱의 맥락에서 버버리가 주장하는 영국다움 오리지네이션의 의미와 가치에 대해 의문을 제기했다. 그리고 이들은 해외 생산의 문제와 노동착취공장(sweatshop) 이용의 가능성을 지적하며, 버버리에게 수

그림 5.4 '버버리 영국 사수' 캠페인 시위(런던 뉴 본드 스트리트 버버리 매장)
출처: Keep Burberry British Campaign 홈페이지

여된 왕실인증 자격도 문제 삼았다. 캠페인에서 브랜드의 의미와 가치의 심장부에 있다고 여겨지는 지리적 결합의 중단은 부정의(injustice)의 행태로 간주되었다. 캠페인을 옹호하는 이에 따르면, 공장 폐쇄는 "'영국다움'을 중심으로 글로벌 마케팅 캠페인을 벌이며 '영국 특유'를 매력으로 '럭셔리 브랜드'가 된 다국적 브랜드의 위선이다. 버버리는 연간 18.6억 파운드를 벌어들이며 3억 6,600만 파운드의 수입을 챙기지만, 영국의 일자리를 없애고 영국의 공장을 폐쇄하는 역겨운" 행태를 일삼는다는 비난도 있었다(Cadwalladr 2012: 1). 이에 대해 버버리는 다음과 같이 반응했다.

버버리가 영국에서 빠져나가는 것이 아닙니다. 버버리는 어떠한 방식으로든 우리의 헤리티지를 손상시키지 않을 것입니다. … 버버리는 영국에서 생산시설을 유지하고 있는 몇 안 되는 소매업체이자 생산업체 중 하나입니다. 그리고 버버리는 우리나라의 중요한 성공 스토리입니다. 트레오키 공장이 살아남을 수 없다는 것은 정말로 슬픈 일입니다. … 마케팅의 측면에서만 버버리가 영국의 브랜드인 것은 아닙니다. 버버리의 심장부는 바로 이곳 영국에 있습니다. 우리의 디자인팀과 마케팅팀 전부가 런던에 있습니다. 여기가 바로 버버리의 글로벌 활동이 벌어지는 중심지인 것이죠(버버리 회장 존 피스, Welsh Affairs Select Committee 2007: 25, 3에서 인용).

패션 브랜드들은 "마케팅과 브랜드 경영의 핵심 요소에만 집중하면서 가치사슬의 상당 부분을 전문화된 국가로 이전"하고 있다(Kwong 2008: 6). 국제무역에서 탄소발자국에 대한 우려가 깊어지면서 버버리의 오랜 소싱 전략에 대해서도 많은 의문이 제기되고 있다. 아이콘 품목이라 할 수 있는 트렌치코트와 같이 비용 민감도가 중요하지 않은 브랜드 피라미드의 프리미엄 가격 상품은 여전히 영국에서 생산되고 있다. 하지만 174개의 일자리를 제공했던 사우스요크셔의 로더럼 공장은 2009년 폐쇄의 운명을 맞았다. 이는 2008년 글로벌 금융위기와 경기하락으로 인한 수요 폭락에 따른 조치였다. 로더럼의 기존 생산 기능은 캐슬퍼드 공장으로 옮겨 갔다.

지금까지 영국다움에 기초한 버버리 브랜드의 국가적 오리지네이션에서 물리적인 지리적 결합에 참여하는 행위자들을 살펴보았다. 이를 통해 의미와 가치의 불균등한 공간순환을 창출하는 데 있어서 브랜드와 브랜딩의 역할을 파악할 수 있었다. "의미의 생산"(Jackson et al. 2007)은 행위자들의 문화적 구성으로만 관계된 것이 아니다. 브랜드 소유주와 경영인들이 창출하는 경제적 가치도 의미의 생산에서 중요한 역할을 한다. 버버리의 경우, 1990년대 후반의 상업적 재도약에서 영국다움을 바탕으로 하는 지리적 결합이 중요한 역할을 했다. 이전보다 긴밀한 브랜드 통제와 재활성화를 뒷받침했기 때문이다. 이런 방식으로 문화와 경제의 연결이 이루어졌던 것이다. 한편, 버버리의 브랜드와 브랜딩에서는 영국다움의 특정 측면만이 선택적으로 활용된 오리지네이션이 나타났다. 여기에서 창출된 의미와 가치는 버버리의 생산적 측면과 관련된 지리적 불균등발전 때문에 긴장관계 형성의 요인이 되었다. 런던에서 이루어진 버버리의 중심화는 "파리-밀라노-런던-뉴욕의 패션 축"(Weller 2007: 60)이 지배하는 "계층적인 시·공간 관계"를 강화했다. 다른 한편으로, 비용 절감과 금융 수익 확대의 압력은 버버리의 주식회사(plc) 소유권 구조 때문에 강화되었고, 이는 경영 통합과 공급사슬의 합리화 방안으로 이어졌다. 결과적으로 버버리는 효율성 증대와 규모의 경제를 기초로 하는 글로벌 소싱 모델을 채택하기에 이르렀다. 이와 같은 브랜드 피라미드와 지리적 결합 간의 관계를 통해 브랜드에 대한 이해를 심화할 수 있다. 특히 브랜드 주도의

"공장 **없는** 소매업체"(Klein 2002, 강조 추가)와 같이 과도하게 단순화된 경제결정론적 설명의 한계를 극복할 수 있는 방안이다. 경제적 이유로 물질적 생산의 지리가 이동하고 있는 것은 사실이다. 하지만 브랜드에 주목함으로써 "스타일, 스타일의 조합, 광고 캠페인, 디자인 서비스 등은 여전히 영국에서 만들어진다"는 사실도 파악할 수 있다(디자인 분야 교수, 2008년 저자 인터뷰). 하지만 국가적으로 프레임되어 오리지네이션된 버버리의 '영국다움' 브랜드에는 긴장관계도 상존한다. 국제적 소싱을 기반으로 하는 물질적 생산과 브랜드화된 디자인/스타일링의 지속적인 필요성 간에 공간적 불일치가 나타나서 이를 해결할 필요성이 생겼기 때문이다. 이러한 문제적 상황은 특정한 지리적 결합을 통해 만들어진 의미, 가치, 차별화가 낳은 결과이다.

영국다움의 유통

브랜드 소유주는 버버리를 "영국의 글로벌 럭셔리 브랜드"로 오리지네이션했다(Burberry 2008: 50). 영국다움의 지리적 결합은 특정 시·공간 시장의 환경에서 버버리 브랜드의 의미와 가치를 생산하고 일관화해 유통하고자 하는 행위자들의 노력으로 이루어졌다. "영국 브랜드는 … 문화적 차이를 초월하는 디자인 철학을 보유하고 … 영국 디자인과 메이드 인 브리튼은 글로벌 반향을 일으키며, 사람들의 지불의사와 관계된 가격 가치"를 지니고 있기 때문이다(패션산업무역협회 임직원, 2008년 저자 인터뷰). 제2차 세계대전 이후 버버리의 성장은 계속되었다. 하지만 국가적으로 프레임된 영국다움의 오리지네이션은 혁신성이 모자란 "촌스러운" 인상을 자아냈다(Watts 2002: 1). 버버리는 "매년 동일한 상품 라인만을 잇달아" 내놓는다는 비난도 받았다(*The*

Economist 2001: 1). 심지어 "사멸 직전의 이미지"라는 악평에 시달린 적도 있다(Moore and Birtwhistle 2004: 414). 1980년대에는 유럽이나 아시아의 도·소매업체들과 라이선스 계약을 통해 브랜드 확장의 길을 모색했다. 그러는 동안 브랜드에 대한 통제는 약해지고 말았다. 버버리 브랜드가 컵받침, 우산, 위스키 등 수많은 상품에 쓰이면서 브랜드의 의미와 가치가 혼란스러워지고 약해졌기 때문이다. 다른 세분시장에 지리적으로 확대된 브랜드 유통 덕분에 판매는 증가했지만 이러한 확장은 "브랜드를 서서히 죽이고 있었다"(*The Economist* 2001: 1). 1990년대 이르러서 버버리 브랜드는 "따분한 구식"의 이미지를 가지게 되었다(Tungate 2005: 160).

이를 극복하고 1990년대 말에는 상업적 재기에 성공했다. 현대화와 보다 엄격한 브랜드 이미지의 통제가 중요한 역할을 했다. 특정한 종류의 영국다움에 기초한 오리지네이션의 유통도 버버리의 재기에서 중요한 역할을 했다.

> 소비자들과 맞닿는 위치 전부에서 브랜드의 일관성을 촉진하기 위해 버버리의 모든 이미지가 이제는 단 한 곳에서 만들어진다. 인쇄 홍보물, 카탈로그, 매장 진열 등 무엇이든 간에 … 똑같아 보이도록 일치시켰다 (Burberry 2007: 45).

버버리 유통자들은 "전반적인 브랜드 이미지를 제시하는 상품의 조합을 마련해 생산의 범위를 정하는" 전략을 짰다(Moore and Birtwistle 2004: 420). 이 전략은 세분화된 브랜드 피라미드의 수정에 반영되었다. 그리고 새로워진 브랜드 계층에 따라서 중심을 이루는 예술적인 방향과 일관될 수 있도록 브랜딩을 재조직하였다.

버버리는 탈중심화된 지역과 비즈니스 단위의 집합이었다. 각각의 단위는 디자인, 머천다이징, 공급사슬의 분야에서 독립적인 접근을 채택했었다. 그러나 지난해에는 단일한 기업과 단일한 브랜드로 일하는 것에 대해 꾸준한 진전을 이루었다. 보다 조화로운 글로벌 광고 캠페인을 벌였다. [다른 업체에게 넘겼던] 의류 라이선스의 일부도 환수했다. 그리고 지역과 기업 내부의 팀들이 강화될 수 있도록 유도했다(Burberry 2008: 59).

이에 더해 '전 세계에서 버버리로 브랜드화된 모든 것을 통합'하는 보다 능동적인 유통 전략을 마련했다. 영국다움의 오리지네이션이 잘 전달될 수 있도록 활동의 범위도 새롭게 구체화했다. 국제적 도달범위의 필요성을 반영하여 브랜드의 이름도 'Burberry's'에서 'Burberry'로 바꾸었다. 이는 브랜드네임에서 [앵글로색슨 고유의] 문자적인 지리적 결합을 제거하는 일이었다. 브랜딩 논객들은 이를 중대한 변화의 단계로 평가했다. "아포스트로피와 's'를 제거하는 것은 인쇄 글 전체를 바꾸며 브랜드를 현대화하고 국제화하는 것이었지만, 앵글로색슨 고객층이 약화되는" 효과가 나타났다(Chevalier and Mazzalovo 2004: 36). 더불어 버버리는 새로운 유통의 실천 방안들도 도입했다. (마리오 테스티노(Mario Testino)와 같은) 유명한 패션 사진작가나 (영국 출신 패션모델 케이트 모스(Kate Moss) 등) 브랜드의 포부, 민족성, 젠더의 화신이 될 만한 인기 모델을 영입했다. 패션쇼 행사는 (밀라노의 프로섬, 런던의 버버리 런던처럼) 브랜드 계층과 장소를 구체화해 미디어 이미지를 창출할 수 있도록 계획했다. 브랜드 웹사이트도 같은 방식으로 (예를 들어, 패션쇼 라이브스트리밍을 추가하며) 개선되었다. 그리고 (마돈나나 베컴 부부처럼) 글로벌한 명성을 가진 유명인을 활용해 브랜드가 세간의 이목을 끌 수 있도록 했다(Tungate 2005). 이와 같이 국제적 미디어 채널에서 기사를, 보다 정확하게는 '애드버토리얼(advertorial)'

을 만들어 내는 전략은 초창기 버버리의 선구적인 지리적 결합에 나타났던 사회·공간적 역사와 흡사하다. 예를 들어, 버버리는 1911년 아문센의 남극탐험 장비의 브랜드로 알려져 있다. 영화 「티파니에서 아침을」의 뉴욕 장면에서 오드리 헵번이 입었던 옷의 브랜드도 버버리였다.

새로운 유통 전략은 1990년대의 국제적 미디어와 유명인에 대한 대중의 관심을 이용히면서 지속되었다(Frank 1998). 버버리는 시그니처 블랙 화이트의 연간 광고를 두 배로 늘리면서 특유의 영국다움 오리지네이션을 바탕으로 의미와 가치를 구성해 일관되게 하였다. 여기에는 런던의 블랙택시, 빨간색 공중전화 부스, (브라이언 페리(Bryan Ferry)와 제레미 아이언스(Jeremy Irons)와 같은) 영국의 아들딸 '아이콘' 등이 포함되었다. 이에 관여했던 사진작가 마리오 테스티노는 다음과 같이 말했다. "세실 비턴(Cecil Beaton)의 이미지와 60년대 런던 감성을 뒤섞어 놓았습니다. 그리고 이것이 오늘날 사람들에게는 활기로 재해석되길 기대했습니다. 런던에 새바람을 일으키려 했던 것이었죠"(Brand Republic 2007: 1 재인용). 영국다움으로 브랜드를 오리지네이션하기 위해 재활성화된 지리적 결합은 소유주와 경영진에게 경제적인 이익을 안겨 주었다. 당시 버버리에 불어넣은 활력은 "예기치 못하게 반항적인 도시인 이미지"로 이어졌다(Tungate 2005: 161). 이것은 새로워진 "유행 감각"에 영향을 받은 것이었다(버버리 회장 존 피스, Welsh Affaris Select Committee 2007: 3 재인용). 철저한 유통의 통제는 버버리 브랜드 재화와 서비스를 넘어 버버리그룹의 외부 활동으로도 확장되었다. 예를 들어, 버버리는 (국가정부의 패션서밋(Fashion Summit)이나 수출 촉진 프로그램에 참여하면서) 영국의 창조경제와 패션산업의 발전에 기여하고자 노력했다. (월폴(The Walpole)이나 영국패션수출협회 등) 영국 비즈니스 로비단체에서 버버리의 회원 자격에 대한 내러티브도 형성되었다.

국제적 유통이 증가함에 따라 지리적 결합에 대한 새로운 긴장관계가 나타났다. 그리고 그에 대한 조정도 필요해졌다. 버버리 브랜드를 되살린 의미와 가치의 핵심에는 영국다움의 오리지네이션이 있었기 때문이다. 이와 관련된 긴장관계와 조절은 두 가지 양상으로 나타났다. 첫째, 버버리 브랜드 상품에 지리적으로 결합된 의미/인식과 물질적 생산의 지리 간에 공간적 불연속성이 명백해졌다. 국가적으로 프레임된 영국다움의 오리지네이션은 매우 선택적이고 유연한 것이었지만, 유통 과정에서는 필수적인 의미와 가치로 인식되었다. 경쟁에 직면해 글로벌 소싱 모델을 도입하고 국제화를 추구했지만, 버버리의 모든 상품이 '메이드 인 브리튼'은 아니었다. 여기에서 브랜드 소유주의 조달 전략과 결정은 여러 가지 관심사에 영향을 받았다. 진정성, 가격, 품질, 물질, 브랜드 계층 등이 특히 중요했다. 특정 시·공간 시장으로 상품을 유통하는 과정에서는 생산의 원산지에 관계된 표시 규제(labelling regulation)를 준수했고, 가치의 포지셔닝에 따라 상품의 유래를 특정한 방식으로 재현했다. 그럼에도 불구하고, '버버리 영국 사수' 캠페인 참가자들은 "버버리가 영국 브랜드로 인식되려면 일자리를 해외로 빼돌리지 말아야"(영화배우 샬럿 처치(Charlotte Church), *BBC News* 2007: 1 재인용) 한다고 목소리를 높였다. 이에 대해 버버리는 자사의 고객 기반은 고도로 국제화되어 있고 모든 상품이 '메이드 인 브리튼'이어야 한다는 기대는 없다고 말했다(버버리 회장 존 피스, Welsh Affairs Select Committee 2007). 브랜드 특유의 사회·공간적 역사가 영국다움 오리지네이션의 의미와 가치에 대한 인식에 지속적인 영향을 미치고 있지만, 물질적인 생산의 지리적 결합과는 무관한 것이 되어 버렸다. 실제로 패션업계 분석가들은 "버버리가 영국적이라는 이유로 영국에서 생산될 필요는 없다. … 브랜드의 심장이 영국적"이기 때문이라고 말했다(2008년 저자 인터뷰).

둘째, 버버리 경영진은 국제적 유통, 접근성, 판매의 경제적 논리와 브랜드의 고급스러움, 명성, 프리미엄 가격을 유지하려면 접근성을 제한해야 하는 문화경제적 의무 간의 긴장관계에 직면했다. 행위자들은 "진정한 영국 헤리티지와 진정한 아우터웨어(outerwear)의 뿌리"를 기초로 "브랜드의 가치를 높이고 확장하려" 했다. 이를 위해 "젠더와 세대의 경계를 초월해 소비자에 대한 어필을 넓혀 가며 럭셔리 분야와 글로벌 확대에 집중한 특유의 인구 포지셔닝"도 추구했다(Burberry 2008: 57). 국제적 유통은 (일본, 에스파냐 등) 서서히 성장하는 기존의 핵심 시장, (미국, 프랑스, 이탈리아 등) '과소 점유' 시장, (중국, 인도, 중동, 러시아 등) 빠르게 성장하는 신흥시장 모두에서 수요를 자극하기 위한 목표를 지향했다(Burberry 2008: 59). 이 전략은 버버리그룹이 2008년 글로벌 금융위기에서 최악의 영향만은 피하는 데 도움을 주었다. 그러나 '저층위' 사회·공간 집단에게까지 유통을 확대하면서 '고층위' 고객들이 가지고 있었던 브랜드의 의미와 가치가 퇴색하고 말았다. 실제로 고층위 고객을 겨냥하는 고수익 상품의 판매가 저조해졌다. "돈 있는 사람들은 그런 부류의 사람들과 관련되는 것을 원하지 않기" 때문이었다(패션 분야 저널리스트, 2008년 저자 인터뷰). 이런 딜레마를 해결하기 위해 버버리 경영진에서는 영국다움과 지리적 결합을 보다 분명하게 하는 오리지네이션을 바탕으로 계층적인 시장 세분화를 추구했다. 이러한 공간적 연계는 2008년 금융위기와 그에 따른 침체 국면에서 매우 혼란스러워졌다. 주식회사로서 버버리 브랜드는 럭셔리 상품 시장의 규모와 빠른 성장세를 이용해야 했기 때문이다. 당시 럭셔리 상품 시장의 규모는 1,700억 파운드에 이르며 연간 10%의 성장을 기록하고 있었다.

요컨대, 영국다움의 오리지네이션과 관계된 지리적 결합은 버버리 브랜드와 브랜딩에서 의미와 가치를 유통하는 사람들의 행위성을 형성했다. 그러면서 유통자들도 오리지네이션과 지리적 결합에 영향을 미쳤다. 버버리는 보다 강력하게 통제된 유통에 초점을 맞춰 현대화와 상업적 재활성화를 추구했다. 이 과정에서 영국다움이라는 특유의 오리지네이션이 버버리 브랜드의 중심을 차지하게 되었다. 영국다움의 오리지네이션은 물질적, 상징적, 담론적 형식으로 재현되어 확산하였다. 한마디로, 버버리 브랜드는 "재위치되고 '재상상(re-imagined)' 되었다"(Tungate 2005: 161). 이에 가담한 행위자들은 브랜드의 영국다움을 재구성했다. "의류 분야에서 영국다움은 고품질, 섬세한 마무리, 표준의 준수, 높은 금전적 가치 등을 함의"하며, "계급적 염원은 … 영국 패션의 판매와 수출에서 핵심적인 부가가치 특성으로 촉진되고 있다" (Goodrum 2005: 129). 이런 맥락에서 버버리 브랜드와 브랜딩의 오리지네이션과 지리적 결합에 나타난 긴장관계와 조절의 과정을 살펴보았다. 공간순환에서 지리적 불균등발전은 필연적이라는 사실도 확인했다. 물질적 생산을 국제화하는 경제적 논리와 이 과정에서 유통되는 지리적 결합, 즉 '메이드 인 브리튼'의 오리지네이션 간의 관계에서 공간적 불일치 문제도 파악했다. 국제적 유통의 성장으로 럭셔리 브랜드의 프리미엄 가격을 유지하는 것과 관련해 발생했던 여러 가지 구체적 문제에도 주목했다.

영국다움의 소비

버버리는 1856년 햄프셔의 로컬 스포츠 애호가들 사이에서 아우터웨어 시장을 형성하는 데 선구적인 역할을 했다. 런던의 첫 매장은 1891년 웨스트엔드에 차렸다(Tungate 2005). 버버리 브랜드와 브랜딩에서 영국다움의 오리지네이션은 소비의 의미와 가치에서 핵심을 차지한다. "특정한 장소에 대한 염원, 함의 … 감정적 애착"(패션업계 논객, 2008년 저자 인터뷰)은 버버리의 사회·경제적 정체성을 구성하며 의미와 가치를 확립한다. "버버리 상품을 구매하면서 고객들은 브랜드의 헤리티지와 장인정신에 연결"되기 때문이다(Burberry 2008: 69). 영국다움의 오리지네이션은 버버리 매니저와 마케터들에게 의미 있고 가치 있는 역사를 제공한다. 이를 바탕으로 "존중, 지속성, 역사를 … 이 끌어내 창출하고 … 브랜드를 장소에 위치시키며 … 마케터들이 선택할 수 있는 멋과 여러 가지 심층적인 연상 작용을 불러일으킨다"(패션업계 분석가, 2009년 저자 인터뷰). 특정한 싱품과 관련된 버버리의 역사적 결합은 브랜드의 헤리티지를 현대화해 (재)해석하는 데 있어서도 핵심 자산의 역할을 한다. 그러한 자원을 사용하면서 버버리는 "사라져 가는 레인코트 생산업체에서 선도적인 럭셔리 상품 브랜드로" 바뀌어 갔다(Dickson 2005: 1). 이를 통해 상품과 시장의 확대도 가능해졌다. 예를 들어, '브랜드 아이콘'이라 할 수 있는 트렌치코트는 1914년 국방성 군장교의 코트에서 착안한 것이었으며, "이 아이콘 의류 상품은 전후에 훨씬 더 많은 인기를 끌었고 탐험가, 경찰관, 영웅을 꿈꾸는 일반 대중에게 많이 팔렸다"(Tungate 2005: 160).

브랜드를 기반으로 한 버버리의 현대화를 통해 매니저들과 마케터들은 소비의 지위와 가치를 유지하려고 노력했다. 이를 위해 시그니처 의류를 디자인 클래식과 매년 새롭게 출시하는 연속 상품으로 의미를 업데이트했다. 수익 흐름을 트렌드에 민감하게 반응하는 혁신과 조화시키기 위한 목적이었다. 영국다움의 오리지네이션을 통해 버버리는 다른 경쟁 브랜드와 차별화된 특유의 가격과 스타일 포지셔닝을 추구했다(그림 5.5). 성공적인 재기와 2008년 이후 경기하강 효과의 완화 덕분에 버버리는 국제시장에서 영국다움의 최고 수출업자로 인식되었다(Wood 2006). 아쿠아스큐텀, 닥스, 던힐과 같은 영국 브랜드들이 고전했던 상황과는 대조적인 모습이었다.

한편, 브랜드 피라미드는 버버리 매니저와 마케터가 브랜드의 소비를 촉진해 판매 수입을 늘리는 전략에 영향을 주었다. 가장 꼭대기에 있는 프로섬 컬

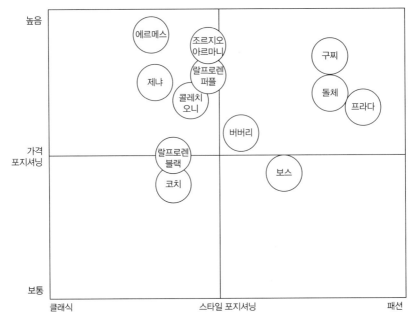

그림 5.5 버버리의 시장 포지셔닝

출처: Burberry(2006a: 31)

렉션은 '쿠튀르(couture)/하이패션 세트'로서 프리미엄 가격을 형성하면서 지리적으로 제한된 유통망을 구축했다.

> [프로섬은] 패션쇼와 언론 기사의 관심에 초점이 맞춰져 있다. 제한된 수량만 생산하면서 부유층 소비자들 가운데에서도, 특히 고급을 추구하는 특권층의 수요에만 부응하고자 한다. ⋯ 버버리의 플래그십 매장, 뉴욕의 바니스, 런던의 하비 니콜스나 해러즈와 같은 유명 백화점에서만 판매된다(Moore and Birtwistle 2004: 415).

버버리 런던 (인터내셔널과 로컬) 컬렉션은 상대적으로 넓은 유통 채널의 지

오리지네이션

리와 가격대로 판매된다. 양적인 측면에서는 캐주얼 브랜드인 버버리 라이프스타일(Burberry Lifestyle)이 판매를 지배해 왔다. 하지만 버버리는 "럭셔리 비즈니스의 비중을 크게" 키우고 "프랜차이즈의 성장"을 도모하는 새로운 브랜딩 전략을 마련했다(Burberry 2008: 49, 59). 브랜드의 의미와 가치를 극대화하는 것이 목표였다. 이에 따라 버버리는 높은 가격과 고수익의 프로섬과 런던 컬렉션을 중심으로 브랜드 피라미드를 재편했다.

영국다움의 오리지네이션으로 생겨난 의미와 가치 덕분에 버버리 소비의 국제화가 촉진되었다. "다양한 문화에서 브랜드를 어필하고 명성"을 높일 수도 있었다(Burberry 2008: 11). 초창기의 국제화는 1890년대부터 유럽, 북미, 남미로의 수출과 함께 시작되었고, 대영제국 시대 동안 확대되었다. 뉴욕, 부에노스아이레스, 몬테비데오에서는 소매업체를 통해 판매되었고, 해외 첫 매장은 1910년 파리에 들어섰다(Moore and Birtwistle 2004; Tungate 2005). 이후 브랜드의 성장은 지속적으로 이루어졌지만, 1990년대 이전까지 세 가지의 중대한 문제가 잠복해 있었다. 첫째, 버버리는 제한된 범위의 핵심 상품과 "보수적 패션 취향을 가진 중년 남성"이라는 협소한 소비자층에 의존했다(Moore and Birtwistle 2004: 414). 둘째, 느슨하고 차별성이 낮은 유통과 라이선싱 때문에 해외에서는 저품격의 소규모 소매 아웃렛에서 판매되는 경향이 있었다. 약한 통제 때문에 버버리 브랜드 상품이 '그레이마켓(grey market)'에서 판매되는 경우도 있었다. 합법적인 도매업체가 허가를 취득하지 못한 유통업체나 소매업체에게 물건을 넘겼고, 주요 아시아 시장에서는 할인가에 판매되었다. 심지어 할인된 가격에 서구 시장으로 재유입되는 물건도 있었다. 셋째, 동아시아, 특히 일본 시장에 대한 의존성이 너무 높았다. 그래서 1990년 후반 아시아 금융위기 때 엄청난 충격을 받았다. 1997~1998년 동안 연간 수입은 6,200만 파운드에서 2,500만 파운드로 급락했다. 이에 [당시 소유주] GUS는 버버리를 주식회사로 상장하기 위해 새로운 경영진을 꾸려 브랜드 재활성화 작업에 착수해야만 했다.

이런 맥락에서 브랜드 경영진은 현대화된 방식으로 영국다움의 오리지네이션을 추구하기 시작했다. 결과적으로, 1990년대 말에 이르러서 브랜드가 소비되는 방식에 대한 통제를 되찾을 수 있었다. 전 CEO 로즈 마리 브라보는 "우리의 목표는 에르메스나 보테가베네타를 지향하지 않습니다. … 우리가 원하는 것은 영국다움이고, 지금은 세계 누구보다도 잘하고 있습니다"라고 말했던 적이 있다(Gumbel 2007: 124 재인용). 경영진의 전략은 성장 가속화와 수익 증대를 목표로 했다. "소비자 중심적"인 방식으로 "즉각 반응"하고, "정적인 도매상 구조의 전통을 탈피해 보다 역동적인 소매상 문화와 마인드세트"를 갖추며 "운영의 문화를 … 근본적으로 바꾸었다"(Burberry 2008: 26). 유통 네트워크의 재조직은 "판매 과정의 모든 단계에서 고품격의 소비자 경험을 보장하기 위한 것이다. … 고객 만족에 대한 평가에 기초해 브랜딩 정책, 패브릭(fabric) 가이드 매뉴얼, 시험 착용 정책 등이 전체 비즈니스의 시스템, 정책, 과정 속에 뿌리를 내리도록 하였다"(Burberry 2005: 38).

이러한 변화는 세 가지 양상으로 전개되었다. 첫째, 브랜드 판매의 국제화와 보다 광범위한 '글로벌' 연결을 추구하는 전략적 변화를 꾀했다. 2001~2009년 동안 유럽에서 총수입은 2배 성장해서 5억 2,400만 파운드에까지 이르렀지만, 전체에서 유럽이 차지하는 비율은 61%에서 47%까지 감소했다. 반면, 북미를 포함한 미주 지역은 21%에서 27%, 아시아−태평양 지역은 17%에서 21%, 기타 지역은 0.8%에서 4.5%로 증가했다(표 5.1). 보다 강력한 영국다움의 오리지네이션에도 불구하고, "버버리 브랜드의 유통에서 홈마켓은 주변부가 되었으며 더 이상 주 수입원의 역할을 하지 못했다"(패션산업 분석가, 2008년 저자 인터뷰). 둘째, 2001~2009년 동안 브랜드 유통에서 소매 채

표 5.1 버버리그룹의 지역별 수입(2001~2009년, 백만 파운드*)

연도	총수입	유럽(%)	북미(%)**	아시아 태평양(%)	기타(%)
2001	427.8	259.0(60.5)	90.9(21.2)	74.6(17.4)	3.3(0.8)
2002	499.2	286.7(57.4)	110.5(22.1)	100.1(20.1)	1.9(0.4)
2003	593.6	302.7(51.0)	140.5(23.7)	147.0(24.8)	3.4(0.6)
2004	675.8	346.8(51.3)	162.4(24.0)	162.6(24.1)	4.0(0.6)
2005	713.7	356.4(49.9)	164.1(23.0)	186.6(26.1)	6.6(0.9)
2006	661.8	325.6(49.2)	177.9(26.9)	144.6(21.8)	13.7(2.1)
2007	764.2	381.6(49.9)	196.5(25.7)	167.5(21.9)	18.6(2.4)
2008	910.6	453.4(49.8)	234.8(25.8)	189.1(20.8)	33.3(3.7)
2009	1,118.9	524.3(46.9)	304.7(27.2)	240.0(21.4)	49.9(4.5)

*명목가격 기준, **2005년부터 미주 전체
출처: Burberry(2005, 2009)

표 5.2 버버리그룹의 주요 소득원(2001~2009년, 백만 파운드*)

연도	총수입	도매(%)	소매(%)	라이선스(%)
2001	428	239(56)	143(33)	46(11)
2002	499	289(58)	157(31)	54(11)
2003	594	307(52)	228(38)	58(10)
2004	676	351(52)	257(38)	67(10)
2005	716	372(52)	265(37)	78(11)
2006	743	343(46)	319(43)	81(11)
2007	850	354(42)	410(48)	86(10)
2008	995	426(43)	484(49)	85(9)
2009	1,202	489(41)	630(52)	83(7)

*명목가격 기준
출처: Burberry(2005, 2009)

널이 차지하는 비율은 33%에서 52%로 증가한 반면, 도매와 라이선스는 각각 56%에서 41%, 11%에서 7%로 감소했다(표 5.2). 이러한 재조정의 목표는 소매 매장을 중심으로 "기존 도매 중심 시장을 재편하고, 버버리에 대한 미디어와 소비자의 관심을 증대하며, 플래그십 매장을 경제적으로 활성화"하는 것이었다(Moore and Birtwistle 2004: 419). 그래서 버버리그룹은 주요 시장에서 라이선스를 갱신하지 않았는데, 이는 남성의류 계약만 따져도 170만 파운드에 이르는 규모였다. 결과적으로 매출은 하락했고, 버버리는 시장 재조정이 초래한 단기적 손실을 감수해야만 했다(Burberry 2008: 62). 셋째, "의류 이외의 분야를 강화했다"(Burberry 2008: 11). 브랜드 상품의 폭을 넓히고 다양화를 추구하는 브랜드 확장의 길을 모색했다. 더욱 광범위한 영역에서 활동하는 경쟁자에 대응하기 위한 노력이었다. 버버리는 특히 높은 수익을 올릴 수 있는 액세서리 분야에 주목했다. 플래그십 매장에서 브랜드가 제공하는 라이프 스타일에 이목을 집중시키려는 변화였다(Moore and Birtwistle 2004). 결과적으로, 2001년과 2009년 사이에 비의류 부문 매출이 4배 증가해 3억 6,600만 달러에 이르는 성과를 거두었다. 버버리의 전체 수입에서 비의류가 차지하는 비율은 23%에서 31%로 증가했다(표 5.3).

한편, 사람들은 단순히 물건만 소비하기보다 경험을 통해 의미와 가치까지

표 5.3 버버리그룹의 품목별 수입(2001~2009년, 백만 파운드*)

연도	총수입	여성 의류 (%)	남성 의류 (%)	비의류 상품 (%)**	기타 상품 (%)***	라이선싱 (%)
2001	427.8	134.7(31.5)	142.4(33.3)	98.0(22.9)	6.9(1.6)	45.8(10.7)
2002	499.2	165.2(33.1)	149.4(29.9)	125.8(25.2)	5.3(1.1)	53.5(10.7)
2003	593.6	197.9(33.3)	162.8(27.4)	169.5(28.6)	5.1(0.9)	58.3(9.82)
2004	675.8	225.7(33.4)	190.1(28.1)	189.0(28.0)	4.0(0.6)	67.0(9.91)
2005	728.1	242.1(33.3)	194.5(26.7)	197.6(27.1)	15.5(2.1)	78.4(10.8)
2006	742.9	249.3(33.6)	206.2(27.8)	189.2(25.5)	17.1(2.3)	81.1(10.9)
2007	850.3	305.5(35.9)	227.0(26.7)	211.2(24.8)	20.5(2.4)	86.1(10.1)
2008	995.4	345.2(34.7)	247.8(24.9)	289.7(29.1)	27.9(2.8)	84.8(8.52)
2009	1201.5	412.8(34.4)	298.4(24.8)	366.3(30.5)	41.4(3.4)	82.6(6.87)

*명목가격 기준, **2004년까지 아동복 포함, ***2005년부터 아동복 포함
출처: Burberry(2005, 2009)

소비하는 방향으로 변하고 있다(Pine and Gilmore 1999). 버버리의 새로운 소매 문화(런웨이, 광고, 기사, PR, 쇼윈도, 매장, 온라인 등)에서는 '소비자 접촉지점'이 강화되는 방식이 나타난다. 유통의 모든 채널에서 동일한 소매 개념을 반복하지 않고 지리적으로 차별화하는 전략도 취하고 있다.

[우리 회사는] 장소마다 다른 매장 디자인과 상품을 선보이고 있습니다. 런던, 뉴욕, 도쿄에서 동일한 것을 구경해야만 하는 소비자들은 따분함을 느낄 겁니다. 우리가 선제적으로 나선 것이죠. 고객들은 구매할 때마다 다르고 신선한 경험을 원합니다. 따라서 기업들은 보다 짧은 사이클로 일해야 해요. 의류와 액세서리를 포함한 '캡슐 컬렉션(capsule collection)'을 보다 자주 선보여야 합니다. 고객에게 보다 자주 제안을 하는 것이죠. 지금 사지 않으면 더 이상 볼 수 없다는 식으로 말입니다(전 CEO 로즈 마리 브라보, *The Economist* 2005: 1에서 인용).

2007~2009년 동안 버버리는 직영 매장 수를 292개에서 419개로 늘렸다. 이러한 지리적 확장을 통해 소매주도형 성장을 가속화하고 있다. 특히 미주, 중동, 중국, 인도, 러시아 등 점유율이 낮은 시장에 집중하는 전략을 구사한다(그림 5.6). 소매 아웃렛은 브랜드 메시지와 핵심적 염원의 가치를 전달하기 위한 목적을 지향한다. 플래그십 매장은 주요 시장의 핵심 쇼핑 구역(런던의 본드스트리트, 뉴욕의 5번가, 파리의 포부르생토노레)에서 다른 브랜드와 함께 배치될 수 있도록 하였다. 이는 종종 막대한 손실의 원인이 되기도 한다. 하지만 브랜드 이미지, 파워, 지위에 대한 전망을 예측하며 보다 광범위한 집단에게 호소할 목적을 가진 전략이다(Power and Hauge 2008). 국가적인 소비 선호를 반영해 할인 가격에 판매되는 곳도 있다. 일본, 한국, 에스파냐의 명품 할인

그림 5.6 버버리 매장의 위치(2006년*)

주석: *프랜차이즈 매장 포함.

출처: Burberry(2006a: 41)

매장이 대표적이다. 영국다움의 오리지네이션이 버버리 브랜드의 소매 아웃렛으로 퍼져 가며 매장의 인테리어, 장식, 스타일링, 개인맞춤형이나 주문제작형 서비스에서도 구현되고 있다. 이는 "버버리 브랜드에 대한 소비자들의 경험을 증진"하기 위해 마련된 것이다(Watts 2002: 1). 브랜드 소비에서 의미와 가치의 문화적 구성은 물질적 기초와 강력한 경제적 논리를 가진다. 이는 "매장 생산성 증가"의 방침으로 나타나고, 실제로도 버버리는 "균형 잡힌 배합, 이목을 끄는 비주얼, 판매와 서비스의 개선, 적극적인 마케팅 등을 통해 … 방문객 수와 평균 거래 규모를 늘려 가고 있다"(Burberry 2008: 32).

그러나 영국다움을 생산해 유통하는 과정에서 일반인들의 접근성과 특권층만을 위한 고급스러움 사이를 중재해야만 하는 지리적 긴장관계가 조성되었다. 이는 영국다움의 소비와 관련해서도 나타난다. 소비자 입장에서 국가적으로 프레임된 영국다움의 오리지네이션은 다음과 같은 의미와 가치를 가진다.

고급 상품에는 이면의 논리가 있다. 성숙한 경제에서는 단순한 부유함보다 구별되는 것에서 소비자의 자신감이 만들어진다. … 이 때문에 럭셔리 브랜드는 장인정신, 디테일링, 창조성, 혁신성, 쇼와 비슷한 광고에 보다 많이 신경을 쓴다(Ricca 2008: 67).

영국다움으로 브랜드화된 버버리 상품과 서비스가 (인지적인 또는 현실적인) 지리적 결합이나 물질적 원산지와 관련해 소비자에게 어느 정도의 의미와 가치를 가지는지는 불분명하다. 한 패션업계 저널리스트는 저자와의 인터뷰에서 다음과 같이 말했다. "영국에서 생산되지 않은 영국 브랜드에 대해 애착이 없을 수도 있습니다. 만약 … 요크셔가 아니라 중국에서 생산된 것이라면 … 저는 아마도 사지 않을 거예요"(2008년 저자 인터뷰). 그러나 매클래런 등(McLaren et al. 2002: 41)의 설명은 다르다. 이들에 따르면, "버버리나 아쿠아스큐텀 같은 성공적인 영국 브랜드는 물리적 생산이 영국 밖에서 이루어진다고 해서 큰 손해를 입지는 않을 것"이며 "패션업계 전체적으로도 '메이드 인 잉글랜드' 라벨의 가치에 대한 의구심이 팽배"하다. 같은 관점에서 "상품의 오리지네이션에 대한 명확한 이해와 관심이 없는 … 글로벌 부유층"이 등장하는 현실을 강조하는 패션업계 분석가들도 있다(마케팅 분야 교수, 2008년 저자 인터뷰). 이는 신흥시장에서 사회적으로 불균등한 성장이 낳은 결과이다. 물론, '브랜드의 출신, 즉 브랜드의 국가적 정체성'의 중요성을 강조하는 사람들도 있다. 이들은 "상품의 물리적 생산 장소가 다르면 … 어떤 나라에서는 영국 브랜드가 부가가치의 원천으로 작용하고 이에 대해 더 높은 가격을 지불할 의사를 가진 사람들이 많다"라고 말한다(패션산업무역협회 임직원, 2008년 저자 인터뷰). 일부의 브랜드 평론가들은 트레오키 공장 폐쇄나 '버버리 영국 사수' 캠페인이 판매량에 긍정적인 영향을 주지는 않았지만 그 효과는 무시할 만한 수준이라고 말한다. 그런 사건들은 "브랜드의 비일관성이나 기업 평판 악화의 이야기"가 아니라, "헤리티지의 바다와 오늘날 악명의 물줄기"가 균형을 맞추는 과정으로 해석되기도 한다(Ritson 2007: 1).

'럭셔리의 민주화'(Sliverstein and Fiske 2003)는 대중 브랜드에서 '럭셔리' 브랜드로 옮겨 가는 소비자들이 주도하고 있다. 이런 트렌드는 버버리 브랜드에 대한 감정적 가치의 증가나 국제적인 유통과 판매의 성장을 통해서도 확인된다. 하지만 이러한 변화는 고급스러움과 명성을 관리하는 것에 대한 우려로 이어졌다. 그래서 관련 행위자들은 브랜드 접근성과 유통을 통제하며 희소성과 프리미엄 가격을 추구했다. 보다 철저한 버버리 브랜드의 통제는 1980년대의 쇠퇴를 만회하기 위한 것이었다. 기존의 "'참된 글로벌' 럭셔리 브랜드"를 지향했던 성장과 확대의 노력은 럭셔리 품격의 저하를 초래했다 (전 CEO 앤절라 애런츠(Angela Ahrendts), Callan 2006: 1 재인용). 실제로 버버리는 유일한 "프리미엄 브랜드로 재탄생해 … 차별화하고 이를 바탕으로 프리미엄 가격을 부과"하고 싶어 했다(패션업계 분석가, 2008년 저자 인터뷰). 보다 고품격의 럭셔리 브랜드로 취급받고 보다 높은 프리미엄 가격과 수익을 올리는 샤넬이나 루이비통을 능가하길 원했다. 하지만 유통의 확대가 그런 의도를 좌절시켜 버리고 말았다.

한마디로, 버버리의 현재 전략은 브랜드 소유주가 가진 딜레마의 결정체라 할 수 있다. "성장을 좇아 저가의 다운마켓에 진출해" 주기적인 등락을 반복하는 세분시장에 노출될 위험을 감수하고 있기 때문이다(Milne 2008: 2). 실제로 버버리는 미국의 소매 아웃렛에서 빠르게 확장하고 있으며, 캔자스, 인디애나, 오하이오 등 저층위 도시 중심부에도 진출했다. 고수익의 브랜드 액세서리 사업으로 신세대 소비자층을 끌어들였지만, 일부는 "의류가 브랜드 [액세서리] 상품의 판매 도구로 전락"하는 점을 우려했다(Tungate 2005: 146). 시장 세분화를 위한 브랜드 피라미드의 활용도 논란거리다. 일부 패션업계 분석가들은 "하나의 우산 아래 여러 가지가 서로 다른 역할을 하면서 브랜드 정체성이 불명확"해졌다고 평가했다(2008년 저자 인터뷰). 브랜드와 서브브랜드를 구조화하는 브랜드 계층이 얼마나 안정적으로 지속될지도 의문이다. 브랜드의 표현에서 일관성을 위협하는 와해적인 힘들이 두 가지 방식으로 나타나고 있다. 첫째, 시·공간 시장의 상황에 따라 브랜드 카테고리의 경계가 불분명해지는 경우가 있다. 스트리트웨어(streetwear), 스포츠웨어, 세미쿠튀르(semi-couture) 등 새로운 형태의 하이브리드(혼성적) 카테고리까지 등장했다(Tungate 2005). 둘째, 소비자 행위성이 능동적으로 작용해 다른 대중 브랜드나 고급 브랜드와 뒤섞이고 있다. 심지어 "모든 것들을 개별적으로 커스터마이징하는 개인 스타일"의 세분화를 추구하는 경향마저 등장했다(버버리 전 CEO 로즈 마리 브라보, *The Economist* 2001: 1 재인용).

요컨대, 버버리 브랜드와 브랜딩의 소비에서 의미와 가치의 불균등한 공간 순환은 현대화로 특정화된 영국다움의 오리지네이션과 지리적으로 결합되어 있다. 이는 브랜드의 소유자와 경영인, 유통자, 소비자, 규제자가 구성해 연결하는 것이다. 버버리의 브랜드 소유주는 브랜드 피라미드를 통해 시장을 계층적으로 세분화하고 있다. 그리고 역사적 반향을 일으키는 브랜드의 의미를 신중하게 수정하고 있으며, 이런 노력이 럭셔리 패션 소비자들 사이에서 다른 경쟁자와 비교되며 버버리의 가치평가에 지속적으로 반영된다. 버버리 브랜드의 매출 성장은 국가적으로 프레임화된 영국다움의 오리지네이션에 기초한 것이다. 1990년대 이후의 국제화, 보다 철저한 브랜드 통제, 소매 부문의 집중도 중요한 역할을 했다. 도매에서 소매 중심으로 유통 채널을 재편하면서 보다 높은 수익의 브랜드 확장도 추구한다. 하지만 매장의 글로벌 확산은 성장하는 신흥시장을 중심으로 지리적으로 불균등하게 진행되고 있다.

소비 패턴의 측면에서 인지적/현실적 지리적 결합과 물질적 원산지 간의 지리적 불일치의 효과를 단정적으로 말하기는 어렵다. 결과가 혼재된 양상으로 나타나고 있기 때문이다. 국제적 매출의 증가를 감안하면 두바이, 더반, 다롄의 구매자들은 버버리의 영국다움을 소비할 때 브랜드화된 상품과 서비스가 실제로 어디에서 만들어지는지를 중요하게 생각하지 않는 듯하다. 다른 한편에서 영국다움을 기초로 한 행위자들의 오리지네이션과 이것이 동반하는 의미와 가치를 바탕으로 인지된 진정성이 구성되고 고착화한다. 하지만 영국 밖에서 이루어지는 물질적 생산 때문에 럭셔리 패션 소비자들은 "겉보기 수준으로만 제공되는 브랜드에 대한 신뢰를 접고" 있다(Okonkwo 2007: 92). 그래서 브랜드의 영국다움에 대해 프리미엄 가격을 지불할 그들의 의사가 낮아질 수 있는 위험을 방지하려는 노력도 이루어진다. 국가적으로 프레임된 오리지네이션의 긴장관계는 접근성과 우월함 간의 균형을 찾고자 하는 행위자들에게는 중대한 도전이다. 한편에서는 성장, 국제화, 확장을 추구하고, 또 다른 한편에서 특정 시·공간 시장의 맥락에서 지리적으로 차별화된 와해와 변화에 대처할 필요가 있기 때문이다.

영국다움의 규제

버버리그룹에서는 "브랜드가 … 가장 중요한 자산 중 하나"다(버버리 회장 존 피스, Welsh Affaris Select Committee 2007: 46 재인용). 그래서 버버리의 소유주와 경영인들은 브랜드를 강력하게 규제하고 보호하고자 한다. 국가적으로 프레임된 영국다움의 오리지네이션은 버버리 브랜드가 자아내는 의미와 가치의 원천이다. 이 브랜드는 지적재산권의 보호를 받고 있으며, 이러한 규제적 맥락에서 버버리그룹은 41개의 상표권을 소유한다. 브랜드 소유권과 가치평가는 버버리의 핵심적인 금융자산에 속하고, 투자업계의 판단과 정서에 영향을 준다. 특히 미래 성장 전망, 주식 매수와 매도, 자본 접근성의 주요 원인으로 작용한다. 제2차 세계대전 이후 성장기 동안 버버리가 쌓아 놓은 평판과 가치 때문에 거대 소매 기업 GUS는 1955년 버버리의 인수를 결정했다. 그다음 영국과 아메리카에서 초창기 소매 네트워크 확장에 자금을 투입했다(Moore and Birtwistle 2004). 그러나 1980년대에 이르러 앞서 논의한 문제들이 쌓여 가면서 버버리의 의미와 가치를 기초로 하는 오리지네이션은 일관성을 잃어 갔다. 1990년대 후반 금융 분석가들은 버버리를 "거의 제로에 가까운 매력을 가진 구식의 비즈니스"로 평가했다(Finch and May 1998: 1 재인용).

　이 당시부터 패션업계에서는 광범위한 금융화(financialization)의 물결이 시작되었다. 럭셔리 패션기업에게 브랜드는 "전체 비즈니스 모델에서 엔진의 역할을 하면서 … 기업이 창출하는 가치의 대부분을 차지"한다(Ricca 2008: 66). 이런 맥락에서 2002년경 상업적 부흥과 성공의 신호가 나타났을 때 버버리는 GUS로부터 분리된 독립 기업으로 재탄생했다. 버버리는 GUS에 인수된 지 50년 만에 주식회사로서 런던 주식시장에 상장되었다. 목표는 GUS 주주를 위해 버버리의 시장 가치를 확립하고 비즈니스와 금융 모멘텀을 강화하는 것이었다. 주식시장 상장을 통해 브랜드 소유자들은 [런던의 금융개] 더시티(The City)의 자본시장에 보다 긴밀하게 통합되었다. 그러면서 가족 소유권을 여전히 유지하고 있었던 경쟁 기업들과는 달리, 버버리는 주요 기관 투자자와 국제적 주주의 영향 아래에 놓이게 되었다. 여기에는 9.94%의 지분을 보유한 블랙록, 8.49%의 슈로더, 5.94%의 매사추세츠 파이낸셜 서비스 컴퍼니가 포함되었다. 이에 따라 버버리의 브랜드 매니저들은 기관 투자자, 미디어, 금융업계의 철저한 조사의 대상이 되었다. 이들은 특히 버버리가 국제적 확장을 지원할 수 있는 충분한 자본을 동원할 수 있는지에 주목했다. 기업 성장, 주가 상승, 배당금 증대와 주주 투자 수익의 극대화를 추구하는 신의성실의 무(fiduciary duty)가 전략에 제대로 반영되는지에 대해서도 관심을 기울였다. 이런 상황에서 "다른 공개 기업과 마찬가지로 분기별 실적을 관리하는 것은 경영의 제약"으로 작용했다(패션업계 분석가, 2008년 저자 인터뷰).

버버리그룹의 행위자들은 브랜드의 의미와 가치를 창출해 주요 금융 지표에서 성과를 만들고자 노력하고 있다. 이 과정에서 국가적으로 프레임된 영국다움의 오리지네이션은 핵심 자산의 역할을 한다. 이는 '프랜차이즈의 부양'에 우선순위를 부여하는 전략으로 나타난다. 버버리는 브랜드 주도의 부흥을 통해 10억 파운드를 상회하는 총수입의 성장을 거두었다. 2008년 금융위기 이전까지 영업이익은 2억 파운드까지 증가했고, 주가도 주식시장 전체를 압도하는 수준으로 꾸준히 상승해 시가총액이 25억 파운드에 이르게 되었다(그림 5.7, 그림 5.8). 2008년의 위기 이후 이익은 급락했지만, 신흥시장에서 수요 덕분에 매출은 꾸준히 증가했다. 그리고 버버리는 금융부문에서 성공에 힘입어 파이낸셜타임스 런던 증권거래소(Financial Times and the London Stock Exchange: FTSE)의 주요 종목 리스트인 FTSE 100에 포함되었다. 2007~2008년에 버버리의 주가는 하락했지만, 2009년 회복한 이후로 상승세를 이어 갔다(그림 5.8). 이 또한 신흥시장에서의 성장으로부터 힘을 얻은 것이었다. 이러한 버버리의 성과에 덕분에 미래의 성과에 대한 투자자의 기대까지 상승했다. 금융 행위자의 개입으로 생겨난 의무는 버버리의 성장에서 정량적, 정성적 특징의 형성으로 이어졌다. 예를 들어, 비의류 부문으로의 브랜드 확장을 강화한 이유는 "그러한 고수익 재화들은 소비 지출의 등락을 잘 견디는 속성이 있고, 프랑스의 LVMH나 에르메스와 같은 럭셔리 그룹이 누리는 프리미엄 투자에서 핵심을 차지"하기 때문이었다(Callan 2006: 1).

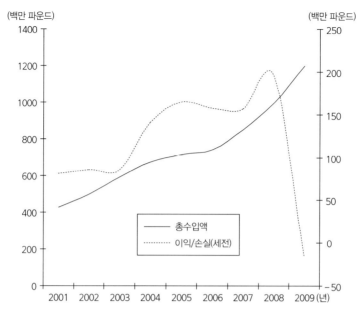

그림 5.7 (주)버버리그룹의 총수입액과 영업이익(2001~2009년*)

*명목가격 기준
출처: Burberry(2005, 2009)

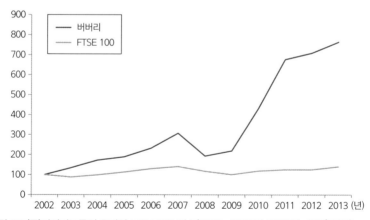

그림 5.8 (주)버버리그룹의 주가와 FTSE 100 지수(2002~2009년, 2000년=100* 기준)

*월간 조정종가의 평균(명목가격 기준)
출처: 버버리의 주가와 FTSE 100 데이터

버버리에서 추구하는 브랜드 주도의 비즈니스 모델은 미국과 유럽 럭셔리 브랜드의 하이브리드 버전이다. 이 모델에는 영국다움의 의미와 가치에 바탕을 둔 지리적 결합과 오리지네이션이 반영되었다. 랄프로렌, 구찌, 프라다에서도 유사한 전략을 활용하고 있다. [광고기획 총괄관리자인] 크리에이티브 디렉터를 고용하는 업계 분위기에도 영향을 받았다. 브랜드 주도의 모델에서는 (경험 많은 미국 소매업계의 중견 전문가, '스타' 크리에이티브 디렉터, 글로벌 소싱 등) 공통된 비즈니스 요소들을 수용해 이들을 제도적 역사와 특징에 적합하게 (랄프로렌의 미국과 구찌와 프라다의 이탈리아처럼) 특정한 오리지네이션에 적용한다. 영국다움의 오리지네이션을 기반으로 하는 버버리의 경우, '위험감수의 정신을 받아들이고 금융적 책임에 대한 실험'을 감행하는 것은 '전혀 새로운 세계'였다. 여러 가지 현안 사이에서 '균형을 맞추는 행동'이 요구되었기 때문이다.

고객에게 발견의 감각, 독특한 경험, 제대로 된 상품 혁신을 제공하려고 했습니다. 기존의 인적자원과 자본, 낮은 규모의 경제, 이의 결과로 나타나는 [낮은] 수익과는 다른 것이었죠. 항상 변화하고 예기치 못한 것이 자주 발생하는 경쟁적인 경관 속에서 새로운 것을 추구했습니다. 동시에 브랜드의 헤리티지, 역사, 진정성, 신뢰 등의 문제도 잘 살펴야 했습니다(전 CEO 로즈 마리 브라보, *The Economist* 2005: 1에서 인용).

일부 논객들은 진정성을 보존하는 것이 중대한 도전이라고 말한다. "[주식 시장에] 상장하는 순간부터 성장과 즉각적인 수익에 대한 충동 때문에 럭셔리 지위의 유지는 어려워질 수 있기 때문이다. 금융과 럭셔리 지위는 마치 서로를 불편해하는 룸메이트와 같다"(패션업계 분석가, 2008년 저자 인터뷰). 버버리 브랜드 매니저들이 추구하는 비즈니스 모델은 중대한 경쟁력 위협에 직면해 있다. 이는 특히 "국제적 럭셔리 상품 그룹과의 경쟁 관계 속에서 분명하게 나타난다. 보다 많은 금융 자원을 소유하고, 공급업체, 도매업체, 건물주와 관계 속에서 보다 높은 협상력을 발휘하며 수많은 럭셔리 브랜드를 통제하는 경쟁자들 때문이다. 이들과의 경쟁에서 뒤처지면 버버리의 운영 성과와 성장에 나쁘게 반영된다"(Burberry 2008: 66). 2억 파운드에 달하는 리볼빙(revolving) 거래신용이 버버리에게는 포이즌 필 방어(poison pill defence)의 수단이었다. "어떤 영국 브랜드도 … 외국인 소유하에서 번영을 누리지 못했다"라는 전략적 우려도 있었다(패션업계 논객, 2008년 저자 인터뷰). 한때 보다 큰 규모의 "LVMH나 구찌와 같은 복합 브랜드 그룹들"이 작은 규모의 버버리 그룹을 인수 대상으로 삼는다는 소문이 돌았기 때문이다(*The Economist* 2001: 1).

한편, 버버리와 같은 "디자인 기반의 기업은 미적인 지식의 유출과 경제적 가치를 전유하는 모방을 방지"하는 어려움에 시달린다(Weller 2007: 51). 이에 버버리 경영진은 위조품을 방지하기 위해 부단히 노력하고 있다. 모조품은 상표권을 위반한 행위이며, 의미와 가치를 창출해 고정하려는 브랜드 소유자들의 노력에 혼란을 일으킨다. 한마디로, 브랜드 이미지를 퇴색시키는 위험 요소다.

> 버버리의 상표와 상표권은 비즈니스의 경쟁력을 강화해 성공을 이룩하는 데 매우 중요한 열쇠이다. '버버리'라는 이름, 버버리 체크 문양, 프로섬 말 로고의 불법 도용과 위조품의 유통은 브랜드 이미지와 이익에 해를 끼친다(Burberry 2009: 46).

"브라질에서부터 일본에 이르기까지 모든 곳에서 인식되는" 브랜드 가치와 아이콘, 다시 말해 "즉각적으로 인지 가능한 브랜드 기표(signifier)"를 보유하는 것은 모호한 결과로 이어질 수 있다(Haig 2004: 143). 대표적으로 버버리 체크는 1990년대 영국에서 좋지 못한 평가를 받았다. "터프가이, 음탕한 사람, 축구 훌리건, 세련되지 못한 하위계급, 저급한 연예인" 등의 이미지로 하위문화에서 전유되면서 버버리의 의미와 가치가 좋지 못한 방향으로 재해석되었기 때문이다(Gross 2006: 1). 심지어 영국다움의 버버리 오리지네이션은 "천박한 졸부 상징의 끝판 왕" 같은 연상을 자아내기도 했다(Tungate 2005: 29; Power and Hauge 2008). 이처럼 달갑지 않은 특정 행위자들과의 지리적 결합은 예전과 다른 영국다움의 오리지네이션을 낳았다. 실제로 당시 소유주들은 모조품의 증가로 핵심적인 브랜드 자산의 의미와 가치가 손상을 입었다고 판단했다. 이에 대한 조치로 버버리그룹에서는 쉽게 모방할 수 있는 시그니처 체크 문양, 눈에 띄는 로고의 사용, (야구모자 등) 진입 수준의 저가의 아이템을 대폭 줄였다.

버버리의 왕실인증 또한 국가적으로 프레임된 영국다움 오리지네이션 규제의 구체적 사례라 할 수 있다. 왕실인증은 왕가의 구성원들에게 높은 가치의 재화와 서비스를 공급할 수 있는 업체에게 수여되는 것이다. 버버리는 1955년 엘리자베스 2세로부터, 그리고 1989년에는 영국 황태자(Prince of Wales)로부터 왕실인증을 획득했다. 왕실인증은 "상업의 귀족"으로서 의미와 가치를 가지는 것이며, "품질, 우수성, 봉사, 신뢰의 성명서"처럼 받아들여진다(국무위원, 2008년 저자 인터뷰). 그러나 이러한 형태의 지리적 결합에 대한 브랜드/브랜딩 규제는 특정한 시·공간 시장의 맥락에서 의미와 가치에 모호성을 초래하는 와해적 요소로 작용한다. 왕실인증의 지리적 결합은 군주제, 전통, 제국 등 특정한 영국다움 오리지네이션의 의미를 가진다. 특정 소비자들은, 예를 들면 일본과 미국의 소비자들은 왕실인증을 가치 있는 것으로 평가한다. 그러나 다른 소비자들은 그러한 지리적 결합의 혜택을 적게 느끼고, 심지어는 부정적인 의미를 부여하기도 한다. 특히 버버리의 영국다움 오리지네이션에서 '쿨'함, 유행의 최첨단, 모던함의 의미를 찾는 소비자들 사이에서 자주 나타나는 반응이다. 이러한 긴장관계를 누그러뜨리기 위해 버버리의 브랜드 매니저들은 '민주적 브랜드'의 다면적 성격에 연결하려 노력하고 있다. "브랜드의 일부는 인기 모델 케이트 모스(Kate Moss)와 같은 사람들이 받아들이고, 80대의 군주에게도 어필하는 부분"이 있다는 식이다(버버리 대변인, God-sell 2007: 1 재인용). 왕실인증 획득 업체는 귀족 문양이나 'By Appointment' 마크를 사용할 수 있지만, 이런 것들이 버버리의 유통과 판촉 활동에서는 거의 등장하지 않는다.

오히려 왕실인증은 '버버리 영국 사수' 캠페인에서 공격의 대상이 되기도 했다. 특정한 국가 영토에 지리적으로 연결된 규제의 형태였기 때문이다. 캠페인 참가자들은 국제적 아웃소싱과 트레오키 공장 폐쇄가 버버리를 해외의 브랜드로 만든다고 주장했다. 그러면서 버버리가 왕실인증의 규칙을 위반하는 것은 아닌지에 대한 의문을 제기했다.

[버버리는] 현재 트레오키에서 생산되고 있는 폴로셔츠를 세계의 다른 지역으로 아웃소싱하려 합니다. 노예 수준의 임금 지급이나 미성년 노동 착취를 하지 않을 것이라는 보장이 없습니다. 그렇다면 버버리의 왕실인증을 취소해야 합니다. 버버리가 웨일스에서 빠져나가고자 한다면, [프린스 오브 '웨일스'인] 영국 황태자가 수여한 왕실인증을 철회해야 합니다. … 정부는 버버리가 비즈니스를 운영하는 방식을 결정할 수는 없을 것입니다. 하지만 의회는 왕실인증처럼 국가의 보증을 취득한 영국 기업이 어떻게 해야 하는지를 한번은 생각해 봐야 합니다(Bryant 2007: 2).

이에 대해 버버리 경영진은 다음과 같이 답했다. "왕실인증은 버버리에게 중요합니다. 하지만 버버리가 판매하는 모든 물건을 영국에서 만들어야 한다는 조건은 없습니다. 그래도 버버리는 여전히 영국에서 상품을 생산하고 있습니다. 이것 하나는 명백한 사실입니다. 최상급의 럭셔리 패션 상품의 소매업자, 도매업자, 유통업자 입장에서 우리 회사는 왕실인증을 매우 소중하게 생각하고 있습니다"(버버리 회장 존 피스, Welsh Affairs Select Committee 2007: 19 재인용). 브랜드 상품을 국제적 아웃소싱해 생산하는 사회·경제적 조건과의 관계 속에서 버버리는 다음과 같이 말했다. "그룹의 공장이 어디에 위치하든지 간에 윤리적 거래 정책의 지배를 받는다. 버버리 럭셔리 상품의 생산 공장에서 노동 표준과 환경 조건을 준수하는 것도 마찬가지다"(Burberry 2008: 69).

버버리 브랜드가 생산과 고용의 장소에 맺고 있는 물질적인 지리적 결합은 긴장관계와 조절의 원인이 되기도 한다. 이러한 문제는 국가적인 의미와 가치를 지닌 영국다움의 오리지네이션과 국제적 성장/확대를 추구하는 관계적 지리 사이에서 발생한다. 버버리그룹의 총 고용 인원이 6,000명을 넘어섰지만, 여기에서 유럽이 차지하는 비중은 2004~2009년 동안 69%에서 58%로 줄어들었다. 반면, 북미/미주 지역과 아시아-태평양 지역의 고용 비중은 각각 19%에서 26%, 12%에서 16%로 증가했다(표 5.4). 오리지네이션된 영국다움과 글로벌 경영의 확대 간의 긴장관계를 관리하는 데 있어서 버버리 경영진은 글로벌화의 중요성을 강조하며 다음과 같이 말했다. "버버리는 진정한 글로벌 기업의 사례입니다. 본사 기능은 거의 다 영국에 있습니다. 전체 노동력의 절반 정도는 영국에서 고용합니다. 디자인과 마케팅은 모두 여기에서 하지만 영국은 10%의 판매량만 책임지고 있어요. 그래서 우리는 글로벌화의 화신이라고 할 수 있답니다"(버버리 회장 존 피스, Welsh Affairs Select Commit-

표 5.4 버버리그룹의 지역별 고용(2004~2009년)

연도	유럽(%)	북미(%)*	아시아-태평양(%)	전체
2004	2,657(68.7)	747(19.3)	465(12.0)	3,869
2005	2,788(67.5)	837(20.3)	506(12.2)	4,131
2006	3,066(65.9)	902(19.4)	683(14.7)	4,651
2007	3,457(66.3)	1,026(19.7)	735(14.1)	5,218
2008	3,572(63.1)	1,339(23.7)	749(13.2)	5,660
2009	3,593(57.9)	1,616(26.0)	999(16.1)	6,208

주석: *2008년부터 미주 전체
출처: Beberry(2005, 2007, 2009)

tee 2007: 7 재인용). 런던 본사의 중요성을 강조하기 위해 버버리는 다음과 같이 진술하기도 했다.

> 전 세계에서 5,000명의 사람들을 고용하고, 이 중 2,000명은 영국에 있다. 지난 5년 동안 버버리의 영국 고용 인력은 (30%가 넘는) 500명이나 증가했다. 고용 증가의 절반 정도는 생산 부문에서 이루어졌고, 이들은 요크셔의 캐슬퍼드와 로더럼에서 버버리 트렌치코트와 같은 고급 상품의 생산을 맡고 있다(Burberry 2007: 61).

이와 유사하게 최근의 국제적 성장을 높이 평가하며 "트레오키에서는 잘못하고 있지만, 버버리의 성공은 여전히 '메이드 인 브리튼'의 라벨로 진행"된다고 주장하는 논객들도 있다(Hill 2007: 1).

버버리 브랜드와 이것의 브랜딩으로 형성된 의미와 가치의 공간순환에서 영국다움의 오리지네이션 관련 규제는 지리적 불균등발전을 낳았다. 국가적으로 프레임된 버버리 브랜드의 지리적 결합으로 창출되고 안정화된 의미와 가치는 버버리의 금융자산에서 핵심을 이루기 때문이다. 이는 버버리가 GUS

의 일부에서 독립적인 주식회사로 전환되었던 소유권 구조 변화에 영향을 미쳤다. 이 과정에서 버버리는 더시티의 자본 시장과 금융계에 더 긴밀하게 통합되었다. 브랜드의 금융화가 버버리그룹의 성장지향형 비즈니스 모델에 착근하면서 경영진은 브랜드 특유의 문화적 의미와 가치를 일관적으로 유지하는 데 어려움을 겪었다. 국제적으로 확대되는 시·공간 시장의 맥락에서 버버리는 경제적 의무에도 부응해야 했기 때문이다. 영국다움에 기초한 버버리 브랜드의 오리지네이션과 관련된 의미와 가치는 지적재산권과 상표권이란 규제적 장치를 통해 보호되었다.

소유권을 보유한 패션 지식의 경제적 가치는 국가를 통해 창출된다. 국가가 관여하는 지적재산권 규제의 역할이 특히 중요하다. 기업의 브랜드 정체성도 경제적 가치와 결부되어 있다. … 이러한 형태의 지식은 의도적으로 '탈장소화'되거나 보편화된다. 이는 지리적 공간의 점유를 극대화하기 위한 것이지만, 동시에 심미적 공간의 틈새에서 경계를 유지하는 효과도 발휘한다(Weller 2007: 44).

영국에서는 하위문화적 전유와 재구성 때문에 브랜딩과 디자인이 변경되었다. 왕실인증은 버버리 경영진에게 영국다움 오리지네이션에 대한 규제의 기회를 제공했다. 그러나 다각적인 매력을 강조하는 방향으로 브랜드 경영 방식이 변하면서 왕실인증이 여러 가지로 해석되는 모호한 결과가 생겼다. 예를 들어 '버버리 영국 사수' 캠페인에서는 왕실인증 규제와 관련된 지리적 결합의 적합성에 대한 의문이 제기되었다. 국제적 아웃소싱은 [공장 폐쇄라는] 지리적 불균등발전을 낳았고, 이런 상황에서 국가적으로 프레임된 버버리의 영국다움 오리지네이션이 논란의 대상이 되었기 때문이다.

오리지네이션

요약 및 결론

버버리는 국제적 패션 비즈니스에 가담하고 있다. 이에 관여하는 브랜드와 브랜딩 생산자, 유통자, 소비자, 규제자는 의미와 가치를 구성해 일관화하려 노력한다. 여기에서는 국가적으로 프레임된 영국다움의 오리지네이션이 중심을 차지한다. 브랜드 특유의 사회·공간적 역사 때문에 버버리는 영국과 영국다움을 가지고 지리적 결합의 유동적인 자산과 이야기를 만들 수 있었다. 하지만 관련된 행위자들은 축적, 경쟁, 차별화, 혁신의 와해적(파열적) 논리에도 영향을 받았다. 그래서 브랜드의 영국다움 오리지네이션을 구성하고 안정화하려는 노력은 특정 시·공간 시장의 맥락에서 혼란에 빠졌다. 행위자들은 우선 제2차 세계대전 이후 성장을 지속할 수 있도록 특정한 방식의 지리적 결합과 오리지네이션을 추구했다. 하지만 이것은 상업적 쇠퇴의 씨앗을 뿌리는 것이나 마찬가지였다. 1990년대 이후 버버리 브랜드는 침체기를 극복하고 상업적 회복과 재활성화란 반전의 성과를 달성했다. 영국다움의 오리지네이션에 의존한 것이었고, 이러한 활력은 2008년 금융위기와 경기후퇴의 상황 속에서도 지속되었다. 최근 들어 버버리 브랜드의 성장은 또다시 와해적 논리에 직면하게 되었다. 공간순환에서 가치의 흐름과 자본의 확대를 지속하고 경쟁력을 갖춘 상품으로서 브랜드의 안정성이 약화되었다는 이야기다. 세분화와 파편화로 인해 기존 시장과 신규 시장 모두는 불안정해졌다. 특정 소비자 집단의 하위문화적 전유 때문에 버버리 브랜드의 의미와 가치에서 브랜드 소유자의 기존 오리지네이션은 혼란에 빠졌다. 버버리그룹의 주식회사 소유권 구조로 인해 비용 절감과 금융 수익 확대의 압박은 더욱 심각해졌다. 이에 버버리는 조직과 경영을 통합하고 합리화하는 조치를 취했다. 이와 같은 오리지네이션 분석을 통해 (나오미 클라인(Naomi Klein 2000)이 말하는 브랜드 주도의 '공장 없는 소매업체'의 관념 같은) 단순화된 경제결정론의 함정에 빠지지 않고 브랜드와 브랜딩에 대한 이해를 증진할 수 있다. 한편, 국가적으로 프레임된 '영국다운' 버버리 브랜드는 긴장관계에 처해 있다. 물질적 생산의 국제적 아웃소싱이 진행되고, 다른 한편에서는 영국다움 오리지네이션의 독특한 의미, 가치, 차별화를 고수하기 위해 브랜드화된 디자인과 스타일을 요구하기 때문이다. 둘 사이의 공간적 불협화음이 긴장관계의 원인으로 작용한 것이다. 국제적 매출액의 증가를 고려하면 세계 도처의 버버리 구매자들은 실제의 생산지와 무관하게 버버리의 영국다움을 소비하는 것처럼 보인다. 그리고 현시점에서만큼은 실제의 진정성과 인지된 진정성 모두가 유지되는 듯하다. 럭셔리 패션 소비자들이 영국 밖에서 생산되는 브랜드의 영국다움에 대해 프리미엄 가격을 지불할 의사가 있는 것처럼 보이기 때문이다. 이처럼 오리지네이션은 브랜드/브랜딩의 물질적 지리와 관계적 지리가 교차해 복잡하고 혼란스러운 모습을 파악할 수 있도록 한다. 어쩌면 "영국 라벨 의류가 영국에서 생산되어야 한다는 소비자의 기대가 사라졌을 수도 있다. 출생의 장소와 상관없이 영국에서 훈련받고 영국에서 활동하면 영국 디자이너로 인정받는 것처럼 말이다"(Long 2012: 10).

제6장

'글로벌' 오리지네이션: 애플

서론

왠지 모르게 무장소적인 인상을 자아내고 어디서나 볼 수 있는 '글로벌' 브랜드의 사례로 애플(Apple)을 면밀하게 살펴보자. 오리지네이션 분석의 프레임을 활용하면 국제적인 기술 비즈니스 시장의 시·공간적 변화 속에서 애플의 의미와 가치가 캘리포니아 실리콘밸리에서 관련된 행위자들에 의해 어떻게 지리적으로 결합되어 왔는지를 파악할 수 있다. 스티브 잡스(Steve Jobs)와 애플은 1970년대 후반 실리콘밸리의 중심부에 위치한 샌타클래라 카운티의 쿠퍼티노(Cupertino)라는 특정한 지리적 맥락에서 등장했다(Moritz 2009: 288). 혁신성, 급진성, 혁명성, 젊음으로 점철된 실리콘밸리와의 지리적 결합(Moritz 2009; Walker and the Bay Area Study Group 1990) 덕분에 애플 브랜드는 '창의력과 사고의 자유'와 관련된 인식을 보유하게 되었다. 실리콘밸리 사람들은 그러한 가치를 중시하며, 낙관적이고, 미래지향적이며, 골드러시와 같은 진취적인 이미지를 가지고 있다. 애플은 이러한 모든 것들을 구현했고, 이런 과정에서 잡스의 역할이 특히 중요했다(브랜드 웹사이트 편집자, 2013년 저자의 인터뷰). 아울러, '실리콘밸리'는 유동적인 공간적 실체로 로컬, 하위지역, 지역적 차원에서 구성되고, 애플 브랜드의 오리지네이션에서 의미와 가치를 가진 장소로서 중추적인 역할을 수행했다. 애플의 사회·공간적 역사는 캘리포니아 실리콘밸리에 착근된 지리적 결합을 구성하는 데 있어서 국제적 스케일과 국지적, 준지역적, 지역적 영토의 측면이 동시에 관계적으로 작용하는 '글로벌'한 오리지네이션의 모습을 보여 준다. 한마디로, 애플 브랜드는 "특정 장소에 착근된 특징을 가지고 있다"(브랜드 해설자, 2013년 저자 인터뷰).

'글로벌'의 생산

겉으로 보기에 '글로벌'한 애플 브랜드의 시작은 1976년 창업과 함께 시작되었다. 애플이 설립된 곳은 다름 아닌 실리콘밸리였다. 이 지명은 1971년 『일렉트로닉 뉴스』에 실린 돈 호플러(Don Hoefler)의 '실리콘밸리 USA' 칼럼에서 처음으로 언급되면서 알려지게 되었다(Isaacson 2011: 10; 그림 6.1). 당시 대학을 중퇴한 스티브 잡스와 스티브 워즈니악(Steve Wozniak)은 쿠퍼티노에 위치한 잡스의 고향집 차고에서 1,300 달러(2012년 가치로 환산하면 약 4,222 달러)의 자본금을 가지고 애플을 설립했다.

군수업체들이 [이곳 실리콘밸리를] 최첨단 수준으로 만들어 놓았습니다. 신비로운 첨단의 기술은 우리의 흥미를 돋우는 것이죠. … 이렇게 훌륭한 아이디어는 [스탠포드대학교 공과대학의 학장이었던] 프레드 터먼 교수

께서 생각해 내신 겁니다(Saxenian 1996). 터먼 교수의 결심은 기술 산업이 이곳에서 성장하는 원동력이 되었습니다. … 저는 여기에서 자라면서 이 장소의 역사에서 영감을 얻었습니다. 이곳 역사의 일부가 되고 싶었던 것이죠(스티브 잡스, Isaacson 2011: 9-10에서 재인용).

이처럼 실리콘밸리에 기초한 지리적 결합은 잡스의 정신과 통찰력 형성에 강력한 영향을 주었고, 브랜드에 '미국 태생 유전자를 가진 애플 DNA'가 내장된 독특한 모델로 이어졌다[[초창기 매킨토시를 디자인했던 기업인] 프로그디자인(frogdesign) 하르트무트 에슬링거(Hartmut Esslinger), Isaacson 2011: 133 재인용]. 이러한 애플 브랜드의 '창립 스토리'에서는 '실리콘밸리 형성 초기의 퍼스널 컴퓨터(PC) 개발'과 '시간과 장소에 연계된 브랜드 산업의 역사와 발전'의 모습이 나타난다(Beverland 2009: 41).

실리콘밸리의 이러한 역량은 탈중심화되고 개방적인 산업시스템의 산물이다. 특히, 다양하고 다중적이며 지속적으로 변화하는 상호연결의 문화가 신흥경제 부문에서 기존의 기업가들과 신규로 진입하는 기업가 모두를 지원하는 데 아주 중요한 역할을 했다(Saxenian 1996, 1999, 2005).

캘리포니아는 유행을 선도하고, 강한 개성을 발휘하며, 인습에 구애받지 않는 사회·문화적 풍토를 가지고 있다. 이와 같은 캘리포니아의 특정한 장소성은, 다시 말해 평정심을 유지하는 솔직함의 문화는 애플의 창립과 브랜딩에 지리적으로 결합되었다.

1960년대 후반, 샌프란시스코와 샌타클래라밸리에서는 다양한 문화적 흐름이 함께 나타났다. 여기에는 방위산업 계약업체의 성장과 함께 시작된 기술 혁명이 있었고, 곧이어 반도체 기업, 마이크로칩 제조 기업,

비디오게임 디자이너, 컴퓨터 업체들도 그런 흐름을 따랐다. 해커의 하위문화도—와이어헤드(wirehead), 플리커(phreaker), 사이버펑크(cyber-punk), 호비스트(hobbyist), 평범한 괴짜(geek)를 중심으로—형성되었다. 이에 동참하는 무리에는 기존의 틀, 특히 휴렛팩커드(Hewlett Packard: HP)의 방식을 따르지 않는 엔지니어들이 많이 포함되어 있었다. LSD의 영향에 대해 연구하는 준학술 단체들도 있었다. … 베이 지역의 [제2차 세계대전 이후 반문화 세대인] 비트제너레이션(beat generation)을 중심으로 형성된 히피(hippie) 문화, 버클리 자유연설운동(Free Speech Movement)을 기반으로 한 반항적인 정치 운동도 영향을 미쳤다. 이러한 분위기에 개인적인 계몽을 추구하는 다양한 자아실현의 움직임도 중첩되어 있었는데, 이는 불교와 힌두교, 명상과 요가, 원초적 삶의 추구와 감각적 절제, [집단적 감성을 자극 하는] 에살렌(Esalen)과 에스트(est)의 수행 등을 포함한 것이었다(Isaacson 2011: 56-7).

애플의 초기부터 스티브 잡스와 공동 창업자들은 '캘리포니아 실리콘밸리의 쿠퍼티노'와 관련된 특별한 의미와 가치를 지닌 브랜드를 확립하기 위해 노력했다. 이러한 "장소와의 연계를 통해 … [애플] 브랜드는 사람들에게 자신이 연결될 수 있는 정신적 보금자리를 제공했다"(Beverland 2009: 149). 애플은 "미국의 자동차산업이 디트로이트와 결합된 것과 마찬가지로 … 실리콘밸리의 정수"로 남게 되었다(브랜드 웹사이트 편집자, 2013년 저자 인터뷰).

애플의 초창기 이름인 애플컴퓨터(Apple Computer)는 스티브 잡스가 직접 선택한 기업명이자 브랜드네임이었다. 이는 "'엑스큐텍(Executek)과 매트릭스전자(Matrix Electronics)'와 같은 이름"을 제쳐 두고 탄생한 것이었다(Moritz 2009: 144). 잡스의 회고에 따르면, "저는 과일 다이어트를 하고 있었어요. [회사의 이름을 지을 당시] 사과 농장에서 막 돌아왔던 참이었습니다. 애플이라는 단어가 너무 재밌게 들렸고 부담스럽지 않으면서도 뭔가를 자극하는 것 같았어요. [부담스럽게 느껴지는] '컴퓨터'라는 단어를 무디게 하는 느낌도 들었습니다. 그리고 전화번호부에서 [비디오게임의 선구자] 아타리(Atari)보다 앞에 나오는 단어잖아요."(Isaacson 2011: 63에서 재인용). 이처럼 애플은 친근함과 진기함을 함의하는 이름, 시각적인 정체성, 브랜드 지산의 원천으로 작용했다. "반문화적 감수성이나 대지의 자연에 동참하는 느낌을 자아냈고, 이보다 더 미국적인 것은 없어 보였다. 그리고 두 단어(애플과 컴퓨터)가 함께 있으면서 아주 재미있는 분리의 모습도 나타났다"(Isaacson 2011: 63). 애플의 초창기 브랜드 이미지는 지리적 결합을 상징하고 있는 것이었다. "베어 먹은 흔적이 남아 있는 사과는 풍부한 상상력을 자극했고, 오리지널 로고의 무지개는 캘리포니아 사회에서 혼합된 문화를 함축"했다(Chevalier and Mazzalovo 2004: 33). 차별화는 브랜드의 광고대행사 입장에서도 필수적인 것이었다. "우리 회사의 전략적 입장은 애플의 입지를 강화하는 것이었습니다. 브랜드에 대한 선호도를 더욱 높여야 했습니다. … 애플을 조심스럽게 다루어 이미지에 손상이 가해지지 않도록 했습니다. 애플이 단순한 컴퓨터 그 이상을 의미할 수 있도록 노력했습니다. [소비자들에게] 애플이 에너지의 원천으로 작용하길 원했습니다. 정제되지 않은 잡동사니를 가지고서는 이룰 수 없는 일입니다. 애플 브랜드가 최고의 선택이라고 보여 주려고 했습니다. 가격 경쟁력에만 집착하면 싸구려처럼만 보일 테니까요."([애플의 광고 대행을 맡았던] 샤이엇 데이(Chiat Day) 광고 에이전트 모리스 골드먼(Maurice Goldman), Moritz 2009: 66-7 재인용).

애플은 1978년 출시한 PC 모델 애플 II(Apple II)와 1984년 선보인 매킨토시(Macintosh: Mac)로 인정받은 시장 형성 혁신에 힘입어 성장했다. 사용이 간편하고 "단순하며 우아한 디자인의 … 애플 제품은 투박한 메탈 그레이 색상

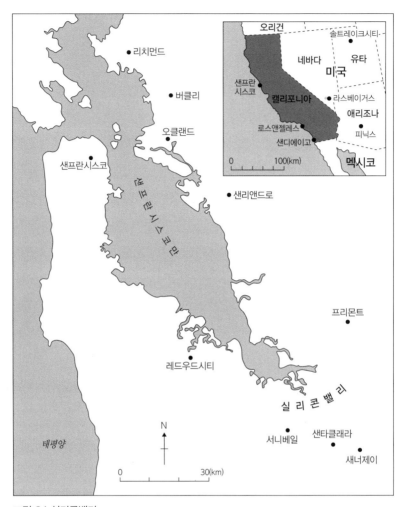

맵에 포함된 지명들:

리치먼드
버클리
오클랜드
샌프란시스코
샌리앤드로
샌프란시스코만
프리몬트
레드우드시티
실리콘밸리
태평양
서니베일
샌타클래라
새너제이

N
0   30(km)

오리건
솔트레이크시티
네바다   유타
미국
샌프란
시스코
캘리포니아   라스베이거스
애리조나
로스앤젤레스   피닉스
샌디에이고
0   100(km)
멕시코

그림 6.1 실리콘밸리

출처: David Houghton Cartographic Serivces

의 외관을 가진 다른 기기와 차별화"되었다(Isaccson 2011: 73). 그리고 애플
은 "1980년대부터 … 업계의 표준을 선도했다. … 애플 II 컴퓨터는 사무실 환
경에 잘 맞는 베이지색으로 디자인되었다. … 이러한 업무 환경이 실리콘밸
리 스타일과 동의어가 되었다"(브랜드 웹사이트 편집자, 2013년 저자 인터뷰). 특

히 애플은 브랜드의 차별화에 있어 세심한 노력을 기울였다. "단순하게 전자기기를 파는 업체가 되고 싶지는 않았습니다. 우리의 제품에는 차별화된 특징이 더욱더 많기를 원했고, 이것 때문에 사람들이 구매하길 바랐습니다. 컬트(cult) 제품을 만들고 싶었던 거죠. 소비자들이 실용성만큼이나 제품의 이미지에 매혹되길 원했습니다"(애플 마케팅 매니저 마이클 머레이(Michael Murray), Moritz 2009: 192 재인용). 다른 한편으로, 애플은 첨단기술 산업의 국제적 중심지로 새롭게 부상하고 있던 실리콘밸리와 강력하고 가치 있는 지리적 결합을 추구하면서도, 캘리포니아나 미국과도 결부된 오리지네이션을 이루고자 했다. 그 당시 "1980년대 … '메이드 인 아메리카'는 엄청난 것"이었는데, "일자리가 [해외로 이전해] 사라지면서 … 많은 사람이 미국에서 생산이 이루어지는 제조업을 원했기" 때문이다(브랜드 논객, 2013년 저자 인터뷰). 이에 애플컴퓨터는 1984년 캘리포니아 프리몬트에 새롭게 공장을 차려 매킨토시 PC를 생산했고, 스티브 잡스 주도로 '미국에서 만들어진 기계'라는 아이디어로 홍보하면서 '미국 첨단산업 제조업의 플래그십'이라는 칭송도 받았다(Sanger 1984: 1). 이는 1900년대 초반 자동차 제조업의 선구자 헨리 포드가 수직적 통합과 대중 마케팅을 통해 디트로이트에서 이루었던 업적을 상기시키는 이야기였다. "잡스는 대중을 위한 컴퓨터, 친숙한 인터페이스를 갖춘 컴퓨터를 만들었는데, 이 일에는 캘리포니아의 자동화된 대량생산 공장을 통해 수백만 명이 동참했다. … 이러한 꿈의 공장은 캘리포니아의 부품들을 빨아들여 매킨토시로 마무리됐다"(Isaacson 2011: 173).

그러나 애플의 초기 확장은 1980년대 초반에 들어서 다소 주춤했다. IBM이 마이크로소프트 윈도우(Microsoft Windows)와 인텔(Intel)의 마이크로프로세서를 기반으로 한 개방형 시스템을 가지고 PC 시장에 진출했기 때문이다. 이것이 업계 표준으로 자리 잡으면서 IBM은 시장 점유율을 빠르게 확대할 수 있었다. 이때부터 윈도우와 인텔이 결합한 '윈텔리즘(Wintelism)'이 경제와 비즈니스 모델의 요체로 등장하기 시작했다. 이러한 결합 모델은 최종 조립업체가 시장을 수직적으로 통제하는 방식에서 탈피하는 경쟁적 동력의 변화를 함의하는 것이었다. 윈텔리즘은 제품의 아키텍처, 부품, 소프트웨어를 포함하는 가치사슬 전반에서 시장 지배력의 분산을 지향했다(Borrus and Zysman 1997). 윈텔리즘과의 경쟁이 치열해진 결과, 1981~1984년 동안 애플은 매출과 순이익이 62%나 급감하는 위기를 경험했다. 이는 스티브 잡스가 애플을 떠나는 원인으로 작용했다(Yoffie and Rossano 2012). 동시에 쿠퍼티노의 애플 공장은 문을 닫았고, 애플의 경영진은 다른 회사들을 모방해 루틴화된 생산과 조립공정을 실리콘밸리에서 저비용의 미국 남부 선벨트 지역으로 이전하는 결정을 내리기도 했다. 1980년 텍사스 캐럴턴에 새로운 공장을 세웠고, 1985년에는 (캐럴턴 공장을 폐쇄하는 동시에) 콜로라도 파운틴에 또 다시 신규 공장을 설립했다(Prince and Plank 2012). 국제적으로는 시장 접근성 확대와 비용 절감을 위해 애플 제품의 생산을 유럽으로 확장했다. 애플 소유의 최초 해외 공장 중 하나가 1980년 아일랜드 코크(Cork)에 설립되었다. 초창기에는 키보드 생산에 주력하는 공장이었지만, 이후에 거의 1,000명까지 고용 노동자의 수가 늘었다(Healy 2012). 이와 더불어, 싱가포르에서는 애플이 직접 소유한 인쇄회로기판 제조 공장이 들어섰다(Prince and Plank 2012). 생산의 국제화에도 불구하고 애플 브랜드 매니저들은 '메이드 인 아메리카'의 오리지네이션은 그대로 유지했다. 브랜드 웹사이트 편집자의 발언에 따르면 "초창기 해외 조립공장과 관련된 오리지네이션은 없었고 … '메이드 인 아일랜드' 라벨 따위는 존재하지 않았다"(브랜드 웹사이트 편집자, 2013년 저자 인터뷰).

결과적으로 1990년부터 애플의 생산량은 증가했고, 매출, 시장 점유율, 금융 실적도 안정화되었다. 이는 강력하게 차별화된 브랜드와 프리미엄 가격으로 이루어 낸 성과였다. 하지만 1990년대부터 애플 고유의 유래나 실리콘밸리와의 지리적 결합은 위협을 받기 시작했다. 당시 애플의 고위 경영진은 "저가의 IBM 제품들과 정면 승부를 벌이도록 설계된" PC를 생산하고 "대중적인 매력을 지닌 저렴한 가격의 컴퓨터 생산업체로 변화시키며" 애플을 일류 기업으로 만들고자 했다(Yoffie and Rossano 2012). 규모를 확대해 시장의 주류가 되기 위해서는 비용 절감, 국제화, 복제형 Mac PC 생산을 위한 외부 제조사와의 라이선스 계약 등이 필요했다. 이에 따라 애플의 정규직 고용은 1995년과 1998년 사이에 절반가량 감소했고(그림 6.2), 생산은 캘리포니아 엘크그로브(Elk Grove)와 콜로라도 파운틴에만 집중됐다(Prince and Plank 2012). 그러나 애플 브랜드에 대해 차별화되지 못한 대중 시장 전략은 안정화되지 못했고, 1996년 순매출액의 하락과 금융 손실로 이어졌다(그림 6.3). 이에 새로운 경영진은 수익성 없는 시장 점유율 경쟁을 탈피해 더 높은 마진을 올릴 수 있도록 차별화와 프리미엄 가격 정책을 복원하기 위해 노력했다. 그리고 재구조화와 비용절감의 조치를 단행했는데, 여기에는 애플 소유 공장의 합리화와 국제적인 아웃소싱이 포함되어 있었다. 예를 들어, 1992년 회로기판 생산이 싱가포르로 이전되면서 아일랜드의 코크 공장에서는 400명의 노동자들이 일자리를 잃었다(Healy 2012). 콜로라도의 파운틴 공장은 애플용 Mac 생산을 위해 계약 생산업체인 SCI Systems에 넘겨졌다(Healy 2012). 싱가포르와 코크의 회로기판 공장도 계약생산업체들에게 매각되었다(Prince and Plank 2012). 그러나 애플은 마이크로소프트와 경쟁할 수 있는 새로운 운영체제가 없었을 뿐만 아니라, 제품의 라인업이 늘어나고 불명확해졌다. 그러면서 상업적으로 경쟁력을 갖춘 상품으로서 브랜드의 일관성이 와해되었다. 애플 경영진은 실리콘밸리와의 지리적 결합을 바탕으로 애플이 누렸던 차별화된 의미와 가치를 무시하고 주류의 시·공간 시장 환경에서 경쟁하려는 결정을 내렸던 것이다. 결과적

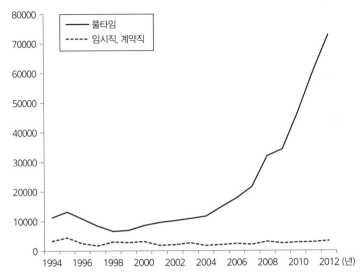

그림 6.2 고용형태에 따른 애플의 고용 변화(1994~2012년)

출처: 애플 10-연간 재무제표(1990-2012)

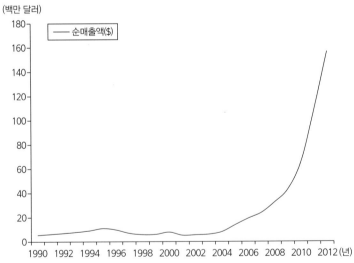

그림 6.3 애플의 연간 순매출액(1990~2012년)*

*명목가격 기준

출처: 애플 10-연간 재무제표(1990-2012)

오리지네이션

으로 전 세계 시장에서 애플의 점유율은 3%로 급락했고, 1996~1997년 애플은 16억 달러의 적자를 기록했다. 스티브 잡스의 회고에 따르면, 당시 애플은 "파산하기까지 90일 정도밖에 남지 않은" 상태였다(Isaacson 2011: 339 재인용).

회사와 브랜드를 구제하기 위해 스티브 잡스는 임시 CEO로 돌아왔다. 이에 따른 애플의 재활성화 노력은 브랜드의 오리지네이션을 실리콘밸리에 다시 연결하고 1990년대 후반과 2000년대의 새로운 시·공간 시장에서 의미와 가치를 재구성하는 데 초점을 맞추었다. 이 과정에서 세 가지의 중요한 변화가 일어났다. 첫째, '모바일 기기 회사'로 거듭나기 위해 스티브 잡스는 혁신적이고 글로벌 지향적인 새로운 전략과 사업 모델을 마련했다(스티브 잡스, McLaughlin 2010 재인용). 핵심은 애플 브랜드의 방향성을 재확립하고 PC가 퇴물이 되지 않도록 그것을 '디지털 허브(Digital Hub)'로 전환하는 것이었다.

> 매킨토시는 디지털카메라, 휴대용 뮤직플레이어, 디지털 캠코더를 사용하며 디지털 라이프 스타일에 정착하고 있던 소비자들에게 실질적인 이점을 제공했다. 휴대폰은 말할 필요도 없었다. Mac은 이러한 기기들을 통합하고 제어하며 가치를 부가하는 데 유리한 '허브'가 될 수 있었다. 잡스는 하드웨어와 소프트웨어 모두를 통제할 수 있는 것을 PC 업계에서는 얼마 남지 않은 애플만의 강점으로 보았다(Yoffie and Rossano 2012: 7).

이러한 변화를 위한 노력의 일환으로 애플은 기업명을 PC 기업의 뉘앙스를 풍기는 '애플컴퓨터'에서 '주식회사 애플(Apple Inc.)'로 변경했다. 이 브랜드의 정체성과 감각은 무지개 색 이미지를 대체하는 단색의 미니멀리스트(minimalist) 로고와 함께 새로워졌다(Kahney 2002). 스티브 잡스는 보다 '글로벌'한 모습의 브랜드를 제시하면서, 디지털 시대의 시·공간 시장 맥락에서 '글로벌' 수렴과 균질화 정도에 대한 나름의 해석을 내놓기도 했다. "저는 이렇게 생각합니다. 젊은이들에게 지금의 세상은 똑같아 보일 겁니다. 제품을 만들 때, 우리는 터키 사람들만을 위한 핸드폰을 만들지 않습니다. 터키의 청년들이 다른 곳의 젊은이들과 차이가 나는 뮤직플레이어를 원하지는 않을 겁니다. 우리 모두는 이제 하나의 세계에 있는 것이죠"(스티브 잡스, Isaacson 2011: 528 재인용).

둘째, 행위자들은 애플의 문화와 정신을 새롭게 하면서 애플의 가치와 실천을 되살리고자 했다. 이를 위해 실리콘밸리에 지리적으로 결합된 급진적인 혁신의 유산을 확립하는 동시에 단순함과 우아함에 초점을 맞춘 새로운 기초도 마련했다. 애플 브랜드의 "DNA에는 단일 버튼 마우스, 하나의 버튼을 장착한 아이폰(iPhone), 그래픽 기반의 사용자 인터페이스처럼 기술을 대중 시장에 쉽게 접근할 수 있도록 하고 매뉴얼이 없어도 … 바로 사용할 수 있는" 특성이 있다(브랜드 웹사이트 편집자, 2013년 저자 인터뷰). 애플의 새로운 접근은 1996년 6억 4백만 달러에서 2012년 28억 7,200만 달러로 증가한 연구개발(R&D) 지출에서 확인할 수 있다(Apple 2012). R&D는 "독특한 디자인의 브랜드 지위"를 가진 혁신적이고 상징적인 애플 신제품을 개발하는 데 초점을 맞추었다(Isaacson 2011: 348). 디자인은 브랜드 차별화의 필수적인 부분으로 격상되었으며, 애플의 산업디자인 수석 부사장을 역임한 조너선 아이브(Jonathan Ive)는 엔지니어링 주도의 생산 전략이 아닌 '형태는 기능을 따른다(form follows function)'는 디자인의 원칙을 추구했다(von Borries et al. 2011). 애플의 생산 관리는 "최고 품질로 설계하는 동시에 수백만 개의 제품을 빠르고 저렴하게 제작할 수 있도록" 재조정되었다(Duhigg and Bradsher 2012: 3). 이를 통해 애플은 저비용 생산으로 프리미엄 가격을 뒷받침할 수 있는 고부가가치의 정교하고 차별화된 디자인의 길을 개척했다. 이러한 전략은 애플이라는 이름 아래에서 일반 모듈 부품들의 혁신적인 조합과 패키징으로 나타났다(Froud et al. 2012). 그리고 애플은 "기본적인 기기와 … 디자인에 집중하고 … 동일한 제품을 개선해 연속적인 세대(generation)로 출시하면서" 초점을 반복하고 쓸데없는 차별화는 피하는 전략을 구사했다(브랜드 웹사이트 편집자, 2013년 저자 인터뷰). 이와 같은 새로운 전략은 1998년 아이맥(iMac)을 출시하는 "첫 번째의 진정한 쿠데타"(Yoffie and Rossano 2012: 4)로 상업적인 성공을 거두었다. 아이맥은 색상 옵션, 반투명 디자인, '플러그 앤 플레이(plug and play)' 기반의 사용자 편의성을 제공하며, 마이크로소프트와의 완전한 호환성도 갖춘 것이었다. 미국 시장에 초점을 맞춘 아이맥의 생산은 캘리포니아 엘크그로브에서 이루어졌다. 그리고 아웃소싱의 트렌드를 반영해 유럽 시장에서 판매되는 아이맥은 영국 웨일스에 위치한 LG전자 공장에서 외주 계약을 통해 생산되었다(Prince and Plank 2012). 애플 브랜드의 독특하고 차별화된 의미와 가치는 아이맥의 성공에 힘입어 재창조되었고, 아이팟, 아이폰, 아이패드와 같은 새로운 모바일 기기 부문에서 급진적인 혁신의 또 다른 궤적을 마련하는 밑바탕이 되었다.

셋째, 애플은 생산 관리의 방식을 수직적 통합형 모델에서 국제적 도달거리와 스케일에 기초한 수직적 분화형 모델로 전환했다. 경쟁의 심화와 극심한 비용 압박으로 애플은 이미 동아시아의 저비용 계약생산업체에게 아웃소싱하는 경쟁업체에게 밀리는 상황이었다(Mudambi 2008). 예를 들어, 1990년 대 초 엘크그로브의 애플 소유 공장에서 생산된 아이맥은 1,500달러에 판매되었다. 이곳에서 (원자재 가격을 제외한) 제조비용은 22달러에 달했는데, 이는 싱가포르의 6달러, 타이완의 4.85달러에 비하면 엄청나게 높은 것이었다. 이러한 차이의 주원인은 총원가에서 상대적으로 낮은 비중을 차지하는 인건비

라기보다는 재고관리와 생산성 차이에 있었다(Duhigg and Bradsher 2012: 8). 이와 같이 생산 경제가 전환되면서 애플 브랜드의 글로벌 가치사슬이 재편됐다. 그리고 애플 사업부 간의 기능적 전문화와 국제적 통합도 개선되었다. 핵심 소프트웨어 개발자들은 쿠퍼티노에 위치한 인피니트 루프 캠퍼스(Infinite Loop Campus)에 남았다. 이러한 입지는 애플이 세계적으로 기획한 제품과 서비스의 설계, 개발 및 혁신이 실리콘밸리와 지리적 결합을 이루며 오리지네이션될 수 있도록 했다. 이와 달리, 미국과 유럽에 입지했던 기존 생산시설들은 모두 폐쇄되었다. 엘크그로브의 마지막 생산라인은 2004년에 235개의 일자리를 없애면서 문을 닫았다(Prince and Plank 2012). LG전자의 아이맥 하청 생산은 대당 150~200달러의 비용을 절감하라는 애플의 요구를 수용하지 못해 철회되었다(Smith 2000). 엘크그로브와 아일랜드의 코크와 같은 일부의 기존 생산시설은 소비자 중심의 서비스 기능을 담당하는 곳으로 전환되었으며, 이에 따라 코크의 고용 규모는 2012년 3,000명 이상으로까지 증가했다(Healy 2012). 다른 한편으로, 진단 엔지니어링은 싱가포르로 아웃소싱되었다(Duhigg and Bradsher 2012). 애플은 당시에 성공적이었던 델(Dell)의 비즈니스 모델을 전격 수용해 제조와 유통 모두를 아웃소싱하는 BTO(Build to Order) 시스템을 마련했다. 결과적으로 애플 제품의 모든 조립공정은 소수의 주요 계약생산업체에게 아웃소싱되었다. 애플 디자이너는 저자와의 인터뷰에서 다음과 같이 설명했다.

중국으로의 생산 공정 이전은 자연스러운 것입니다. 우리는 이미 타이완에서 공장을 소유한 일본 회사들과 함께 일을 하고 있었습니다. 우리는 [제품의 구성 물질을] 금속으로 바꾸고 싶었고, 이것의 공급망은 대부분 중국에 있었어요. 일은 [미국 기업] 알코아(Alcoa)와 함께 시작했지만,

이 기업에게 샘플을 주지 않았습니다. … 그들은 빠르게 반응하지 못했어요. 반면, 폭스콘(Foxconn)의 테리 골(Terry Gall)은 무슨 일이든 들어주었고 애플의 문제를 아주 잘 해결해 주었죠(브랜드 웹사이트 편집자, 2013년 저자 인터뷰).

애플의 주요 계약생산업체에는 타이완의 폭스콘과 콴타컴퓨터(Quanta Computer)가 포함되어 있다. 이 기업들은 아시아, 브라질, 동유럽, 멕시코에서 공장을 운영하고, 아마존, 델, 휴렛팩커드, 모토로라, 닌텐도, 노키아, 삼성, 소니와도 공급 계약을 맺고 있다(Duhigg and Bradsher 2012: 5). 이들 최상위 계약생산업체는 애플 신제품의 기능과 브랜딩에 필수적인 전문 부품 공급업체들이 포함된 하층위의 공급사슬을 관리한다. 이러한 부품들에는 켄터키에 위치한 코닝사에서 공급하는 터치스크린 기기용 '고릴라 글라스', 텍사스 오스틴에 위치한 삼성 웨이퍼 공장에서 생산하는 고성능 반도체가 포함되어 있다.

결과적으로, 오늘날 애플 브랜드 제품은 정교화된 국제적 공급사슬에 의존한다(표 6.1). 이 중 많은 공급업체가 미국, 타이완, 일본 등에 본사를 두고 있다(그림 6.4). 소재와 관련해서는 45개 공급업체 중 21개가 캘리포니아에 있어서 실리콘밸리와의 강력한 지리적 결합이 나타나고 있다. 아이폰과 같은 애플 제품의 경우 "버전마다 부품은 다르지만, 모든 아이폰은 수백 개의 부품으로 구성된다. 그중 약 90%는 해외에서 생산된 것이다. 첨단 반도체는 독일과 타이완, 메모리는 한국과 일본, 디스플레이 패널과 회로는 한국과 타이완, 칩셋은 유럽, 희귀금속은 아프리카와 아시아에서 공급되고 있다. 그리고 이 모든 것이 중국에 모여서 조립된다"(Duhigg and Bradsher 2021: 1). 버버리의 '국가적' 오리지네이션이 국제적인 생산의 지리적 결합과 동시에 나타나는 것처

표 6.1 아이폰4 16GB 모델의 주요 부품별 단가(2012년 기준*)

대분류	소분류	가격(미국 달러)
디스플레이/카메라	디스플레이	28.50
	터치스크린	10.00
	카메라	9.75
메모리	플래시메모리	27.00
애플리케이션 프로세서	D램	13.80
	애플리케이션 프로세서	10.75
	마이크 애플리케이션/프로세서	0.50
주파수 대역	베이스밴드	11.72
	마이크 RF 부품	8.25
	메모리	2.70
	송수신기	2.33
연결	와이파이/블루투스	7.80
	GPS	1.75
	마이크 연결	0.80
인터페이스와 센서	마이크 인터페이스 센서	3.80
	자이로스코프	2.60
	터치스크린 컨트롤러	1.23
	오디오 코덱	1.15
	전자 나침반	0.70
	가속도계	0.65
기타	기타 부품	10.80
	기타 RF 부품	5.50

*명목가격 기준
출처: iSuppli(2013)

럼(제5장), 애플 브랜드의 생산 재조직화의 논리도 저임금 지역으로 아웃소싱되는 간단한 이야기만은 아니다. 첨단기술 전자제품 부문에서 비용 구조는 전문화된 부품뿐만 아니라 전반적인 공급사슬 관리에서의 재화나 서비스 공급업체들과의 통합을 기반으로 결정된다(Mudambi 2008). 아이폰의 경우, 디스플레이, 카메라, 메모리가 비용의 측면에서 가장 높은 비중을 차지하는 부

오리지네이션

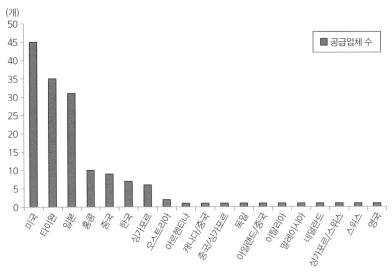

(개)

그림 6.4 애플 공급업체의 본사 위치(2012년 기준)

* 캘리포니아 포함

출처: Apple Supplier List(2013)

품에 해당한다(표 6.1). 애플의 새로운 생산 전략에는 다음과 같은 '린(lean)' 방식의 공급사슬 재구성이 필수적인 것으로 나타나고 있다.

애플은 주요 공급업체의 수를 100개에서 24개로 줄였다. 이들이 애플의 사업에 지속적으로 참여하려면 보다 나은 거래 조건을 제시해야만 했다. 그리고 애플은 공급업체가 애플 공장 인근에 입지하도록 설득했다. 애플이 19개 창고 중 10개를 폐쇄하는 결정을 내렸기 때문이다. 이처럼 재고가 쌓일 수 있는 장소를 줄였다. … 애플컴퓨터를 만들기 위한 생산 공정을 4개월에서 2개월까지 단축했다. 이러한 정책들을 바탕으로 비용을 절약했을 뿐만 아니라, 새로운 컴퓨터를 출시할 때마다 그에 적합한 최신 부품을 사용할 수 있게 되었다(Isaacson 2011: 361).

새로운 방식의 아웃소싱 생산에도 불구하고 애플의 직접 고용은 1998년 6,558명에서 2012년 72,800명으로 급격하게 증가했다(그림 6.1). 애플은 현재 직접 고용하는 50,250명을 포함해 미국에서만 307,250개의 일자리를 창출하고 있다. 미국 이외의 지역에서는 22,550명만을 고용하지만, 애플에게 상품이나 서비스를 제공하는 공급업체에서 257,000개의 일자리를 창출하고 있다(Apple 2013). 주요 계약생산업체의 인력은 70만 명에 이를 것으로 추정되는데, 이들은 "아이패드와 아이폰을 비롯해 애플의 제품을 계획, 제작, 조립하는 데 참여한다. 그러나 그들 중 거의 아무도 미국에서 일하지 않는다. 대부분은 아시아, 유럽 등의 해외 기업에서 일하며, 전자제품 디자이너들은 그런 공장들에 의존하며 자신의 상품을 설계한다"(Duhigg and Bradsher 2012: 1). 이와 같이 지리적으로 불균등한 발전에서 애플의 숙제는 착취적인 노동 조건, 노동자 자살, 노동 불안 등의 문제를 해결하는 것이다. 이 문제는 2010년 중국 남부에 위치한 폭스콘의 주요 조립공장에서 노동조합의 설립을 요구하는 노동자들의 시위가 퍼져 가면서 극에 달했다(Hille and Jacob 2013). 당시 폭스콘은 애플의 최신 아이폰과 아이패드 제품에 대한 국제적 수요의 급증에 대응하기 위해 고군분투하고 있었다. 그래서 애플은 공급의 연속성을 확보하고 노동 임금의 상승을 억제하고자 했다. 이를 위해 폭스콘이 생산의 허브를 광둥성의 선전에서부터 중북부의 안후이, 젠시, 후베이 등을 비롯한 저비용 지역으로 옮겨 가도록 유도했다(Hille 2010).

이러한 국제적인 생산의 아웃소싱 때문에 애플 브랜드 상품이 미국에 근거한다는 주장을 방어하는 것은 매우 어려운 일이 되었다.

해외에서 노동자의 임금이 더 저렴하다는 사실만의 문제는 아니다. 애플의 경영진은 해외 공장의 방대한 규모와 그곳 노동자들의 유연성, 근면성, 산업 숙련도는 이미 미국을 앞질렀다고 믿고 있었다. 그래서 '메이드 인 USA'는 더 이상 애플 제품에 대한 최선책이 아니라고 생각했다(Duhigg and Bradsher 2012: 1).

주력 브랜드 제품의 오리지네이션에서 미묘한 변화는 다양한 활동들의 공간적 조직에 반영되어 나타나고 있다. **캘리포니아 애플의 디자인으로 중국에서 조립**(Designed by Apple in California, Assembled in China)'의 오리지네이션은 쿠퍼티노에 위치한 애플 본사와 인피니트 루프 R&D 캠퍼스에서 혁신, 디자인, 엔지니어링이 이뤄지는 사실을 전 세계의 현명한 소비자들에게 각인시키고 있다. 이는 동시에 실제 조립은 중국에서 이루어진다고 인정하면서 차별화된 프리미엄 가격과 효율적인 생산을 통해 보다 높은 수익 창출을 추구한다고 말하는 것이다. 이러한 오리지네이션은 애플의 전략에 부합한다. 내부자의 말에 따르면, 애플은 이미 "회사의 실질적인 가치와 핵심이 무엇인지를 살펴보았고 … 쿠퍼티노의 본사가 … 책임지고 있는 … 디자인을 … 기업의 핵심으로 파악"했기 때문이다(기술 편집자, 2013년 저자 인터뷰). "세계의 아이디어 중심으로부터 탄생시킨 제품 … 즉 i-제품군을 통해 … 프리미엄 가격을 유지"하기 시작한 이후로 애플의 목표는 실리콘밸리의 뿌리를 소비자들의 마음속에 강화시키는 것이었다(전략 경영학 교수, 2013년 저자 인터뷰). 그러나 이러한 오리지네이션은 미국의 애플 제품 소비자들 사이에서 오해를 불러일으켰다. 미국 소비자 대부분이 해외에서 부품이 제조되는 사실을 알았지만, 이들 중 50% 이상이 애플 제품의 일부는 미국에서 생산된다고 믿었다. 20% 미만의 사람들이 해외에서 전량 생산되는 것으로 생각했고, 약 8% 정도는 미국에서만 생산된다고 확신했다(Connelly 2012).

최근 들어 애플의 비즈니스 모델은 비판에 직면하게 되었다. 2008년 글로벌 금융위기가 발생하고, 그에 따라 미국 내수 경제와 관련해 산업적 능력과 역량, 투자와 일자리 창출의 문제, 세수(稅收)와 회복에 대한 전략적 우려가 생겨났기 때문이다(Froud et al. 2012). 『뉴욕타임스』의 찰스 두히그와 키스 브래셔(Charles Duhigg and Keith Bradsher 2012: 1)는 애플의 비즈니스 모델을—1990년대의 '윈텔리즘'(Borrus and Zysman 1997)에 필적하는—'아이폰 경제' 또는 'i경제'로 불렀다(Lazonick 2010). 당시 미국에서는 중산층이 위축되고, 미국 경제에 대한 중산층의 신뢰 역시 무너지고 있었으며, 정부 지출은 턱없이 부족해 경기 회복을 가로막고 있었다. 이런 가운데, 백악관 경제보좌관을 역임한 재러드 번스틴(Jared Bernstein)은 비난의 화살을 애플이라는 유명 브랜드로 돌렸다. "애플은 미국에서 중산층 일자리를 창출하는 것이 왜 그렇게 어려운지를 보여 주는 사례입니다. … 만약 이것이 자본주의의 절정이라면 우리는 걱정해야 할 것입니다"(Duhigg and Bradsher 2012:2 인용). 줄리 프라우드 등(Julie Froud et al. 2012)은 아이폰의 총생산비에서 상대적으로 낮은 인건비의 비중을 지적하면서, 아이폰의 생산이 미국에서 이루어지면 대당 65달러의 추가 비용이 발생하고 애플의 대당 이익은 수백 달러 감소한다고 언급했다(Duhigg and Bradsher 2012). 애플 경영진은 미국이 아시아의 선도 계약생산업체 공장의 속도, 대응력, 규모, 기술 고도화, 풍부한 엔지니어링 능력, 유연성을 따라갈 수 없다고 생각했다. 애플 경영진은 첨단기술 부문에서 기술 주도의 경쟁이 치열하다는 점에 주목하며, 이윤 극대화의 최우선 과제를 위해 혁신 투자 자금을 조성하는 것을 염두에 두었다(Duhigg and Bradsher 2012). 그러나 '리쇼어링(re-shoring)'의 물결이 일면서 제조업의 중심이 선진 산업국가로 또 다시 기울어지고 있다(Christopherson 2013). 이에 애플 CEO인 팀 쿡(Tim Cook)은 애플의 역사적 오리지네이션으로 되돌아가 애플컴퓨터 생산의 일부를 중국에서 미국으로 되가져올 것이라고 약속했다. 캘리포니아 앨러미다 카운티에서 타이완의 콴타컴퓨터가 소유한 프리몬트 공장이 매킨토시 컴퓨터의 새로운 조립공장으로 확인되었다(*The Economic Times* 2013). 이곳은 실리콘밸리에 속하는 장소이다.

요컨대, 애플을 '글로벌 브랜드'로 만드는 작업은 어디에서나 나타나는 '무장소성'의 속성을 가진 것이 아니며, 행위자들은 캘리포니아의 실리콘밸리라는 특정한 장소와 지리적 결합을 통해 의미와 가치를 창출하려 노력한다(기술 편집자, 2013년 저자 인터뷰). 이러한 시·공간 상황에서 브랜드의 차별화된 특성, 정신, 미래 전망이 생성된다. 맨 처음 등장했던 '메이드 인 아메리카'의 오리지네이션은 애플 브랜드의 초기 성장을 뒷받침했다. 그러나 실리콘밸리와의 지리적 결합은 치열해진 경쟁, 기술과 시장의 변동 맥락에서 약화되었다. 애플은 그러한 변화 속에서 탈중심화와 국제화된 생산을 추구하며 동질화된 대량 시장에서 점유율을 높이고 상업이나 재무 압박에서 벗어날 수 있기를 원했기 때문이다. 이러한 위기에 대응해 실리콘밸리에 근거한다는 차별화된 의미와 가치를 추구하며 브랜드를 리오리지네이션(re-origination)하면서 재활성화하려는 노력이 이루어졌지만, 이는 1990년대 후반과 2000년대에 새로워진 시·공간 시장의 맥락에서 국제화의 방향으로 재편되었다. 일례로, 하드웨어와 소프트웨어를 통합한 모바일 기기의 혁신에 초점을 맞추면서 애플 PC는 디지털 허브로 재프레임되었다. 실리콘밸리에서 급진적 혁신의 유산으로 점철된 애플의 문화와 정신은 집중, 단순성, 디자인 주도의 엔지니어링을 추구하는 방향으로 선회했다. 그리고 애플은 국제적 스케일에서 수직적 분화형의 생산 모델을 새롭게 마련하면서 조립 부문에서 비용 효율성을 보유한 선도적 계약생산업체를 중심으로 글로벌 가치사슬을 통합해 관리하는 방식을 채택했다. 이에 따라 애플의 오리지네이션은 '메이드 인 아메리카'에서 '캘리포니아 애플의 디자인으로 중국에서 조립'으로의 미묘한 변화를 겪었다. 애플이 국제적 스케일에서 지리적 불균등발전을 악화시키고 있음을 보여 주는 모습이다. 이는 미국 경제와 관련해서도 경제적 역량, 투자, 일자리 창출, 회복에 대한 심각한 우려로 이어졌다. '아이폰 경제'나 'i경제'로 불리는 비즈니스 모델의 영향력이 커지면서 생겨난 역효과의 단면을 드러내는 이야기이다.

'글로벌'의 유통

애플의 오리지네이션에 관여하는 행위자들은 의미 있고 가치 있는 지리적 결합을 관리하기 위해 노력해 왔다. 이러한 노력은 실리콘밸리의 국제적 사업 모델과 생산 방식의 관계적 네트워크와 더불어 시·공간 시장 환경에서의 홍보 활동을 통해서도 이루어졌다. 애플 창업 당시 "다른 사람들과는 달리" 스티브 잡스는 "제품의 형태와 스타일은 제품의 브랜드에 기여한다는 것을 이해"하고 있었다(Isaacson 2011: 193). "1940년대에 자유로운 영혼을 갈구하는 움직임부터 백설공주가 깨물어 먹은 사과 모양의 디자인을 잡스와 하르트무트 에슬링거가 만들었던 1980년대까지 브랜드 이미지는 캘리포니아 스타일의 정수"로 이야기되었다(브랜드 웹사이트 편집자, 2013년 저자 인터뷰). 애플은 차별화를 위해 "비교 차트 같은 것을 이용해 기능, 장점, 램(RAM)의 성능 따위"를 강조하지 않았고 "감성만을 가지고 소통"하려 했다(스티브 잡스, Moritz 2009: 123 재인용). 이러한 브랜드 중심의 광고는 애플 창립 때부터 유통 전략에서 중심을 차지했다. 스티브 잡스는 "모든 애플 기기를 위한 일관된 디자인 언어 만들기"를 추구함으로써 차별화된 브랜드의 디자인을 국제적 수준에서 인정받았다. "디터 람스(Dieter Rams)를 영입했던 독일 기업 브라운처럼" 애플도 "세계적인 수준의" 디자이너를 영입하고자 했다(Isaacson 2011: 132).

독일의 모더니스트 산업 디자이너 디터 람스는 '적지만 더 나은(Wenigeraber besser)' 디자인의 원칙을 개척했던 인물이었다. 이러한 디자인 언어는 보편적이고 국제적으로 접근 가능한 모더니즘을 지향하면서도 고유한 지리적 결합의 속성을 가지고 있었다. 예를 들어, 독일 바우하우스(Bauhaus)는 '여백과 기능의 철학'을, 일본의 소니는 '시그니처 스타일과 기억에 남는 제품 디자인'을 추구했다. 같은 맥락에서 실리콘밸리에 뿌리를 둔 애플은 '깔끔한 라인과 형태'로 표현된 합리성과 기능성을 중심으로 의미와 가치를 창출하며, 이것을 '대량생산 역량'과 결합했다(Isaacson 2011: 126). 애플의 브랜드 경영은 때때로 중복되고 복잡한 지리적 결합의 오리지네이션을 드러내면서 특별한 감성을 불러일으키는 데 집중했다. 이를 위해 애플은 소니 트리니트론 TV를 디자인했던 독일 디자이너 하르트무트 에슬링거의 영입을 결정했다.

독일인임에도 불구하고 에슬링거는 '**캘리포니아 글로벌**(California global)' 모습을 연출할 수 있는 '미국 태생의 애플 DNA 유전자'가 있어야 한다고 말했다. '할리우드와 음악, 약간의 반항적인 태도, 자연스러운 섹스어필'의 영감이 필요하다고도 이야기했다. 그가 제시한 가이드는 '형태는 감정을 따른다(form follows emotion)'는 것이었다. 형태는 기능을 따른다는 친숙한 이야기를 활용했던 것이었다. … 잡스는 캘리포니아로 이주하는 조건을 달아 에슬링거에게 계약을 제시했다. … 이에 따라 에슬링거의 회사인 프로그디자인은 1983년 중반 팔로알토에서 창립했고, 애플과는 연간 120만 달러의 계약을 맺었다. 그 이후로 모든 애플 제품에는 '캘리포니아 디자인'의 자랑스러운 선언문이 포함되었다(Isaacson 2011: 133, 강조 추가).

'캘리포니아 글로벌'의 오리지네이션은 캘리포니아의 특정한 영토적 스케일과 '글로벌'이라는 용어가 함축하는 국제적 수준에서의 관계적 네트워크 **모두**를 포함하는 지리적 결합으로 이루어져 있다. 세계적인 야망을 가진 애플에 대해 전략경영학 교수 한 명은 다음과 같이 말했다. "캘리포니아화 (Californification)라는 이미지를 가지고 있었습니다. … 그들은 디자인에서 그것을 이용했지요. … 그들은 어디 출신일까요? … 미국이 아닌 캘리포니아였습니다. … 실리콘밸리는 힙함(hipness)의 특징을 가진 곳입니다. … 이것이 애플 제품의 정수가 된 것이죠"(2013년 저자 인터뷰).

애플 브랜드의 초기 유통은 주요 비즈니스 논객과 언론인의 네트워크에서 힘을 얻었다. 독특하고 기억에 남는 광고 캠페인을 통해서도 브랜드 인지도를 쌓았다. 1970년대 후반 창립기의 빅토리아풍 오리지널 애플 로고의 사용은 중단되었다. 좀 더 폭넓은 매력을 추구하기 위해 한입 베어 먹은 사과 모양과 여섯 개의 무지개 색 줄무늬로 이루어진 브랜드 로고를 새롭게 도입했다. 유통 전략은 1980년대와 1990년대에 걸쳐 애플의 성장과 쇠퇴의 과정을 거치면서 점진적으로 변해 갔다. '애플 마케팅 철학'은 소비자 니즈(needs)에 공감하고 브랜드에 초점을 둔 가치와 원칙을 주입해 만들어졌다(애플컴퓨터 전 CEO 마이크 마쿨라(Mike Markkula), Isaacson 2011: 78 재인용). 이에 관여하는 행위자들은 애플 브랜드가 유통되는 시·공간 시장의 환경을 지속적으로 (재)설정하려고 노력했다. 예를 들어 1980년대 초의 PC 시장 부문은 "용감하고 반항적인 애플과 골리앗 IBM 양자 간 경쟁"으로 그려졌으며, 이는 "애플만큼 잘 나가던 코모도어, 탠디, 오스본 등을 부적절한 기업으로 격하시키는 효과를 낳았다"(Isaacson 2011: 134).

1990년대 후반 금융위기의 상황에서 애플 브랜드는 독창적인 차별성과 시장 지위를 상실했다. 동질화된 대중 시장에 진출해 저가 경쟁에 참여하면서 실리콘밸리의 혁명적이고 혁신적인 감각에 지리적으로 결합되어 있었던 오리지네이션의 의미와 가치는 약화되었다. 업계 논객 마이클 고베(Michael Gobe)에 따르면 애플 "브랜드는 거의 사라진 것이나 마찬가지였다. 이것이 애플이 리브랜딩을 추구한 이유 중 하나이다"(Kahney 2002: 1 재인용). 스티브 잡스의 복귀 후 브랜드 유통에서 최우선순위는 "애플의 무기력하고 실추된 이미지에서 벗어나는 것"이었다(Yoffie and Rossano 2012: 4). 무엇보다 잡스는 애플이 문화적인 힘을 가지기를 원했다. 브랜드의 의미와 가치를 새롭게 하고 국제화하는 데 있어 실리콘밸리와의 지리적 결합을 통해 혁명적 정신을 다시 불어넣고 애플의 차별성을 재조명하는 것이 가장 중요했다.

애플의 유통 전략은 여섯 가지 방식으로 변화했다. 첫째, 신제품, 특히 모바일 기기의 마케팅에서 마이크로소프트 윈도우와의 호환성과 상호운용성을 강조했다. 그리고 하드웨어와 소프트웨어가 통합된 애플의 세계로 소비자들을 끌어들이고, '패션 케이스부터 도킹 스테이션까지 다양한 액세서리'를 제공하는 브랜드 '생태계'를 만들었다(Yoffie and Rossano 2012: 8). 둘째, 제품 범위를 핵심 영역으로 좁혀 집중하는 합리화 방안을 마련했다. 셋째, 디지털 허브 전략과 혁신적인 모바일 기기를 통해 애플 브랜드의 현대화를 도모하며, 실리콘밸리와 지리적 결합을 이루는 오리지네이션을 통해 애플이 "혁신과 젊음을 자아내도록" 새로운 포지셔닝을 마련했다(스티브 잡스, Isaacson 2011: 392 재인용). 독특하고 단순한 흰색 제품의 실루엣과 이어폰을 사용해 아이팟 광고를 제작했는데, 여기에는 다양한 컬러의 배경에서 춤을 추는 사용자가 등장한다. 이는 아이팟을 다양한 개인, 사회, 문화의 정체성에 위치시키며 "여러 국가와 문화와 잘 어울리는" 음악적 취향으로 승화하기 위한 것이었다(Hollis 2010: 180). 이는 '아이팟 컬트'를 낳기도 했다(Kahney 2005). 넷째, "신제품 출시를 국가적 열광의 순간으로 만들기 위해"(Isaacson 2011: 151) 출시 행사를 활용했고, 애플 사용자, 소비자, 판매자, 미디어뿐 아니라 브랜드에 발을 들여놓지 않은 사람들 사이에서도 구루(guru)와 같은 스티브 잡스의 입지와 위상을 이용하며 증폭시켰다. 다섯째, "실리콘밸리 정신의 구현"을 통해 애플의 혁신적이고 혁명적인 느낌은 "다른 컴퓨터 브랜드에 대해 힙(hip)한 대안"으로 재조명되었다(기술 편집자, 2013년 저자 인터뷰). 광고는 컴퓨터 비즈니스나 사용자 미디어를 넘어 '대중잡지와 패션잡지'에도 실렸다(Yoffie and Rossano 2012: 4). 마지막으로 여섯째, 애플 웹사이트는 상호작용과 주문, 판매와 유통 채널로서의 기능에 초점을 맞추어 운용되었다. 이러한 유통 전략은 애플에게 1990년대 후반 '브랜드 회복의 길'을 열면서 반전의 계기를 마련해 주었다(샤이엇 데이 크리에이티브 디렉터 리 클라우(Lee Clow), Isaacson 2011: 143 재인용). 애플은 "세계에서 가장 상징적인 브랜드 중 하나"로 성장해 "애플 로고는 중국에서 가장 빈곤한 농민조차도 알아볼 정도로 모두가 … 인식"하는 것이 되었다(브랜드 웹사이트 편집자, 2013년 저자 인터뷰). 브랜드 유통에서 중요한 사항은 유통에 참여하는 행위자들이 단순히 기능적인 사용 가치를 가진 제품의 차원을 넘어 애플을 더 넓은 개념과 상징으로 (재)구성한다는 점에 있었다.

애플은 감성적인 매력을 내세워 톱5 안에 드는 브랜드가 되었다. 하지만 사람들에게 애플의 특징을 상기시키는 것도 필요했다. 그래서 애플은 제품이 나오는 광고가 아니라 브랜드 이미지 캠페인을 벌였다. 컴퓨터의 작동이 아니라 창조적인 사람들이 컴퓨터로 할 수 있게 된 일에 환호하는 광고를 내세웠다(Isaacson 2011: 328).

애플 브랜드 상품과 서비스의 유통 시스템은 새로 도입된 애플스토어와 웹

오리지네이션

사이트를 통해 이루어지는 직접 공급 방식으로 바뀌었다. 이를 지원하기 위해 생산, 물류, 배송 네트워크를 통합했다. 간접 공급은 소규모 아웃렛이 아니라 전국적 체인망을 가진 업체만을 중심으로 이루어졌다.

애플의 국제적인, 심지어 '글로벌' 차원의 유통, 높은 인지도와 상업적 성공은 이를 비판하는 행위자들로부터 도전을 받고 있다. 이러한 글로벌 차원의 유통은 사회적, 공간적, 환경적으로 불평등을 낳았고 오늘날 자본주의의 지속 불가능한 특성을 드러냈기 때문이다(Klein 2010). 애플은 지속 불가능한 글로벌 생산과 소비 패턴의 상징을 가진 브랜드로서 시위의 대상이 되었는데, 여기에는 광고의 의미를 전복하는 '애드버스팅(adbusting)' 활동도 포함된다(Adbusters 2012). 예를 들어, '다르게 사고하라(Think Different)'는 애플의 광고 캠페인의 이미지는 변형된 이미지와 메시지로 재유통되었다. 예를 들어, 'Think Really Different'의 슬로건과 함께 있는 스탈린의 사진, 'Think Doomed'의 띠를 두른 해골로 변형된 애플 로고 등이 등장했다(Klein 2010). 애플의 주요 계약생산업체들에 대해서는 열악한 근무 조건, 저임금, 장시간 노동, 독자적인 노동조합 대표의 부재 등에 대한 우려가 쏟아져 나왔다. 폭스콘의 직원 23만 명은 일반적으로 12시간의 교대근무를 주당 6일씩이나 하면서도 하루에 17달러도 벌지 못한다는 사실이 알려졌다(Duhigg and Bradsher 2012: 5). 중국 선전의 '폭스콘 시티(Foxconn City)'라 불리는 회사 기숙사에서는 직원을 수용하며 적절하지 못한 식당, 기초 건강 서비스, 보안의 사회적 인프라를 제공하는 사실도 알려졌다. 이러한 관행은 애드버스터(Adbusters) 등 캠페인 그룹들 사이에서 노동 집약, 통제, 지배, 착취에 대한 반대 운동을 촉발시켰다. 애드버스팅 커뮤니티는 'i노예' 이미지를 만들어 애플 브랜드의 유통 전략을 비난하기 시작했다. 이처럼 애플의 노동 착취를 부각하면서 소비자들 사이의 인식을 높이고 개선의 조치를 촉구하는 운동이 확산되고 있다.

이는 브랜드의 의미와 가치를 훼손할 위험이 있는 바람직하지 않은 지리적 결합의 취약성을 드러내는 신호라 할 수 있다. 노동 문제에 대한 미디어의 관심과 일반 대중의 원성이 커지면서, 애플은 공정노동연합(Fair Labour Association) 등과의 협력을 통해 공급업체의 노동 조건과 관행에 대한 감시 활동을 더욱 강화하였다(Hille and Jacob 2013).

이와 같이 애플의 '글로벌'한 유통에서 긴장관계와 그에 대한 조정은 필연적으로 나타나고 있다. 이러한 문제는 국제적 홍보와 도달거리의 관계적 네트워크와 실리콘밸리라는 특정 장소에 지리적으로 결합한 의미와 가치 사이에서 발생한다. '캘리포니아 글로벌'의 오리지네이션을 통해 애플은 한편으로 캘리포니아의 영토(특히, 실리콘밸리)와 지리적 결합을 이룬다. **동시에** 다른 한편에서는 관계적 네트워크나 글로벌의 공간순환과도 연결된다. 일부 논객들은 "애플이 … 실리콘밸리를 뛰어넘는 버즈(buzz)와 문화적 연결고리를 창출함에 따라 … 세계 곳곳의 소비자들은 애플을 비지리적인 브랜드"로 이해한다고 말한다(브랜드 해설자, 2013년 저자 인터뷰). "쿠퍼티노나 미국에 살지 않아도 애플을 통해 컴퓨터 산업의 창조 정신과 역사에 공감"하는 사람이 많다고 주장하는 이들도 있다(Beveralnd 2009: 150). 애플은 다양한 유통의 기술과 실천의 통로로 그들의 차별성을 명확히 표현하고 재현한다. 그러나 균등화된 대중 시장에서 저가 경쟁을 벌이면서 그들이 지닌 특색을 약화시키며 위기에 빠진 적도 있었다. 1990년대 후반부터 혁신적이고 혁명적인 정신을 되살리고, 실리콘밸리 브랜드로서의 'DNA'와 역사·지리적 결합을 추구하면서 애플 오리지네이션의 재구성을 모색해 왔다. 결과적으로 퇴색되었던 브랜드의 의미와 가치의 부활을 이끌어 냈다. 브랜딩 행위자들은 보다 광범위한 문화에서 감정적 어필을 형성할 수 있도록 개방적인 마케팅 접근, 드라마틱한 출시 행사와 홍보, 통합된 디지털 허브로서 애플 '생태계'의 강화, 혁신과 젊음을 함의하는 새로운 모바일 기기의 주도적 역할 등을 활용하기도 했다. 애플은 또한 글로벌 도달거리를 넓히고 위상을 높이려고 노력했다 이를 위해 국제 마케팅, 온라인 판매와 서비스의 제공, 독특한 디자인 주도의 광범위한 아웃렛 네트워크의 수단을 활용했다. 그러나 국제적 인지도가 높아지면서 애플 브랜드는 활동가나 불만을 품는 사람들 사이에서 경합과 전복의 대상이 되기도 했다. 애플이 문화적, 생태적, 경제적, 정치적, 사회적 불평등과 지속 불가능한 현대 자본주의의 상징처럼 받아들여지고 있기 때문이다.

'글로벌'의 소비

구매와 소비를 촉진하는 초창기 애플의 상업적 성공은 실리콘밸리에 기초한 오리지네이션에서 비롯되었다. 독특하고 차별화된 디자인을 갖춘 애플의 혁신적인 제품과 고객 서비스는 높은 가격과 수익률을 뒷받침했다. 기술경영 역사에서 애플의 차별성은 다음과 같다.

> 애플만이 실리콘밸리 특유의 뿌리를 가지고 있습니다. … 다른 OEM 기업들은 그렇지 않았죠. 델은 텍사스, 컴팩은 텍사스의 휴스턴, 마이크로소프트는 시애틀 출신입니다. 실리콘밸리가 아니란 말입니다. 오직 휴렛팩커드만이 실리콘밸리에서 제품과 엔지니어링에 초점을 맞추었던 기업이었어요(브랜드 웹사이트 편집자, 2013년 저자 인터뷰).

값싸고 기능적인 PC와 대비되는 애플의 독창적인 차별성은 소비자의 감성, 기능적인 필요와 특성을 자극하는 것이다. 애플의 독창적인 디자인 이미지와 특성은 애플 사용자 집단과 문화경제적으로 차별화된 무언가를 제공해 소비자를 끌어모아 뭉치게 했다. 한마디로, 리앤더 카니(Leander Kahney 2006)가 '맥 컬트'라고 불렀던 현상이 나타났다(Belk and Tumbat 2005; Moritz 2009). 이러한 제품의 독창적인 차별화를 통해 애플은 프리미엄 가격 전략과 높은 수준의 수익성을 유지할 수 있었다(Yoffie and Rossano 2012). 브랜드에 헌신적이며 충성도 높은 소비자의 증가에도 불구하고, 1990년대 후반의 재정 위기로 애플 경영진은 제품에 더 낮은 가격을 책정하는 조치를 취했다. 낮은 가격의 대량 소비 시장에 진출했고, 제3자 라이선스를 통해 맥 제품의 복제품 생산도 허가했다. 이에 사이먼 스펜스(Simon Spence 2002a: 3)는 애플이 "원류에 대한 감각을 상실"했다고 말하기도 했다.

애플의 소비 모멘텀의 회복은 디지털 허브 전략에 따른 성과였는데, 이는 실리콘밸리에서 창립의 기초를 이룬 급진적 혁신성과 오리지네이션으로 되돌아가는 것이었다. 1990년대부터 애플 제품의 순매출이 눈부시게 성장했다(그림 6.3). 미국과 아메리카에서 1,400%, 유럽에서 1,700%, 나머지 세계에서 3,600% 성장률을 기록하며 브랜드 소비의 국제화도 이루어 냈다(표 6.2). 공급이 수요를 창출한다는 세이의 법칙(Say's Law)을 수용해 잡스와 애플 임직원들은 "포커스 그룹(focus group)에 의존하는 제품의 개선과 더불어 소비자들이 아직까지 필요성을 느끼지 못하는 완전히 새로운 제품과 서비스를 개발"했다(Isaacson 2011: xix). 새로운 제품은 국제적으로 급격한 판매 성장을 이루었으며 해당 시장에서 선두적인 위치를 차지했다(그림 6.5). 일부 애널리스트들은 "잡스와 애플은 항상 … 급진적 혁신가가 아니라 … 건축가라고 생각"해 왔다고 말한다. 왜냐하면 "건축, 디자인, 브랜드/이미지라는 세 가지 요소에 집중하며 … 그들은 사람들에게 무언가를 연결하고 아름다운 것을 디자인하는 새로운 방법을 보여 주었을 뿐"이기 때문이다(전략 경영학 교수, 2013년 저자

표 6.2 지역별 총매출액 증감(1991~2002년, 단위: 1,000달러, %)*

지역	총수익 1992	총수익 2012	증감 1992~2012	변화율 1992~2012
미주**	3,885,042	57,512,000	+53,626,958	1,380
유럽	201,784	36,323,000	+34,305,160	1,700
기타***	118,366	43,845,000	+42,661,340	3,604

*명목가격 기준, **(1992년은 미국만), ***(1992년은 태평양 지역과 기타 국가), (2012년은 일본 및 아시아-태평양 지역 포함)

출처: 애플 10-K 재무제표

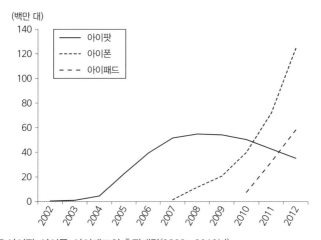

그림 6.5 아이팟, 아이폰, 아이패드의 총판매량(2002~2012년)

인터뷰). 이런 방침에 따라 애플은 R&D 지출을 늘려 애플 브랜드 특유의 'i' 접두사를 이용해 브랜딩하고 지적재산권을 보유한 일련의 장치들과 애플리케이션들을 개발했다. "잡스의 설명에 따르면, 'i'는 인터넷과의 완벽한 통합을 강조하기 위한 것이다"(Isaacson 2011: 338).

애플은 2001년 뒤늦게 디지털 음악 플레이어 시장에 진출했지만 아이팟을 가지고 애플 브랜드 특유의 디자인, 단순성, 사용 편의성, 사용자 친화적인 인터페이스, 대용량 메모리, 오랜 배터리 수명, 경쟁사보다 손쉬운 콘텐츠 처리로 기존 시장의 분위기를 뒤흔들었다. 아이팟의 혁신과 차별화에서는 디자인뿐만 아니라, 온라인으로 연결된 디지털 음악 스토어 아이튠즈(iTunes)도 매우 중요한 역할을 했다.

아이팟을 정말 쉽게 사용할 수 있도록 … 기기 자체의 기능을 제한해야했습니다. 그 대신 컴퓨터 아이튠즈에도 일정 기능을 넣었습니다. … 아이팟에서 재생 목록을 만들 수 없도록 했어요. 아이튠즈에서 재생 목록을 만든 다음, 이것을 아이팟과 동기화하도록 했습니다. 따라서 이용자들은 아이튠즈 소프트웨어와 아이팟 모두를 가지고 있어야 하는 것이었죠. 그렇게 함으로써 우리는 컴퓨터와 아이팟이 함께 작동하도록 했습니다. 이용의 복잡성을 적당한 장소에 배치했던 것입니다(스티브 잡스, Isaacson 2011: 389 재인용).

한편, 독특하게 브랜드화된 포장 덕분에 "아이팟은 박스에서 꺼냈을 때 빛이 날 정도로 아름다워 보였고, 다른 모든 뮤직플레이어들은 마치 우즈베키스탄에서 디자인하고 제작된 것처럼 느껴지게" 했다(스티브 잡스, Isaacson 2011: 393 재인용). 이 기기는 디지털 허브의 역할을 하는 애플 데스크톱과 노트북 PC에 대한 연계 수요를 창출했고, 결과적으로 애플 브랜드 제품 전반에 걸쳐 상호보완적인 판매를 촉진했다. 애플은 브랜드 차별화의 전략을 바탕으로 비교적 높은 수준의 가치와 수익을 확보할 수 있었고, 이를 통해 프리미엄 가격을 제시하고 높은 수익성의 이익도 누렸다(Dedrick et al. 2009; 그림 6.6).

아이튠즈는 독특한 디자인, 사용자 편의성, 단순성 등 애플의 차별화된 브랜드 특징을 지니고 있었다. 사용자를 긴밀하게 통합된 애플의 브랜드 제품과 서비스 생태계에 포섭해 수익을 창출하는 역할도 했다(Froud et al. 2012).

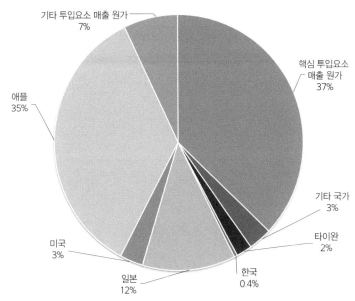

기타 투입요소 매출 원가
7%

핵심 투입요소
매출 원가
37%

애플
35%

기타 국가
3%

타이완
2%

미국
3%

한국
0.4%

일본
12%

그림 6.6 30G 비디오 아이팟의 가치 획득(도매가격에 대한 비율)

출처: Dedrick et al.(2009: 19)

애플의 '글로벌' 열망과 관련해 아이튠즈는 '다른 국가에 있는 매장을 로컬화' 했다. 다시 말해 "애플은 하나의 매장을 만들어 모든 사람이 그곳에 접근할 수 있게 했고 … 어디에서나 기기와 서버를 통해 연결할 수 있어서 … 디지털 상품마저도 미국과 캘리포니아에서 구입하게 만드는 브랜드란 인식"이 생겼다(브랜드 웹사이트 편집자, 2013년 저자 인터뷰). 그래서 영토적 관할구역과 관계적 네트워크 공간 간의 타협이 필요했다. 예를 들어, 음악 레코드 회사와의 라이선스 문제와 EU의 규제 때문에 애플은 온라인 공간에서도 단일의 통합 매장을 가질 수가 없었다. 아이튠즈는 애플에게 그다지 많은 수익을 주는 상품도 아니었다. 판매 수익은 음악 판권 소유자에게 70%, 신용카드 회사에게 20%나 돌아갔고 애플의 몫은 10%밖에 되지 않았다. "잡스는 [소모품에서 이익을 남기는] 면도기-면도날 모델의 비즈니스를 창출하려 했지만, 결과는 그

반대였다. 소모품이 (즉, 노래가) 내구성 상품 판매의 수익을 까먹고 있었다" (Yoffie and Rossano 2012: 9). 그러나 아이튠즈로 만들어진 전 세계 소비자들의 관계적 네트워크는 애플 브랜드의 장기적인 전략에서 매우 중요한 것이었다. "2011년 6월까지 2억 2,500만 명의 사용자 데이터베이스를 구축해 차세대 디지털 상거래에서 애플이 중요한 위치를 선점"할 수 있도록 했기 때문이다(Isaacsson 2011: 410).

애플은 스마트폰 시장에도 후발주자로 진출했지만, 실리콘밸리에 기초한 오리지네이션을 바탕으로 차별화, 통합적인 혁신, 혁명적 재현을 추구했다. 대표적으로, 아이폰은 1억 5천만 달러를 투자한 2년 반 동안의 개발을 거쳐 출시되었다.

때때로 모든 것을 바꾸는 혁명적인 제품이 등장합니다. 오늘 이 발표에서 세 가지의 혁신적인 제품을 소개하겠습니다. 첫 번째는 터치 컨트롤 기능이 있는 와이드스크린 아이팟입니다. 두 번째는 혁명적인 휴대폰입니다. 그리고 세 번째는 획기적인 인터넷 통신 기기입니다. … 이들은 따로따로 분리된 세 개의 기기가 아니라 하나의 기기 안에 있습니다. 우리는 이것을 아이폰이라고 부르겠습니다(스티브 잡스, Yoffie and Rossano 2012: 9에서 인용).

애플 경영진의 아이폰 판매와 소비를 통제하려는 노력에 따라 브랜드의 유통과 소비도 진화해야만 했다. 초기의 사업 모델은 수익을 공유하는 계약을 체결한 텔레콤 서비스업체 한 곳에만 아이폰을 공급했다. 그러나 소비자들은 허가되지 않은 '그레이마켓(grey market)' 재판매업자로부터 아이폰을 구입하고 시스템을 해킹해 보다 많은 모바일 네트워크에서 사용했다(Yoffie and

Rossano 2012). 이에 따라 애플은 브랜드와 매출액 통제의 상실 가능성을 우려해 유통 모델을 단일 통신사에서 복수 통신사로 전환했다. 그 결과, 아이폰 판매가 호조를 보이면서 애플은 스마트폰 시장에서 삼성전자와 경쟁을 할 수 있게 되었다. 2012년 전체 매출에서 40% 이상을 차지할 정도로 아이폰은 애플의 높은 수익 창출에 기여했다(Yoffie and Rossano 2012).

소프트웨어 애플리케이션(앱)은 애플에 추가적인 브랜딩과 유통 확대의 기회를 제공했다. 앱의 등장으로 온라인상에서는 관계적 네트워크의 형태로 '브랜드 공간'이 구축될 수 있었다. 아이튠즈의 일부를 차지하는 애플 앱스토어는 애플 기기에서 앱을 쉽게 사용하도록 지원하는 브랜드 플랫폼으로 만들어졌다. 애플의 브랜드 관리는 앱스토어에서 제공되는 모든 애플리케이션에 대한 사전 승인 제도를 통해 이루어졌다. 앱의 경제는 상업적 또는 이단적 개발 커뮤니티로부터 국제적으로 '크라우드소싱(crowdsourcing)'되는 방식으로 형성되었다. 대부분의 앱은 광고와 연계된 광범위한 유통을 지향하며 무료로 제공되었다. 하지만 극소수의 앱만이 급속하게 확산되는 이른바 '바이럴(viral)' 히트의 인기를 얻었다. 애플 앱스토어는 최초 18개월 동안 전 세계적으로 40억 회 이상의 다운로드를 기록했고, 사용자들은 2012년까지 585,000개의 다양한 앱을 이용할 수 있게 되었다. 애플은 개발자가 앱 판매액의 30%를 가져가는 계약을 체결했으며, 2011년에는 음악, 도서, 앱 판매로 63억 달러의 수입을 올렸다(Yoffie and Rossano 2012).

한편, 세이의 법칙을 다시 꺼내든 애플의 아이패드는 기존의 태블릿 컴퓨터 시장을 뒤흔들었다. 태블릿 컴퓨터 시장은 더 이상 성장의 조짐이 거의 없어 보이는 작은 틈새시장이었다. 뒤늦은 애플의 태블릿 컴퓨터 시장 진출은 실리콘밸리 브랜드의 오리지네이션에 뿌리를 둔 디자인 주도 혁신 역량과 명성을 바탕으로 한 것이었다. 오리지네이션은 국제적인 시·공간 시장 상황에서 기존 제품의 의미와 가치를 재편성하는 방식으로 이루어졌다. 애플의 브랜드 속성은 아이패드의 디자인과 성능으로 구성되었으며, 이는 사용자 편의성, 소프트웨어와 하드웨어의 통합, 디자인의 '와우 요소(wow factor)' 등을 포괄하는 것이었다. 차별화된 프리미엄 가격 책정과 대량 판매를 통해 애플은 기본 모델에서 25%의 마진을 얻었다. 자체 CPU를 사용해 구매와 제조에서 규모의 경제를 창출할 수 있었기 때문이다(Yoffie and Rossano 2012). 2011년까지 삼성, 아마존, 마이크로소프트를 포함해 20개가 넘는 경쟁사 태블릿이 출시됐음에도 불구하고, 아이패드는 2012년까지 5,500만 대의 판매량을 기록하며 350억 달러의 매출액을 이끄는 원동력으로 자리 잡았다(Yoffie and Rossano 2012).

애플 경영진은 2000년대 초반 브랜드의 소매 유통 전략을 도매업체를 통한 간접 방식에서 애플 소유의 브랜드 매장을 운영하는 직접 판매로 변경했다. 이는 델 컴퓨터가 직영 판매 채널을 도입하고, 게이트웨이가 교외 소매점에서 재정적 손실을 입은 상황에서 내려진 결정이었다(Isaacson 2011). 애플 브랜드의 국제적 영향력이 커짐에 따라 "쿠퍼티노 이외 지역의 사람들에게 '애플의 존재'를 명확하게 말할 수 있는 확고한 사례가 거의 없었다"(Spence 2002b: 2). 애플의 브랜드 매장은 시·공간 차원에서 오리지네이션을 확장하면서 "캘리포니아 중심 기업에게 전 세계적인 교두보를 제공하는 역할을 했다"(Lashinsky 2012: 152). 실리콘밸리의 오리지네이션과 글로벌 야심 간의 균형을 유지하면서 애플은 "전 세계에서 자체 개발한 제품을 판매하길 원하며 … 로컬화를 거부했고 … 언어와 운영체계만을 지역에 적합하게 변형했다"(브랜드 웹사이트 편집자, 2013년 저자 인터뷰). 애플은 2001년 버지니아주 맥린(McLean)에 첫 매장을 오픈했는데, 이곳은 네 곳의 시범매장 중 하나였다. 이와 같은 소매 판매의 변화는 세 가지의 중요한 이유 때문이었다. 첫째, 애플 경영진은 타사에 의존하기보다 상품과 서비스를 구매하는 사용자 경험을 직접 통합하고 안정적으로 관리하고자 했다.

업계의 동향은 지역의 컴퓨터 전문 소매점에서 대형 매장으로 옮겨 가고 있다. 그러나 그곳에서 대부분의 점원들은 애플 제품의 특색을 설명할 지식과 동기가 없었다. … 다른 컴퓨터들은 꽤 일반적이었지만, 혁신적인 기능을 가진 애플에는 더 높은 가격이 매겨졌다. … [스티브 잡스는] 진열대에서 아이맥이 델이나 컴팩 컴퓨터와 나란히 놓이는 것을 원하지 않았다. 지식 없는 직원이 각각의 사양을 앵무새처럼 소개할 것이라는 우려 때문이었다(Isaacson 2011: 368).

둘째, 애플스토어는 브랜드 인지도와 제품의 사양을 전달함으로써 브랜드에 대한 이해도를 높이고, 새로운 소비자를 끌어들이기 위한 발판이 되었다. 애플 브랜드 오리지네이션의 지리적 결합에서 핵심은 디자인이었고, "캘리포니아 해안가의 신선한 분위기 속에서 컴퓨터, 소프트웨어, 애플의 기기가 전시"된 듯한 인상을 풍겼다(Moritz 2009: 338). 그러나 이 브랜드 공간은 독특해서 "장소에 구애를 받지 않고 애플스토어에 있다는 것을 인지"할 수도 있다 (Lashinsky 2012: 152). 모든 국가에서 개별 매장은 현지 상황에 맞게 조정되었고, 차별화된 애플 디자인의 미학을 따랐다. "매장들은 주변 환경과 어울리는 독특한 외관을 가지게 되었습니다. … 하지만 그 안에서는 동일한 나무 테이블, 똑같은 파란색 티셔츠, 같은 분위기, 같은 경험에 따른 친근하고 멋진 효과도 어울려집니다"(브랜드 해설자, 2013년 저자 인터뷰). 브랜드의 의미와 가치, 그리고 차별화된 특징들은 "소매 활동과 브랜드 이미지 사이의 관계를 새로운 수준으로 끌어올리는 것"을 의미했고, "소비자들이 애플컴퓨터를 델이나 컴팩 같은 상품으로만 보지 않도록" 했다(Isaacson 2011: 374).

셋째, 애플 판매점들은 "아무리 임대료가 비싸더라도 사람들의 통행이 많은 지역에 입지"했고, 이런 방식으로 애플은 브랜드의 존재감을 드러냈다(Isaacson 2011: 369). 이는 버버리의 플래그십 매장과 유사한 부분이라 할 수 있다(제5장).

> 잡스의 열정은 2006년 문을 연 맨해튼 5번가의 애플스토어에 모아졌다. 큐브 형태의 계단과 유리로 애플 특유의 미니멀리즘을 극대화하려 했다. … 매일 24시간 운영됐던 이 매장은 첫 해에 주 5만 명의 방문객을 유치했고, 이로써 유동 인구가 많은 시그니처 장소를 선호하는 애플의 전략이 정당화되었다(Isaacson 2011: 376).

애플의 매장은 2011년까지 13개국에 걸쳐 326개로 확대됐다(그림 6.7). 전 세계로 확장하고자 했던 애플의 열망에도 불구하고 대부분 매장은 미국 내에 위치하게 되었다. 하지만 "미국 내 영업이 포화 상태에 이르렀고 … 모든 곳으로 흩어지게 되었으며 … 특히 유럽과 오스트레일리아를 중심으로 새롭게 문을 연 매장이 많아"졌다(브랜드 해설자, 2013년 저자 인터뷰). 그리고 중국 상하이 푸동의 IFC몰과 같은 신흥 도시의 주요 위치도 브랜드 인지도를 구축하는 데 중요했다. 2004년 애플 매장에는 주간 평균 5,400명의 고객이 방문했는데, 이는 주간 평균 250명밖에 유치하지 못하는 게이트웨이와 비교되는 수치다. 같은 해 매장당 평균 수입은 3,400만 달러에 이르렀고, 2010년에는 순매출액이 98억 달러에 육박했다(Isaacson 2011: 376).

다른 한편으로, '글로벌'한 애플 브랜드 제품과 서비스의 국제적 소비에서 긴장관계와 잠재적인 혼란의 모습이 꾸준하게 형성되고 있다. 이는 네 가

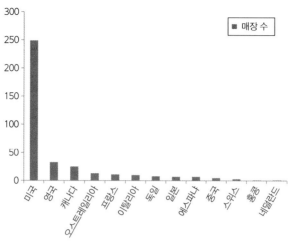

그림 6.7 애플스토어의 국가별 분포(2012)

출처: 애플 10-K 재무제표

지 측면에서 확인된다. 첫째, 애플이 세계적으로 확산되면서 애플 브랜드는 일부 평론가들의 말에 따르면 '유비쿼터스' 브랜드로 부상했지만(Copulsky 2011: 14), 이는 오랫동안 지속되는 강력한 브랜드 공동체 사이에서 불안감을 야기했다(Muñiz and O'Guinn 2001). 예를 들어, 컬트 오브 맥(Cult of Mac) 웹사이트에서는 애플에 대한 찬반의 목소리, 브랜드 제품과 서비스의 끊임없는 확대에 대한 인식, 제품의 특징과 기능을 모방하는 경쟁 업체의 부당 행위, 대중 시장에서 급격한 매출 성장을 누리는 애플에 대한 질투, 애플 광고의 강력한 효과 등에 대한 논의가 이루어진다(Elgan 2012). 둘째, 애플은 유동적이고 국제화된 기술 기반의 시·공간 시장 환경에서 치열하게 변화하는 경쟁에 직면하게 되었다. 무료로 개방되는 안드로이드 플랫폼과 같은 새로운 혁신을 바탕으로 경쟁 기업이 시스템을 구축하며 성장을 이룩하고 있기 때문이다. 셋째, 애플 브랜드의 비즈니스 모델은 긴밀한 통합, 높은 전환 비용, 디자인 중심의 차별화를 통해 독점지대를 지속적으로 추구하는 전략을 기반으로 한다. 이에 따라, 애플의 해외 진출과 판매량 확대에도 불구하고 이 브랜드는 기업 본사의 관리와 통제를 받고 있다. "쿠퍼티노가 반도체, 기기, 운영체제, 앱스토어, 결제시스템에 대해 절대적인 발언권"을 가지고 있기 때문이다(존 포트(Jon Fortt)의 『포춘』 인터뷰, Isaacson 2011: 496-7 재인용). 그러나 줄리 프로드 등(Julie Froud et al. 2012: 20-1)에 따르면, 매번 후속 히트작에 의존하는 소위 '잭팟(jackpot) 비즈니스 모델' 때문에 애플은 본질적인 취약성을 가질 수밖에 없다. 무엇보다 기술 기업은 개방적인 혁신 시스템으로 전환되는 장기적 트렌드의 상황에 처해 있다(Chesbrough 2003). 이와 달리, 애플은 상대적으로 폐쇄적인 시스템 생태계와 쿠퍼티노에서의 공간적 집중에 의존적이며 실리콘밸리와의 지리적 결합을 지나치게 강조하고 있다. 이는 유동적이고 빠르게 변화하는 시장 맥락에서 와해적(disruptive) 혁신의 리더십을 지탱하기 위함이다. 그러나 뉴턴PDA, 맥미니와 같은 보급형 데스크톱, 애플TV 등의 상업적 실패를 통해 알 수 있듯이 이 전략에는 고도의 위험성이 내재한다. 와해적 혁신과 상품이나 서비스의 지속적인 개선으로 인해 기존의 강점이 약화될 수 있기 때문이다. 예를 들어, 아이폰은 아이팟보다 음악을 더 잘 처리하고 아이패드 미니는 아이패드 판매를 대체하고 있다. 마지막으로 넷째, 애플 소비의 국제화 때문에 브랜드 오리지네이션에서 지리적 결합을 정제하려는 노력이 복잡해져 가고 있다. 실제로 오리지네이션이 어떻게 중요한지에 대한 이유는 모호한 상태이다.

애플 소비자들이 애플 제품이 어디서 만들어지는지에 관심을 둘까요? … 그럴 수도 있고 아닐 수도 있습니다. … 소비자들이 제조 국가에 대한 관심이 없었다면, 폭스콘에 대한 소동은 없었을 겁니다. … 그러나 폭스콘 사태는 실제 판매에 영향을 주지도 못했죠. … 널리 알려진 사실이에요. … '메이드 인 차이나' … 그리고 동남아시아는 … 애플 제품에만 국한되지 않았습니다. … 고객으로서 할 수 있는 일이 별로 없습니다. … 보이콧을 좋아한다면 살 수 있는 물건이 별로 없을 거예요(기술 편집자, 2013년 저자 인터뷰).

브랜드 경영인들은 서로 다른 시·공간 시장의 맥락에서 미묘하게 다른 원산지 표현을 통해 그러한 간극의 문제를 해결하려고 노력한다. 중국에서 판매 중인 아이폰에는 '**캘리포니아 애플의 디자인**'(Designed by Apple in California)'이라고 쓰인 라벨만 부착된다(Nussbaum 2009). '**중국에서 조립**(Assembly in China)'했다는 문구는 중국의 중산층 소비자들 사이에서 부정적인 함의를 지니고 있기 때문에 삭제되었다. 이들은 "중국 밖에서 만든 브랜드가 품질이 더 좋다고 생각하기 때문에" 수입품을 선호하는 경향이 있다(중국 소비자, 2013년 저자 인터뷰).

애플을 통한 '글로벌'의 소비는 브랜드의 오리지네이션과 강하게 얽혀 있는데, 이는 실리콘밸리라는 특정한 장소와의 지리적 결합에 기초한 것이다. 애플은 미국 시장 내에서 최첨단 기술 중심지로서 실리콘밸리의 부상과 명성에 기대어 브랜드 차별화를 추구하며 초창기의 매출 성장을 이룩할 수 있었다. 1980년대 초반 IBM이 일으킨 PC 시장의 혼란스러움을 특정한 틈새시장에 초점을 맞춰 회복의 분위기를 도모할 수 있었다. 이 과정에서 애플 브랜드의 폐쇄적이고 긴밀하게 통합된 시스템 특성은 더욱 명료해졌고, 미국 시장을 넘어서는 초창기의 국제화를 추구하기도 했다. 이러한 독창적인 차별성 덕분에 브랜드 인지도와 충성도가 증진되었고, 일부 집단 사이에서 애플은 컬트의 지위를 누리기도 했다. 그러나 실리콘밸리의 뿌리를 뒤로 하고 보다 균등화된 대중 시장에서 저가 경쟁에 뛰어들면서 애플은 소비 모멘텀을 상실하며 재무 위기에 처하기도 했다. 이에 대한 대응으로 1990년대 후반부터 실리콘밸리에 기초한 오리지네이션과 지리적 결합을 통해 애플은 재도약의 발판을 마련하고자 했는데, 이는 혁명적이고 혁신적으로 차별화된 브랜드의 정신과 가치를 고취시키는 데 초점을 맞추는 방식으로 이루어졌다. 브랜드 행위자들은 새로운 전략과 통합된 일련의 제품과 서비스를 제공하면서, 애플 브랜드의 화려함과 젊음을 재조명하고 이러한 가치를 보다 광범위한 문화경제에 접목시켰다. 동시에 애플스토어의 국제적인 망을 구축하면서 소매 전략을 간접 판매에서 직접 판매로 전환하였다. 이를 통해 브랜드에 대한 인지도와 리터러시가 증진될 수 있었다. 브랜드의 위상을 높이고 관련 제품과 서비스의 상호보완적인 판매를 촉진하기 위해 애플스토어의 입지는 주로 도시의 핵심 위치로 정해졌다. 그러나 국제화된 애플 소비의 도달거리는 긴장의 조성이나 그에 대한 조정 과정의 원인으로도 작용했다. 기존의 핵심 소비자, 보다 치열해진 경쟁, 실리콘밸리 쿠퍼티노에서 폐쇄적으로 통합된 혁신 모델에 대한 의존성 간의 관계가 매우 복잡해졌기 때문이다.

'글로벌'의 규제

애플에게는 브랜드가 가장 중요한 무형자산이다. 이 브랜드의 가치는 2009년을 기준으로 세계 19위에 해당하는 211억 4,300만 달러에 이르렀다(Interbrand 2010). 2000년대를 거치면서 애플 브랜드의 국제적인 도달거리가 확대된 결과다. 이러한 브랜드의 의미와 가치는 소유권과 지적재산권을 통해 엄격하게 규제되고 있다. 2013년 현재, 애플은 5,266건의 유틸리티와 984건의 디자인에 대한 특허를 보유하고, 185개의 상표권을 취득했다. 그리고 교육,

훈련 및 기타 서비스와 관련해 78개의 서비스마크(service mark)를 등록했다(미국특허·상표국(USPTO) 관계자, 2013년 저자 인터뷰). 국제적인 첨단기술 비즈니스와 같은 특정 시·공간 시장의 환경에서 지적재산권의 창출과 보호는 결정적인 요소인데, 애플의 경우는 1970년대 후반 스티브 잡스가 실리콘밸리에서 창립할 때부터 그랬다.

> 저는 애플의 초기 단계부터 지적재산을 창출해야만 성장할 수 있다는 것을 깨닫고 있었습니다. 사람들이 손쉽게 소프트웨어를 불법복제하거나 훔친다면 우리는 망할 수밖에 없습니다. 지적재산권이 보호되지 않으면 새로운 소프트웨어나 제품 디자인을 만드는 인센티브가 사라집니다. 지적재산에 대한 보호가 사라지면 창조적 기업도 사라질 것입니다. 결코 생겨나지 않을 수도 있습니다(스티브 잡스, Isaacson 2011: 396 재인용).

2011년 현재, 애플 브랜드의 의미와 가치를 보호하는 데 필수적인 규제적 보호망은 브랜드화된 재화와 서비스에 광범위하고 깊숙하게 자리 잡고 있다. 이는 디자인, 색상, 기술, 포장 등을 포함하는 것이다. 이와 관련된 행위자들은 애플의 '글로벌'과 실리콘밸리의 오리지네이션을 동시에 지키려 했다. 브랜드의 국제적 도달거리와 판매망의 확대, 그리고 매출의 급격한 성장으로 규제의 중요성은 더욱 부각되었다.

PC와 같은 기술 집약적 비즈니스에서 연구개발에 대한 투자의 필요성은 매우 중요하다. 애플의 공동 창업자들은 1970년대 후반의 창립기부터 브랜드를 금융자산으로 프레이밍해 보다 많은 자본을 유치하기 위해 노력했다. 미국식으로 얼룩진 주식시장 지향형 자본주의(Peck and Theodore 2007)와 실리콘밸리의 풍부한 자본시장 인프라(Saxenian 1996)의 환경도 중요했다. 이런 맥락에서 애플은 기업 설립 4년 만인 1980년에 기업공개(Initial Public Offering: IPO)를 단행했다. 이러한 상장을 통해 애플의 기업 가치에 가격이 매겨졌으며, 초기의 성장을 위한 금융자본의 확충이 이루어졌다.

1977년 1월 애플컴퓨터의 시가총액은 5,309달러의 가치에 불과했다. 그러나 4년이 채 되지 않아 그들은 기업공개를 해야 할 때라고 결정했다. 애플의 IPO는 1956년 포드 자동차의 IPO 이후 가장 많은 참여자가 몰린 사건이었다. 1980년 말에 이르러 애플의 가치는 17억 9천만 달러에 이르렀다(Isaacson 2011: 102).

주식시장 상장 때문에 애플은 기업 발전의 초기 단계부터 자본 시장에 얽히게 되었다. 그러면서 애플의 주주 기반은 실리콘밸리의 벤처캐피털과 지역 기업을 이탈해 주류를 이루는 국제화된 자본 시장 기관들로 옮겨지게 되었다(Moritz 2009). 실제로 현재의 대주주는 뱅가드그룹, FMR, 스테이트 스트리트 코퍼레이션, 주피터 애셋 매니지먼트, 바클리 글로벌 인베스터스 UK 홀딩스 등과 같은 주요 기관 투자자로 구성되어 있다(Apple 2012). 이에 따라 실리콘밸리 특유의 히피 문화와 서부 해안 지역의 기업 문화를 기초로 했던 애플의 역사적 오리지네이션은 급격하게 변동하는 금융 실적과 결부될 수밖에 없었다. 최근의 급속한 성장과 금융적 실체로서의 규모 때문에 애플은 때때로 투자자들과 대립된 관계 속에 있기도 했다. 1980년대 중반 처음으로 나타나기 시작했던 금융 혼란의 신호 때문에 "동부 지역의 주주들은 회사를 운영하는 캘리포니아의 괴짜들을 항상 걱정했다"(기술주 소식지 편집인, Isaacson 2011: 217 재인용). 그래서 1985년 스티브 잡스가 애플에서 쫓겨났을 때 애플의 주가는 상승했다.

초창기 성장 이후, 애플은 1980년대 중반 금융 시장의 요동을 견뎌냈고 1980년대 후반에서 1990년대 중반까지 회복기를 거친 다음, 1990년대 후반 금융위기 때 하강기에 직면했다(그림 6.8; 그림 6.9). 이처럼 특정 시·공간 시장의 맥락에서 애플 경영진은 차별화되고 경쟁력 있는 상품으로서 브랜드의 일관성을 유지하기 위해 노력했다. 이 브랜드 특유의 디자인 주도적 차별화는 금융적 의무와 비용 절감에 대한 압박으로부터 비롯되었다. 당시 애플은 디자인 구루(guru)로 명성을 떨치던 조너선 아이브(Jonathan Ive)를 거의 놓칠 뻔했다. 아이브는 애플의 회생을 이끈 핵심 인물이었지만, 한때 "제품 디자인보다 이익 극대화에 주력하는 것에 질렸다"고 말하기도 했었다.

수익 창출을 극대화하려는 노력 때문에 제품 자체에 대한 관심은 없어 보였습니다. 디자이너들에게 원했던 것은 제품 모델의 겉모습뿐이었어요. 그다음 엔지니어들이 최대한 싼 가격으로 물건을 만들었죠(조너선 아이브, Isaacson 2011: 341-2 재인용).

애플의 시장 점유율은 1980년대 후반에 16%로 정점을 찍은 후 1996년에는 4%까지 하락했다. 판매 이익도 급격히 하락하면서 애플은 "10억 달러의 적자를 기록했고, 닷컴 버블이 다른 주식의 가격을 급상승시켰음에도 불구하고 1991년 70달러였던 애플 주가는 14달러까지 폭락했다"(Isaacson 2011: 296-7; 그림 6.10). 이 브랜드의 금융적 어려움에 직면한 경영진은 실패로 돌아갔지만 Sun, IBM, 휴렛팩커드 등에 애플의 매각을 추진하기도 했다(Isaacson 2011). 당시 애플컴퓨터는 "실리콘밸리에서 제 기능을 하지 못하는 경영진, 그리고 실패한 테크노 드림의 대표 격으로 평가받으며 다시금 위기에 빠졌다. 침체를 벗어나지 못하는 판매 실적, 갈피를 잡지 못하는 기술 전략, 브랜

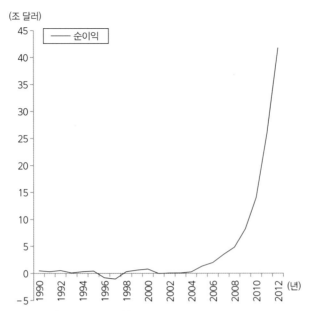

(조 달러)

그림 6.8 연간 순이익(1990~2012년)*

*명목가격 기준
출처: 애플 10-K 재무제표(1990-2012)

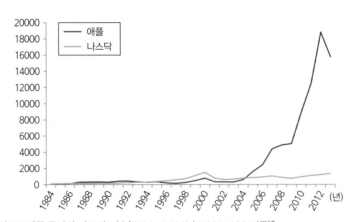

그림 6.9 애플 주가와 나스닥 지수(1984~2013년, 1984=100 기준)*

*월간 조정 종가의 연간 평균값. 명목가격 기준.
출처: 애플 주가 및 나스닥 자료

드네임 가치의 손상"도 경험했다(『포춘』기술 보고서, Isaacson 2011: 311 재인용). 델 컴퓨터의 CEO 마이클 델(Michael Dell)과 같은 경쟁자들은 애플의 금융적 몰락을 신랄하게 비판했다. 그는 "나라면 어떻게 할까? 회사 문을 닫고 주주들에게 돈을 되돌려주겠다"라고 말했다(Moritz 2009: 335 재인용).

이후 애플의 상업적, 금융적 반전은 1990년대 후반부터 시작됐다. 스티브 잡스의 복귀, 디지털 허브 전략의 개발, 모바일 기기로의 방향 전환, 국제적 도달거리의 확대, 디자인 주도의 브랜드 차별화 전략이 주효했다. 실리콘밸리에 지리적으로 결합된 오리지네이션을 강조하면서 복귀한 애플의 공동 창업자 스티브 잡스는 애플의 의미와 가치를 재건하는 데 중요한 역할을 했다. "스티브는 기술 산업에서 유일무이한 라이프 스타일 브랜드를 창조했어요. 포르쉐, 페라리, 프리우스 등은 사람들이 자랑스럽게 여기는 자동차 브랜드죠. 이런 자동차를 운전하면서 자신을 표현할 수 있다고 믿기 때문입니다. 사람들은 애플 제품에 대해서도 같은 생각을 가지고 있어요"(오라클의 CEO 래리 엘리슨(Larry Ellison), Isaacson 2011: 332 재인용). 재창조된 브랜드의 특성을 구현한 아이맥의 상업적 성공 덕분에 애플은 1990년대와 2000년대에 강력한 신성장 궤도에 진입할 수 있었다. 2009년 애플의 순매출은 420억 달러로 성장했으며, 차별화된 프리미엄 가격에 힘입어 수익성도 높아졌다. 매출액을 기준으로 애플의 점유율은 7%에 불과했지만, 전체 PC 시장에서 영업이익의 35%가 애플에게 돌아갔다. 이에 따라 주가와 시가총액도 회복되었다. "하루 동안 주가가 33% 치솟아 6.56달러나 오른 26.31달러에 마감되었다. … 하루 만에 시가총액이 8억 3천만 달러나 증가했던 것이다. 마침내 이 기업은 사멸의 위기를 모면했다"(Isaacson 2011: 326).

그러나 최근 들어서는 실리콘밸리에 기초한 오리지네이션을 바탕으로 브랜드의 의미와 가치를 창출하려는 지리적 결합과 '글로벌'한 도달거리를 열

그림 6.10 중국 상하이의 간접 유통 채널

출처: 2013년 저자 촬영

오리지네이션

망하는 애플의 행위자들 간의 긴장관계를 조율하는 데 중대한 차질이 생겼다. 특히 세 가지 측면에 주목할 필요가 있다. 첫째, 애플 브랜드의 차별화된 특성들은 경쟁 기업과의 경합과 라이벌 관계 속에서 보호하기 어려워졌다. 데이비드 요피와 퍼넬러피 로사노(David Yoffie and Penelope Rossano 2012: 12)가 말하는 '특허 전쟁'이 시작되었고, 이런 상황에서 "업계의 모든 사람이 모든 사람들을 상대로 소송을 제기한다". 애플의 브랜드 에퀴티에서 핵심을 차지하는 사용자 인터페이스와 단순함 특성들은 스마트폰 부문에서 구글과 삼성의 도전을 받는다. 태블릿 시장에서는 아마존과 삼성이 주요 경쟁 업체로 부상했다(Yoffie and Rossano 2012). 1980년대에 처음 겪었던 어려움이 애플 브랜드 역사에 또다시 등장한 것이다. "애플에서 이미 파악하고 있는 것처럼 컴퓨터 인터페이스 디자인의 '모습과 느낌'은 보호하기 어렵다"(Isaacson 2011: 179). 둘째, 애플의 극적인 금융적 반전과 회복 속에서 투자자 집단은 의심의 눈초리를 가지고 애플의 전략을 예의주시하기 시작했다. 금융가의 이해는 실리콘밸리, 즉 애플 경영진이 중시하는 첨단기술 업계의 이익과 경쟁 관계에 있다. 왜냐하면 "시가총액과 주주에게 돌아가는 수익의 문제를 가진 상장 회사로서 애플은 월스트리트와 깊은 관계를 가지는 기업이 되었기 때문"이다(브랜드 웹사이트 편집자, 2013년 저자 인터뷰). 셋째, 지적재산권에 대한 규제가 허술하기로 악명 높은 브라질, 중국, 인도네시아 등의 신흥시장 맥락에서 애플 브랜드에 대한 국제적인 인지도가 높아지고 있지만, 애플 제품의 불법복제 가능성에 대한 우려도 매우 커지고 있다. 중국 윈난성 쿤밍시에서는 20개가 넘는 불법복제품 소매점에서 애플 브랜드와 로고를 도용하고 있는 사실이 알려지기도 했다(BBC 2011). 애플 브랜드 제품에 액세서리를 공급하는 산업은 합법적 유통 채널을 통해서뿐 아니라, 불법적 영역을 통해서도 성장한다(그림 6.10). 애플의 브랜드 로고는 하위문화에 스며들고 있다. 중국 상하이와 같은 곳에서는 애플 로고가 다른 상품과 서비스에 전유되고 있다(그림 6.11).

　상업적 도달거리가 국제적으로 확대되는 맥락에서 무형자산으로서 애플 브랜드가 보유한 가치는 금융자산에 대한 규제나 보호와 깊은 관련성을 가진다. 1970년대 후반 창사 이래로, 애플은 고유 기술과 차별화된 특성을 보호하기 위해 지적재산권과 상표권을 적극적으로 활용했다. 이는 실리콘밸리라는 첨단기술 비즈니스의 요람에 시·공간적으로 위치한 사실과도 결부된다. 애플은 창업기부터 자본시장에 뛰어들어 초기의 성장과 R&D 투자를 지원했다. 캘리포니아와 서부에 근거한 애플 특유의 문화와 관점 때문에 애플은 뉴욕 월스트리트를 중심으로 활동하는 투자 커뮤니티와 독특한 관계를 형성했다. 이에 따라 애플은 1990년대 규제를 느슨히 하고 브랜드 라이선스를 남발하며 대중 시장에 진출했지만 실패를 맛봤다. 이러했던 애플의 입지는 브랜드

그림 6.11 애플 브랜드 로고의 문화적 확산(중국 상하이)
출처: 2013년 저자 촬영

보호를 통해서 다시금 강화되었다. 여기에서 중심을 차지했던 것이 1990년 대 후반에 도입된 '디지털 허브'와 새로운 모바일 기기였고, 디자인을 중심으로 했던 브랜드의 새로운 의미화와 가치화 작업도 주효했다. 다른 한편으로, 경쟁 업체들은 새로운 브랜드 제품과 서비스의 고유한 기능에 대한 소유권이나 상표권을 놓고 애플 경영진과 다투고 있다. 투자자와 주주는 성장의 금융 성과를 분배하는 문제를 두고서 실랑이를 벌인다. 규제가 약한 국제 시장에서는 애플 브랜드의 전유에 대한 우려가 생겨나기도 했다.

요약 및 결론

일부의 논객들은 애플을 '글로벌 브랜드'라고 부른다(Hollins 2010: 25). 상업적인 성공을 거두며 '모든 수준에서 지속적인 글로벌 브랜드'로 정착했기 때문이다(Lindemann 210: 113). 오리지네이션 분석을 통해 애플에게는 실리콘밸리와의 지리적 결합으로 창출된 의미와 가치가 필수적이라는 점이 분명해졌다. 이러한 오리지네이션에 관여하는 행위자들은 애플 브랜드의 독창적인 차별성을 형성하며 국제적 무대에서 상업적 확장을 이끌고 있다. 애플 브랜드의 '글로벌'을 생산, 유통, 소비, 규제하는 데에서 지리적 결합으로 나타나고 있는데, 이는 로컬, 하위지역적(sub-regional), 지역적 스케일에서 정의되는 '실리콘밸리'라는 특정한 장소에 뿌리를 가지고 있다. 이에 관여하는 행위자들은 애플의 역사에서 '장소의 이야기'를 말하고, 이를 통해 '실리콘밸리의 시간과 정신'을 확인한다(Beverland 2009: 57). 캘리포니아 실리콘밸리에 지리적으로 결합된 영토적인 오리지네이션과 **동시에** 행위자들은 국제적 도달거리의 관계적인 '글로벌' 오리지네이션도 추구한다. 애플의 디자인, 모습, 감각은 국제적으로 공통되게 여러 국가에 걸쳐서 나타나고 있지만 애플의 정신과 정체성은 특정한 장소에 발붙이고 있는 것이다.

초기 애플의 확장에 있어 애플이라는 브랜드의 의미와 가치는 미국을 중심으로 특정한 영토적 범위에서 더욱 강하게 나타났다. 경쟁, 국제화, 기술적 전환은 1980년대 후반과 1990년대에 애플의 성장 경로를 와해시켰다. 비용절감의 압박으로 생산과 조립은 지리적으로 불균등한 탈중심화를 낳았다. 처음에는 실리콘밸리에서 이루어졌던 생산 활동이 미국 남부 주나 유럽으로 이전했다. 계속되는 매출 하락 때문에 스티브 잡스가 1980년대 중반 애플을 떠나야만 하는 상황이 벌어졌고, 그럼에도 애플 브랜드의 차별화된 의미와 가치가 약해지면서 애플 브랜드의 상업적 운명이 나락으로 떨어졌다. 이에 대한 조치로 1990년대 중반 스티브 잡스가 복귀하면서 혁신적이고 미래를 내다보는 정신과 실천에 기초한 브랜드의 오리지네이션이 다시 시작될 수 있었다. 애플의 재도약은 '글로벌'을 생산하는 데 초점을 맞추는 가운데 이루어졌다. PC를 디지털 허브로 재구성했고, 다양한 모바일 기기 부문에 후발주자로 진출해 브랜드의 문화와 정신을 새롭게 했다. 동시에 디자인의 차별화, 글로벌 가치사슬의 재편, 중국과 동아시아 지역의 선도적 계약생산업체와의 아웃소싱 생산 전략도 추진했다. 애플 제품의 출시 행사는 애플 브랜드를 설명하고 홍보하는 기회로 삼았고, 애플 기기와 서비스가 연결되는 효율적인 브랜드 '생태계'를 조성했다. 모바일 기기는 혁신적인 마케팅을 통해 브랜드의 의미와 가치를 세계적 차원에서 새롭게 하는 데 주도적인 역할을 했다. 소비 부문에서는 후발주자로서 모바일 기기 시장에 진출하며 차별화 주도의 브랜드 재활성화 노력을 구사하고 있다. 이를 위해 집중적인 광고와 브랜드화를 통한 소통 전략을 구사했고, 하드웨어와 소프트웨어 전반에 걸쳐 상호보완적인 제품과 서비스를 긴밀하게 통합시켰다. 그리고 애플 브랜드 스토어의 국제적인 네트워크를 구축하면서 간접 판매에서 직영 판매로 전환했다. 규제의 차원에서 애플은 자본시장 참여와 브랜드나 지적재산과 관련된 금융자산 보호에 힘썼다. 이들은 빠른 변화, 유동성, 치열한 경쟁, 국제화가 중요해지는 시·공간 시장의 환경에서 점점 더 중요해진다. 애플 브랜드의 의미와 가치의 생산, 유통, 소비, 규제가 재활성화됨에 따라 이에 참여하는 행위자들은 변화하는 제품과 서비스의 오리지네이션을 인정하고 분명하게 표현할 수 있어야 했다. 그래서 이들은 다양한 형태로 작동하며 공간 구조를 반영하는 오리지네이션을 가지고 절묘한 실험을 시작했다. '**캘리포니아 애플의 디자인**으로 **중국에서 조립**'의 오리지네이션은 애플 브랜드의 재화나 서비스의 의미와 가치를 유지시켜 주는 역할을 했다. 그리고 차별화된 의미와 가치, 프리미엄 가격, 비용 효율적인 생산 **모두**는 이윤 창출의 확대로 이어졌다. 2013년 영국 언론에 실린 두 페이지 광고는 그러한 오리지네이션을 인정하며 다음과 같이 서술한다.

모든 일에 바쁘다면 하나라도 완벽하게 할 수 있을까요? … 우리는 일부의 위대한 것에만 많은 시간을 투자합니다. … 우리는 엔지니어이자 예술가입니다. 장인이자 발명가이기도 합니다. 우리는 일에 흔적을 남깁니다. 거의 보지는 못하시겠지만 항상 느끼고는 있을 거예요. 우리의 특색은 바로 그런 것입니다. 모든 것을 의미하는 것이죠. 애플은 캘리포니아에서 디자인합니다(『가디언』 애플 광고, 2013년 6월 27일: 24-5).

이러한 오리지네이션은 유연하게 나타나기도 한다. 중국처럼 특정 시·공간 시장에서만 판매되는 애플 상품에서만 '**캘리포니아 애플의 디자인**'을 찾아볼 수 있다. 이렇게 불균등하고 불평등한 지리적 결합은 사람과 장소에 따라 다른 의미를 가진다.

　이와 관련된 행위자들은 공간순환에서 의미와 가치를 만들어 내고 수정하려는 노력을 계속해서 시도하고 있다. 이에 따라 오늘날 애플의 상업적 지배와 반향은 압박을 받기도 한다. 최소한 일곱 가지의 우려들이 와해의 위협 요소로 작용하고 있다. 첫 번째는 경쟁 심화, 혁신, 브랜드의 '잭팟' 비즈니스 모델로 인한 것이다(Froud et al. 2012:20). 둘째, 글로벌 금융위기에 따른 미국 연방정부의 경제 회복 계획 실행의 맥락에서 애플의 아웃소싱 생산 모델에 대한 비판이 거세지고 있다. 셋째, 애플 브랜드와 애플의 관행을 지속 불가능한 세계 자본주의의 상징으로 해석하며 반대하는 사람들도 늘고 있다. 넷째, 국제적 확장 속에서 브랜드 공동체와 충성도를 유지하는 것이 매우 어려워진다. 다섯째, 상이한 시·공간 시장의 맥락에서 브랜드의 오리지네이션을 다르게 조정해야 하는 어려움도 있다. 여섯째, 초과 수익의 배분에 대한 소유주와 투자자의 요구가 지속되고 있다. 마지막으로 일곱째, 지적재산권과 디지털 콘텐츠의 소유권이나 라이선스는 규제적 투쟁의 장이며, 국제시장에서 위조품의 유통이 증가하는 문제도 발생했다.

도입

브랜드 상품과 서비스의 지리적 결합을 구축하며 브랜드와 브랜딩에 참여하는 행위자는 초국가적 스케일에서부터 지역적 스케일에 이르기까지 다양한 스케일에서 활동한다. 여기에는 특정 지역의 발전에 관여하는 행위자들이 포함된다. "어떤 종류의 지역발전이며 누구를 위한 것인가?"에 대한 행위자들의 목표와 열망은 서로 다를 수 있다(Pike et al. 2006). 개인과 제도는 브랜드 상품의 의미와 가치를 창출하는 공간순환 속에서 각기 다른 방식으로 연관되어 있기 때문이다. 특정 장소와 지리적으로 밀접한 관련이 있고 상업적으로 성공한 브랜드는 자산으로 인식된다. 그래서 행위자들은 그러한 브랜드를 명성과 역량의 전달자이자 지표로서 칭송하며 홍보한다. 역으로 한 장소에 결합된 덜 성공하거나 실패한 브랜드는 부채로 여겨진다. 이런 브랜드는 해당 장소와 그 장소에 있는 행위자들이 무엇을 할 수 있는지에 대한 기록에서 대체로 무시된다.

지역발전 행위자들은 특정 시·공간 시장 환경에서 브랜드와 브랜딩의 의미와 가치를 조정하고 안정시키려고 노력한다. 이 과정에서 브랜드화된 재화나 서비스의 생산자, 유통자, 소비자, 규제자는 여러 가지 도전에 직면한다. 행위자들은 스케일이나 관계적 공간순환에서 지역적으로 정의된 영역의 이익을 획득하기 위해 다른 브랜드/브랜딩 행위자와 협력하려는 시도도 한다. 이 과정에서 복잡한 난관에 봉착하는 문제도 발생한다. 지역발전에 대한 브랜드의 기여는 생산량, 승수효과, 투자, 혁신, 일자리 등 유형적 요소에만 머물러 있지 않다. 역량, 능력, 명성 등 훨씬 덜 분명하고 보다 소프트한 측면들도 포함된다. 뉴캐슬 브라운 에일, 버버리, 애플에 대한 분석에서 나타난 바와 같이 특정 장소의 브랜드 원산지는 일정한 기간 동안 특정 지역에 혜택을 안겨 준다. 축적, 경쟁, 차별화, 혁신의 와해적 논리 때문에 그러한 지리적 결합은 불안정하고 때로는 일시적인 성과에 불과하다. 브랜드와 브랜딩의 지리는 변화하는 것이다. 이러한 변화는 브랜드와 연결된 특정 지역에 대해 함의를 가진다. 브랜드와 브랜딩이 특정 발전 전략에 영향을 미친다는 말이다.

이 장에서는 지역발전에 대한 오리지네이션의 함의에 초점을 맞춘다. 이에 대한 논의는 세 가지의 핵심 주제를 중심으로 이루어질 것이다. 첫째, 브랜드와 브랜딩의 오리지네이션이 어떻게 특정 경제활동에서 다양한 종류의 지리적 결합과 패턴을 형성하는지를 설명한다. 다시 말해 투자, 일자리, 공급망, 유통망, 소매망, 상표권 보호 등의 위치가 경제경관에 미치는 영향에 주목한다. 브랜드 재화와 서비스 상품을 창출하기 위해 행위자들이 이용하는 지리적 결합이 어떻게 장소의 사절(envoy) 역할을 하며 역량과 명성의 표시자로서 기능하는지에 대해서도 논의한다. 이는 공간이나 장소의 브랜드와 브랜딩과 직결된 문제이다. 이런 맥락에서 의미와 가치의 공간순환에서 브랜드와 브랜딩의 생산, 유통, 소비, 규제의 시점들이 지역발전과 관련되는 방식을 살펴볼 것이다. 아울러, 가치 창출의 '스마일(smile)' 곡선, 그리고 이것이 다양한 경제활동 입지에 미치는 영향과의 관련성을 논의하고(제3장), 특정한 유형의 지역발전을 위한 장소 브랜드를 창출하는 데 있어서 지리적 표시와 같은 규제 장치의 잠재력도 고찰한다. 이 장의 두 번째 주안점은 지역발전에서 오리지네이션의 잠재력을 검토하는 것이다. 특정 장소에 대한 지리적 결합을 활용한 브랜드와 브랜딩의 오리지네이션이 어떻게 내생적 자산이나 외생적 자산으로 동원되는지를 분석한다는 이야기다. 로컬과 지역의 발전을 위해 경제활동을 성장, 정착, 착근시키려는 노력은 매우 중요하다. 셋째, 이 장의 마지막 주안점은 지역발전에서 오리지네이션의 한계를 검토하는 것이다. 이는 강력한 지리적 결합이 언제, 어떤 방식으로 발전 경로의 고착(lock-in)으로 이어져 걸림돌로 작용하는지, 그리고 로컬과 지역의 적응력을 어떻게 억제하는 기능을 하는지를 중심으로 살필 것이다.

브랜드와 브랜딩에 관여하는 행위자들이 지리적 결합을 형성하는—역으로 행위자들이 지리적 결합에 영향을 받는—방식을 이해하는 데 있어서 오리지네이션은 유용한 수단이다. 브랜드화된 재화와 서비스 상품에 엮여 있는 '신비한 베일'을 걷어 올릴 수 있고(Greenberg 2008: 31), 지리적 결합이 지역발전에서 의미하는 바를 고찰할 수 있기 때문이다. 오리지네이션은 '원산지 국가(Country of Origin)' 프레임에 내재한 발전의 가정을 초월할 수 있도록 도와준다. 원산지 국가 프레임에서는 '국가적' 개발 프로젝트와 '국가' 대표 브랜드에 초점을 맞추어 행위자와 제도의 행위성이 이해된다(van Ham 2008). 이와 대조적으로 오리지네이션은 시·공간 시장 환경에서 의미와 가치를 창출하고 안정화하려는 행위자들의 노력에서 나타나는 복잡한 현실을 강조하는 프레임이다. 이는 관계적인 동시에 영토적인 지리적 결합의 영향력에 주목하기 때문에 가능한 것이다. 지리적 결합은 브랜드와 브랜딩의 구성에 참여하는 생산자, 유통자, 소비자, 규제자의 활동을 통해 만들어지는 것이며, 사회·공간적 불평등을 (재)생산하는 요인이 되기도 한다.

지역발전과 오리지네이션

오리지네이션은 행위자들이 특정 시·공간 시장 환경에서 특정 상품과 서비스에 대한 의미와 가치를 창출하고 확보하기 위한 노력을 뜻하며, 브랜드 상품과 브랜딩에서 지리적 결합을 구축하는 이유와 방법을 탐구하는 수단이다. 오리지네이션은 브랜드와 브랜드 행위자들의 이익을 강화한다. 지역발전에 관여하는 사람들은 다양한 스케일에서 지역의 이익에 기여하기 위해 브랜드 재화나 서비스 상품을 이용하려고 노력하기도 한다. 이러한 활동에 참여하는 기관은 OECD와 같은 국제적 수준의 정부 간 기구에서부터 자원봉사단체처럼 지역사회 수준에서 활동하는 조직에까지 이른다(표 7.1).

지리적 결합이 '원산지 국가'와 '브랜드의 원산지 국가' 효과의 핵심 단서로 인식되던 적이 있었다(제3장). 이러한 결합은 브랜드 재화나 서비스 상품의 탄생에 필수적이고, 다양한 방식으로 지역발전을 추구하는 행위자들의 행위성을 형성한다. 그러나 축적, 경쟁, 차별화, 혁신의 논리에 제약을 받아 지리적 결합은 행위자들의 시·공간적 해결책을 지속적으로 와해시킨다. 재화와 서비스 브랜드의 경제적 운명이 변화함에 따라 특정 지역경제의 전망도 달라질 수 있다. 브랜드가 로컬이나 지역경제의 구조에서 적절한 규모로 전문화를 유도하거나, 해당 지역의 역량과 평판에 대한 인식과 밀접하게 얽혀 있을 때 브랜드의 의미는 증폭된다. 그러나 지역발전 기관은 긴장관계와 조정의 문제에

표 7.1 지리적 결합 및 지역발전 제도의 스케일

스케일	사례
상위국가	경제협력개발기구, 세계무역기구, 유럽위원회, 중남미·카리브 경제위원회
국가	국민통합부(브라질), 통상산업성(일본)
하위국가 행정단위	바이에른주 경제·인프라·교통·기술부(독일), 경제개발·혁신부(미국 캘리포니아주)
민족	카탈루냐 정부, 스코틀랜드 정부
범지역	발트해 지역, 노던웨이(잉글랜드)
지역	론−알프 지역의회(프랑스), 실레지아주(폴란드)
하위지역 또는 로컬	휴스턴베이 지역경제 파트너십, 다운타운 센터 비즈니스 개선 구역(LA)
도시	밀라노 시청(이탈리아), 파리 시의회(프랑스)
근린	근린지구 경제개발(포틀랜드 시의회), 캐나다 커뮤니티 경제발전 네트워크
거리	새빌로 맞춤복 협회(영국 런던), 매디슨애비뉴 비즈니스 협회(미국 뉴욕)

도 직면한다. 브랜드와 브랜딩에서 의미 있고 가치 있는 지리적 결합을 지역화하려고 노력하지만, 지리적 결합은 언제나 유동적인 상태에 있기 때문이다.

국가 시스템 속에서 규제적 실천이 정립되고 실행되는 경계와 거버넌스의 관할 공간은 가치 흐름의 관계적 지리를 방해하고 변형시키며, 역으로 가치 흐름의 관계적 지리에 방해를 받거나 변형되기도 한다(Lee 2006: 418).

브랜드와 브랜딩의 오리지네이션에 관여하는 '얽매인' 영토적인 공간과 장소, '얽매이지 않은' 관계적 공간과 장소 **모두**에서 지리적 결합은 전개된다.
  지리적 결합의 종류, 정도, 성격은 지역발전에 다양한 연결을 형성하며 영향을 미친다. 강력한 지리적 결합과 강력한 오리지네이션을 보유한 브랜드는

'발전'에 대해—발전이 어떻게 정의되든 간에—직접적인 경제적 결과를 야기한다(Pike et al. 2007). 이러한 브랜드의 기여에는 생산량, 투자, 고용처럼 직접적·물질적·경제적인 것들이 포함될 수 있다. 간접적인 결과는 재화와 서비스의 구매에 따른 승수효과를 통해 나타난다. 로컬, 지역, 아니면 더 멀리 떨어진 곳에 위치한 공급자들의 생산량, 투자, 고용도 승수효과의 원인이 될 수 있다. 높은 경제적 가치와 국제적 명성을 누리는 브랜드에 대한 소유와 통제가 가능한 경우, 경제적 자원에 대한 실질적인 권력은 중앙 집중화되어 특정 장소에 집중될 수 있다. 이런 곳에서 경제경관 형성에 영향을 주는 투자 프로젝트, 일자리, 재화나 서비스 공급 계약, 물류 네트워크, 소매 채널, 지적 재산 보호 등의 입지에 대한 결정이 내려진다. 이런 곳의 위치가 세계도시나 글로벌도시 네트워크에서의 정부나 거버넌스의 중심지와 겹치는 경우도 있다(Taylor 2004). 이런 경우에는 주요 규제나 표준 설정 기관과의 소통과 관계 형성이 가능하다. 2012년 인터브랜드(Interbrand) 베스트 글로벌 브랜드 톱100에서 5위 안에 든 브랜드만 생각해 보자. 이들 브랜드 소유주의 본사는 모두 글로벌 도시에 입지한다. 조지아주 애틀랜타의 코카콜라, 캘리포니아주 쿠퍼티노의 애플, 뉴욕주 아몽크의 IBM, 캘리포니아주 마운틴뷰의 구글, 그리고 워싱턴주 시애틀의 마이크로소프트처럼 말이다. 일부 논객들은 한 걸음 더 나아가 브랜드와 지역발전 간의 긍정적인 인과관계를 말하기도 한다. 이런 방식으로 스티브 힐튼(Steve Hilton 2003: 49)은 최고 가치의 브랜드들이 미국, 일본, EU에 자리 잡고 있는 이유를 설명했다. 그의 주장에 따르면 부유하기 때문에 최고의 브랜드를 유치하는 것이 아니라, 최고의 브랜드가 있기 때문에 부유해질 수 있다. "브랜드가 없으면 현대 자본주의는 무너진다. 브랜드가 존재하지 않으면 고객 충성도를 높일 수 있는 방법이 없다. 고객 충성도가 없으면 적정한 수입이 보장되지 않는다. 적정한 수입이 없으면 투자와 고용이 감소한다. 투자와 고용의 감소는 부의 감소로 이어진다. 부가 감소하면 정부 수입이 줄어들어 공공재에 투자할 수 없다". 브랜드와 브랜딩의 오리지네이션은 물질적, 경제적 결과만을 가지고 지역발전에 영향을 주는 것은 아니다. 지리적 결합의 상징적·담론적·시각적 형태도 장소의 의미와 가치, 현재의 발전 상태, 열망 등에 대해 소통하는 데 사용될 수 있다(Olins 2003). 행위자들은 그러한 지리적 결합을 활용해 그들의 장소가 추구하는 미래 발전 경로에 대한 신호를 보내기도 한다. 지역발전의 이해당사자인 행위자들에게 브랜드는 번영, 성공, 활력에 대한 심벌, 이미지, 내러티브를 제공할 수 있다.

상업적으로 성공했거나 국제적으로 인정받을 수 있는 브랜드가 탄생한 장소의 경우, 지역발전 행위자들은 일반적으로 추가적인 발전을 촉진하고자 한다. 이를 위한 노력의 일환으로 친숙한 역사적인 지리적 결합을 긍정적인 방식으로 명확하게 표현해 구현한다. '…의 고장'이란 방식으로 특정 브랜드의 입지적 배경, 이야기, 성공과 엮어 찬란한 지역경제의 역사를 함축적으로 표현한다. 뉴캐슬 브라운 에일의 소유주와 경영진은 공장을 뉴캐슬어폰타인에서 다른 곳으로 이전하기 전까지 그런 이야기를 할 수 있었다(제4장). 버버리와 관련된 행위자들은 이 브랜드의 국가적 역사의 진화에서 '영국다움'의 오리지네이션을 추구하고(제5장), 애플 경영자들은 실리콘밸리의 역사를 글로벌 무대에 제시한다(제6장). 브랜드가 로컬이나 지역에서 유래하지 않고 지역 외부에서 유치되어 착근된 경우도 있다. 이러한 사례도 입지 결정 요인의 측면에서 지역이 무엇을 제공할 수 있는지에 대해, 예를 들어 토지와 부동산, 숙련 노동력, 인프라, 세제 혜택, 보조금, 혁신 지원 등과 관련해 긍정적인 신호를 전달할 수 있다(Markusen 2007). 이 전략은 특히 글로벌 입지의 가능성을 보유한 국제적 브랜드를 유치한 지역에서 유용하게 사용되고 있다. 투자 유치를 담당한 많은 기관은 대체로 유치한 기업들의 리스트를 작성한다. 여기에는 일반적으로 유치한 유명 브랜드 기업의 관리자와 근로자들의 이미지와 발언이 포함되어 있다. 이러한 성공의 기록물은 더 많은 투자자를 지역으로 끌어들이기 위해 기존 유치 기업에 대한 지역의 헌신과 관계를 강조하는 데 사용된다. 예를 들어, 잉글랜드 남동부 서머싯(Somerset)의 행위자들은 그러한 접근법을 활용하고 있다. 이들은 지역 홍보나 경제발전 촉진 전략에서 서머싯과 지리적으로 결합된 평판 좋은 브랜드를 전면에 내세운다(그림 7.1).

브랜드 재화나 서비스를 장소에 연결하는—물질적, 담론적, 상징적, 시각적 측면에서의—지리적 결합은 풍부하게 축적된 공간이나 장소의 브랜드/브랜딩에 관한 기존 문헌과 관련된다. 그러한 공간이나 장소의 브랜드는 국제적 경쟁에서 지역 간 경쟁에 참여하는 행위자들이 구성한다. 이들은 여러 활동 분야에 걸쳐서 발전의 자원과 기회를 유치해 착근시키고 보유하기 위해 노력한다. 이러한 활동은 재화나 서비스 브랜드와 브랜딩의 상업적 세계로부터 확장된 것이다. 오늘날 그러한 브랜드는 신규 또는 기존 비즈니스, 투

그림 7.1 서머싯: 비즈니스의 자연스러운 선택
출처: Into Somerset

오리지네이션

자, 일자리, 직업, 거주자, 숙련 노동력, 스펙터클 이벤트, 학생, 방문객 등 여러 부문을 아우른다(Greenberg 2008; Hollands and Chatterton 2003; Ashworth and Kavaratzis 2010; Lewis 2007; Pike 2011b). 점점 더 많은 지역이 브랜드를 확립하거나 브랜딩 활동에 보다 적극적으로 나서고 있다. 이러한 경쟁의 맥락에서 장소들은 보이지 않고 무시당하거나 뒤처지는 위험으로부터 벗어나려 한다. 니콜라 벨리니(Nicola Bellini 2011)에 따르면 모든 장소는 평판을 가지고 있다. 그래서 상소에 있어서 평판을 관리하기로 했는지의 여부는 중요한 문제다. 현재의 지역발전에서 공간이나 장소의 브랜드와 브랜딩은 정체성과 이미지 관리 요소로서 중요한 부분을 차지한다. 새로운 발전을 촉진하기 위한 지역의 '리브랜드화'에 초점을 맞춘 변혁적 프로젝트에서도 필수적인 역할을 한다(Halkier and Therkelsen 2011; Pike 2011b).

그러나 공간과 장소의 브랜딩은 여전히 성장하지만 출현 단계의 분야로 남아 있다. 해결되지 않은 근본적 문제들로 둘러싸여 있기 때문이다. 여기에 포함되는 이슈는 정의, 개념화, 이론화의 문제(Go and Govers 2010), 누가 무슨 이유로 어떻게 장소 브랜드를 구성하는지의 문제(Richardson 2012), 재화나 서비스의 브랜드와 브랜딩을 보다 복잡한 공간과 장소에 (오)적용하는 문제(Pike 2011d), 차별성의 추구와 접근법의 동질화 경향 사이의 긴장관계(Turok 2009), 공간이나 장소 브랜드의 착근성과 시간적 지속성(Richardson 2012), 브랜드의 기여와 효과를 식별하고 평가하는 방법(Richardson 2012), 브랜드가 보다 광범위한 평판의 개념과 관계되는 방식(Bell 2013), 브랜드 소유권이나 재현과 관련된 공간과 장소의 정치(Aronczyk 2013; Greenberg 2010; Julier 2005) 등과 같이 다양하다.

의미와 가치의 공간순환상에서 생산, 유통, 소비, 규제되는 브랜드와 브랜딩이 지역발전에 대해 어떠한 함의를 가지는지 검토해야 한다. 이때, (그림 3.4

에서 소개한) 가치창출의 '스마일' 곡선을 참고해 입지적, 발전적 전망에서 이 곡선의 함의를 검토하는 것이 필요하다. 람 무담비(Ram Mudambi 2008: 706)에 따르면 "가치창출 스마일에서 양끝단의 활동들은 주로 선진시장경제에 위치하는 반면, 가치사슬의 중간에 있는 활동은 신흥시장경제로 (이미 이동했거나) 이동하고 있다. 이것이 가치창출의 스마일 곡선의 지리적 현실이다"(그림 7.2). 글로벌 가치사슬에서 활동에 참여하는 행위자들은 다양한 맥락과 인센티브에 직면하고 있다. 이들은 '추격(catch-up)', '파급(spillover)', '산업창출(industry creation)'로 범주화된다(Mudambi 2008: 708). 추격자들은 글로벌 가치사슬의 중간에 위치하며, (브라질, 중국, 인도, 멕시코처럼) 신흥시장경제에 기반을 둔 행위자들을 지칭한다. 이들은 고부가가치 활동을 수행하고 통제할 수 있도록 자원과 역량을 발전시켜 지위를 업그레이드하려고 노력한다. 다운스트림 시장 환경에서 그러한 노력은 자체 브랜드나 마케팅 전문지식을 개

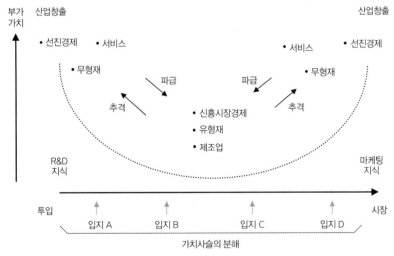

그림 7.2 가치사슬의 창출과 입지
출처: Mudambi(2008: 709)

오리지네이션

발하는 방식으로 이루어진다. 이는 존재감과 가치획득을 강화하기 위한 것이다. 다른 한편으로, 업스트림에서는 연구개발(R&D)과 혁신 역량의 강화를 추구한다. 이러한 R&D, 마케팅, 브랜딩 기능은 주로 선진시장에 입지해 왔다. 발전 정보를 청취하는 주요 기지로 활용할 목적이 있기 때문이다. 그리고 선진시장은 특정한 시·공간 시장의 환경에서 새로운 아이디어, 유행, 트렌드를 포착해 흡수하는 능력을 증진하기 위한 메커니즘으로도 사용된다.

글로벌 가치사슬의 업스트림과 다운스트림을 통제하는 선진시장경제의 행위자들이 비용 효율성을 개선하기 위해 고부가가치 활동을 재편하거나 신흥시장경제로 이전할 때 파급효과가 발생한다. 추격 활동을 벌이는 새로운 시장 진입자로 인해 기존 행위자들은 경쟁 압박에 시달릴 수도 있다. 그렇게 되면 기존 행위자들은 다음과 같은 노력을 해 왔다.

통제할 수 있는 고부가가치 활동의 효율성과 효과성을 높였다. 모듈화를 통해 업스트림의 R&D와 다운스트림의 마케팅 활동에서 표준화된 활동을 분리해 신흥시장경제로 이전할 수도 있다(Mudambi 2008: 709).

고부가가치의 양 끝단에서 혁신성은 신산업 창출의 밑거름이 되기도 한다. 예를 들어, "바이오테크와 나노테크는 업스트림 끝단의 기초 및 응용 R&D를, 전자상거래와 온라인 경매는 다운스트림 끝단의 마케팅이나 유통의 혁신"을 기초로 출현했다(Mudambi 2008: 709).

스마일 곡선을 의미와 가치의 공간순환과 관련해 생각해 보자. 무엇보다, 생산 부문에서 조립이나 제조 활동이 선진경제에서 신흥경제로 이전하고 있는 상황이 중요하다. 이는 다양한 활동의 부문에서 다양한 수준과 방식으로 나타나고 있는 현상이다(Dicken 2011). 브랜드 상품 생산의 전부 혹은 일부를

상실한 곳에서는 탈산업화와 관련된 생산, 투자, 고용의 상실에 대처해야만
하는 지역 적응 문제가 발생한다(Pike 2009c). 반면, 조립이나 제조 활동의 유
치와 성장을 이룬 곳에서는 새로운 경제활동의 출현과 급속한 성장을 어떻게
지원할 것인지가 문제가 된다. 자본, 인프라, 노동 숙련, 혁신에 대한 지원을
보장해 발전의 이익을 지속적으로 창출하고 미래의 업그레이드를 위한 기반
을 다지는 것도 중요하다(Yeung 2009). 예를 들어, 한국에서는─'디자인'과 '경
제학'의 아이디어를 결합한─디자이노믹스(Designomics)를 점점 더 많이 강
조하고 있다(그림 7.3). 이는 업그레이딩 전략의 일환으로 재화와 서비스 브랜
드의 의미와 가치를 구축하기 위한 수단으로 활용된다.

　유통과 소비도 스마일 곡선의 맥락에서 더욱 중요해졌다. 경제활동을 업그
레이드하고 재화와 서비스 상품의 의미와 가치를 증진하기 위해 브랜딩과 마

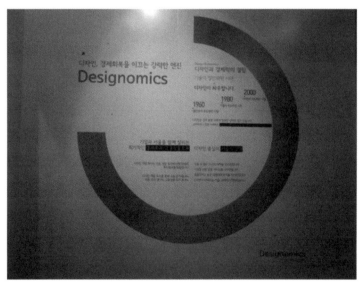

그림 7.3 서울의 '디자이노믹스(Designomics)'
출처: 2011년 Mário Vale 촬영

　　　　　　　　　　　　　　　　　　　　오리지네이션

케팅이 특히 강조되고 있다. 공간 계층의 최상단에 위치한 런던, 뉴욕, 도쿄의 광고, 브랜드, 미디어 중심지는 글로벌 스케일에서 영향력을 행사하면서 동시에 중요성이 증대되는 브랜드와 브랜딩 세계의 혜택도 받아 왔다. 이러한 [글로벌] 도시에서는 긍정적인 결과가 지속적으로 쌓이며 강화되고 있다(Taylor 2004). 투자와 계약의 흐름이 꾸준히 발생하고, 고부가가치와 고임금의 일자리가 지속적으로 창출되며, 글로벌 영향력을 넓혀 가고 있기 때문이다. 런던의 소호, 뉴욕의 매디슨애비뉴, 도쿄의 시부야와 시오도메와 같은 곳은 광고와 미디어 분야의 거대 기업 브랜드와의 긴밀한 지리적 결합으로 장식되어 있다(Faulconbridge et al. 2010; Grabher 2001).

신흥경제에서는 R&D, 마케팅, 브랜딩 역량의 개발을 통한 업그레이딩의 노력이 진행되고 있다. "저마진의 계약생산과 조립, 표준화된 서비스 부문으로부터 자원이 빠져나가고, 기업들이 경험을 거의 축적하지 못한 R&D나 마케팅 분야로 옮겨간다. 그래서 [신흥경제들은] 단기적 현금 흐름에서 적자"에 시달린다(Mudambi 2008: 708). 그러나 발전의 초기 단계에서는 선진경제로부터의 아웃소싱에 의존한 저부가가치 활동이 내생적 발전만큼이나 중요하다. 역량과 평판 개발에 투자하는 것도 마찬가지다. 선진경제로부터 파급되는 기능을 획득하고 추가적인 경제적 업그레이딩을 도모하는 플랫폼으로 작용하기 때문이다(Barrientos et al. 2011).

브랜드와 브랜딩의 의미와 가치의 공간순환에서 규제의 시점도 매우 중요하다. 이는 특정 시·공간 시장에서 특정한 브랜드 재화와 서비스의 지리적 결합을 보호, 안정화, 유지하는 역할을 하기 때문이다. 국가기관, 준국가기관, 비정부기관 등은 다양한 지리적 스케일에서 영토적인 관할 기구로서 기능하면서 브랜드의 법적 지위, 소유권, 지리적 결합을 인증, 통제, 보호한다. 이는 생산에서부터 유통과 소비의 시점까지 나타나는 현상이다. 브랜드의 확립과 보호는 국가별로 상이한 상표법에 해당하는 사항이다. 상표법은 무제한적인 독점권을 허락한다. [기간이 정해져 있는] 특허권이나 저작권과는 달리 브랜드를 배타적으로 사용할 수 있는 기간에는 제한이 없다는 이야기다. 그러나 단어, 색상, 기호는 일반적인 거래의 상황에서 상표권으로 보호되기 매우 어렵다(Lury 2004). 이 경우 지리적 결합은 성분, 포장, 명칭 등과 관련해 차별화를 제공하며 상표권을 강화하는 수단이 될 수 있다. 브랜드 에쿼티와 가치에서 생산의 원산지가 중심을 차지한다면 동일 장소 입지에 의한 모방을 방지하기 위해 강력한 보호 조치가 필요하다. 이는 오리지네이션에서 영토적인 지리적 결합과 관계적인 지리적 결합 사이의 긴장관계나 조정과 관련해서도 중요한 문제다. 현재의 상표권 정의는 지리적 결합에 얽매이지 않은 것처럼 보이기 때문이다. "로고의 차별성은 점점 더 연결과 연상의 측면에서 판단되고 있다. 고정된 원산지와의 관련성이 중요한 것은 아니다"(Lury 2004: 14).

브랜드 재화와 서비스의 지리적 결합을 정의하고 보호하며 지역발전에 연결하는 방법을 보다 명확하게 제시하는 규제적 장치들도 있다. 이와 관련된 지리적 표시(geographical indications: GI) 제도는 "제품 고유의 특정한 품질을 생산의 맥락에 내재된 특정 성격과 연결하려는 노력의" 표식이다(Parrott et al. 2002: 246). GI는 브랜드와 브랜딩의 지리적 결합을 확립하고 강화하며 지역발전에 기여한다. "생산을 특정 장소의 사회적, 문화적, 환경적 측면과 재결합하고 … 장소에 대한 책임성 증대의 가능성을 열어 주는" 잠재력 때문이다(Barham 2003: 129). GI는 상표권을 통해 이루어지는 지리적 결합의 증권화(securitization)와는 대조를 이루는 것이다. 증권화는 장소의 성격과 로컬 지식을 재산으로 전환하며, 지리적 결합을 민간 거래의 대상으로 만들고 탈영토화에 취약하게 만든다(Morgan et al. 2006). 엘리자베스 바햄(Elizabeth Barham 2003: 129)에 따르면 "GI는 특정 장소에 닻을 내린 집합적 자산의 한 형태로서

오리지네이션

… 글로벌화[와] … 시·공간적 제약에 구애받지 않고 재화, 노동, 자본이 자유롭게 흐르는 마찰 없는 경제에 도전하는 것이다". 장소의 측면에서 GI의 결속과 규제는 다음을 의미한다.

거래 가능한 사적 소유의 지적 재산권인 상표권과는 달리 GI는 공간적으로 특수한 공공재이다. 특정 지역을 기반으로 하는 특정 생산품의 지리적 명칭을 보호하기 때문이다. GI는 집합적인 법적 지위를 바탕으로 소규모 생산자들을 돕는다. … 지역적으로 착근되고 연계된 생산품과 탈로컬화할 수 없는 자산을 보호하며 홍보하는 수단인 측면도 있다. 이것이 전통적인 상표권과 구별되는 점이다(Morgan et al. 2006: 186).

EU는 농식품 브랜드에 대한―예를 들어, 애버딘 앵거스 소고기와 파르마 햄에 대한―지리적 표시 보호(Protected Geographical Indication: PGI) 지정 정책을 실시하고 있다. 이는 브랜드 생산품의 유래와 품질 규제를 지역발전과 명시적으로 연결시킨 규제이다(Parrot et al. 2002). 과테말라의 안티구아 커피, 인도의 다르질링 차, 스위스의 에티바즈 치즈 등이 GI 제도와 지역발전 잠재력이 결부된 사례로 국제적인 주목을 받고 있다.

지역발전에 긍정적인 기여를 하는 규제 장치라 하더라도 특정 환경에서는 부정적인 영향을 끼칠 수 있다. 브랜드의 지리적 결합에 대한 영토적으로 한정된 형태의 규제는 공간적 독점과 지대(rent), 시장 진입의 장벽, 공급 통제를 창출하고 법적으로 보호한다. "고전 입지론에서 등질 공간의 가정과는 다른 것이다. [그런 규제들은] 행동과 상호작용을 제한함으로써 일부 지역에만 혜택을 부여하고 다른 곳은 배제한다"(Moran 1993: 695). 비로컬(non-local) 시장에서의 전유를 방지하며 브랜드를 보호하는 능력과 관련해 규제는 사회·공간적으로 불균등하게 작동한다. 규제는 브랜드를 등록된 이름만 축소시키는 문제를 유발한다. 이는 장소와 품질의 지리적 결합이 약화되는 결과로 이어질 수 있다. WTO는 GI가 WTO의 규칙과 양립 가능하며 기존의 상표권과도 공존할 수 있다는 결정을 내린 바 있다. 이 판결에도 불구하고 GI나 ('원산지 국가 표시' 등) 장소 관련 브랜드 규제는 여전히 정치적 분쟁의 대상으로 남아 있다. 예를 들어, 보호주의에 대한 미국의 해석과 로컬화된 보호를 기초로 하는 EU의 모방방지책 간에는 불협화음이 존재한다(Hayes et al. 2004; Morgan et al. 2006; Parrott et al. 2002).

지역발전에서 오리지네이션의 잠재력

브랜드와 브랜딩에 관여하는 행위자들이 재화나 서비스 상품을 오리지네이션하고 차별된 의미와 가치를 구축하기 위해 특정 장소에 강력한 지리적 결합을 추구하는 경우가 많다. 이때, 행위자들은 경제활동을 유치, 정착, 착근하는 수단을 제공하며 지역'발전'에 결정적인 기여를 하게 된다(Pike et al. 2011). 브랜드 상품과 장소 사이의 강력하고 지속적인 지리적 결합을 가진 브랜드는 콜린 크라우치(Colin Crouch 2007: 211)가 말하는 '집합적 경쟁 재화'의 창출을 로컬이나 지역 제도로 지원하는 역할을 한다. 집합적 경쟁 재화에는 로컬/지역혁신체계, 숙련도 개발 인프라, 공급망, 맞춤형 장소와 부동산 등이 포함된다. 이처럼 집합적이고 지역적으로 착근된 자산의 개발을 통해 부가가치와 의미의 창출이 증진된다. 그리고 부가된 의미와 가치는 "이러한 장소의 문화경제적 이점을 지속하고 장소의 제품과 평판을 값싼 모조품의 부정적인 영향으로부터 보호하는 데" 사용된다(Scott 1998: 109). 장소에 강력하게 착근해 오리지네이션된 브랜드와 브랜딩은 로컬과 지역 내부로부터 (내생적) 성장을 도모하는 토착적 자산으로 동원될 수 있다. 나아가 (외생적) 수출 성장이나 투자와 인구 같은 외부 자원을 유치해 착근하는 데 쓰이는 것도 가능하다. 행위자들이 특정한 장소에 강력한 지리적 결합을 동원하는 경우, 오리지네이션은 '지역 가치의 신장'(Ray 1998) 전략을 뒷받침한다. 다시 말해, "잘 알려진 지역 생산품이 … 지역의 '플래그십'과 같은 역할을 하면서 관광이나 지역발전의 측면에서 시너지를 창출하고 … 전통적인 문화 정체성을 강화하면서 장소의 가치를 신장"시킬 수 있다는 말이다(Parrot et al. 2002: 257).

강력한 지리적 결합에 기초한 브랜드 재화나 서비스의 오리지네이션은 참여 행위자들이 위치하거나 그들과 관련된 지역발전에 긍정적인 결과를 낳는다. 생산자와 서비스 전달자는 자신들의 지역 내외에서 판매할 수 있는 재화나 서비스 상품을 산출한다. 이는 생산수단을 자본, 노동, 토지와 결합하는 것을 포함하는 과정이다. 경제활동은 직접적으로나 간접적으로 재화와 서비스의 수요를 증가시킨다. 추가적으로 발생한 수요는 다양한 지리적 스케일에서, 그리고 서로 다른 순환과 네트워크에서 영역화된다. 오리지네이션의 차별화가 뒷받침되는 경우에는 로컬 스케일에서 유지되는 판매, 소득이 증가하며 선순환의 성장이 누적된다(Ilbery and Kneafsey 1999; Tregear 2003). 그리고 까다롭고 정교한 '로컬 소비 구성원'(Molotch 2002: 668)은 오리지네이션된 브랜드에 대한 수요를 임계량(critical mass) 이상으로 성장하게 한다. 결과적으로 전문화, 지리적으로 근접한 생산자−소비자 상호작용, 수출도 촉진된다. 아울러 강력한 오리지네이션을 보유한 경제활동은 투자 유치에 유리하게 작용해 로컬이나 지역 경제에서 자본금을 확대해 생산성의 향상을 가능하게 한다. 고용도 다양한 직종과 [숙련 및 임금] 수준에 걸쳐 창출된다. 예를 들어, 고도의 숙련을 요하는 전문직에서부터 장인이나 수공예 산업까지 고용이 확대될 수 있다(Tregear 2003). 경제활동의 소유권이 로컬이나 지역에 머물러야만 보다 높은 수준으로 착근되고 해당 로컬이나 지역의 경제에 보다 많은 기여를 하면서 다른 곳으로의 이전 가능성을 약화시킬 수 있다(Ilbery and Kneafsey 1999). 기업들이 특정 장소에 심층적이고 강력하게 지리적으로 결합된 상태에서 브랜드 상품과 서비스의 의미와 가치를 오리지네이션하는 것도 중요하다. 그래야만 기업들은 고용이나 소싱과 관련해 보다 지속가능한 비즈니스 관행을 지향할 수 있게 된다. 장소에 오리지네이션된 지리적 결합이 강력한 기업일수록 새로운 비즈니스 활동에 자산을 제공하는 경향이 있고, 이는 브랜드 확장이나 스핀오프의 촉진으로 이어진다.

지역이 보다 강건하고 보다 가시적인 발전의 결과를 얻을수록 브랜드 재화와 서비스의 소프트하고 덜 가시적인 측면에서의 혜택도 얻을 수 있다. 이 또한 특정한 장소에 강력한 지리적 결합과 오리지네이션되었을 때 나타나는 모습이다. 마이클 베벌랜드(Michael Beverland 2009: 149)는 브랜드와 장소 간의 긍정적 연계가 필요하다고 주장한다. 그래야만 각각의 진정성도 강화될 수 있기 때문이다.

브랜드는 지역의 독특한 특징, 여행하는 관광객, 지역의 명성으로부터 혜택을 얻는다. 마찬가지로 적극적으로 활동하는 지역 행위자들도 지역과 로컬 커뮤니티에게 이익으로 작용한다. 결과적으로 로컬 경관에 대한 그러한 브랜드들의 착근성은 보다 깊어질 수 있다. 이 모든 것들이 [브랜드와 장소의] 진정성을 증진시킨다.

국제적인 지역 간 경쟁에서 강력한 지리적 결합을 가진 브랜드는 기획자나 홍보대사 역할을 한다(van Ham 2001). 관련 행위자들은 "양질의 브랜드를 홍보하는 것이 특정 지역과 지역의 생산품이나 생산자에 대한 홍보로도 이어질 수 있음"을 이해하고 있다(Morgan et al. 2006: 102). 특정 장소의 성격은 강력한 지리적 결합을 가진 브랜드를 통해 다양한 정도의 이동성을 가지게 된다. "로 컬은 상품을 통해 많은 장소로 광범위하게 이동할 수 있기 때문에 많은 결과를 초래할 수 있다"(Morloch 2002: 686). 이러한 브랜드는 로컬리티와 지역에서 시민의 자부심과 활력을 불어넣는 데 있어서 초점 있는 수단을 제공한다(Ilbery and Kneafsey 1999; Tregear 2003).

브랜드와 브랜딩의 오리지네이션에서 강력하게 작동하는 지리적 결합은 경제활동을 장소에 머무르게 한다. 이동의 비용을 높이고 공간적 이전을 억제하는 효과가 있기 때문이다. 특정한 지리적 결합을 상이한 가치와 의미를 가진 다른 종류의 지리적 결합으로 대체하는 것이 어려운 점도 중요한 이유다. 강력한 지리적 결합은 특히 브랜드의 필수 요소가 공간적으로 고정되어 있을 때 두드러지게 나타난다. 타지에서 비용 효율성이 떨어지거나 완벽한 대체가 불가능할 때도 마찬가지다. 이러한 지리적 결합은 농식품 브랜드에서 탁월하게 나타난다. "다양한 유기물과 무기물 사이의 특정한 혼합은 공간과 장소로부터 분리되기 어렵기 때문이다"(Morgan et al. 2006: 10). 브랜드의 필수적인 특징들이—예를 들어 디자인, 유래, 품질 같은 것들이—장소에 뿌리를 가지고 있다면, 그러한 속성은 [다른 곳에서] 복제가 불가능할 수 있다(Parrot et al. 2002). 그렇다면 고유한 의미와 가치를 훼손하지 않고서는 브랜드가 특정한 공간적 한계를 초월해 다른 곳에서는 만들어질 수 없다. 예를 들어 프랑스 와인의 경우, "문화, 전통, 생산 공정, 지형, 기후, 로컬 지식 시스템 등으로 구성된 생산의 **맥락** … 즉, '테루아(terroir)'는 제품의 품질에 지대한 영향을 준다"(Parrott et al. 2002: 248, 원문 강조). 물질적, 상징적 차원에서 특정한 장소에 대한 지리적 결합은 그러한 와인 브랜드의 필수적인 구성 요소이다. "그들의 존재 자체와 이름은 그들의 지역 내에서 실행되는 생산과 분리될 수 없다. …
즉, 장소의 이름과 생산은 … 분리될 수 없다"(Moran 1993: 698). 특정한 생산
장소에 대한 내재적이거나 본질적인 기술적 연계가 없는 제조업에서도 강력
한 지리적 결합이 명백하게 드러날 수 있다. 예를 들어, 스와치(Swatch) 브랜
드 시계의 오리지네이션은 지역적 앵커(anchor)와 같은 역할을 한다. 그러면
서 스와치 시계의 경제지리와 지역발전 잠재력을 형성한다. "이것은 스와치
시계의 생산에서 스위스 노동력이 사용되었다는 점을 보증하거나 최소한으
로 암시한다. 그래서 스와치가 이 브랜드 제품의 생산을 스위스 국경 밖으로
옮겨 저비용 노동을 이용하는 데 제약이 있다. … 이는 스와치가 국가적으로
영토화된 브랜드라는 점을 시사한다"(Lury 2004: 54).

　[모직물의 한 종류인] 해리스 트위드(Harris Tweed)는 스코틀랜드 서부 아우터
헤브리디스(Outer Hebrides) 제도의 해리스섬과 강력하게 착근된 지리적 결
합을 이룬다. "이 트위드 브랜드의 이름은 바로 이곳에서 따온 것이다"(*Daily
News*, 1906년 8월 1일, Hunter 2001: 12 재인용). 오랫동안 지속되고 있는 해리스
트위드의 오리지네이션은 지역발전과 밀접하게 관련되어 있다. 해리스 트위
드는 1960년대 전성기를 경험한 이후 성장과 낮은 생산량이 주기적으로 반
복되는 역사 속에 있었다. 이런 동안에도 해리스 트위드는 "한 세기 이상 이
섬의 삶에서 필수적인 부분"을 차지했다. 아우터헤브리디스 제도와 해리스섬
은 여러 가지 경제적 도전에 직면해 있는 외딴 시골 섬이다(Comhairle nan Ei-
lean Siar 2003). 이 섬은 일부 경제 부문에 대한 의존도가 아주 높고, 계절 변화
에 큰 영향을 받으며, 경기 순환과 충격에 취약하다. 경제활동 인구의 유출 문
제도 심각하다. 고용, (사회보장 급여, 국가 연금 등) 이전 지출(transfer payment),
보조금은 공공 부문에 대한 의존도가 매우 높다. 이런 맥락에서 해리스 트위
드는 로컬 주민의 수입과 생계 유지에서 매우 중요한 부분을 차지한다.

규제는 이 브랜드의 의미와 가치의 생존과 보호에서 매우 중요한 역할을 해 왔다. 브랜드네임과 장소 간의 연결이 전무하거나 거의 없는 일반 용어로 희석되는 것을 방지하는 일이 특히 중요했다. 이런 상황은 체더 치즈에 나타났다. [일반 용어로 변하면서] 잉글랜드 서머싯에 위치한 체더(Cheddar)와의 역사적 연결고리가 끊어졌기 때문이다. 해리스 트위드와 관련해서는 두 가지의 위협 요소가 있었다. 첫째, 해리스 트위드의 역사에서 "진품을 사칭하거나 모방하는" 사건이 자주 발생했다. 이는 "헤브리디스 제도 밖의 부도덕한 제조업자들"이 저지른 일이었다(Hunter 2001: 13). 둘째, "수요 증가에 부응하기 위해 '해리스 트위드'를 낮은 품질의 옷감에 붙여 파는 행태를 허락한 사람들"로 인해 브랜드는 손상을 입었다(Hunter 2001: 14). 아울러 특정 시·공간 시장의 맥락에서 이 브랜드의 의미와 가치를 와해시키는 위협이 생기면, 해리스섬의 지역발전에서 이 브랜드의 공헌이 미미해질 수 있다. 모조품이나 열악한 제품이 "섬유 시장에 넘쳐났다면 진품은 피해를 입었을 것이고 아우터헤브리디스 제도 사람들은 중요한 수입원을 상실했을 것이다"(Hunter 2001: 13-14). 해리스 트위드의 규제적 정의에서 오리지네이션은 핵심을 차지한다. 해리스섬에 대한 애착과 결속을 강조하고 있기 때문이다. "[해리스 트위드는] 직공이 자신의 집에서 100%의 새 모직만을 가지고 손으로 직접 짜야하며, 방적, 염색, 마무리 작업은 [해리스] 섬 안에서만 이루어져야 한다"(Hunter 2001: 344).

규제와 지역발전 노력은 제도적 혁신을 통해 이루어져 왔다. 1909년 해리스 트위드 협회(Harris Tweed Association: HTA)가 창립되었고, 1993년에는 해리스 트위드 기구(Harris Tweed Authority: HTA)가 법률 기관으로서 설립되었다. HTA는 의회법에 기초해 "해리스 트위드의 진정성, 표준, 명성을 증진하고 유지하는" 책임을 진다(Hunter 2001: 14). 관련 행위자들에게 해리스 트위드는 다음과 같은 것이었다.

로컬 자산인 '해리스 트위드'라는 이름을 법률에 따라 (지적) 재산으로 보호할 의도가 있었다. … 해리스 트위드는 로컬 자원이었고, 입법 목적 상 귀속재산에 해당했다. 평판이 좋았으며, [아우터헤브리디스와 동의어인] 웨스턴아일스(Western Isles) 공동체의 집단 재산으로서 영업권도 보유하 는 것이었다(Harris Tweed Association Minutes, 1990; Hunter 2001: 351-2).

HTA는 영국의 Orb 인증마크를 확보했는데, 이는 브랜드를 보호하고 방어 하는 데 중요한 역할을 했다(그림 7.4). Orb 인증마크는 "모든 고객에게 손으 로 짠 우수한 품질의 해리스 트위드 진품을 구입한 사실을 보증"하기 위한 것 이다(Hunter 2001: 68). 최근에는 해리스 트위드를 "톱맨, 제이크루를 비롯한 미국의 프레피(preppy)룩 소매업체" 등 주류 패션이나 유명 의류 브랜드에 연 결하는 유통의 노력이 이루어지고 있다. 그리고 "헤드폰, 여행용 가방, 노스 페이스 재킷, 닥터 마틴과 컨버스 신발에서도 해리스 트위드를 찾아볼 수 있 다"(Carrell 2012: 13). 해리스섬과 아우터헤브리디스 제도의 광범위한 홍보 활 동에도 세계적으로 인정받은 해리스 트위드가 연결되어 있다. 이 섬의 아웃 렛에서 해리스 트위드 진품을 구입할 수 있는 기회는 널리 알려져 있다(그림 7.5).

이처럼 브랜드 재화와 서비스의 유서 깊은 오리지네이션을 기초로 한 로컬 이나 지역의 번영을 모방하려는 노력이 이루어지고 있다. 이에 지역발전 전 략의 차원에서 새로운 브랜드와 브랜딩을 도입하는 오리지네이션 행위자들 도 있다. 카스티야라만차(Castilla-La Mancha)는 에스파냐에서 가장 빈곤한 지 역 중 하나이다. 2005년을 기준으로, 이 지역의 구매력기준(PPP) 1인당 GDP 는 (EU27 국가의 82% 수준인) 18,334유로에 불과했다(Eurostat 2008). 그래서 지 방정부는 로컬 재배 향신료 사프란을 고품격과 프리미엄 가격의 수출품 브랜

그림 7.4 해리스 트위드 상표와 상품 라벨

출처: The Harris Tweed Authority

그림 7.5 해리스섬 타벳(Tarbet) 소매 아웃렛
출처: 2012년 저자 촬영

오리지네이션

드로 확립해 경제활동을 촉진하고 지역의 입지를 다지기 위해 노력했다.

이 로컬 브랜드는 유래의 진정성과 품질 보증 농식품에 대한 국제적 수요의 증가를 이용할 목적으로 탄생했다. 올리브유나 와인과 같은 에스파냐의 다른 미식 재료의 판매 성공에서도 자극을 받았다(Fuchs 2006). 독특한 차별성을 확립하기 위해 새로운 브랜드네임과 정체성을 마련했다(그림 7.6). 당시 라만차에서의 로컬 생신은 수십 년 동안 감소해 왔던 상태였다. 세계 사프란 공급의 90%를 담당했던 이란의 품종과 저비용 경쟁을 펼치고 있었기 때문이다. 그러나 때마침 이란 생산자들의 시장 지위는 미국의 무역 제재 조치라는 지정학적 맥락에서 약화되고 있었다.

라만차 지역정부는 생산 품질과 상품의 유래를 규제하기 위해—라만차 사프란 원산지 규제 위원회(Consejo Regulacior de La Demoración de Origin

그림 7.6 카스티야라만차의 사프란 라벨
출처: http://www.doazafrandelamancha.com/2/

Azafrán de La Mancha)라는 명칭의―품질 관리 위원회를 설립했다. 그리고 생산자에게 공식 인증서를 발행했다. 위원회는 로컬 생산자들이 공동으로 국제 무역 박람회 전시에 참여할 수 있도록 지원해 오고 있다. 방문객을 유치하고 로컬 음식 공급자들 사이에서 사프란 비즈니스와 수요를 촉진하기 위한 목적으로 로컬 사프란 레스토랑 루트도 개발했다. 로컬 사프란을 라만차 브랜드 라벨이 부착된 독특한 디자인의 깡통과 유리병에 포장해 차별화를 추구하는 브랜딩 활동도 펼쳤다. 이런 상품은 뉴욕과 파리의 고급 소매점을 통해 유통되고 있다. 이러한 노력의 결과로, 1999년 50kg에 불과했던 사프란 생산량이 2006년에는 1,016kg 이상으로 증가했다. 프리미엄 가격 전략을 통해 사프란의 kg당 가격은 2001년과 2006년 사이에 800유로에서 1,500유로로 두 배 가까이 올랐다. 이러한 수요와 가치의 급상승은 기존 시장을 불안정하게 만들고 틈새의 세분시장을 형성했다. 이 덕분에 라만차 사프란은 kg당 400유로에 판매되는 이란의 저비용 향신료 상품과의 경쟁으로부터 보호를 받을 수 있었다. 브랜드화된 사프란의 생산 증대 덕분에 라만차 지역에서는 1,000가구 이상의 가정에서 일자리와 소득의 혜택을 누리고 있다. 노동의 대부분은 여성들이 맡고 있다. 이들은 사프란 꽃을 수확하고 꽃의 수술대(필라멘트)를 추출해 가열하는 고된 노동을 통해 향신료를 생산한다.

지역발전에서 오리지네이션의 한계

지역발전에서 강력한 지리적 결합으로 오리지네이션된 브랜드와 브랜딩의 잠재력은 인정되어야 하는 것이지만 한계도 존재함을 분명히 알아야 한다. 다른 형태의 경제적 전문화와 마찬가지로, 특정 로컬경제나 지역경제의 운명이 시·공간 시장 환경에서 특정 브랜드와 긴밀하게 연관되어 있을 때 취약해질 수 있기 때문이다. 브랜드에 결부된 축적, 경쟁, 차별화, 혁신의 와해적 논리가 공간순환을 통해 지역경제로 전달된다. 지역발전이 특정 브랜드와 결합된 전문화의 한 형태로 나타난다면, 지역발전은 난관에 봉착할 수 있다. 다양성이 부족하고, 브랜드 재화나 서비스와 얽혀 있는 협소한 경제 자산과 자원에 대한 의존도가 높기 때문이다. 브랜드는 과잉된 전문화의 취약성 문제를 유발할 수도 있다(Watts et al. 2005). 차별화의 노력으로 형성된 협소하고 한정된 틈새시장에서 재화나 서비스의 생산자들이 서로 경쟁하게 되는 경우에 특히 그렇다. 행위자들이 브랜드를 오리지네이션화하기 위해 동원하는 지리적 결합의 의미와 가치가 약하거나 중요하지 않으면, 경제활동의 이전과 재입지가 나타나 지리적 결합의 일부가 분리될 수 있다. 이런 경우라 하더라도, 특정한 시·공간 시장의 맥락에서는 브랜드 자체의 상업적 전망에 손상이 가해지지 않을 수도 있다. 이는 뉴캐슬 브라운 에일과 버버리의 사례에서 확인한 사실이다(제4장~제5장).

강력한 지리적 결합을 가진 브랜드들도 특정 시·공간 시장에 대한 점유와 지배를 획득하기 위해 라이벌 브랜드들과 경쟁을 펼치고 있다. 이에 따라 입지하는 지역도 브랜드 간의 경쟁 관계에 휘말리게 된다. 시장 경쟁에서 '승자'와 '패자'는 지리적인 불균등발전에 영향을 주는데, 이러한 불균등발전의 과정과 결과도 브랜드와 브랜딩에 새겨진다(제2장). 구체적으로, 경쟁의 불평등한 결과는 투자와 일자리를 제공하는 브랜드 소유주와 경영인들의 능력, 그리고 이들이 근거하는 로컬경제와 지역경제에 영향을 미친다. 저널리스트 피터 반 햄(Peter van Ham 2001: 2, 6)에 따르면 "브랜드와 지역은 글로벌 소비자의 마음속에서 결합된다. … 강력한 브랜드는 해외직접투자의 유치, 최고 인재의 영입, 정치적 영향력 행사에서 중요한 역할을 한다. … 이러한 경기장에서 적절한 브랜드 에퀴티를 보유하지 못한 국가는 살아남지 못할 것이다".

강력한 지리적 결합으로 오리지네이션된 브랜드는 기능적, 인지적, 정치적 '고착(lock-in)'의 문제에 시달리기도 한다. 게르노트 그라버(Gernot Grabher 1993)가 지적하는 바와 같이 고착은 로컬경제와 지역경제의 적응과 혁신을 억제한다. 상업적 성공의 찬란한 역사를 보유하고 지역 행위자들의 전망과 관점을 지배하는 브랜드일지라도 불리한 변화에 대응하는 능력은 제한적일 수 있다. 브랜드는 오랫동안 강력하게 지속되는 의미와 가치의 상징이다. 그래서 브랜드는 장소의 적응력과 유익한 발전의 기회를 해석, 식별, 생성하는 행위자들의 능력에 제약요소로 작용할 수 있다(Pike et al. 2010). 무엇인가를 잘한다는 평판을 쌓으며 발전하면서 지역의 문제는 후순위로 밀려날 수 있다. 그러면 미래 발전의 새로운 경로를 창출하는 일에 제약이 가해진다.

미국 뉴욕 주 로체스터에서 오랫동안 지리적 결합을 이뤄 온 이스트먼 코닥(Eastman Kodak)과 코닥 브랜드의 쇠퇴를 사례로 생각해 보자. 이는 브랜드와 장소 간의 강한 오리지네이션을 기초로 한 지역발전의 위험성을 보여 주는 사례다. 이스트먼 코닥은 로체스터에 본사를 두며, 이 도시의 최대 고용주로 입지를 다졌다. 한때 6만 개의 일자리를 창출했던 코닥의 성장세에 힘입어 로체스터의 인구가 1950년 33만 명으로 정점을 찍었을 때, 이 도시는 '코닥타운'이라는 별명을 얻었다(NPR Staff 2012; 그림 7.7). 이러한 지리적 결합을 바탕으로 코닥의 오리지네이션이 형성되었던 것이다. 제2차 세계대전 이후 미국의 제조업이 확대되는 지리역사적 맥락도 중요했다. 당시는 '브랜드 아메리카'의 시대로 메이드 인 USA의 의미와 가치는 국제적인 수준에서 강력한 영향력을 행사했다(Anholt and Hildreth 2004). 이때 코닥은 미국적 대량 소비주의의 성장을 포착하는 사진 기술을 제공하면서 '아메리칸 아이콘'으로 부상했다(Shyder 2012: 1). 이 브랜드는 [사진으로 남겨야 할 소중한 순간을 뜻하는] '코닥의 순간(It's a Kodak moment)'이라는 문구로 누구나 다 아는 이름이 되었다. 코닥은 1960~1970년대 '최고의 글로벌 브랜드'로서 필름과 카메라 산업을 지배했다(Karlgaard 2012: 1). 그러나 1980년대부터 수익률 감소를 경험했다. 1970년대 중반 디지털카메라의 초기 혁신을 이룩했음에도 불구하고, 코닥은 '필름 판매 감소'에 대한 위협을 느꼈기 때문이다(Shyder 2012: 1). 그리고 1995년이 되어서야 디지털카메라를 선보였다. 그러나 이미 1990년대의 디지털카메라 시장은 캐논, 니콘, 소니, 삼성과 같은 아시아 브랜드들이 지배하고 있었다. 이후에 휴대폰 업계에서 디지털카메라 기술을 도입해 시장 혁명을

그림 7.7 뉴욕주 로체스터에 위치한 코닥 본사
출처: Christian Scully, 2011, Corbis.com

일으켰다.

　코닥 브랜드의 경영진은 빠르게 변화하는 시·공간 시장 맥락에 적응하는 것이 어렵다고 판단했다. 필름 생산은 현금의 흐름을 지속적으로 창출하는 고수익 부문이었지만, 새로운 프로젝트는 너무 빨리 중단되었고 초점 없는 디지털 기술 투자만을 남발했다(Shyder 2012). 그럼에도 코닥은 손실을 감수하면서 계속해서 디지털카메라를 판매했다. 시장 점유율과 브랜드 인지도를 유지하기 위한 고육책이었다. 그러나 거래 환경은 코닥에게 불리하게 작용했다. 시장 점유율이 1999년 27%에서 2010년 7%까지 폭락했다. 이에 대한 대응으로 코닥은 2004~2007년 사이에 13개의 필름 공장과 130개의 현상소를 폐쇄했고 5만 명의 인력을 감축했다(Shyder 2012). 로체스터의 고용 인원도 1980년대 19,000명에서 2012년에는 5,000명 이하로 줄어들었다.

　일부 논객들은 로체스터를 기반으로 한 브랜드의 사회·공간적 역사와 강력한 지리적 결합이 '안일한 태도'를 키웠다고 비판했다(Shyder 2012: 1). 이것이 '다른 영역으로의 기술적 도약을 가로막는' 원인이 되었다고 했다. 이와 마찬가지로 하버드 경영대학원의 로사베스 칸터(Rosabeth Kanter) 교수는 다음과 같이 논평했다. "오늘날 문제의 발단은 수십 년 전으로 거슬러 올라갑니다. … 코닥은 로체스터 중심의 사고를 했고, 새로운 기술이 개발되고 있는 세계의 중심에서는 전혀 존재감을 발전시키지 못했습니다. … 그들은 마치 박물관에 살고 있는 것 같습니다"(Shyder 2012: 1 재인용). 저널리스트 리처드 칼가드(Richard Karlgaard 2012: 1)는 "도시와 지역이" 일종의 "마비에 감염될 수 있다"며 다음과 같이 말했다.

　코닥이 직면한 구조적인 문제의 핵심은 지리였다. 비틀거리다 실패한 미국 기업의 역사를 함께 생각해 보자. 일부의 회복만이라도 경험한 기업도 좋다. 이들의 면면을 살펴보면 처한 환경의 사고방식을 극복하는 것이 얼마나 어려운지 알 수 있다. 성공이 표준이고, 혁신의 생태계가 구축된 곳에 있는 기업들은 자신을 개선해 나갈 기회를 얻는다. 인텔은 1980년대 중반에 거의 모든 것을 잃었지만 더 큰 성공으로 되돌아왔다. 인텔도 코닥과 마찬가지로 일본과의 파괴적인 경쟁에 직면했었다. 하지만 인텔은 주저하지 않았다. 메모리 반도체 사업을 접고 마이크로프로세서에 사활을 걸었다. 이것은 큰 도박이었고 무자비한 경영전략이었다. 메모리 반도체 공장은 문을 닫았고 노동자들은 해고되었다. 실리콘 밸리에서는 해고 노동자들이 새 일자리를 찾는 것이 그다지 어렵지 않은 일이었다. 인구 21만 명의 작은 도시 로체스터에서보다 훨씬 더 쉬웠기 때문이다.

1888년에 설립되어 130년의 역사를 가진 이스트먼 코닥은 2012년 파산 신청을 하고 말았다. 뒤이어 60억 달러 이상의 부채를 줄였고, 1,100개의 디지털 특허 중 일부를 시장에 내놓았다. 노력 끝에 17,000명의 고용을 유지할 수 있도록 9억 5천만 달러의 신용 잔고도 확보했다(Sheyder 2012). 리처드 칼가드(Richard Karlgaard 2012: 1)는 고통스러운 구조조정이 지연된 이유에 대해 다음과 같이 말했다. "로체스터에서 [구조조정은] 훨씬 더 어려운 일이었을 것이다. 실업은 승수효과를 낳고, 이렇게 작은 도시에 미치는 영향은 재난과도 같았을 것이기 때문이다. 물론, 코닥의 뒤늦은 대처도 시민적 재앙이 되긴 했다".

해리스 트위드의 사례로 다시 돌아가 보자. 이 브랜드의 역사는 지역발전의 가능성뿐만 아니라 강력한 지리적 결합과 오리지네이션에서 비롯된 위험성도 보여 준다. 이 브랜드는 1960년대에 정점을 찍은 후, 생산이 예전보다 불안정해지면서 쇠퇴를 경험했다. 이는 폐업과 정리해고로 이어졌다. 브랜드의 구조조정과 현대화를 위한 시도도 반복적으로 이루어졌다. 이러한 변화들은 특정 시·공간 시장의 맥락에서, 특히 미국과 아시아에서 브랜드의 일관성과 안정성의 주기적인 몰락을 반영한다. 섬 경제의 취약성과 쇠퇴하는 해리스 트위드에 대한 의존성이 1980년대 위기의 밑바탕에 깔려 있었다.

1990년대에 해리스 트위드의 행위자들은 통합적인 전략을 추구하며 관련 산업의 발전을 도모했다. 핵심은 "해리스 트위드를 틈새시장의 하나로 재위치"시키는 것이었다(HIE 대변인, *West Highland Free Press*, 1992년 9월 25일, Hunter 2001: 341 재인용). 생산력을 높여 침체된 시장에서 가격을 낮추는 전략과는 다른 것이었다. 국가와 EU 자금의 지원을 받아 5개년의 재활성화 계획을 수립했고, 미국과 캐나다 같은 주요 수출 시장의 몰락을 해결하려 했다. 이 계획에 참여하는 주요 행위자에는 해리스 트위드 기구, 직조조합(Weaver's Union), (양 사육업자, 직조인, 공장주 등) 생산자, (웨스턴아일스 의회인) 컴헤일 난 아일런(Comhairle nan Eilean), [지역발전 기구인] 하이랜드 앤드 아일랜즈 엔터프라이즈(Highlands and Islands Enterprise: HIE)와 웨스턴 아일랜드 엔터프라이즈(Western Isles Enterprise), 루스 캐슬 칼리지(Lews Castle College) 등이 포함되었다. 계획의 다양한 핵심 요소, 즉 부드럽고 가벼운 옷감 시장의 수요 변화에 대한 대처, 기존 제조업체의 통합, 직조 장비 업그레이드, 고령화 노동력을 숙련된 청년층 인력으로 대체, 금융 접근성 확보, 마케팅과 홍보의 현대화, 유럽 단일시장에서의 상표권 보호(Hunter 2001)도 마련되었다. "'해리스 트위드'라는 이름은 여전히 전 세계적으로 알려져 있고 존중받는" 브랜드이지만(Hunter 2001: 355), 브랜드의 발전 궤적은 축적, 경쟁, 차별화, 혁신, 패션 시장과 기호의 변화에 따른 지속적인 압박에 시달리고 있다. 오늘날에는 섬유 시장의 변동성과 불확실성 증대, 미국 시장 접근을 가로막는 무역 분쟁, 아시아의 금융위기 등에 대한 우려가 있다. 섬 내부에서는 미래 발전 전략을 둘러싼 해리스 트위드 산업 행위자들 간의 의견 대립과 불화의 문제도 있다(Hunter 2001).

요약 및 결론

이 장에서는 지역발전에서 오리지네이션의 함의를 고찰했다. 이러한 함의는 이 책의 핵심 목표에 부합하는 주제이다. 오리지네이션과 지리적 결합이 무엇을 의미하고 어디에서 어떻게 이루어지는지, 그리고 오리지네이션이 사람과 장소에 어떤 함의를 가지는지를 다룰 수 있기 때문이다. 특히, 오리지네이션에서 다양한 지리적 결합의 종류, 정도, 특성이 경제지리를 형성하는 방식과 지역발전에 미치는 영향을 중심으로 설명했다. 행위자들은 브랜드의 원산지화와 브랜딩을 위해 물질적, 상징적, 담론적, 시각적인 방식으로 지리적 결합을 활용한다. 이것은 의미와 가치를 창출하고 일관화하려는 노력의 일환이다. 지역발전과 이해관계에 있는 행위자들은 그러한 지리적 결합을 맺어 주면서 영향력을 행사한다. 이로 인해 일정한 지역에서 특정한 발전 전략의 혜택이 발생한다. 지역발전은 생산량, 투자, 일자리와 같은 물질적인 성과를 추구하는 것이지만, 지역발전에서 역량, 자격, 평판의 상징적, 담론적, 시각적 기호와 표식의 역할도 중요하다. 브랜드화된 지역(branded territory)은 치열한 국제 경쟁 속에서 발전을 위한 자원을 유치해 착근시키고 보유하는 데 유리하기 때문이다. 실제로 경제지리와 지역발전은 글로벌 가치사슬에서 경제활동과 지리적 분포의 변화에 영향을 받으며 재편되고 있다. 이에 따라 다양한 규제 장치를 동원해 지리적 결합의 보호나 브랜드의 오리지네이션을 추구하며 경제활동을 특정한 장소와 지역에 고정하려는 노력도 이루어진다.

지리적 결합은 특정 시·공간 시장 환경에서 강력한 상업적 의미와 가치를 창출한다. 이것이 나타나는 곳에서 오리지네이션은 잠재력을 가지며 지역발전에도 긍정적인 영향력을 행사할 수 있다. 강력한 지리적 결합이 제대로 자리를 잡은 브랜드는 토착적, 내생적, 외생적 성장 모델과 전략에서 핵심 자산을 차지한다. 이런 브랜드는 투자, 일자리 창출, 직업 훈련을 흡인하는 수단의 역할을 하며, 특정한 지역이나 로컬의 경제에서 가치를 창출하고 포착하는 데 필수적이다. 예를 들어 해리스 트위드의 경우, 고립된 취약한 시골 섬의 경제에서 사람들은 생계와 소득을 유지하고 있지만, 이런 상황은 국제적 스케일의 공간순환에 연결되어 있다. 카스티야라만차의 사프란 사례에서는 지역발전, 일자리 창출, 생계 지원과 관련된 이해관계 때문에 지역경제를 글로벌 가치사슬에 연결하려는 노력을 발견했다.

그러나 지리적 결합을 통한 브랜드와 브랜딩의 오리지네이션은 특정한 조건에 처한 지역에서 발전을 방해하는 한계를 표출할 수 있다. 과도하게 전문화된 지역경제와 로컬경제는 특정 시·공간 시장에서 특정 브랜드의 운명에 의존적일 수밖에 없다. 축적, 경쟁, 차별화, 혁신의 와해적 논리 때문에 브랜드는 예상하기 어려운 변화에 직면할 수도 있다. 이러한 변동성에 지역발전의 운명이 결부되어 있으면 장소의 취약성은 더욱 커진다. 오랫동안 지속되는 지리적 결합은 적응과 새로운 성장 경로의 생성을 방해하는 고착(lock-in)의 문제를 낳기도 한다. 예를 들어, 코닥의 브랜드 경영인들은 뉴욕 로체스터에서의 역사적 착근성 때문에 제약을 받으며, 변화하는 시·공간 시장의 맥락에 적응하기 위해 고군분투했다. 해리스 트위드의 경우에는 로컬발전을 보장받기 위해 노력하고 있지만, 국제적 환경의 변화 속에서 상업적 전망을 보호, 유지, 재활성화하는 데 있어 지속적인 재구조화의 도전에 직면하고 있다.

브랜딩의 실천은 정교해지고 경제활동의 공간적 조직은 진화하고 있다. 이에 따라 특정한 지리적 시장에서 일정한 함의에 의존하는 것은 지역발전에 있어서 위험하거나 덧없는 것일 수 있다. 오리지네이션은 브랜드 소유주들이 브랜딩을 통해 어떻게 지리적 결합을 선택적으로 구성하고 표현하는지를 파악하는 수단이다. 오리지네이션을 통해 브랜드 소유주들이 불균등한 잠재력을 가지고 어떻게 원산지 신호를 강조하거나 숨기는 능력을 발휘하는지도 이해할 수 있다. 브랜드와 브랜딩은 재화나 서비스 상품이 특정한 장소에서 유래하고 특정한 장소를 함의하는 것처럼 보이도록 한다. 이것은 브랜드와 브랜딩의 물질적인 지리가 다양하게 나타나는 경우에도 가능한 일이다. 따라서 브랜드와 브랜딩의 지리적 결합은 깨지기 쉬운 취약한 자산이 될 수도 있다. 이러한 성격은 지역발전과 관련해서 특히 분명하게 나타나고, 국제적 경제 통합의 힘이 탈착근하고 탈영토화하는 모습에서도 확인된다. 지리적 결합의 단절이 발생해 경제활동이 이전할 수 있다는 말이다. 마케팅을 통해 구성된 브랜드는 지역발전 전략의 기초로서 위험천만하고 변덕스러운 측면이 있다. 특히, 소비자 선호의 변화, 시장 이동, 기업의 인수, 생산의 이전에 민감하게 반응한다. 뉴캐슬 브라운 에일, 버버리, 애플의 오리지네이션에서 구체적으로 살펴본 이야기다. 같은 이유로 뉴캐슬, 게이츠헤드, 트레오키, 로더럼, 프리몬트 등에서의 공장 폐쇄의 운명도 검토했다. 브랜드와 브랜딩의 지리적 결합은 불가피한 것이지만 행위자들의 행위성은 여전히 중요하다. 특정한 지역발전 프로젝트의 맥락에서 브랜드와 브랜딩의 의미나 가치를 선택적으로 구성하고 표현하는 방식에서 확인한 사실이다. 지리적 결합과 오리지네이션은 그러한 이해관계가 어떻게 관련되어 있는지, 이것이 사람과 장소에 어떤 의미를 가지는지를 심문하고 설명하는 프레임의 역할을 한다.

제8장

결론

도입

이 책의 중대 관심사는 잉글랜드 북동부 지역에서 선구자적인 엔지니어링의 명성이 처음 등장했던 시대까지 거슬러 올라간다. 재화나 서비스 상품들이 어디에서 들어오고 어디와 관계되는지는—또는 어디에서 들어오고 어디와 관계 있는 것으로 **인지되는지**는—오늘날에도 여전히 중요한 문제다. 그래서 재화나 서비스 상품의 브랜드와 브랜딩의 역사, 그리고 그것들의 지속적인 성장에 주목했다. 브랜드와 브랜딩에 대한 기존 설명에서 공간과 장소에 대한 이해가 부족한 현실도 해결해 보고자 했다. 이와 관련된 문헌이 등장하고 있기는 하지만, 브랜드와 브랜딩의 지리에 대한 개념화, 이론화, 분석 및 방법론적 고찰은 여전히 미흡한 실정이다. 경험적 연구는 아직까지 충분하게 축적되지 못했고, 비판적 탐구의 필요성도 절실한 상태에 있다. 국제화와 글로벌화 때문에 재화나 서비스 상품의 의미와 가치를 전달하는 데 있어서 '원산지 국가(Country of Origin)'란 개념과 프레임의 적절성에 대한 의구심도 높아지고 있다(Phau and Predergast 1999). 그럼에도 불구하고 마케팅 활동에서는 '원산지 식별자(origin identifier)'의 사용이 증가하고 있으며(Papadopoulos 1993: 10), 상품의 원산지, 유래, 투명성에 대한 관심도 높아지고 있다(Beverland 2009). 브랜드와 브랜딩에 참여하는 행위자들의 사고, 전략, 프레임, 기법, 실천 또한 점점 더 정교해지고 있다.

브랜드와 브랜딩의 **불가피한** 지리에 주목하면서 그러한 지리적 결합이 무엇이고 어디에서 어떻게 작동하며, 누가 그것을 창출해 전파하는지, 그것은 사람과 장소에게 어떤 의미와 가치를 가지는지에 대한 이해와 설명을 추구했다. 오리지네이션은 생산자, 유통자, 소비자, 규제자 등 (브랜드와 브랜딩의) 공간순환에 관계된 행위자들이 브랜드화된 재화나 서비스 상품에 대해 의미와 가치를 가지는 지리적 결합을—물질적, 담론적, 상징적, 시각적인 방식으로—구성하려는 노력을 뜻하는 개념이다. 행위자들은 지리적 결합을 동원해 특수한 시·공간 시장의 맥락에서 특정한 브랜드나 브랜딩의 의미와 가치를 창출하고 유지하며 안정화하려 노력한다. 오늘날의 브랜드화된 '인지−문화적 자본주의' 맥락에서(Scott 2007: 1466) 오리지네이션은 카를 마르크스(Karl Marx 1976)와 데이비드 하비(David Harvey 1990)의 논의에 재접속해 '탈물신화(de−fetishization)'에 초점을 둔 비평에 균형의 추를 맞춘다. 동시에 오리지네이션은 브랜드와 브랜딩 행위자들이 정교하게 엮어 놓은 '신비한 베일'을 걷어 치우는 새로운 방법을 제시해 브랜드와 브랜딩이 조직화되는 경제적, 사회적, 정치적, 문화적, 생태적 조건을 보다 잘 이해할 수 있도록 한다. 지리학적 이론을 정교화하며 다른 사회과학 분야에서도 브랜드와 브랜딩의 공간적 차원에 대한 관심을 자극할 목적으로 이 책을 기획하였다. 의미와 가치의 공간순환을 해석하고 설명하는 데 있어서 정치경제학과 문화경제학 접근법을 연결하고 둘 간의 대화를 촉진함으로써 **두 관점 모두**의 중요성과 의의를 동시에 부각하였다. 다른 한편으로 공간순환상에서 특정한 이해관계를 가진 행위자들의 역할을 구체적으로 살피며, 그러한 이해관계에서 축적, 경쟁, 차별화, 혁신의 논리가 어떻게 작용하는지에 대해서도 파악했다. 생산자와 소비자만을 고려하지 않고, 유통자와 규제자도 중요한 행위자로 다루었다. 한마디로, 오리지네이션은 어떤 행위자들이 특정한 시·공간 시장의 맥락에서 어떤 방식으로 지리적 결합을 구성해 어떻게 브랜드화된 재화나 서비스 상품의 의미와 가치를 창출하고 유지시키는지를 파악하도록 도와주는 분석적 방법론의 개념이다. 그러나 안정화된 오리지네이션의 상태는 일시적인 성과에 불과하다는 점도 분명히 해야 한다. (축적, 경쟁, 차별화, 혁신 등) 와해적 논리의 효과 때문에 행위자 입장에서는 오리지네이션을 유지하고 발전시키기 위한 지속적인 관심과 노력이 필요하다. 한편, 행위자들은 브랜드화된 상품과 얽혀 있는 지리적 결합의 유형, 정도, 성격을 형성하고, 동시에 이들의 영향을 받기도 한다. 이 과정에는 공간적 스케일과 관계적 순환이나 네트워크 **모두**가 결부되어 있다. 그래서 오리지네이션은 다채로운 모습으로 나타난다. 이상의 논의를 종합해 이 장에서는 이 책의 결론을 제시한다. 처음에는 브랜드와 브랜딩의 지리에서 정치경제와 문화경제 측면에 관한 오리지네이션의 광범위한 논의와 이것이 기여하는 바를 언급할 것이다. 그리고 지역발전의 정치 측면에서 오리지네이션의 함의에 대한 성찰적 토론을 제시하겠다.

오리지네이션: 문화정치경제적 접근

개념적, 이론적, 분석적 도구로서 오리지네이션은 상품 브랜드와 브랜딩의 지리를 보다 잘 해석하고 이해할 수 있도록 도와준다. 단순히 기술적(de-scriptive) 메타포에 머무르지 않고, 재화와 서비스가 어디에서 오고 어디와 지리적으로 결합되는지를 설명하는 개념이다. 오리지네이션은 특히 생산, 유통, 소비, 규제의 공간순환상에서 행위자들이 어떻게 특정한 공간이나 장소에 지리적 결합을 구성하는지에 주목한다. 이러한 노력을 통해 행위자들은 특정한 시·공간 시장의 맥락에서 브랜드와 브랜딩의 의미와 가치를 창출하고 유지해 안정화하려 한다. 이러한 오리지네이션의 개념적, 이론적 성격은 크게 다섯 가지 측면으로 구분하여 요약할 수 있다.

첫째, 브랜드와 브랜딩의 지리는 지리적 결합을 통해 정의되고 개념화된다. 행위자들은 지리적 결합을 자산 또는 자원으로 활용하며 특정한 시장의 맥락에서 의미와 가치를 끄집어내고 그것을 전파한다. 브랜드와 브랜딩의 의미와 가치가 지리적 결합으로만 구성된다고 주장하는 것은 아니다. 브랜드와 브랜딩의 성격과 특징에는 불가피한 지리적 연결이 포함되며, 행위자들이 이를 중시한다는 것이 논의의 핵심이다. 지리적 결합의 유형, 정도, 성격은 다양하게 나타난다. 공간과 장소에 결부된 지리적 결합은 단일한 방식으로 고정되어 안정화된 연계의 방식으로 브랜드와 브랜딩의 지리를 결정하지 않는다는 말이다. 지리적 결합은 다양한 형태, 정도, 성격을 가지며 유동적이고 불안정할 수 있다. 오리지네이션은 (영토적으로) 얽매인 스케일의 개념만은 아니다. 오리지네이션을 통해 형성된 다양한 긴장관계를 조절하는 과정으로 인해 (영토로부터) 해방된 관계적인 지리적 결합이 생성되기도 한다. 브랜드와 브랜딩에서 지리적 결합의 다채로움은 행위자들이 오리지네이션을 다양한 공간적 스케일 간에서, 그리고 관계적 순환과 네트워크 속에서 변화시키며 나타나는 것이다. 행위자들이 급변하는 시장 상황에 처해 있기 때문에 지리적 결합의 고정된 프레임은 특수한 시간과 장소에서 일시적으로만 나타난다. 지리적 결합의 개방성과 유동성 덕분에 최소한 일부의 브랜드와 브랜딩 행위자들은 유연성을 발휘할 수 있게 된다. 브랜드화된 재화나 서비스 상품의 공간순환에서 나타나는 다양한 활동은 지리적 차별화의 원동력이다. 뉴캐슬 브라운 에일, 버버리, 애플에 대한 사례 분석에서 살펴보았듯이 지리적 결합은 광범위한 공간순환에서 특정한 종류의 활동을 통해 특정한 장소에 대해 구성된다. 특정한 시·공간 시장의 맥락에서 브랜드화된 재화와 서비스 상품의 의미와 가치를 형성하는 데 있어서 (설계, 조립, 홍보, 판매, 특허 등) 생산, 유통, 소비, 규제의 활동이 어디에서 이루어지는가는 매우 중요한 문제다.

일정한 장소에 대한 물질적인 지리적 결합이 미흡하거나 약한 상황에서도 특수한 시장의 행위자들은 브랜드와 브랜딩의 의미와 가치를 창출해 유지할 수 있고, 오리지네이션은 그러한 모습을 드러내는 수단이다. 브랜드와 브랜딩에 대한 실질적인 또는 인지적인 이해에는 경험적인 실체가 존재할 수도 있고 그렇지 않을 수도 있다. 지리적 결합을 구성하는 데 있어 브랜드나 브랜딩 행위자들은 진정성 있는 것과 허구적인 것 모두를 사용하기 때문이다.

둘째, 오리지네이션 개념에서 지리적 결합의 의미와 가치는 본질적으로 불안정하다는 점을 강조한다. 브랜드나 브랜딩 행위자들이 역동적인 경제의 논리와 문화—경제적 경향성의 맥락에서 의미와 가치를 구성하고 유지하려 노력하기 때문이다. 공간순환상의 행위자들은 축적, 경쟁, 차별화, 혁신의 논리에 영향을 받으며 활동한다. 이런 논리는 행위자들로 하여금 일정한 시간과 특정한 장소에서 상업적 이익의 성장을 추구하도록 하지만, 동시에 지속적으로 브랜드와 브랜딩의 고정된 의미와 가치에 파열을 일으킨다. 그래서 '조건적 영속성(conditional permanancies)'이라는 데이비드 하비의 말처럼(Harvey 1996: 293) 행위자들이 지리적 결합을 통해 창출한 브랜드와 브랜딩의 일관된 의미와 가치는 단지 일시적으로만 유지된다. 행위자들이 브랜드와 브랜딩의 의미와 가치를 고정하기 어려운 이유는 시간에 따라 진화하는 지리적 상상, 그리고 장소의 성격과 복잡성에서도 찾을 수 있다. 이와 같은 구성주의적 해석과 이해를 통해 브랜드와 브랜딩의 본질적인 영속성, 무공간성, 무장소성을 제시하는 설명에 도전장을 내밀 수 있다. 데이비드 아커는 '브랜드의 중추적인 영원한 본질'을 언급한다(Aaker 1996: 68). 미셸 슈발리에와 제랄드 마차로보(Michel Chevalier and Gérald Mazzalovo 2004: 98)는 "브랜드의 '본질', '존재 이유', '의식', '영혼', '유전자 부호'와 같은 용어"를 쏟아내면서 "브랜드는 상품과 광고를 초월한 의미를 가질 수 있다"라고 주장한다. 오리지네이션은 이러한 브랜드와 브랜딩에 대한 결정론적 관점에 의문을 제기하며 그것을 초월하려는 개념이다. 브랜드와 브랜딩에서 사회적 구성의 현실은 지리적으로 결합된 의미와 가치로 가득 차 있다. 브랜드와 브랜딩 행위자들은 영토적 스케일과 관계적 네트워크 **모두**를 통해 끊이지 않는 오리지네이션의 업무와 씨름한다. 축적, 경쟁, 차별화, 혁신의 논리 때문에 의미와 가치의 공간순환에서 (한동안) 정착되었던 오리지네이션에 혼란이 가해지며, 결과적으로 오리지네이션은 와해되고 약화된다. 이와 같은 현상은 오리지네이션에 관한 개념과 이론, 사회·공간적 일대기 방법론을 통해 이해하고 설명할 수 있다.

셋째, 오리지네이션은 사회·공간적 불평등이 재생산되는 과정을 조명하는 개념이다. 이를 통해 행위자들이 지리적으로 불균등한 방식으로 브랜드와 브랜딩의 지리적 결합을 구성하는 것에 주목할 수 있다. 축적, 경쟁, 차별화, 혁신의 역동성에 영향을 받는 공간순환의 행위자들은 시·공간상에서 사회·경제적 차이와 불평등을 창출하고 이용하며 재생산한다. 뉴캐슬 브라운 에일, 버버리, 애플에 대한 경험적 분석에서 나타나는 것처럼 지리적 차별화는 브랜드를 생산, 유통, 소비, 규제하는 공간순환에 나타난다. 브루어리, 공장, 사무실, 하청업체, 서비스센터, 투자, 일자리, 소득 간의 물질적 연결의 변화에서 명백하게 나타나는 것으로 확인됐다. 그리고 지리적 차별화는 특정한 공간과 장소에 대해 형성된 상징적, 담론적 차원의 지리적 결합에서도 분명하게 나타난다. 이는 뉴캐슬어폰타인과 잉글랜드 북동부, 영국과 '영국다움', 실리콘밸리와 캘리포니아의 역할, 역량, 명성에 대한 인식의 형성과 변화를 통해 살펴본 것이다.

개념적, 이론적, 분석적 프레임으로서 오리지네이션은 '신비한 베일'(Greenberg 2008: 31)을 들추어 내는 수단이다. 신비한 베일은 공간순환의 행위자들이 특정한 시·공간 시장의 맥락에서 브랜드와 브랜딩의 의미와 가치를 구성해 유지하려 노력하며 엮어 놓은 것이다. 오리지네이션은 상품 물신의 베일을 벗겨 내며 상품과 지리적 불균등발전 간의 관계를 추적하라는 데이비드 하비(David Harvey 1990)와 마이클 와츠(Michael Watts 2005)의 요구에 부응하는 것이기도 하다. 이는 오늘날의 브랜드화된 '인지–문화적 자본주의' 맥락 속에 브랜드와 브랜딩을 위치시키는 것에도 보탬이 된다(Scott 2007: 1466). 하지만 오리지네이션은 탈물신화 비평과 대조되는 세 가지 중요한 시사점을 제시한다. 첫째, 오리지네이션은 행위자들이 어디에서 어떻게 무슨 이유로 브랜드화된 상품과 밑바탕에 깔린 사회·공간적 관계를 통해 지리적 상상을 구성하는지 개념화해 이론화한다. 상품 물신화가 단일한 것인지 이중적인 것인지(Cook and Crang 1996), 아니면 훨씬 더 복잡하게 여러 층위에서 다양한 형태를 가지는지(Smith and Bridge 2003; Castree 2001)와 관계없이 오리지네이션은 유용한 개념이다. 둘째, 오리지네이션은 특정한 측면만을 우선시하지 않고(Jackson 1999) 브랜드와 브랜딩에 관계된 행위자들의 지식에 감수성을 가지는 개념이다. 생산, 유통, 소비, 규제의 공간순환 **모든** 과정에 주목하기 때문이다. 개인, 사회집단, 제도가 공적·사적·혼성적 영역에서 발휘하는 행위성에 대해 개방적인 입장을 취한다. 마지막으로, 오리지네이션은 브랜드화된 '인지-문화적 자본주의'에서 상품 물신성의 지속적인—어쩌면 보다 강화된—중요성과 적절성을 강조한다(Scott 2007: 1466). 오리지네이션은 브랜드와 브랜딩의 뒤를 파는 개념이지만, 이 자체가 필연적으로 행위자들로 하여금 밝혀 낸 사회·공간적 불평등과 지리적 불균등발전에 대응하는 행동을 자극하는 것은 아니다. 브랜드화된 상품과 자본주의의 현실을 드러내는 것 자체가 책무와 헌신이라고 주장하지 않는다는 이야기다(Barnett et al. 2005: 24). 오리지네이션은 정치경제와 문화경제의 관점에서 브랜드와 브랜딩의 지리를 개념화하고 이론화해 분석하며, 우리의 이해와 설명을 돕는 동시에 우리의 실천을 뒷받침할 정보를 제공하는 것이다.

넷째, 방법론적, 분석적 개념으로서 오리지네이션과 지리적 결합의 가치는 특정 시·공간의 맥락에서 브랜드와 브랜닝의 가치와 의미를 창출해 정착시키려는 행위자들의 행위성을 설명하는 노력에서도 찾을 수 있다. 특히 사회·공간적 일대기는 정치경제와 문화경제를 연결하면서 문화적 구성의 복잡성, 다양성, 다채로움을 드러내는 동시에 오늘날 브랜드화된 자본주의에서 축적, 경쟁, 차별화, 혁신의 논리, 근거, 경향성을 이해할 수 있도록 한다. 사회·공간적 일대기에서는 브랜드와 브랜딩 행위자들이 특정한 지리적, 시간적 상상에 참여하는 방식에 주목한다. 그러한 상상에는 진실과 허구를 선택적으로 재구성하고 둘 간의 경계를 흐릿하게 하는 과정도 포함된다. 이는 1990년대와 2000년대 뉴캐슬 브라운 에일에 도입된 영국과 잉글랜드의 에일, 1960년대 이후 '스윙잉 런던(Swinging London)'에 참여한 버버리, 1970년대부터 캘리포니아 실리콘밸리에서 애플이 이룬 혁명적인 첨단기술 혁신을 통해 경험적으로 파악한 것이다. 브랜딩 행위자들이 대개 환원주의자적 입장을 취하며 단순화를 추구하는 경향이 있지만, 장소는 다각적인 측면들이 복잡하게 얽힌 사회·공간적 개체이기 때문에 하나의 브랜드로 단순하게 환원할 수 있는 것이 아니다. 오리지네이션을 다루며 이 책에서 소개한 방법론, 연구 설계, 분석틀은 광범위한 장점을 가진다. 이들을 비교연구의 관점에서 새로운 경험적 사례와 맥락에 적용해 볼 필요가 있다. 특히 재화, 서비스, 지식에 나타난 다양한 오리지네이션을 검토하는 것은 흥미로운 일이 될 것이다. 상품 '따라가기(following)' 연구를 활용해(Cook et al. 2006) 지리적 결합과 오리지네이션이 불분명해 보이는 것들에—예를 들어, 신용카드, 두통약, 보험, 전자상거래, 이동통신, 반려동물 음식, 샴푸, 슈퍼마켓 자체 브랜드, 교통수단 등에—적용해 볼 수도 있다(Pike 2011d). 국제적 비교연구를 통해 동일한 브랜드에 대한 오리지네이션이 상이한 시·공간 시장의 맥락에서 다른 방식으로 나타나는 것을 확인하는 작업도 매우 흥미로운 일이다. 이것이 바로 대니얼 밀러(Daniel Miller 2008: 23)가 '브랜딩의 다양성(diversity of branding)'으로 언급했던 현상이다. 그는 "물질적 실천으로서 오늘날 브랜딩에 대한 보다 정교한 민족지 연구"를 통해 "브랜딩의 다양성"을 파악할 수 있다고 주장했다.

마지막으로 다섯째, 브랜드와 브랜딩의 오리지네이션을 검토함으로써 정치경제와 문화경제 간의 (긴장)관계를 이해할 수 있다. 오리지네이션은 어떻게 행위자가 지리적 결합을 동원해 브랜드의 의미와 가치를 구성하는지를 이론화한다. 공간순환에서 행위자들이 행위성을 통해 의미와 가치를 유지하고 안정화하려는 노력이 어떻게 이루어지는지 설명하기 위해 정치경제와 문화경제는 함께 고려되어야 한다. 그리고 생산과 소비의 영역을 넘어서 유통과 규제 부문에 대한 이해도 필요하다. 생산과 소비에만 집중하면 제한된 설명만을 제시할 수밖에 없다. 그래서 공간순환의 전체를 조망하며 보다 심층적인 이해와 설명을 제시하려면 유통과 규제를 동시에 고려해야 한다(Hughes 2006; Willmott 2010). 예를 들어, 브랜드와 브랜딩의 사회·공간적 일대기를 파악하는 데 있어 생산자, 유통자, 소비자, 규제자가 지리적 결합을 창출하는 과정에서 어떻게 특정한 장소의 '정신'과 '개성'을 전유하는지를 드러낼 필요가 있다. 만약에 그러한 지리적 결합을 문화적 구성으로만 고려한다면—즉, 기호적 가치만 파악하고 사용가치와 교환가치를 배제한다면—이해는 부분적일 수밖에 없다. 상업적 의도가 반영된 '차이의 생산'(Dwyer and Jackson 2003), '비용과 자금'에 대한 정치경제적 규율(Sayer 1997: 22)과의 관계를 제대로 인식하지 못하기 때문이다. 오리지네이션은 정치경제학의 통찰력을 활용해 공간순환의 행위자들을 활성화하거나 방해하는 논리에도 주목하면서 보다 강력한 방식으로 정체성과 의미의 구성을 이해하도록 한다. 즉, 오리지네이션은 경제적 가치와 공간순환에서 '의미의 생산' **모두**를 중시하는 방법이다(Jackson et al. 2007). 이러한 정치경제와 문화경제 간의 대화는 대단히 중요하다. 왜냐하면 "문화경제의 산출물은 고도의 상징적 의미를 가진 것이지만, 이러한 생산의 시스템은 시장의 힘 맥락에서 명백한 목적을 가진 기업과 노동자의 전략에 통제를 받으며 투자와 노력에 대한 금전적 보상의 이해관계로 구조화되기 때문이다"(Scott 2010: 120; Hudson 2008).

오리지네이션을 통해 정치경제와 문화경제의 지리적 역동성을 이해하고 설명할 수 있다. 문화경제와 정치경제를 한데 모으는 수단으로서 오리지네이션은 마케팅 연구나 사회학처럼 지리적 이슈에 관심을 가진 다른 학문 분야에 영향을 미칠 수 있다. 이처럼 개념, 이론, 분석의 상호보완적인 관점을 제시하는 노력은 경제지리학에도 보탬이 된다. 상품, 서비스, 기업, 산업은 경제지리학의 오랜 관심사이고, 보다 최근에 '분석의 단위'는 글로벌 생산네트워크와 가치사슬로 확대되었다. 오리지네이션은 지리학의 여러 분야와 다른 사회과학의 통찰력을 연결하면서 브랜드와 브랜딩에 대한 이해와 설명을 추구한다(Pike 2011d). 다시 말해, 오리지네이션은 학문 간 대화(Peck 2012), '교역지대'의 설정(Barnes 2006), '우회'와 '위험스런 교차로'의 협상(Grabher 2006),

'포스트학문성'(Sayer 1999)과 관계된 프로젝트라 할 수 있다.

오리지네이션의 정치

오리지네이션은 개념적·이론적·분석적 프레임이지만, 비판적·정치적·규범적 현안에 대한 성찰을 자극하는 도구이기도 하다. 공간순환상의 행위자들이 특정한 시·공간 시장의 맥락에서 의미와 가치를 구성해 안정화하기 위해 동원하는 지리적 결합을 해석함으로써 브랜드화된 인지−문화적 자본주의의 정치와 그것의 한계를 파악할 수 있다. "누구를 위해 무슨 유형의 브랜드와 브랜딩이 이루어지는가?"와 같이 규범적인 질문을 통해(Pike 2011) 오리지네이션은 소비와 관련된 '급진주의적' 또는 '지속가능성'의 정치 문제에 도전하는 수단을 제공한다(Cook et al. 2007). 사람과 장소에 대해 어떻게 하면 보다 발전적이고 진보적인 방식으로 브랜드화된 재화와 서비스 상품의 지리적 결합을 추구할 수 있는지를 면밀히 검토할 수 있도록 한다.

브랜드화된 자본주의의 한계를 조명하는 기존의 비판적 연구는 오리지네이션을 통해 한 걸음 더 나아갈 수 있다. 이런 점은 2000년대 초반 나오미 클라인의 『슈퍼 브랜드의 불편한 진실(No Logo)』에 대한 비평이 나오기 시작한 맥락에서 중요하다. 예를 들어, 미셸 슈발리에와 제랄드 마자로보는 그들의 저서 『프로 로고(Pro Logo)』에서 다음과 같이 주장한다(Chevalier and Maz-zalovo 2004).

브랜드라는 것은 이미 존재하는 것이며, 그 자체만으로는 선량하지도 사악하지도 않다. 브랜드를 비판할 수 있지만, 없애버리자고 하는 것은 터무니없는 소리다. 마케팅, 국제적 경쟁, 오늘날의 사회적 삶에서 필수적인 도구가 되어 버렸기 때문이다. 슈퍼마켓에서 어느 날 갑자기 [브랜드가 없는] 일반 상품만을 판매하는 상황은 상상이 불가능하다. 그런 일이 일어난다고 해도 상품을 차별화할 필요성은 생겨날 수밖에 없다. 그래서 브랜드는 또다시 나타날 것이다. 그게 아니라면 상점의 이름이 브랜드를 대체할 것이다. 사실상, 브랜드가 없는 세계는 존재할 수 없다.

브랜드에 대한 정치적 해석은 지난 10년간 유명세를 탔지만 입장은 갈린다. 마르틴 콘베르거(Martin Kornberger 2010: 205)는 대립하는 입장을 둘로 구분해 설명한다. 첫째는 '자유주의 전통'과 '자유시장의 이데올로기'를 중시하는 입장이다. "브랜드는 자유시장의 원칙을 수호하며, 책임감, 충성심, 모든 이를 위한 부의 창출에 중요한 역할을 한다. 한마디로, 브랜드는 사람들을 해방시키는 것이다". 둘째는 '보다 비판적인 전통'이다. "브랜드는 해결책이라기보다 문제점이다. 자유시장에서 소비자적 사고방식이 삶의 모든 형태를 불도저로 밀어 버리는데, 여기에서 브랜드는 윤활유의 역할을 한다. 브랜드는 세계 지배를 향한 자본가의 아방가르드 운동이라 할 수 있으며, 이는 문화와 프라이버시를 침해하는 방식으로 진행된다". 상반된 두 가지 관점 모두 브랜드와 브랜딩의 한계를 지적하며 고찰한다. 브랜드화된 재화와 서비스의 시장이 포화 상태에 이르면서 브랜드는 품질과 소비자 보호의 표식과 같은 역할을 하기보다 불안감, 환상, 피로, '맹목적성', 그리고 소비자 부채의 원인이 되었다(Klein 2000: 13). 사람들은 베블런이 말하는 '과시적 소비'를 경쟁적으로 모방하려 노력한다. 그래서 "여러분이 가지고 있는 것에 대해 다른 사람들이 접근할 수 있게 된다면, 여러분들은 불행한 낭비의 끝없는 사이클에 휘말릴지라도 새로운 것을 얻으려 할 것이다"(Molotch 2005: 4). 브랜드화된 인지−

문화적 자본주의에서 소비자 주권(consumer sovereignty)은 환상에 불과한 것이다. 레이먼드 윌리엄스는 광고라는 '마법 시스템'이 판타지를 엮어 내어 기업의 결정, 시장의 선택, 소비자에게 영향을 미치는 것이라 말했다(Williams 1980; Hudson 2005: 70). 실제로 "기업들은 이미지 시장에서 돋보이기 위해 정신없이 노력하며 엄청난 광고 예산과 기표(signifier)를 쏟아 낸다"(Goldman and Papson 2006: 328-329). 이러한 공간순환 행위자들의 과도한 브랜드와 브랜딩은 재화, 서비스, 라이프 스타일, 공간, 장소를 패닉 상태로 몰아간다. 행위자들은 어쩔 줄 모르는 소비자에게 브랜드와 브랜딩을 들이밀고, 보다 빠른 자본회전을 위해 꾸준히 업데이트한다(Harvey 1989). 그 어느 때보다 많은 투자를 브랜드에 집중하며 실패와 수확체감을 만회하려는 듯하다(Riezebos 2003). 나오미 클라인(Naomi Klein 2000: 118)은 "브랜드화된 상품이 더 이상 라이프 스타일이나 대단한 아이디어가 되지 못하고 갑자기 아무 곳에서 누구나 가질 수 있는 것이 될 때를 악몽처럼 끔찍한 순간"이라 말했는데, 브랜드와 브랜딩 행위자들은 그런 상황을 회피하려 한다.

그래서 행위자들은 지리적 결합을 통해 의미와 가치를 창출하고 고정하려 애를 쓰지만, 이러한 오리지네이션은 일시성과 불안정성의 성격을 가진다. 브랜드와 브랜딩은 예측하기 어려운 유행의 변화, 상업적 경쟁 관계, 시장에서 퇴출 가능성에 취약하다. 위조된 '모조품'마저도 전 세계에서 빠르게 증가하고 있다(Molotch 2005). '브랜드세(brand tax)'의 형태로 지불하는 프리미엄 가격에 대한 반사효과로—닐 부어먼(Neil Boorman 2007)의 'bonfireof thebrands.com' 블로그와 저서와 같은—소비자의 불만과 저항도 크게 증가하고 있다(Riezebos 2003: 24). 브랜드의 취약성 때문에 기존에 잘 나가던 브랜드가 다양한 이유로 사라지기도 한다. 이제는 옛말이 되어 버린 엑센츄어(Accenture), 베어링은행(Barings Bank), 엔론(Enron), 리먼 브라더스(Lehman

Brothers), 마르코니(Marconi), 노리치 유니언(Norwich Union), 월드컴(World-com)처럼 말이다. 현대 소비사회에서 브랜드와 브랜딩이 일반화되면서 이들의 가시성과 가치를 둘러싸고 브랜드 기반 행동주의(brand-based activism)가 활성화되고 있다. 이에 따라 브랜드를 자본가적 글로벌화의 상징으로 여기며 브랜드의 취약성과 불안정성을 적극 활용하는 저항과 전복의 행동도 나타나고 있다. 특히 세간의 이목을 끄는 브랜드가 정치경제적 행동주의의 제물이 되었다. 널리 알려진 사례로, 자본가적 글로벌화의 상징으로서 맥도날드와 스타벅스를 향해 쏟아지는 반자본주의와 환경운동(Bové and Dufour 2002; Klein 2000), 갭과 나이키의 국제적 아웃소싱에 초점이 맞춰진 노동착취공장 반대운동(Ross 2004), 국제적 하청에 따른 웨일스의 공장 폐쇄를 막으려는 '버버리 영국 사수(Keep Burberry British)' 캠페인에서 버버리의 '영국나움'에 제기되는 의문(제5장), 미국의 일자리 창출, 경제 성장과 회복, 세수 증대와 관련해 애플이 연루된 논란(제6장) 등이 있다. 그러나 공간순환의 브랜드와 브랜딩 행위자에 대항하는 비판적, 정치적 활동에는 문제가 있다. 브랜드는 정치적으로 모호한 특성을 지니고 있기 때문이다. 브랜드의 실질적인 지리적 도달거리는 경제, 사회, 문화, 정치, 생태의 영역까지 뻗쳐 있지만, "국제적인 브랜드 규칙에 대한 시민 중심의 대안 요구"에 있어서 정치 분야는 한참 뒤처져 있는 상태다(Klein 2000: 46). 이와 관련된 정치적 난관은 다양한 형태로 나타나고 있다. 브랜드 기반의 행동주의의 의미에 대한 성찰성 결핍과 불확실성(Littler 2005), 사회·공간적으로 불균등한 브랜드 유래나 상품과 서비스 오리지네이션에 대한 시민의 관심과 정치의식(Rose 2004), '브랜딩의 궁극적인 성과'로서 '브랜드 기반 행동주의'의 출현(Klein 2000: 423), '디자이너 부정의(designer injustice)'에서 초점의 협소함(Klein 2000: 423), 의식적인 브랜드 반대자에게 되돌아가는 저항 심벌의 마케팅, 저항운동에서 빈번한 (경쟁관계의) 브랜드와 브랜딩 행위자들의 동조(Huish 2006) 등을 언급할 수 있다. 마르틴 콘베르거(Martin Kornberger 2010: 23)는 "『슈퍼브랜드의 불편한 진실』의 반브랜드(anti-brand) 선언인 노 로고(No Log)도 하나의 브랜드이고, 『애드버스터(*Adbusters*)』의 광고반대자(anti-advertiser)와 광고전복자(sub-vertisers) 또한 브랜드"라고 주장한다. 이는 나오미 클라인도 받아들인 비평이다. 그녀는 "내가 우연히도 노 로고란 브랜드를 창출했고, 기회가 있을 때마다" 브랜드와 브랜딩의 대응 전략으로 사용했다고 말한 바가 있다(Klein 2010: xvi).

하지만 오리지네이션은 행위자들이 브랜드와 브랜딩에서 의미와 가치를 창출해 고정하려 노력하는 상황에서 불가피한 지리적 결합에 잠재된 진보적인 정치를 드러내는 수단임은 분명하다. 브랜드와 브랜딩의 지리는 사회·공간적 정의의 문제에 대한 '추상적이지 않은 출발점'이며(Klein 2000: 356), 누가 어느 곳에서 특정한 지리적 결합과 오리지네이션에 따른 혜택과 손실을 얻는지에 대한 질문을 던질 수 있게 한다. 상품 브랜드와 브랜딩의 지리의 복잡성, 다양성, 다각성을 단순히 해체하는 것에 머물지 않는다(Cook et al. 2007). 해체적 분석은 "파편과 우연성을 발견하는 수준"에만 머무를 위험성이 있다(Perron 1999: 107). 문화적 감수성을 지닌 정치경제학적 렌즈로서 오리지네이션은 브랜드와 브랜딩의 사회·공간적 일대기와 정치나 불균등발전 사이를 연결하는 거멀못의 역할을 할 수 있다. 이런 실험을 이 책에서는 뉴캐슬 브라운 에일, 버버리, 애플의 사례를 통해 시도해 보았다. 그리고 주요 행위자를 파악하며 브랜드와 브랜딩의 지리적 결합을 살피는 동시에 이들이 지역발전과 관련해 가지는 함의와 시사점을 논하기도 했다. 오리지네이션은 의미만을 나열하지 않고(Cook et al. 2007), 브랜드와 브랜딩을 그들의 장소에 위치시키며 대안적인 지리적 상상을 고찰할 수 있도록 한다. 정체성과 품질의 표식으로서 브랜드와 브랜딩의 역사적 역할에 주목하고 과대광고를 폭로하는 수단이 될

오리지네이션

수도 있다. 오리지네이션과 지리적 결합은 브랜드와 브랜딩이 어떻게 인간과 장소에 연결되는지를 분석하는 것이다. 이러한 지리적 상상력은 숙의와 행동에 대한 길을 열어 주고 규제자적 행위성의 기회를 제공한다.

오리지네이션과 지리적 불균등발전

오리지네이션의 정치적 현안은 [공동자산을 뜻하는] 커먼즈(commons)에 대한 광범위한 논쟁과 관련되어 있다(Harvey 2006). 그리고 오리지네이션은 분산되고 숙의적이며 사회적으로 새로운 형태의 공공 소유권(public ownership)에 대한 담론과 실천에 대한 함의도 가진 이슈다(Cumbers 2012). 일부 행위자들이 브랜딩을 실천하면서 차별화된 의미와 가치의 원천으로서 장소의 성격과 특성을 '그들'만의 것으로 전유하려고 시도하기 때문이다. 이런 상황에서 장소를 영위하는 일반인들은 브랜드에 대한 사회적 소유권과 통제권을 가질 수 있을까? 그들이 그러한 권한을 누려야만 하는 이유는 무엇일까? 이런 문제에 도전하려면 사고의 전환이 필요하다. 브랜드를 장소에 착근한 개인화된, 즉 사적인 자산으로만 여겨서는 안 된다. 강력하고 심층적이며 오랫동안 지속되는 지리적 결합과 오리지네이션으로 형성된 의미와 가치는 집합적인 공공자산으로서의 성격을 가진다는 점에도 주목해야 한다. 시민단체, 협동조합, 사회집단, 공동체 등 사회적 조직체에서 브랜드의 소유, 통제, 관리에 관여하는 방안도 가능하다. 국가적, 초국가적 규제기관도 브랜드 부문에서 품질 유지에 기여하고, 집단적 혁신을 자극하며, 장소로부터의 이탈을 저지하는 데 큰 기여를 하고 있다(Morgan et al. 2006). 이것이 현행의 지리적 표시 제도에 나타나는 오리지네이션과 관계된 사고이자 실천의 방식이다. 규제적 장치로서 지리적 표시 제도는 브랜드와 브랜딩에서 상표권을 수단으로 지리적 결합을 증권화하는 [즉, 금융자산으로 사유화하는] 행태와는 분명하게 구별된다 (Morgan et al. 2006). 상표는 장소와 로컬 지식을 재산으로 전환해 지리적 결합을 사유화하고 거래가 가능하도록 만들며 탈지역화에 취약성을 가지게 하는 것이다. 이와 달리, 장소의 자산과 속성을 집단적인 공동자산으로 인식하는 대안적인 관점은 하비가 비판하는 '탈취에 의한 축적(accumulation by dispossession)'에 정면 도전하는 것이다(Harvey 2006). 동시에 대안적 행동은 법적으로 얽매이고 배타적인 사유재산 관계를 토대로 공동자산을 전유하는, 다시 말해 브랜드화된 인지-문화적 자본주의의 현대판 인클로저(enclosure)라고도 할 수 있는 행태에도 저항하는 일이다. 다른 한편으로, 오리지네이션은 지역과 로컬의 차원에서 어떠한 '발전'을 추구해야 하는지에 대한 진지한 대화, 토론, 논쟁도 자극한다(Pike et al. 2007). 재화나 서비스의 브랜드와 브랜딩이 이미지로 가득 찬 채로 국제화되면서 계급, 친족 관계, 장소를 기초로 한 전통적인 정체성 형식의 퇴색에 대한 성찰도 나타나게 되었다(Wengrow 2008). 일례로, 데이비드 볼리어(David Bollier 2005)가 말한 '브랜드네임 학대(brand name bully)'로 인해 문화적 공동자산의 상표권 취득, 즉 사적 인클로저의 문제에 대한 대중적 인식이 높아지고 있다. 브랜드네임 학대는 불균등한 방식으로 나타나고 있으므로 치열한 경합의 대상이 되기도 한다. 예를 들어, 스포츠 브랜드 기업 나이키는 런던 해크니 버로의 로고를 무단으로 사용한 대가로 30만 파운드의 배상금을 지불해야만 했다(*Hackney Today* 2006). 연예인 축구 경기가 해크니 마쉬(Hackney Marshes)에서 개최되었던 적이 있었는데, 여기에 등장했던 해크니 버로의 이미지를 나이키가 전유해 허가 없이 TV 광고에 실었던 것이 불법이라는 판결을 받았기 때문이다.

　정치적 관심과 불균등발전은 브랜드화된 자본주의에 깊이 새겨져 있다. 이런 맥락에서 오리지네이션은 지리적 불균등발전 문제에 대처하는 수단으로 활용될 수 있다. 공간순환의 행위자들이 브랜드와 브랜딩을 번영에서 배제된 주변부 장소와 지리적으로 결합시켜 보다 포용적인 발전을 도모하기 위해 사용할 수 있기 때문이다. 구체적인 사례로, 버버리의 '국가적' 오리지네이션을 다시 한 번 생각해 보자. 특히, 웨일스 지방에서 트레오키 공장의 폐쇄로 촉발된 브랜드, 브랜딩, 지역발전의 오리지네이션에 대한 흥미롭고 광범위한 성찰에 주목해 보자. 공장 폐쇄로 300개 이상의 일자리가 사라지게 되면서 이 작은 마을과 한때 긴밀했던 로컬 공동체에는 비탄한 감정의 흐름이 지속되고 있다. 몇 년이 지난 지금까지도 많은 사람이 또 다른 고용의 기회를 얻기 위해 고군분투하고 있다(Wales Online 2011). 리스 데이비드(Rhys David 2007: 1)는 이러한 경제적 불안감의 전망을 국제적인 수준에서 구산업 지역이나 주변부 지역과 관련지으며 논의했다. 데이비스는 그런 곳을 산업 유산과 지역 인재를 발판으로 단기적인 스펙터클 이벤트만 유치할 수 있는 '반쪽 브랜드'의 장소라고 불렀다.

통탄할 만한 사실이지만, '웨일스다움(Welshness)'의 오리지네이션 프레임만 가지고 웨일스의 민족 영토가 누릴 수 있는 브랜딩의 혜택은 대단히 미약하다. 이에 대해 리스 데이비스는 다음과 같이 이야기한다(Davis 2007: 1).

자신의 브랜드로 호소하는 웨일스의 토착 기업이 없기 때문에 웨일스는 세계에서 적응하고 살아남기 매우 힘든 상황에 처해 있다. 글로벌화로 인해 중국과 인도 같은 저비용 중심지에 생산이 집중되고, 이런 지역은 머지않은 미래에 세계의 제조업을 지배할 것이기 때문이다. 여러분은 더 이상 상품을 **생산할** 필요가 없다. 경제적 야망을 가지고 있는 지역이라면 디자인, 생산, 유통, 판매를 **조직**하는 일에 참여해야 한다. 이것이

글로벌화의 혜택을 공유하는 길이다. 그래서 글로벌화를 불가피한 희생
으로만 치부할 필요는 없다. 선진경제 부문에서 일자리를 창출할 수 있
는 곳만이 고부가가치의 이익을 누리는 지역으로 거듭날 수 있다.

이처럼 브랜드의 소유권과 통제력의 중요성을 강조하며 데이비드는 브랜
드 기반의 지역발전 문제를 다음과 같이 요약한다. "자체 브랜드를 보유한 로
컬 소유의 기업이 없다면, 해당 지역은 생산이 아웃소싱될 위기에 처한다. 웨
일스에서 중국으로 제조업을 옮기는 버버리와 같은 기업들은 어떤 흔적도 남
기지 않고 사라질 것이다. 본사는 다른 곳에 있으며 그곳으로부터 해외의 생
산이 조직될 것이다. 고부가가치의 일자리가 영국에 머물 것이지만, 웨일스
는 아니다. 처음부터 우리는 그 브랜드를 '소유'하지 못했기 때문이다"(David
2007: 1).

이런 식의 진단은 전혀 새로운 것이 아니며, 제기된 우려도 웨일스라는 특
정 지역의 차원을 넘어서 세계적으로 나타나는 현상이다. 소유권, 외부 통제,
'분공장경제', 국제노동분업에서 장소의 지위와 역할 변화에 대한 아주 오랜
논쟁과 일맥상통하는 이야기다. 그러나 오래된 이슈들이 오늘날의 창조성 활
동, 즉 고부가가치의 '지식 집약적' 경제활동에 대한 관심의 맥락에서 나타나
고 있다는 차별화된 사실은 매우 중요한 문제다. 여기에서 브랜드와 브랜딩
의 막강한 영향력도 한 부분을 차지한다. 다른 한편으로, 오리지네이션의 잠
재력을 지역발전과 관련해 흥미로운 질문을 제기하는 방식으로도 생각해 볼
수 있다. 브랜드화된 재화와 서비스의 표시에 나타나는 오리지네이션은 경제
활동의 국제적인 조직화가 지리적으로 차별화된 방식으로 이루어지는 현실
을 재현하기 때문이다. 오늘날의 브랜드와 브랜딩 행위자들은 어디에서 온
브랜드인지, 어디에서 구상해 디자인된 것인지, 브랜드 소유주는 어느 곳을

기반으로 하는지에 대한 의미와 가치를 재조직해 표현하고자 노력한다(제3장, 제6장). 서비스의 경우는 전달의 장소, 재화의 경우는 생산의 지역도 중요하다. 오리지네이션은 지역발전에 대한 분석의 초점을 확대한다. 생산, 유통, 소비, 규제의 공간순환에서 경제활동의 혜택을 포착하는 지역에 관심을 두고 있기 때문이다. 이런 식으로 오리지네이션은 경제활동의 **조직화**에서 지역이나 로컬 경제가 관계된 정두와 성격을 고찰할 수 있도록 한다. 여기에는 혁신, 디자인, 프로토타이핑(prototyping), 테스팅, 생산, 조립, 마케팅, 유통, 판매, 서비스와 규제처럼 장소를 통해 이루어지며 지역발전에 기여하는 다양한 활동들이 포함된다. 공간과 장소의 브랜드와 브랜딩의 차원을 넘어서 오리지네이션은 전문화된 역량, 명성, 평판으로 장소가 인식되는 방식을 파악하는 데에도 도움을 준다. 글로벌 가치사슬을 따라 경제활동이 국세적으로 파편화되고 분산되어 연결되는 상황에서(제3장) 번영을 제대로 누리지 못하는 주변부 장소의 역할, 지위, 명성을 오리지네이션을 통해 생각할 수 있다. 개인이나 제도적 행위자들이 시간의 변화에 따라 진화하며 어떻게 지역발전의 목적, 개념, 열망에 영향을 미치는지를 파악하는 것도 중요하다.

이런 이슈들을 제기할 때 최소한 다섯 가지의 주의사항은 분명히 해 두어야 한다. 첫째, 특정 장소에 대한 오리지네이션의 의미와 가치는 고정불변의 것이 아니다. 과거의 발전 경로가 미래의 방향에 영향을 미치지만, 이는 역사의 작용만으로 불가피하게 결정되지는 않는다(MacKinnon et al. 2009). 둘째, 오리지네이션에 대한 논의는 생산 활동을 포기하고 '고부가가치'의 서비스 기반 활동만을 좇으라는 요구도 아니다. 장소와 관련해서는 역량, 명성, 평판뿐 아니라 일자리와 소득의 문제 또한 중요하다. 즉, 의미와 가치의 공간순환에서 생산은 필수적인 부분이다. 재화와 서비스, 이들을 만드는 부품과 활동은 어딘가에서는 반드시 생산되어야 한다. 제3장에서 논한 것처럼, 브랜드화된 재화나 서비스 상품의 유·무형적 성격 모두가 특정한 시·공간 시장의 맥락에서 의미와 가치의 중요한 원천이다. 셋째, 최근 들어서 조립과 생산이 서구 경제로 되돌아오는 온쇼어링(on-shoring)과 리쇼어링(re-shoring) 현상이 증가하고 있다(Christopherson 2013). 애플의 국제화된 아웃소싱 비즈니스 모델의 지속가능성마저도 의문시되어 경영진들은 생산 기능의 일부를 미국으로 되가져오고 있다(제6장). 이처럼 생산은 유통, 소비, 규제의 광범위한 공간 순환 속에 위치하고 오리지네이션과 지역발전 모두와 긴밀하게 연결된다. 넷째, 보다 지식 집약적인 고부가가치의 경제활동으로 전환되면서 고소득과 저소득 직종 간의 노동시장 양극화가 명확해지지만, 경우에 따라 중간소득 수준의 반숙련 일자리의 창출로 이익을 얻는 사람과 지역도 있다(Turok 2011). 다섯째, 주변부 장소가 인위적인 지리적 결합을 통해 의미와 가치를 창출하는 작업에 적극적으로 참여해야만 한다는 것은 아니다. 노스노샘프턴셔 개발기업(North Northamptonshire Development Corporation)이 초래한 논란을 생각해 보자. 이 기관은 런던과의 근접성과 연결망을 강조하며 노샘프턴셔를 '노스 런던셔(North Londonshire)'로 리브랜딩하는 마케팅에 130만 파운드나 쏟아부으며 투자, 일자리, 주민을 유치하고자 했다(*BBC News* 2010). 그러나 노샘프턴셔를 잘 알고 있는 소비자들이 부정적으로 반응하면서 이 마케팅 전략은 혼란에 빠지고 말았다. 이에 대한 페이스북 반브랜드 캠페인에는 노샘프턴셔 주민들의 상당수가 동참하기도 했다.

실제로 존재하는 것뿐 아니라 과소 활용되거나 사용되지 않는 자산과 기술도 빠르게 성장하는 새로운 시장에서 디자인, 테스팅, 생산 활동의 역량, 평판, 명성을 (재)구성하는 방법이 될 수 있다(Dawley 2014). 브랜드로 형식화되든 그렇지 않든 간에 오리지네이션은 그러한 기능이 어떻게 장소 안에서 그리고 장소와 함께 확인될 수 있는지에 대한 질문을 던지도록 해 준다. 오리지네이션을 통해 긍정적인 이미지와 명성이 국제적인 수준에서 전파되면서 장소에 대한 신뢰, 긍지, 자부심을 낳는지, 그리고 지역과 로컬의 수준에서 발전을 자극하는지에 대해서도 고찰할 수 있다. 웨일스와 관련해 리스 데이비스는 "웨일스다운 비즈니스와 브랜드로부터 보다 많은 것을 만들어서 국제적인 명성을 쌓아야 할 것"을 요구했다(Davis 2004: 1). 재무장관을 역임한 영국 보수당의 조지 오스본(George Osborne)도 다음과 같은 예산안 연설 발언을 통해 오리지네이션의 중요성을 인식했다.

현대의 경쟁에서 뒤처지지 않는 경제를 가지고 있어야만 합니다. 그래야 우리 가족들의 삶의 표준을 높일 수 있습니다. 우리의 성장 계획은 이렇습니다. '영국산', '영국 창조', '영국 디자인', '영국 발명'과 같은 단어들을 원합니다. 우리나라가 앞으로 나아갈 수 있도록 만들기 위해서입니다. 생산자들의 행진으로 영국이 부상할 수 있습니다. 이것이 일자리를 만들고 우리의 가족을 부양하는 길입니다. 우리는 영국 경제라는 탱크에 기름을 가득 채워야 합니다.

한마디로, 오리지네이션을 통해 번영을 누리지 못하는 주변부 장소의 상태를 진단하고 그곳이 무엇을 잘 할 수 있을지에 대해 고민할 수 있다. 그러면서 발전의 열망, 잠재력, 전망에 대한 새로운 이슈도 논의할 수 있다. 오늘날에는 기후변화, 금융화, 자원고갈, 사회적 불평등이 기존의 경제적·사회적·문화적·정치적·생태적 조직의 형태에 물질적 도전을 안겨 주고 있다. 이런 맥락에서 브랜드와 브랜딩의 오리지네이션과 지역발전 간의 관계에 대해 대화하고 숙의할 필요가 있다.

참고문헌

Aaker, D. A. 1996. *Building Strong Brands*. New York: The Free Press.

Aaker, J. L. 1997. 'Dimensions of Brand Personality.' *Journal of Marketing Research*. 34, 347-356.

Adbusters. 2012. 'Meme Wars: The Creative Destruction of Neoclassical Economics.' Accessed 26 November 2014. www.adbusters.org.

Agnew, J. 2002. *Place and Politics in Modern Italy*. Chicago, IL. University of Chicago Press.

Allen, J. 2002. 'Symbolic Economies: The "Culturalization" of Economic Knowledge.' In *Cultural Economy: Cultural Analysis and Commercial Life*, edited by P. Du Gay and M. Pryke, 39-58. London: Sage.

Amin, A. 2004. 'Regions Unbound: Towards a New Politics of Place.' *Geografiska Annaler*. 86 B 33-44.

Anholt, S. 2006. *Competitive Identity: The New Brand Management for Nations, Cities and Regions*. Basingstoke: Palgrave MacMillan.

Anholt, S. and Hildreth, J. 2004. *Brand America: The Mother of All Brands*. London: Cyan Books.

Appadurai, A. 1986. 'Introduction: Commodities and the Politics of Value.' In *Social Life of Things*, edited by A. Apparadurai, 3-63. Cambridge: Cambridge University Press.

Apple. 2012. '2012 10-/A.' Accessed 26 November 2014. http://www.apple.com/investor/.

Apple. 2013. 'Creating Jobs Through Innovation.' Accessed 26 November 2014. http://www.apple.com/about/job-creation/.

Aronczyk, M. and Powers, D. 2010. *Blowing Up the Brand*. New York: Peter Lang.

Aronczyk, M. 2013. *Branding the Nation: The Global Business of National Identity*. Oxford: Oxford University Press.

Arvidsson, A. 2005. 'Brands: A Critical Perspective.' *Journal of Consumer Culture*. 5, 2, 235-258.

Arvidsson, A. 2006. *Brands: Meaning and Value in Media Culture*. London and New York: Routledge.

Ashworth, G. J. and Kavaratzis, M. 2010. Eds. *Towards Effective Place Brand Management: Branding European Cities and Regions and Regions*. Cheltenham, UK and Northampton, MA, USA: Edward Elgar.

Ashworth, G. and Voogd, H. 1990. *Selling the City: Marketing Approaches in Public Sector Urban Planning*. London: Belhaven Press.

Askegaard, S. 2006. 'Brands as a Global Ideoscape.' In *Brand Culture*, edited by J. Schroeder and M. Salzer-Morling, 91-102. New York: Routledge.

Banks, G., Kelly, S., Lewis, N. and Sharpe, S. 2007. 'Place "From One Glance": The Use of Place in the Marketing of New Zealand and Australian Wines.' *Australian Geographer*. 38, 1, 15-35.

Barham, E. 2003. 'Translating Terroir: The Global Challenge of French AOC Labelling.' *Journal of Rural Studies*. 19, 127-138.

Barnes, T. 2006. 'Lost in Translation: Towards an Economic Geography as Trading Zone.' In *Denkanstoße zu einer anderen Geographie der Okonomie*, edited by C. Berndt and J. Gluckler 1-17. Bielefeld: Transcript.

Barnes, T., Peck, J., Sheppard, E. and Tickell, A. 2007. 'Methods Matter.' In *Politics and Practice in Economic Geography*, edited by A. Tickell, T. Barnes, J. Peck and E. Sheppard. Thousand Oaks, CA: Sage.

Barnett, C. Cloke, P., Clarke, N. and Malpass, A. 2005. 'Consuming Ethics: Articulating the Subjects and Spaces of Ethical Consumption.' *Antipode*. 37, 23-45.

Barrientos, S., Mayer, F., Pickles, J. and Posthuma, A. 2011. 'Labour Standards in Global Production Networks: Framing the Policy Debate.' *International Labour Review*. 150, 3-4.

Barry, A. and Slater, D. 2002. 'Introduction: The Technological Economy.' *Economy and Society*. 31, 2, 175-193.

Bass, F. and Wilkie, L. 1973. 'A Comparative Analysis of Attitudinal Predictions of Brand Preference.' *Journal of Marketing Research*. 10, 262-269.

Batchelor, A. 1998. 'Brands as Financial Assets.' In *Brands: The New Wealth Creators*, edited by S. Hart and J. Murphy, 95-103. Basingstoke: MacMillan.

Bauer, R. A. 1960. 'Consumer Behaviour as Risk Taking.' In *Dynamic Marketing for a Changing World*, edited by R. S. Hancock. Boston, MA: American Marketing Association.

Bauman, Z. 2007. *Consuming Life*. Cambridge: Polity.

BBC. 2011. 'Chinese Authorities Find 22 Fake Apple Stores.' BBC Technology News, 12 August. Accessed 26 November 2014. http://www.bbc.co.uk/news/technology-14503724.

BBC News. 2007. 'Row over 'Burberry Hate Campaign." 4 February 2007. Accessed

26 November 2014. http://news.bbc.co.uk/1/hi/wales/mid/6329703.stm.

BBC News. 2010. "North Londonshire' Label for Northamptonshire Attacked.' 3 March. Accessed 26 November 2014. http://news.bbc.co.uk/1/hi/england/northamptonshire/8548647.stm.

BBC Tyne. 2004. 'Gateshead Brown Ale. BBC Tyne Features.'

Belk, R. W. and Tumbat, G. 2005. 'The Cult of Macintosh.' *Consumption, Markets and Culture*. 8, 3, 205-217.

Bell, F. 2013. "Reputation of Place -Literature Review." Unpublished Paper, CURDS: Newcastle University.

Bellini, N. 2011. *Researching Place Branding: The New Agenda*. Paper for the Regional Studies Association Conference, Newcastle upon Tyne, April.

Bennison, B. 2001. 'Drink in Newcastle.' In *Newcastle Upon Tyne: A Modern History*, edited by R. Colls and B. Lancaster, 167-192. Chichester: Phillimore.

Beverland, M. B. 2009. *Building Brand Authenticity: 7 Habits of Iconic Brands*. New York: Palgrave MacMillan.

Bilkey, W. J. and Nes, E. 1982. 'Country-f-rigin Effects on Product Evaluations.' *Journal of International Business Studies*. 8, 1, 89-99.

Bollier, D. 2005. *Brand Name Bullies: The Quest to Own and Control Culture*. Hoboken, NJ: Wiley.

Boorman, N. 2007. *Bonfire of the Brands: How I Learnt to Live Without Labels*. Edinburgh: Canongate.

Borrus, M. and Zysman, J. 1997. *Wintelism and the Changing Terms of Global Competition: Prototype of the Future?*, Working Paper 96B February, DRUID. Aalborg, Denmark: Aalborg University.

Boschma, R. 2005. 'Proximity and Innovation: A Critical Assessment.' *Regional Studies*. 39, 1, 61-74.

Bove, J. and Dufour, F. 2002. *The World Is Not For Sale: Farmers Against Junk Food*. London and New York: Verso.

Bowers, S. 2006. 'The Beer Necessities.' *The Guardian,* London, 26 February.

Braithwaite, D. 1928. 'The Economic Effects of Advertising.' *Economic Journal*. 38, 16-37.

Brand Republic. 2007. 'Burberry Unveils Spring Collection with Beaton-nspired Ads.' 5 January. London: Brand Republic.

Breward, C. and Gilbert, D. 2006. *Fashion's World Cities*. London: Berg.

Bryant, C. 2007. Royal Warrants of Appointment. *House of Commons Hansard Debates*, Col426WH, 23 January.

Bryant, R. 2014. 'The Fate of the Branded Forest: Science, Violence and Seduction in the World of Teak.' In *The Social Life of Forests*, edited by S. Hecht, K. Morrison and C. Padoch. Chicago, IL: University of Chicago Press.

Buck Song, K. 2011. *Brand Singapore: How Nation Branding Built Asia's Leading Global City*. Singapore: Marshall Cavendish.

Bulkeley, H. 2005. 'Reconfiguring Environmental Governance: Towards a Politics of Scales and Networks.' *Political Geography*. 24, 875-902.

Bunting, M. 2001. 'Clean Up.' *The Guardian*, 6 October, London.

Burberry. 2005. *Annual Report and Accounts 2004/05*. London: Burberry.

Burberry. 2006. *Annual Report and Accounts 2005/06*. London: Burberry.

Burberry. 2007. 'About Burberry.' Accessed 26 November 2014. http://www.burberry.com/AboutBurberry/History.aspx

Burberry. 2008. *Annual Report and Accounts 2007/08*. London: Burberry.

Burberry. 2009. *Annual Report and Accounts 2008/09*. London: Burberry.

Burgess J. A. 1982. 'Selling Places: Environmental Images for the Executive.'*Regional Studies*. 16, 1-17.

Buzzell, R. D., Quelch, J. A. and Bartlett, C. A. 1995. *Global Marketing Management: Cases and Readings*. Reading, MA: Addison-Wesley.

Callan, E. 2006. 'Burberry Aims for Anglophiles in US Heartland.' *The Financial Times*, 8 July, London.

Cadwalladr, C. 2012. 'The Hypocrisy of Burberry's "Made in Britain" Appeal.' *The Guardian*. 16 July, London.

Callon, M. 2005. 'Why Virtualism Paves the Way to Political Impotence: A Reply to Daniel Miller's Critique of The Laws of the Markets.' *Economic Sociology - European Electronic Newsletter*. 6, 2, 3-20.

Callon, M., Meadel, C. and Rabeharisoa, V. 2002. 'The Economy of Qualities.' *Economy and Society*. 31, 2, 194-217.

Campbell, C. 2005. 'The Craft Consumer: Culture, Craft and Consumption in a Postmodern Society.' *Journal of Consumer Culture*. 5, 1, 23-42.

Carlsberg. 2012. 'Annual Report.' Accessed 26 November 2014. http://www.carlsberg-group.com/investor/downloadcentre/Documents/Annual%20Report/Carlsberg%20Breweries%20Annual%20Report%202012.pdf.

Carrell, S. 2012. 'Island Crofters' Cloth Joins the Fashion Mainstream.' *The Guardian*, 10 November, London.

Casson, M. 1994. 'Brands: Economic Ideology and Consumer Society.' In *Adding Value - Brands and Marketing in Food and Drink*, edited by G. Jones and N. Morgan, 41-58. London: Routledge.

Castree, N. 2001. 'Commodity Fetishism, Geographical Imaginations and Imaginative

Geographies.' *Environment and Planning.* 33, 1519-1525.

Chakrabortty, A. 2011. 'Why Doesn't Britain Make Anything Anymore?' *The Guardian*, 16 November, London.

Chesbrough, H. 2003. *Open Innovation: The New Imperative for Creating and Profiting from Technology.* Cambridge, MA: Harvard Business School Press Books.

Chevalier, M. and Mazzolovo, G. 2004. *Pro Logo.* New York: Palgrave MacMillan.

Christopherson, S. 2013. 'The Regional Advantage: What the Manufacturing Location Calculus Implies For the NE Local Enterprise Partnership Independent Economic Review.'

Christopherson, S., Garretsen, H. and Martin, R. 2008. 'The World is Not Flat: Putting Globalization in its Place.' *Cambridge Journal of Regions, Economy and Society.* 1, 3, 343-349.

Clark, G. L. 1998. 'Stylized Facts and Close Dialogue: Methodology in Economic Geography.' *Annals of the Association of American Geographers.* 88, 1, 73-87.

Coe, N. M., Hess, M., Yeung, H. W.-C., Dicken, P. and Henderson, J. 2004. '"Globalizing" Regional Development: A Global Production Networks Perspective.' *Transactions of the Institute of British Geographers NS.* 29, 468-484.

Collins Concise Dictionary Plus. 1989. *Collins Concise Dictionary Plus.* London and Glasgow: Collins.

Comhairle nan Eilean Siar. 2003. *Regional Accounts.* Stornoway: Comhairle nan Eilean Siar.

Competition Commission. 1989. 'Elders IXL Ltd and Scottish and Newcastle Breweries PLC: A Report on the Merger Situations.' Competition Commission: London.

Connelly, M. 2012. 'Poll finds Confusion on Where Apple Devices are Made.' *The New York Times*, 25 January. Accessed 26 November 2014. http://www.nytimes.com/2012/01/26/business/poll-on-iphone-and-ipad-finds-consumer-confusion-on-apples-manufacturing.html.

Cook, I. and Crang, P. 1996. 'The World on a Plate: Culinary Culture, Displacement and Geographical Knowledges.' *Journal of Material Culture.* 1, 131-153.

Cook, I. and Harrison, M. 2003. 'Cross Over Food: Re-aterializing Postcolonial Geographies.' *Transactions of the Institute of British Geographers NS.* 28, 296-317.

Cook, I. *et al.* 2006. 'Geographies of Food: Following.' *Progress in Human Geography.* 30, 5, 655-666.

Cook, I., Evans, J., Griffiths, H., Morris, R. and Wrathmell, S. 2007. '"It's More Than Just What it is": Defetishising Commodities, Expanding Fields, Mobilising Change...' *Geoforum.* 38, 1113-1126.

오리지네이션

Copulsky, J. R. 2011. *Brand Resilience: Managing Risk and Recover in a High-Speed World*. New York: Palgrave MacMillan.

Crouch, C. 2007. 'Trade Unions and Local Development Networks.' *Transfer*. 13, 2, 211-224.

Cumbers, A. 2012. *Reclaiming Public Ownership: Making Space for Economic Democracy*. London: Zed Books.

Da Silva Lopes, T. 2002. 'Brands and the Evolution of Multinationals in Alcoholic Beverages.' *Business History*. 44, 3, 1-30.

Da Silva Lopes, T. and Duguid, P. 2010. *Trademarks, Brands and Competitiveness*. London: Routledge.

Danesi, M. 2006. *Brands*. Routledge: London.

David, P. A. 1994. 'Why are Institutions the 'Carriers of History'? Path Dependence and the Evolution of Conventions, Organisations and Institutions.' *Structural Change and Economic Dynamics*. 5, 2, 205-220.

David, R. 2007. 'What Visibility for Wales? Connecting with the Consumer.' Memorandum from Institute of Welsh Affairs submitted to the Welsh Affairs Select Committee Inquiry *Globalisation and its Impact on Wales* (GLOB 12). Accessed 26 November 2014. http://www.publications.parliament.uk/pa/cm200607/cmselect/cmwelaf/ucglobal/m8.htm.

Dawley, S. 2014. 'Creating New Paths? Development of Offshore Wind, Policy Activism and Peripheral Region Development.' *Economic Geography*. 90, 1, 91-112.

de Chernatony, L. 2010. *From Brand Vision to Brand Evaluation* (2nd Edition). Amsterdam: Elsevier.

de Chernatony, L. and Dall'Olmo Riley, F. 1998. 'Modelling the Components of the Brand.' *European Journal of Marketing*. 32, 11/12, 1074-1090.

de Chernatony, L. and McDonald, M. 1998. *Creating Powerful Brands in Consumer, Service and Industrial Markets*. Oxford: Butterworth Heinemann.

Dedrick, J., Kraemer, L. and Linden, G. 2009. 'Who Profits from Innovation in Global Value Chains? A Study of the iPod and Notebook PCs.' *Industrial and Corporate Change*. 19, 1, 81-116.

Department for Environment, Food and Rural Affairs (DEFRA). 2006. National Application No: 02621 - Newcastle Brown Ale. London: DEFRA.

Dicken, P. 2011. *Global Shift* (6th edition). New York: Guilford Press.

Dickson, M. 2005. 'Rose Marie's Baby, from Geek to Chic.' *The Financial Times*. 5 October, London.

Dobson, S. and Merrington, J. 1977. *The Little Broon Book*. Gosforth: Geordieland Press.

Dossani, R. and Kenney, M. 2006. 'Software Engineering: Globalization and Its Implications, Paper for National Academy of Engineering "Workshop on the Offshoring of Engineering: Facts, Myths, Unknowns and Implications", 24-5 October, Washington DC.' Accessed 26 November 2014. http://www.nae.edu/ File.aspx?id=10281.

Dossani, R. and Kenney, M. 2007. 'The Next Wave of Globalization: Relocating Service Provision to India.' *World Development*. 35, 5, 772-791.

Du Gay, P. and Pryke, M. 2002. *Cultural Economy: Cultural Analysis and Commercial Life*. London: Sage.

Duhigg, C. and Bradsher, K. 2012. 'How the U.S. Lost Out on iPhone Work.' *The New York Times*, 21 January, New York.

Dulleck, U., Kerschbamer, R. and Sutter, M. 2010. 'The Economics of Credence Goods: An Experiment on the Role of Liability, Verifiability, Reputation and Competition." Unpublished Paper.' Accessed 26 November 2014. http://ibe. eller.arizona.edu/docs/2010/Dulleck/AER_20090648_Manuscript.pdf.

Dwyer C and Jackson, P. 2003. 'Commodifying Difference: Selling EASTern Fashion.' *Environment and Planning D.* 21: 269-291.

Economic Geography. 2011. 'Emerging Themes in Economic Geography: Outcomes of the Economic Geography 2010 Workshop.' *Economic Geography*. 87, 2, 111-126.

Edensor, T. and Kothari, U. 2006. 'Extending Networks and Mediating Brands: Stallholder Strategies in a Mauritian Market.' *Transactions of the Institute of British Geographers.* 31, 323-336.

Elgan, M. 2012. 'Why Does Apple Inspire So Much Hate?' Blog post, 9 June. Accessed 26 November 2014. http://www.cultofmac.com/172428/why-does-apple-inspire-so-much-hate.

Ermann, U. 2011. 'Consumer Capitalism and Brand Fetishism: The Case of Fashion Brands in Bulgaria.' In *Brands and Branding Geographies*, edited by A. Pike, 107-125. Cheltenham: Elgar.

European Commission. 2006. 'Article 17(2) "Newcastle Brown Ale" EC No: UK/017/0372/1608.2004.' *Official Journal of the European Union C.* 280/13, 18 November 2006.

European Commission. 2013. 'Taxation and Customs Union.' Accessed 26 November 2014. http://ec.europa.eu/taxation_customs/customs/customs_duties/rules_origin/introduction/index_en.htm.

EuroStat. 2008. European Statistics Database. Accessed 28 November 2014. http:// epp.eurostat.ec.europa.eu/portal/page/portal/eurostat/home/.

Fanselow, F. S. 1990. 'The Bazaar Economy or How Bizarre is the Bazaar Really?'

Man. 25, 2, 250-265.

Faulconbridge, J., Beaverstock, J. V., Nativel, C. and Taylor, P. J. 2011. *The Globalization of Advertising: Agencies, Cities and Spaces of Creativity.* Abingdon: Routledge.

Finch, J. and May, T. 1998. 'Reputations: Putting a Zip in a Burberry.' *The Guardian*, 27 June, London.

Fleming, D. K. and Roth, R. 1991. 'Place in Advertising.' *The Geographical Review.* 81, 3, 281-291.

Frank, R. H. 2000. *Luxury Fever: Why Money Fails to Satisfy in an Era of Excess.* Princeton, NJ: Princeton University Press.

Frank, T. 1998. *The Conquest of Cool: Business Culture, Counterculture and the Rise of Hip Consumerism.* University of Chicago Press, IL: Chicago.

Friedman, T. 2005. *The World is Flat: A Brief History of the Twenty First Century.* New York: Farrar, Strauss and Giroux.

Froggatt, T. 2004. 'Building Brand Equity, Chief Executive's Presentation to ABN Amro Conference, 27 April.

Froud, J., Johal, S., Leaver, A. and Williams, K. 2012. 'Apple Business Model: Financialization Across the Pacific.' *CRESC Working Paper*, No. 111, April. Manchester: CRESC, University of Manchester.

Fuchs, D. 2006. 'Spice is right as La Mancha Relaunches Saffron as Luxury Brand.' *The Guardian*, 14 November, London.

Gereffi, G., Humphrey, J. and Sturgeon, T. 2005. 'The Governance of Global Value Chains.' *Review of International Political Economy.* 12, 1, 78-104.

Gibbon, P. and Ponte, S. 2008. 'Global Value Chains: From Governance to Governmentality?' *Economy and Society.* 37, 3, 365-392.

Glasmeier, A. 2000. *Manufacturing Time: Global Competition in the World Watch Industry, 1795-2000.* New York: Guilford Press.

Godsell, M. 2007. 'Is Royal Patronage Still Relevant?' 17 January, *Marketing.* London: Haymarket.

Goldman, R. and Papson, S. 1998. *Nike Culture: The Sign of the Swoosh.* Thousand Oaks, CA: Sage.

Goldman, R. and Papson, S. 2006. 'Capital's Brandscapes.' *Journal of Consumer Culture.* 6, 3, 327-353.

Goodrum, A. 2005. *The National Fabric: Fashion, Britishness, Globalization.* Oxford: Berg.

Gough, P. 2012. 'Banksy: The Bristol legacy.' In *Banksy: The Bristol Legacy*, edited by P. Gough. Bristol: Sansom and Company.

Go, F. and Govers, R. 2010. *International Place Branding Yearbook.* New York: Palgrave

MacMillan.

Grabher, G. 1993. 'The Weakness of Strong Ties: The Lock-n of Regional Development in the Ruhr Area.' In *The Embedded Firm On the Socio-Economics of Inter-firm Relations*, edited by G. Grabher, 255-278. London: Routledge.

Grabher, G. 2001. 'Ecologies of Creativity: The Village, The Group and the Heterarchic Organisation of the British Advertising Industry.' *Environment and Planning A*. 33, 351-374.

Grabher, G. 2006. 'Trading Routes, Bypasses, and Risky Intersections: Mapping the Travels of "Networks" Between Economic Sociology and Economic Geography.' *Progress in Human Geography*. 30, 2, 1-27.

Greenberg, M. 2008. *Branding New York: How a City in Crisis Was Sold to the World*. New York: Routledge.

Greenberg, M. 2010. 'Luxury and Diversity: Re-randing New York in the Age of Bloomberg.' In *Blowing up the Brand: Critical Perspectives on Promotional Culture*, edited by M. Aronczyk and D. Powers. Peter Lang: New York.

Griffiths, M. 2004. *Guinness is Guinness: The Colourful Story of a Black and White Brand*. London: Cyan Books.

Gross, D. 2006. 'To Chav and Chav not: Can Burberry Save Itself from the Tacky British Yobs Who Love It?' *The Slate*, July, Washington DC.

Gumbel, P. 2007. 'Burberry's New Boss Doesn't Wear Plaid.' *Fortune*. 156, 8, 124-130.

Hackney Today. 2006. 'Hackney 1, Nike 0.' *Hackney Today*. 142, 11 September.

Hadjimichalis, C. 2006. 'The End of the Third Italy as We Knew It.' *Antipode*. 38, 1, 82-106.

Haig, M. 2004a. *Brand Royalty: How the World's Top 100 Brands Thrive and Survive*. London: Kogan Page.

Haig, M. 2004b. *Brand Failures: The Truth Behind the 100 Biggest Branding Mistakes of All Time*. London: Kogan Page.

Halkier, A. and Therkelsen, H. 2011. 'Branding Provicail Cities: The Politics of Inclusion Strategy and Commitment.' In *Brands and Branding Geographies*, edited by A. Pike, 200-213. Cheltenham: Elgar

Han, M. C. 1989. 'Country Image: Halo or Summary Construct?' *Journal of Marketing Research*. XXVI, May, 222-229.

Hankinson, G. 2004. 'The Brand Images of Tourism Destinations: A Study of the Saliency of Organic Images.' *Journal of Product and Brand Management*. 1, 6-14.

Hannigan, J. 2004. 'Boom Towns and Cool Cities: The Perils and Prospects of Developing a Distinctive Urban Brand in a Global Economy.' Unpublished Paper from Leverhulme International Symposium: The Resurgent City, 19-21 April,

LSE, London.

Harding, R. and Paterson, W. E. 2000. *The Future of the German Economy*. Manchester: Manchester University Press.

Hart, S. and Murphy, J. 1998. *Brands*. Basingstoke: Macmillan.

Hartwick, E. 2000. 'Towards a Geographical Politics of Consumption.' *Environment and Planning A*. 32, 1177-1192.

Harvey, D. 1989. *The Condition of Postmodernity*. Oxford: Blackwell.

Harvey, D. 1990. 'Between Space and Time: Reflections on the Geographical Imagination.' *Annals of the Association of American Geographers*. 80, 3, 418-434.

Harvey, D. 1996. *Justice, Nature and the Geography of Difference*. Oxford: Blackwell.

Harvey, D. 2002. 'The Art of Rent: Globalization, Monopoly and the Commodification of Culture.' In *A World of Contradictions: Socialist Register*, edited by L. Panitch and C. Leys, 93-110. London: Merlin Press.

Harvey, D. 2006. 'Neo-iberalism as Creative Destruction.' *Geografiska Annaler*. 88 B, 2, 145-158.

Hauge, A. 2011. 'Sports Equipment; Mixing Performance with Brands -the Role of the Consumers.' In *Brands and Branding Geographies*, edited by A. Pike, 91-106. Cheltenham: Elgar.

Hauge, A., Malmberg, A. and Power, D. 2009. 'The Spaces and Places of Swedish Fashion.' *European Planning Studies* 17, 4, 529-547.

Hayes, D. J., Lence, S. H. and Stoppa, A. 2004. 'Farmer-wned Brands?' *Agribusiness*. 20, 3, 269-285.

Healy, A. 2012. 'Apple in Cork: Timeline.' *Evening Echo*, 20 April. Accessed 26 November 2014. http://www.eveningecho.ie/2012/04/20/apple-in-cork-timeline/.

Hebdige, D. 1989. *Hiding in the Light: One Images and Things*. London: Routledge.

Heineken. 2012. 'Annual Report.' Accessed 26 November 2014. www.annualreport. heineken.com.

Henderson, J., Dicken, P., Hess, M., Coe, N. and Yeung, H. W. C. 2002. 'Global Production Networks and the Analysis of Economic Development.' *Review of International Political Economy*. 9, 436-464.

Hill, A. 2007. 'Burberry's Reality Check.' 25 May, *The Financial Times*, London.

Hille, K. 2010. 'Foxconn to Move Some of its Apple Production.' *The Financial Times*, 29 June, London.

Hille, K. 2013. 'Huawei Looks to Dial a Different Number.' *The Financial Times*, 29 April, London.

Hille, K. and Jacob, R. 2013. 'Foxconn Plans Chinese Union Vote.' *The Financial Times*, 3 February, London.

Hilton, S. 2003. 'The Social Value of Brands.' In *Brands and Branding*, edited by R. Clifton and J. Simmons, 47-64. London: The Economist Ltd.

Hoad, P. 2012. 'What Next for the Global Blockbuster?' *The Guardian*, 26 July, London.

Hodgson, T. G. 2005. *Tyne Brewery: A Pictorial History, 1884-2005*. Edinburgh: Newcastle upon Tyne, Scottish and Newcastle plc.

Hollands, R. and Chatterton, P. 2003. 'Producing Nightlife in the New Urban Entertainment Economy.' *International Journal of Urban and Regional Research*. 27, 2, 361-385.

Hollis, N. 2010. *The Global Brand: How to Create and Develop Lasting Brand Value in the World Market*. New York: Palgrave MacMillan.

Holt, D. 2004. *How Brands Become Icons: The Principles of Cultural Branding*. Boston, MA: Harvard Business School Press.

Holt, D. 2006a. 'Toward a Sociology of Branding.' *Journal of Consumer Culture*. 6, 3, 299-302.

Holt, D. 2006b. 'Jack Daniel's America: Iconic Brands as Ideological Parasites and Proselytizers.' *Journal of Consumer Culture*. 6, 3, 355-377.

Holt, D. B., Quelch, J. A. and Taylor, E. L. 2004. 'How Global Brands Compete.' *Harvard Business Review*, September, 68-75.

Hudson, R. 1989. *Wrecking a Region: State Policies, Party Politics and Regional Change in North East England*. London: Pion.

Hudson, R. 2005. *Economic Geographies*. London: Sage.

Hudson, R. 2008. 'Cultural Political Economy Meets Global Production Networks: A Productive Meeting?' *Journal of Economic Geography*. 8, 421-440.

Hughes, A. 2006. 'Geographies of Exchange and Circulation: Transnational Trade and Governance.' *Progress in Human Geography*. 30, 5, 635-643.

Hughes, A. and Reimer, S. 2004. 'Introduction.' In *Geographies of Commodity Chains*, edited by A. Hughes and S. Reimer, 1-16. London: Routledge.

Huish, R. 2006. 'Logos a Thing of the Past? Not So Fast, World Social Forum!' *Antipode*. 38, 1, 1-6.

Humphrey, J. 2004. 'Upgrading in Global Value Chains.' Working Paper No. 28, Policy Integration Department, World Commission on the Social Dimension of Globalization, International Labour Office: Geneva. Accessed 26 November 2014. http://www.ilo.int/wcmsp5/groups/public/---dgreports/---integration/documents/publication/wcms_079105.pdf.

Hunter, J. 2001. *The Islanders and the Orb: The History of the Harris Tweed Industry, 1835-1995*. Stornoway: Acair.

Ibeh, K. I. N., Luo, Y., Dinnie, K. and Han, M. 2005. 'E-randing Strategies of Internet Companies: Some Preliminary Insights from the UK.' *Journal of Brand Management.* 12, 5, 355-373.

Ilbery, B. and Kneafsey, M. 1999. 'Niche Markets and Regional Speciality Food Products in Europe: Towards a Research Agenda.' *Environment and Planning* A. 31, 2207-2222.

Interbrand. 2010. *Best Global Brands 2010.* London: Interbrand.

Interbrand. 2012. *Best Global Brands 2012.* London: Interbrand.

Isaacson, W. 2011. *Steve Jobs.* London: Little, Brown.

iSuppli. 2013. 'Preliminary Bill of Matierials (BOM) Estimate for the 16GB Version of the

iPhone 4.' Accessed 26 November 2014. http://www.isuppli.com/Teardowns/News/Pages/

iPhone-4-Carries-Bill-of-Materials-of-187-51-According-to-iSuppli.aspx.

Jackson, P. 1999. 'Commodity Cultures: The Traffic in Things.' *Transactions of the Institute of British Geographers.* 24, 95-108.

Jackson, P. 2002. 'Commercial Cultures: Transcending The Cultural and the Economic.' *Progress in Human Geography.* 26, 3-18.

Jackson, P. 2004. 'Local Consumption Cultures in a Globalizing World.' *Transactions of the Institute of British Geographers.* 29, 165-178.

Jackson, P., Russell, P. and Ward, N. 2007. 'The Appropriation of "Alternative" Discourses by "Mainstream" Food Retailers.' In *Alternative Food Geographies: Representation and Practice*, edited by D. Maye, L. Holloway and M. Kneafsey, 309-330. Amsterdam: Elsevier.

Jackson, P., Russell, P. and Ward, N. 2011. 'Brands in the Making: A life History Approach.' In *Brands and Branding Geographies*, edited by A. Pike, 59-74. Cheltenham: Elgar.

Jessop, B. 2008. 'Discussant Comments on Adam Arvidsson's Paper "Brand and General Intellect", ESRC "Changing Cultures of Competitiveness"' Seminar Series, Institute of Advanced Studies, Lancaster University.

Johansson, J. K. 1993. 'Missing a Strategic Opportunity: Manager's Denial of Country-f-Origin Effects.' In *Product Country Images: Impact and Role in International Marketing*, edited by N. Papadopoulos and L. A. Heslop, 77-86. New York: International Business Press.

Jones, R. M. and Hayes, S. G. 2004. 'The UK Clothing Industry: Extinction or Evolution?' *Journal of Fashion Marketing and Management.* 8, 3, 262-278.

Julier, G. 2005. 'Urban Designscapes and the Production of Aesthetic Consent.' *Urban*

Studies. 42, 5/6, 869-887.

Just Drinks. 2006. 'Newcastle Brown Ale Now #1 imported ale.'

Kahney, L. 2002. 'Apple: It's all About the Brand.' *Wired,* 12 April. Accessed 26 November 2014. http://www.wired.com/gadgets/mac/commentary/cultofmac/2002/12/56677.

Kahney, L. 2005. *The Cult of iPod.* San Francisco, CA: No Starch Press.

Kahney, L. 2006. *The Cult of Mac.* San Francisco, CA: No Starch Press.

Kapferer, J.-N. 2002. 'Is There Really No Hope for Local Brands?' *Brand Management.* 9, 3, 163-170.

Kapferer, J.-N. 2005. 'The Post-lobal Brand.' *Brand Management.* 12, 5, 319-324.

Karlgaard, R. 2012. 'Kodak Didn't Kill Rochester. It Was the Other Way Round.' *The Wall Street Journal,* 14 January.

Keller, K. 2003. 'Brand Synthesis: The Multidimensionality of Brand Knowledge.' *Journal of Consumer Research.* 29, 4, 595-600.

Kemeny, T. and Rigby, D. 2012. 'Trading Away What Kind of Jobs? Globalization, Trade and Tasks in the US Economy.' *Review of World Economics.* 148, 1, 1-16.

Klein, N. 2000. *No Logo.* London: Flamingo.

Klein, N. 2010. *No Logo* (2nd edition). Fourth Estate: London.

Klein, B. and Leffler K. 1981. 'The Role of Market Forces in Assuring Contractual Performance.' *Journal of Political Economy.* 89, 615-641.

Klingman, A. 2007. *Brandscapes: Architecture in the Experience Economy.* Cambridge, MA: MIT ress.

Koehn, N. 2001. *Brand New: How Entrepreneurs Earned Consumers' Trust from Wedgwood to Dell.* Boston, MA: Harvard Business School Press.

Kopytoff, I. 1986. 'The Cultural Biography of Things: Commoditization as Process.' In *The Social Life of Things,* edited by A. Apparadurai, 64-91. Cambridge: Cambridge University Press.

Kornberger, M. 2010. *Brand Society: How Brands Transform Management and Lifestyle.* ambridge: Cambridge University Press.

Krishna, K. 2005. 'Understanding Rules of Origin.' NBER Working Paper No. 11149, National Bureau of Economic Research. Accessed 26 November 2014. www.nber.org/papers/w11150.pdf.

Kwong, R. 2008. 'Ateliers of Asia Stake Their Claim.' 29 May, *The Financial Times,* London.

Lash, S. and Urry, J. 1994. *Economies of Signs and Space.* London: Sage.

Lashinsky, A. 2012. *Inside Apple: The Secrets Behind the Past and Future Success of Steve Jobs's Iconic Brand.* London: John Murray.

오리지네이션

Lawson, N. 2006. 'Turbo-onsumerism is the Driving Force Behind Crime.' *The Guardian*, 29 June, London.

Lazonick, W. 2010. 'Innovative Business Models and Varieties of Capitalism: Financialization of the U.S. Corporation.' *Business History Review*. 84, 675-702.

Lee, R. 2002. 'Nice Maps, Shame About the Theory"? Thinking Geographically About the Economic.' *Progress in Human Geography*. 26, 3, 333-355.

Lee, R. 2006. 'The Ordinary Economy: Tangled Up in Values and Geography.' *Transactions of the Institute of British Geographers NS*. 31, 413-432.

Levitt, T. 1983. 'The Globalization of Markets.' *Harvard Business Review*. May-June, 92-102.

Lewis, N. 2007. 'Micro-ractices of Globalizing Education: Branding.' Paper for the Second Global Conference on Economic Geography, 25-28 June, Beijing, China.

Lewis, N., Larner, W. and Le Heron, R. 2008. 'The New Zealand Designer Fashion Industry: Making Industries and Co-constituting Political Projects.' *Transactions of the Institute of BritishGeographers NS*. 33, 42-59.

Lindemann, J. 2010. *The Economy of Brands*. Basingstoke: Palgrave Macmillan

Littler, C. 2005. 'Beyond the Boycott: Anti-onsumerism, Cultural Change and the Limits of Reflexivity.' *Cultural Studies*. 19, 2, 227-252.

Long, X. 2012. 'Designs on the Best of British.' *The Financial Times*, 23 February, London.

Lury, C. 2004. *Brands: The Logos of the Global Economy*. London: Routledge.

Lury C. 2011. 'Brands: Boundary Method Objects and Media Space.' In *Brands and Branding Geographies*, edited by A. Pike, 44-59. Cheltenham: Elgar.

Lury, C. and Moor, L. 2010. 'Brand Valuation and Topological Culture.' In *Blowing Up the Brand: Critical Perspectives on Promotional*, edited by M. Aronczyk and D. Powers. New York: Peter Lang.

McCracken, G. 1993. 'The Value of the Brand: An Anthropological Perspective.' In *Brand Equity and Advertising*, edited by D. A. Aaker and A. L. Biel. Hillsdale, NJ: Lawrence Erlbaum Associates.

McDermott, C. 2002. *Made in Britain: Tradition and Style in Contemporary British Fashion*, London: Mitchell Beazley.

McFall, L. 2002. 'Advertising, Persuasion and the Culture/Economy Dualism.' In *Cultural Economy: Cultural Analysis and Commercial*, edited by P. Du Gay and M. Pryke, 148-165. London: Life Sage.

MacKinnon, D., Cumbers, A., Pike, A., Birch, K. and McMaster, R. 2009. 'Evolution in Economic Geography.' *Economic Geography*. 85, 2, 175-182.

McLaren, R., Tyler, D. J. and Jones, R. M. 2002. 'Parade -Exploiting the Strengths of 'Made in Britain' Supply Chain.' *Journal of Fashion Marketing and Management*. 6, 1, 35-43.

McLaughlin, K. 2010. 'Apple COO: We're A Mobile Device Company. CRN News.' Accessed26 November 2014. http://www.crn.com/news/mobility/223100456/apple-coo-were-a-mobiledevice-company.htm.

McRobbie, A. 1998. *British Fashion Design: Rag Trade or Image Industry?* London: Routledge.

Mair, A., Florida, R. and Kenney, M. 1988. 'The New Geography of Automobile Production: Japanese Transplants in North America.' *Economic Geography*. 63, 4, 353-373.

Marketing Minds. 2013. Apple's Branding Strategy.

Markusen, A. 2007. *Reining in the Competition for Capital*. Kalamazoo, MI: W. E. Upjohn Institute for Employment Research.

Marx, K. 1976. *Capital Volume I* (trans. B. Fowkes). Harmondsworth: Penguin.

Maurer, A. 2013. 'Trade in Value Added: What is the Country of Origin in an Interconnected World?' Accessed 26 November 2014. http://www.wto.org/english/res_e/statis_e/miwi_e/background_paper_e.htm.

Menkes, S. 2010. 'Throwing Down the Gauntlet.' *New York Times*, 28 September. Accessed 26 November 2014. http://www.nytimes.com/2010/09/29/fashion/29iht-rprada.html.

Middlebrook, S. 1968. *Newcastle upon Tyne: Its Growth and Achievement* (2nd edition). Wakefield: S. R. Publishers Ltd.

Miller, D. 1998. 'Coca-ola: A Black Sweet Drink from Trinidad.' In *Material Culture*, edited by D. Miller, 169-187. London: Routledge.

Miller, D. 2002. 'Turning Callon the Right Way Up.' *Economy and Society*. 31, 2, 218-233.

Miller, D. 2008. 'Reply to Wengrow "Prehistories of Commodity Branding".' *Current Anthropology*. 49, 1, 23.

Milne, R. 2008. 'High Quality Can Beat the Credit Crisis.' 29 May, *The Financial Times*, London.

Molotch, H. 2002. 'Place in Product.' *International Journal of Urban and Regional Research*. 26, 4, 665-688.

Molotch, H. 2005. *Where Stuff Comes From: How Toasters, Toilets, Cars, Computers and Many Other Things Come to Be As They Are*. New York: Routledge.

Montague, D. 2002. 'Stolen Goods: Coltan and Conflict in the Democratic Republic of Congo.' *SAIS Review*. XXII, 1, 1-16.

오리지네이션

Moor, L. 2007. *The Rise of Brands*. London: Berg.

Moor, L. 2008. 'Branding Consultants as Cultural Intermediaries.' *The Sociological Review*. 56, 3, 408-428.

Moore, C. M. and Birtwistle, G. 2004. 'The Burberry Business Model: Creating an International Luxury Fashion Brand.' *International Journal of Retail and Distribution Management*. 32, 8, 412-422.

Moran, W. 1993. 'The Wine Appellation as Territory in France and California.' *Annals of the Association of American Geographers*. 82, 3, 27-49.

Morello, G. 1984. 'The 'Made-n' issue -A Comparative Research on the Image of Domestic and Foreign Products.' *European Research*. July, 95-100.

Morello, G. 1993. 'International Product Competitiveness and the "Made in" Concept.' In *Product Country Images: Impact and Role in International Marketing*, edited by N. Papadopoulos and L. A. Heslop, 285-309. New York: International Business Press.

Morgan, K., Marsden, T. and Murdoch, J. 2006. *Worlds of Food*. Oxford: Oxford University Press.

Moritz, M. 2009. *Return to the Little Kingdom: Steve Jobs, the Creation of Apple, and How it Changed the World* (2nd Edition). London: Duckworth Overlook.

Mudambi, R. 2008. 'Location, Control and Innovation in Knowledge-intensive Industries.' *Journal of Economic Geography*. 8, 5, 699-725.

Muniz, A. and O'Guinn, T. 2001. 'Brand Community.' *Journal of Consumer Research*. 27, 4, 412-432.

Murphy, J. 1998. 'What is Branding?' In *Brands*, edited by S. Hart and J. Murphy, 1-12. Basingstoke: Macmillan.

Murray, J. 1998. 'Branding in the European Union.' In *Brands*, edited by S. Hart and J. Murphy, 135-151. Basingstoke: Macmillan.

Nakamura, L. 2003. 'A Trillion Dollars a Year in Intangible Investment and the New Economy.' In *Intangible Assets: Values, Measures and Risks*, edited by J. R. M. Hand and B. Lev. New York: Oxford University Press.

Nayak, A. 2003. 'Last of the 'Real Geordies'?: White Masculinities and the Sub-ultural Response to De-industrialisation.' *Environment and Planning D: Society and Space*. 21, 1, 7-25.

NESTA. 2011. *Driving Economic Growth: Innovation, Knowledge Spending and Productivity Growth in the UK*. London: NESTA.

Newcastle Brown Ale. 2007. 'The History of Newcastle Brown Ale.' Accessed 26 November 2014. www.newcastlebrownale.co.uk.

Neilsen, J. and Pritchard, B. 2011. *Value Chain Struggles* .Chichester: John Wiley and

Sons.

Noble, S. 2011. 'Marketers -Purveyors of Puffery or the Engines of New Growth?' *The Guardian*, 14 November, London.

Norris, D. G. 1993. '"Intel Inside" Branding a Component in a Business Market.' *Journal of Business and Industrial Marketing*. 8, 1, 14-24.

NPR Staff. 2012. 'Made in the USA: Saving the American Brand.' 28 January. Accessed 26 November 2014. http://www.npr.org/2012/01/28/146033135/made-in-the-usa-saving-theamerican-brand

Nussbaum, B. 2009. 'iPhones in China Don't Say they are Assembled in China.' Bloomberg Business Week, 30 November. Accessed 21 September 2010. http://www.businessweek.com/innovate/NussbaumOnDesign/archives/2009/11/iphones_in_china_dont_say_they_are_assembled_in_china.html.

O'Neill, P. M. 2011. 'The Language of Local and Regional Development.' In *Handbook of Local and Regional Development*, edited by A. Pike, A. Rodriguez-Pose and J. Tomaney. London: Routledge.

Ohmae, K. 1992. *The Borderless World*. New York: McKinsey and Company.

Okonkwo, O. 2007. *Luxury Fashion Branding: Trends, Tactics, Techniques*. New York: Palgrave Macmillan.

Olins, W. 2003. *On Brand*. New York: Thames and Hudson.

Osborne, G. 2011. 'Budget Statement 2011.' Accessed 26 November 2014. http://www.parliament.uk/business/news/2011/march/budget-2011-statement/.

Packard V. 1980. *The Hidden Persuaders* (2nd edition). Brooklyn, NY: Pocket Books.

Pallota, D. 2011. 'A Logo is Not a Brand.' HBR Blog Network, 15 June. Accessed 26 November 2014. http://blogs.hbr.org/pallotta/2011/06/a-logo-is-not-a-brand.html.

Papadopoulos, N. 1993. 'What Product and Country Images Are and Are Not.' In *Product Country Images: Impact and Role in International Marketing*, edited by N. Papadopoulos and L. A. Heslop, 3-38. New York: International Business Press.

Papadopoulos, N. and Heslop, L. A. 1993. *Product Country Images: Impact and Role in International Marketing*. New York: International Business Press.

Parrott, N., Wilson, N. and Murdoch, J. 2002. 'Spatializing Quality: Regional Protection and the Alternative Geography of Food.' *European Urban and Regional Studies*. 9, 3, 241-261.

Pasquinelli, C. (2014) 'Branding as Urban Collective Strategy-aking: The Formation of NewcastleGateshead's Organisational Identity', *Urban Studies*. 51, 4, 727-743.

Pearson, G. 1999. *Sex, Brown Ale and Rhythm and Blues*. Newcastle: Snaga Publications.

Peck, J. 2012. 'Economic Geography: Island Life.' *Dialogues in Human Geography.* 2, 2, 113-133.

Peck, J. and Theodore, N. 2007. Variegated Capitalism. *Progress Human Geography.* 31, 6, 731-772.

Perrons, D. 1999. 'Reintegrating Production and Consumption, Or Why Political Economy Still Matters.' In *Critical Development Theory: Contributions to New Paradigm*, edited by R. Munck and D. O'Hearn, 91-12. London and New York: Zed Books.

Peters, T. 1999. *The Brand You 50.* New York: Random House.

Phau, I. and Prendergast, G. 1999. 'Tracing the Evolution of Country of Origin Research: In Search of New Frontiers.' *Journal of International Marketing and Exporting.* 4, 2, 71-83.

Phau, I. and Prendergast, G. 2000. 'Conceptualizing the Country of Origin of Brand.' *Journal of Marketing Communications.* 6, 159-170.

Pickles, J. and Smith, A. 2011. 'De-ocalisation and Persistence in the European Clothing Industry: The Reconfiguration of Production Networks.' *Regional Studies.* 45, 2, 167-185.

Pike, A. 2007. 'Editorial: Whither Regional Studies?' *Regional Studies.* 41, 9, 1143-1148.

Pike, A. 2009a. 'Geographies of Brands and Branding.' *Progress in Human Geography.* 33, 619-645.

Pike, A. 2009b. 'Brand and Branding Geographies.' *Geography Compass.* 3, 1, 190-213.

Pike, A. 2009c. 'De-ndustrialization.' In *International Encyclopedia of Human Geography*, edited by R. Kitchin and N. Thrift, 51-59. Amsterdam: Elsevier.

Pike, A. 2010. *Origination*, Inaugural Lecture, Wednesday 10 November 2010, Great North Museum, Newcastle upon Tyne, UK.

Pike, A. 2011a. 'Placing Brands and Branding: A Socio-patial Biography of Newcastle Brown Ale.' *Transactions of the Institute of British Geographers.* 36, 206-222.

Pike, A. 2011b. *Brands and Branding Geographies.* Cheltenham: Elgar.

Pike, A. 2011c. 'Introduction: Brand and Branding Geographies.' In *Brands and Branding*, edited by A. Pike, 3-24. Cheltenham: Elgar.

Pike, A. 2011d. 'Conclusions: Brand and Branding Geographies.' In *Brands and Branding*, edited by A. Pike, 324-337. Cheltenham: Elgar.

Pike, A. 2013. 'Economic Geographies of Brands and Branding.' *Economic Geography.* 89, 4, 317-339.

Pike, A. and Pollard, J. 2010. 'Economic Geographies of Financialization.' *Economic Geography.* 86, 1, 29-51.

Pike, A., Dawley, S. and Tomaney, J. 2010. 'Resilience, adaptation and adaptability.' *Cambridge Journal of Regions, Economy and Society*. 3, 1, 59-70

Pike, A., Rodriguez-Pose, A. and Tomaney, J. 2006. *Local and Regional Development*. London: Routledge.

Pike, A. Rodriguez-Pose, A. and Tomaney, J. 2007. 'What kind of local and regional development and for whom?' *Regional Studies*. 41, 9, 1253-1269.

Pike, A., Rodriguez-Pose, A. and Tomaney, J. 2011. *Handbook of Local and Regional Development*, London: Routledge.

Pine, B. J. and Gilmore, J. H. 1999. *The Experience Economy Work is Theatre and Every Business a Stage*. Boston, MA: Harvard Business School Press.

Power, D. and Hauge, A. 2008. 'No Man's Brand -Brands, Institutions, Fashion and the Economy.' *Growth and Change*. 39, 1, 123-143.

Power, D. and Jansson, J. 2011. 'Constructing Brands form the Outside? Brand Channels Cyclical Clusters and Global Circuits.' In *Brands and Branding Geographies*, edited by A. Pike, 125-150. Cheltenham: Elgar.

Prince, M. and Plank, W. 2012. 'A Short History of Apple's Manufacturing in the U.S.' *The Wall Street Journal*, 6 December. New York: Dow Jones and Company Inc.

Quelch, J. and Jocz, K. 2012. *All Business is Local: Why Place Matters More Than Ever in a Global, Virtual World*. New York: Penguin.

Ray, C. 1998. 'Culture, Intellectual Property and Territorial Rural Development.' *Sociologia Ruralis*. 38, 1, 3-20.

Reich, R. 1990. 'Who Is Us?' *Harvard Business Review*. 1, 1-11.

Reimer, S. and Leslie, D. 2008. 'Design, National Imaginaries and the Home Furnishings Commodity Chain.' *Growth and Change*. 39, 1, 144-171.

Relph, E. 1976. *Place and Placelessness*. London: Pion.

Ricca, M. 2008. 'The Luxury Kingdom.' In Interbrand, *Best Global Brands 2008*. London: Interbrand.

Richardson, R. 2012. Place Branding - Literature Review. Unpublished Paper. CURDS: Newcastle University.

Richardson, R., Belt, V. and Marshall, N. 2000. 'Taking Calls to Newcastle: The Regional Implications of the Growth in Call Centres.' *Regional Studies*, 34, 4, 357-369.

Ries, A. and Ries, L. 1998. *The 22 Immutable Laws of Branding*. London: HarperCollins Publishers.

Riezebos, R. 2003. *Brand Management*. Harlow: Pearson.

Rigby, R. 2012. 'Brands in the Social Lexicon.' 13 June, *The Financial Times*, London.

Ritson, M. 2008. 'Burberry Protest is no Brand Breaker.' *Marketing*. 21 March. London: Haymarket.

Ritzer, G. 1998. *The McDonaldization Thesis: Explorations and Extensions*. London: Sage.

Roberts, K. 2005. *Lovemarks: The Future Beyond Brands*. Brooklyn, NY: Powerhouse.

Room, A. 1998. 'History of Branding.' In *Brands*, edited by S. Hart and J. Murphy, 13-23. Basingstoke: MacMillan.

Ross, A. 2004. *Low Pay, High Profile: The Global Push for Fair Labor*. New York: New Press.

Roth, M. S. and Romeo, J. B. 1992. 'Matching Product Category and Country Image Perceptions: A Framework for Managing Country-of-Origin Effects.' *Journal of International Business Studies*. 23, 3, 477-497.

Ryssdal, K. 2009. 'Ads Seek to Rebrand "Made in China".' Accessed 26 November 2014. http://www.marketplace.org/topics/business/ads-seek-rebrand-made-china.

SABMiller. 2013. 'Annual Report.' SABMiller.

S&N. 2004. 'Reorganisation of Brewing Operations on Tyneside.' Press release, 22 April. Accessed 26 November 2014. www.scottish-newcastle.com/.

S&N. 2006. *Scottish and Newcastle plc Interim Report 2006*. Edinburgh: S&N.

S&N. 2007. 'Newcastle Brown Ale.' S&N.

Samsung. 2007. 'SAMSUNG Concludes Contract with the International Olympic Committee to Sponsor Olympic Games Through 2016 on Apr 23, 2007.' Accessed 26 November 2014. http://www.samsung.com/my/news/localnews/2007/samsung-concludes-contract-with-theinternational-olympic-committee-to-sponsor-olympic-games-through-2016.

Sanger, D. E. 1984. 'New Plants May Not Mean New Jobs.' *The New York Times*, 25 March, New York.

Saxenian, A. 1996. *Regional Advantage: Culture and Competition in Silicon Valley and Route 128*. Cambridge, MA: Harvard University Press.

Saxenian, A. 1999. 'Comment on Kenney and von Burg, 'Technology, Entrepreneurship and Path Dependence: Industrial Clustering in Silicon Valley and Route 128.' *Industrial and Corporate Change*. 8, 1, 105-110.

Saxenian, A. 2005. 'From Brain Drain to Brain Circulation: Transnational Communities and Regional Upgrading in India and China.' *Studies in Comparative International Development*. 40, 2, 35-61.

Sayer, A. 1997. 'The Dialectic of Culture and Economy.' In *Geographies of Economies*, edited by R. Lee and J. Wills, 16-26. London: Arnold.

Sayer, A. 1999. 'Long Live Postdisciplinary Studies! Sociology and the Curse of Disciplinary Parochialism/Imperialism.' Department of Sociology Papers, Lancaster University.

Sayer, A. 2001. 'For a Critical Cultural Political Economy.' *Antipode*. 33, 4, 687-708.

Schiro, A.-M. 1999. 'Burberry Modernizes and Reinvents Itself.' *New York Times*, 5 January, New York.

Schroeder, J. and Salzer-Morling, M. (eds) 2001. *Brand Culture*. London: Routledge.

Silverstein, M. J. and Fiske, N. 2003. *Trading Up: The New American Luxury*. London: Portfolio.

Scott, A. J. 1998. *Regions and the World Economy*. Oxford: Oxford University Press.

Scott, A. J. 2000. *The Cultural Economy of Cities*. London: Sage.

Scott, A. J. 2007. 'Capitalism and Urbanization in a New Key? The Cognitive-ultural Dimension.' *Social Forces*. 85, 4, 1465-1482.

Scott, A. J. 2010. 'Cultural Economy and the Creative Field of the City.' *Geografiska Annaler: Series B, Human Geography*. 92, 2, 115-130.

Sennett, R. 2006. *The Culture of the New Capitalism*. New Haven, CT: Yale University Press.

Sheth, J. 1998. 'Reflections of International Marketing: In Search of New Paradigms.' Keynote address of Marketing Exchange Colloquium, Vienna, Austria, 23-25 July.

Sheyder, E. 2012. 'Focus on Past Glory Kept Kodak from Digital Win.' *Reuters*, 19 January. Accessed 26 November 2014. http://www.reuters.com/article/2012/01/19/us-kodak-bankruptcy-idUSTRE80I1N020120119.

Sissons, A. 2011. 'More than Making Things: A New Future for Manufacturing in a Service Economy.' *Report for The Work Foundation*. London: The Work Foundation.

Slater, D. 2002. 'Capturing Markets from the Economists.' In *Cultural Economy: Cultural Analysis and Commercial Life*, edited by P. Du Gay and M. Pryke, 59-77. London: Sage.

Smith, A. and Bridge, G. 2003. 'Intimate Encounters: Culture-conomy-ommodity.' *Environment and Planning D: Society and Space*. 21, 257-268.

Smith, A., Rainnie, A., Dunford, M., Hardy, J., Hudson, R. and Sadler, D. 2002. 'Networks of Value, Commodities and Regions: Reworking Divisions of Labour in Macro-Regional Economies.' *Progress in Human Geography*. 26, 1, 41-63.

Smith, T. 2000. 'LG shuts down Welsh iMac Production Line.' *The Register*, 10 March. Accessed 26 November 2014. http://www.theregister.co.uk/2000/03/10/lg_shuts_down_welsh_imac.

Spence, S. 2002a. 'The Branding of Apple: Apple's Intangible Asset.' Accessed 26 November 2014. http://tidbits.com/article/6919.

Spence, S. 2002b. 'The Branding of Apple: The Retail Bridge.' Accessed 26 November 2014. http://tidbits.com/article/6926.

Spicer, A. 2010. 'Branded Life: A Review of Key Works on Branding.' *Organization Studies*. 31, 12, 1735-1740.

Storper, M. 1995. *The Regional World*. New York: Guilford Press.

Storper, M. and Venables, A. 2004. 'Buzz: Face-o-ace Contact and the Urban Economy.' *Journal of Economic Geography*. 4, 4, 351-370.

Streeck, W. 2012. 'Citizens as Consumers: Considerations on the New Politics of Consumption.' *New Left Review*. 76, 27-47.

Sum, N.-L. 2011. 'The Making and Recontextualizing of "Competitiveness" as a Knowledge Brand across Different Sites and Scales.' In *Brands and Branding Geographies*, edited by A. Pike, 165-184. Cheltenham: Elgar.

Sunley, P., Pinch, S., Reimer, S. and Macmillen, J. 2008. 'Innovation in a Creative Production System: The Case of Design.' *Journal of Economic Geography*. 8, 5, 675-698.

Taylor, P. 2004. *World City Network: A Global Urban Analysis*. London: Routledge.

Taylor, P., Mulvey, G., Hyman, J. and Bain, P. 2002. 'Work Organization, Control and the Experience of Work in Call Centres.' *Work, Employment and Society*. 16, 1, 133-150.

Thakor, M. V. and Kohli, C. S. 1996. 'Brand Origin: Conceptualization and Review.' *Journal of Consumer Marketing*. 13, 3, 27-42.

The Economic Times. 2012. 'Silicon Valley Plant Named as Apple Manufacturer.' *The Economic Times*, 26 January. Accessed 26 November 2014. http://economic-times.indiatimes.com/topic/Silicon-Valley-plant-named-as-Apple-manufacturer/.

The Economist. 2001. 'Stretching the Plaid.' 1 February, *The Economist*, London.

The Economist. 2005. '"Brand New World" in The World in 2005.' London.

The Economist. 2009. *Brands and Branding, Edited collection* (2nd edition). London: Profile Books.

Thode, S. F. and Maskulka, J. M. 1998. 'Place-ased Marketing Strategies, Brand Equity and Vineyard Valuation.' *Journal of Product and Brand Management*. 7, 5, 379-399.

Thomas, D. 2007. 'Made in Italy in the Sly.' *New York Times*, 23 November, New York.

Thomas, D. 2008. *How Luxury Lost its Lustre*. Harmondsworth: Penguin.

Thrift, N. 1996. *Spatial Formations*. London: Sage.

Thrift, N. 2005. *Knowing Capitalism*. London: Sage.

Thrift, N. 2006. 'Re-nventing Invention: New Tendencies in Capitalist Commodification.' *Economy and Society*. 35, 2, 279-306.

Tighe, C. 2004. 'Star Sees Sun Set on Northern Brewery.' *The Financial Times*, 23 April, London.

Tokatli, N. 2012a. 'Old Firms, New Tricks and the Quest for Profits: Burberry's Journey from Success to Failure and Back to Success Again.' *Journal of Economic Geography*. 12, 1, 55-77.

Tokatli, N. 2012b. 'The Changing Role of Place-mage in the Profit Making Strategies of the Designer Fashion Industries.' *Geography Compass*. 6, 1, 35-43.

Tokatli, N. 2013. 'Doing a Gucci: The Transformation of an Italian Fashion Firm into a Global Powerhouse in a "Los Angeles-zing" World.' *Journal of Economic Geography*. 13, 2, 239-255 (Special Issue: Global Retail and Global Finance - Honouring Neil Wrigley).

Tomaney, J. 2006. 'North East England: A Brief Economic History' Paper for the North East Regional Information Partnership (NERIP) Annual Conference, 6 September, Newcastle upon Tyne.

Tregear, A. 2003. 'From Stilton to Vimto: Using Food History to Re-hink Typical Products in Rural Development.' *Sociologia Ruralis*. 43, 2, 91-107.

Tungate, M. 2005. *Fashion Brands: Branding Styles from Armani to Zara*. London and Sterling, VA: Kogan Page.

Turok, I. 2009. 'The Distinctive City: Pitfalls in the Pursuit of Differential Advantage.' *Environment and Planning A*. 41, 1, 13-30.

Turok, I. 2011. 'Inclusive growth: Meaningful Goal or Mirage?' In *Handbook of Local and Regional Development*, edited by A. Pike, A. Rodriguez-Pose and J. Tomaney. London: Routledge.

Upshaw, L. 1995. *Building Brand Identity: A Strategy for Success in a Hostile Marketplace*. New York: Wiley and Sons.

Urry, J. 1995. *Consuming Places*. London: Routledge.

Urry, J. 2003. *Global Complexity*. Cambridge: Polity Press.

van Ham, P. 2001. 'The Rise of the Brand State.' *Foreign Affairs*. 80, 5, 2-6.

van Ham, P. 2008. 'Place Branding: The State of the Art.' *The Annals of the American Academy of Political and Social Science*. 1-24.

Veblen, T. 1899. *The Theory of the Leisure Class: An Economic Study of Institutions*. New York: Macmillan.

Von Borries, F., Klincke, H., Polsa, B. and Museum fur Kunst und Gewerbe. 2011. *Apple Design: The History of Apple Design*. Ostfildern: Hatje Cantz.

WalesOnline. 2011. 'Burberry Workers Still Face Hardship Four Years On', 22 June.

오리지네이션

Accessed on 26 November 2014. http://www.walesonline.co.uk/news/local-news/burberry-workersstill-face-hardship-1828814.

Walker, D. and the Bay Area Study Group 1990. 'The Playground of US Capitalism? The Political Economy of the San Francisco Bay Area in the 1980s.' In *Fire in the Hearth: The Radical Politics of Place in America*, edited by M. Davis, S. Hiatt, M. Kennedy, S. Ruddick and M. Sprinker. London: Verso.

Walker, H. 2004a. 'Newcastle Brown kept on Tyne.' *The Journal*, 23 April, Newcastle upon Tyne.

Walker, H. 2004b. 'Boss Happy at Sober Response to Brown Move.' *The Journal*, 21 June, Newcastle upon Tyne.

Watts, D. C. H., Ilbery, B. and Maye, D. 2005. 'Making Reconnections in Agro-ood Geography: Alternative Systems of Food Provision.' *Progress in Human Geography*. 29, 1, 22-40.

Watts, J. 2002. 'The Once-owdy Brand is Determined to Maintain its Cachet.' *Campaign*. November, Haymarket: London.

Watts, M. 2005. 'Commodities.' In *Introducing Human Geographies* (2nd edition), edited by P. Cloke, P. Crang and M. Goodwin Hodder, 527-546. Abingdon: Arnold.

Weller, S. 2007. 'Fashion as Viscous Knowledge: Fashion's Role in Shaping Transational Garment Production.' *Journal of Economic Geography*. 7, 39-66.

Welsh Affairs Select Committee 2007. *Globalisation and its Impact on Wales*, Transcript of Oral Evidence, HC 281-iv, House of Commons: London.

Wengrow, D. 2008. 'Prehistories of Commodity Branding.' *Current Anthropology*. 49, 1, 7-34.

Western Mail. 2006. 'Burberry to close Welsh factory.' *Western Mail*, 6 September, Cardiff.

Whitfield, G. 2006. 'Dog is Slipping its Local Leash.' *The Journal*, 24 November, Newcastle upon Tyne

Whitten, N. 2007. 'Profits Soar But Jobs May Go.' *The Evening Chronicle*, 20 February, Newcastle upon Tyne.

Williams, R. 1980. *Problems in Materialism and Culture*. London: Verso.

Willmott, H. 2010. 'Creating "Value" Beyond the Point of Production: Branding, Financialization and Market Capitalization.' *Organization*. 17, 5, 517-542.

Woods, S. 2006. 'Google Top Gainer as Burberry Takes "Britishness" to the World.' *Brand Republic*, 28 July, London.

World Bank. 2012. 'Gross Domestic Product 2012.' Accessed 26 November 2014. http://databank.worldbank.org/data/download/GDP.pdf.

World Trade Organization. 2013. 'Rules of Origin.' Accessed 26 November 2014. http://www.wto.org/english/tratop_e/roi_e/roi_e.htm.

Wortzel, L. H. 1987. 'Retailing Strategies for Today's Mature Marketplace.' *Journal of Business Strategy.* 7, 4, 45-56.

Yeung, H. 2009. 'Regional Development and the Competitive Dynamics of Global Production Networks: An East Asian Perspective.' *Regional Studies.* 43, 3, 325-351.

Yoffie, D. B. and Rosanno, P. 2012. *Apple Inc. in 2012, HBS No. 9-712-490.* Boston, MA: Harvard Business School Publishing.

찾아보기

오리지네이션

오리지네이션

오리지네이션

오리지네이션

브랜드와 브랜딩의 지리학

초판 1쇄 발행 2022년 7월 11일

지은이 앤디 파이크
옮긴이 이재열·장근용·오준혁·박경환
펴낸이 김선기
펴낸곳 (주)푸른길
출판등록 1996년 4월 12일 제16-1292호
주소 (08377) 서울시 구로구 디지털로 33길 48 대륭포스트타워 7차 1008호
전화 02-523-2907, 6942-9570-2
팩스 02-523-2951
이메일 purungilbook@naver.com
홈페이지 www.purungil.co.kr

ISBN 978-89-6291-970-7 93980